刘乃泉　林郁正　刘国治　黄文会　编著

Accelerator Theory

加速器理论

（第 2 版）

清华大学出版社
北京

内 容 简 介

本书在第1版基础上做了较多的修改和补充，由原来的10章增加到13章，包括原有的带电粒子在电磁场中运动的基本规律以及在二维和三维磁场中运动的稳定条件，各种非理想场对粒子运动的影响，线性与非线性共振，高能带电粒子的辐射损失对运动产生的影响以及束流稳定等问题。新增加的三章内容涉及直线加速器的粒子动力学、强流加速器与束流发射度的理论问题，目的是满足我国研制和发展这两种装置的需要。本书可作为核物理专业本科或研究生教材，也可供从事加速器设计和研究的人员参考。

图书在版编目(CIP)数据

加速器理论/刘乃泉主编；刘乃泉，林郁正，刘国治，黄文会编著. —2版. —北京：清华大学出版社，2004.8(2021.12重印)

ISBN 978-7-302-08468-6

Ⅰ.加… Ⅱ.①刘… ②刘… ③林… ④刘… ⑤黄… Ⅲ.加速器—理论 Ⅳ.TL501

中国版本图书馆CIP数据核字(2004)第032890号

责任编辑：朱红莲 黎 强
封面设计：傅瑞学
版式设计：刘祎淼
责任印制：朱雨萌

出版发行：清华大学出版社
网 址：http://www.tup.com.cn，http://www.wqbook.com
地 址：北京清华大学学研大厦A座 **邮 编**：100084
社 总 机：010-62770175 **邮 购**：010-62786544
投稿与读者服务：010-62776969，c-service@tup.tsinghua.edu.cn
质 量 反 馈：010-62772015，zhiliang@tup.tsinghua.edu.cn
印 装 者：北京鑫海金澳胶印有限公司
经 销：全国新华书店
开 本：170mm×230mm **印 张**：20 **字 数**：363千字
版 次：2004年8月第2版 **印 次**：2021年12月第3次印刷
定 价：69.00元

产品编号：008785-03

前言

本书原来是根据原子核物理教材编审委员会于1985年7月在青岛召开的会议上确定的加速器或束流物理专业的本科教学大纲编写的教材(试用),1990年正式出版。10多年来,我国在加速器领域又有许多新的发展,为了适应新形势的需要,我们在修改和补充的基础上,编写了这本第2版《加速器理论》。

自从自动稳相原理提出以来,各种共振高能加速器相继出现,随着1952年强聚焦加速原理的提出,人们认识到,要建造性能良好的加速装置,没有事先大量的理论计算和研究工作是不可想像的。例如,在强聚焦加速器中,粒子自由振荡的稳定区是很狭小的,对于不同的磁场参数(n,N,L),必须保持诸参数之间一定的比例关系,才能保持粒子稳定加速。又比如,在高能电子加速器中,必须事先对同步辐射损失予以充分考虑,否则辐射损失将导致共振加速条件的破坏,电子无法被加速到高能。

加速器理论除了研究理想场中带电粒子运动的稳定性外,还必须讨论非理想场的影响,即无论事先进行的设计有多么周密,实际制造出来的加速器绝不可能处处满足理想情况。理论工作者的任务就是必须对各种可能的非理想场(如磁场不均匀分布、高频频率不稳定等)进行计算,并对各种非理想场提出不同的公差要求。公差要求过严,对加速器正常工作的增益不多,但会给制造及安装增加困难。相反,公差要求过宽,又往往会使加速器处于低效率的工作状态(如束流强度不高,或能量达不到设计指标等),甚至会造成加速器本身局部返工。

近年来,为了适应物理研究的需要,人们常常提出这种或那种新的加速器原理,这些新的想法也必须经过周密的理论计算才能判断其实现的可能性和局限性。有些新想法,如强聚焦原理,粗略地看,似乎令人难以相信,因为在这个原理被提出以前,大家都认为,只有在$1>n>0$的磁场中粒子运动才是稳定的。但是,严格的理论计算证明:交变梯度磁场能够保持粒子的稳定运动,而且这种磁场具有强的聚焦效果。这样,大家都被这种新的加速方法吸引了。另外也有一些新的加速方法,看来好像是很有道理的,譬如,为了克服回旋加速器中粒子因为质量随能量增加,不能维持共振加速的缺点,有人曾建议将回旋加速器的加速盒不是做成D形,而是做成八卦形,使粒子每次穿过加速缝时高频电场相位不变,这样,回旋加速器的能量不就可以无限制地提高了吗?但是,通过理论计算却发现,粒子在这种电场中的运动是不稳定的。相反,人们却发现了托马斯加速器原理,后来证明这是提高回旋加速器能量的一个成功的想法。因此,无论是从事加速器设计和制造工作,还是从事新的加速器原理探讨工作,加速器理论的训练都是十分重要的。当然,本课程不可能讨论到有关理论的每个方面,只是希望使学生在不多的学时内,将最基本的理论要领及处理问题的方法学到手,将来工作时,可以从这些基础知识和方法出发,着手解决面临的具体问题。

本书内容共分13章。第1、2章着重介绍在加速器中处理粒子运动的一般方法,即从牛顿力学方程出发,将不同形式的电磁场代入,从而得到在环形加速器中的粒子运动方程组,然后将运动分解为三个部分——平衡运动、自由振荡(快变化)和相振荡(慢变化),通过对平衡运动的研究可以得出维持粒子平衡运动的条件,从而确定加速器磁铁系统结构的特点。通过对相振荡的研究,得到粒子在电场中运动的稳定条件,由此可以确定加速器基本参数(如轨道半径、磁场强度及高频频率)之间的配合关系。第3章是研究周期场加速器,这种加速器的稳定条件不像弱聚焦加速器那样简单,而且往往因具体结构不同,稳定条件也相差很远,如有无直线节,聚焦节与散焦节的不同排列次序,都会使聚焦的条件发生变化。另外,在周期场中相振荡又有许多不同于弱聚焦的特点。第4、5章是研究非理想场对粒子运动的影响,非理想场对粒子运动的影响可以概括为两个方面:一是外力引起的强迫振动;另一个是共振现象,即当外力的频率与粒子振动的固有频率合拍时,粒子的固有振荡幅度不断被加强。前一种,即强迫振动的研究,可作为对非理想场提出公差要求的依据;后一种,即共振的研究,则力求在设计和调束时合理选择加速器的物理参数,避免共振发生。如在弱聚焦加速器中磁场对数梯度n一定要避开0.5,0.75等数值。但在某些情况下,共振不能避免,注定要发生,这时理论工作者的任务就是要力求减小其危害性。在这两章中除讨论线性共振外,还提出了非线性共振问题。因为在这以前的研究中,我们都是采用线性近似,即略去所有的高次项。这样处理问题在多数情况下,已经足够准确地描述了粒子运动的规律。但是,当我们讨论各种共振发生的可能性的时候，必须考虑非线性项导致共振的可能。当然，这与以前线性近似处理问题的方法并不矛盾，因为我们研究非线性共振的目的恰恰是要采取措施避开它。避开了非线性共振后，非线性项就变得不那么重要了。非线性共振的研究在数学上很复杂，我们这里只限于讨论其最基本的要领及发生的条件。第 6 章是哈密顿表示法，尽管这种方法应用并不十分普遍，但在解决某些问题时是方便的，因此我们也作了简要的介绍。第 7、8 章分别介绍了同步辐射对高能带电粒子运动的影响。第 9、10 章分别介绍了束流寿命和束流稳定问题。第 11 章集中讨论了直线型加速器的理论问题。第 12 章针对近年来强流加速器的新发展，介绍了强流加速器涉及的各种理论问题，以扩大本书的应用范围。第 13 章专门讨论了束流发射度，这是人们普遍关注的提高加速器束流品质的一个关键问题。

本书不是按每个加速器的系统叙述，而是把共同的问题提出来讨论。但在谈到每个问题时，又是从具体加速器（或具体电磁场形态）的举例出发，以便于理解。有些加速器不被提到，并非这里的分析方法不适用于这些加速器。应该具体问题具体分析，学习要灵活运用。课程中涉及到的数学问题较多，必要的数学工具学生应该细心掌握，不可轻视，对各种数学问题所表示的物理意义也必须给以同样的注意。数学毕竟是工具，用什么工具，要从物理问题的需要提出。譬如，粒子在磁场中的运动方程，准确的写法可以包含十几项，甚至更多，但如果不分主次，单纯追求数学上的严格，那么就不能用数学分析法得出方程的解来，因而也无法由此得到简明的物理结论。又比如，研究自由振荡时，外界微扰力可以略去，但研究共振现象时，则必须考虑某些微扰力。因此，要求读者能做到：物理问题能用合适的数学形式表达，从数学的运算中又能抓住物理要领。

由于篇幅所限，本书重点围绕环形、直线型及周期聚焦型的加速器展开讨论，有些类型的加速器，如普通静电加速器并未涉及，有关对撞机的一些专门问题也未涉及。

另外，为了便于读者学习和了解相关的知识，本书最后给出了一个索引。

符号说明

本书所用的符号尽量做到一个符号只代表一个物理量，但有的符号在不同的地方表示不同的物理量，也只好按一般习惯沿用下来，请读者注意。现把本书中所用到的主要符号按字母顺序列出并注明其物理意义。

符号	意义
$\mathbf{A}$	矢量磁位
A	相振荡幅值
A	轨道接受度
A	常数
a	真空盒半宽度
a	束流半径
$\mathbf{B}$	磁感应强度
B_r	径向磁感应强度
B_θ	辐向磁感应强度
B_z	轴向磁感应强度
B_s	平衡轨道上的磁感应强度
b	真空盒半高度
C	粒子轨道周长
C_s	同步粒子轨道周长
c	光速
d	阴阳极间距
$\mathbf{E}$	矢量电场强度
E_r	径向电场强度
E_θ	辐向电场强度
E_z	轴向电场强度

E	粒子的总能量
E_0	粒子静止能量
E_s	同步粒子总能量
E^*	归一化电场强度
f	电场频率
f_s	谐振频率
$f_{x,z}$	边缘场聚焦常数
f_e	空间电荷中和度
G	粒子轨道曲率
G	母函数
$g(\theta,E)$	束流密度分布函数
H	哈密顿函数
H	磁场强度
H	相振荡能量
I	电流
$\boldsymbol{I}$	单元矩阵
I_c	临界电流
$\boldsymbol{i}_z$	轴向单位矢量
$\boldsymbol{i}_r$	径向单位矢量
$\boldsymbol{i}_\theta$	辐向单位矢量
J_i	阻尼分配系数
J	电流密度
K	磁场聚焦函数
k	倍频系数
k	谐波系数
k	电磁波在自由空间的传播常数
L	拉格朗日函数
L	磁铁元件排列周期长度、漂移室长度
l	曲线坐标中轨道长度
M	轨道上束团数目
m	偏转磁铁中的轨道弧长
m	粒子的质量
m_0	粒子的静止质量
N	轨道磁场周期数

N	粒子数
n	磁场对数梯度
n	束团耦合模式
n_0	单位体积内的气体分子数
P_γ	同步辐射功率
P	高频功率
P	几率
p	残余气体压强
p	粒子动量
p_s	同步粒子动量
p^*	粒子归一化动量
Q_x, Q_r	径向自由振荡频率
Q_z	轴向自由振荡频率
Q	广义坐标
q	广义坐标
q	过电压系数
R	平均轨道半径
R	束包络半径
R_p	漂移室半径
R_c	阴极半径
r	粒子的轨道半径
r_s	平衡轨道半径
r_0	瞬时平衡轨道半径
S	束流截面
s	轨道直线级长度
T	渡越时间因子
T	粒子运动周期
T_f	高频电场周期
T_ϕ	相振荡周期
$U(\phi)$	位能函数
U	位能
U_s	粒子每圈平均辐射能量
u	量子辐射的能量、电子速率
u_e	电子密度

u_{i}	离子密度
u_{g}	中性气体分子密度
V	高频电压
V_0	高频电压幅值
v	粒子运动的速度
W	粒子的动能
W	自由振荡能量
$\boldsymbol{X}$	粒子的矢量半径
x	粒子轨道的径向偏移
y	粒子轨道的横向偏移
z	粒子轨道的轴向偏移
Z	原子序数
Z	阻抗
$\alpha(l)$	横向振荡 α 函数
α_{p}	轨道膨胀因子
α_i	辐射阻尼系数
β	相对速度
$\beta(l)$	横向振荡 β 函数
β_{p}	基波的归一化相速度
γ	归一化能量
σ_x	自由振荡径向均方根偏差
σ_z	自由振荡轴向均方根偏差
σ_{ε}	能量振荡均方根偏差
τ_i	辐射阻尼时间常数
τ_{c}	库仑散射寿命
τ_{q}	量子寿命
τ_{T}	Touschek 寿命
τ	非同步粒子相对同步粒子的时间偏移
τ	加速周期
φ	高频电场相位
φ_{s}	平衡相位
Ψ	粒子轨道包围的总磁通
Ω	相振荡角频率、电子在磁场中的回旋频率
ω	粒子回旋角频率

ω_f	高频电场角频率
ω_x,ω_r	径向自由振荡角频率
ω_z	轴向自由振荡角频率
ω_s	同步粒子回旋角频率
ω_0	中心区或非同步粒子回旋角频率
$\gamma(l)$	横向振荡 γ 函数
δ	趋肤深度
ε	某一微小量、介质常数
ε	粒子的能量偏移
ε	束流发射度
ε_n	归一化发射度
η	跳相因子
$\eta(l)$	色散函数
η_A	电流修正因子
θ	辐角
Λ	束流发生扰动的角频率
λ	自由空间的波长
λ	某一常数
$\lambda(\theta)$	线电流密度
Ψ	自由振荡相位
μ	磁导率
μ	每个磁场周期内自由振荡的角度
$\mu(l)$	轨道磁场 μ 函数
ν	粒子运动的圈数
ξ	色品
ξ_0	自然色品
ξ_s	附加色品
ζ	某一变量
$\rho(l)$	轨道曲率半径
ρ_s	平衡轨道曲率半径
ρ	电荷密度
σ	常系数

目录

第 1 章

圆形加速器中带电粒子的运动方程与横向运动[1,2]

1.1 带电粒子在电磁场中的运动

由于多数加速器中用圆柱坐标比较方便，所以本书也以这个坐标为主。设柱坐标的单位矢量为 $\boldsymbol{i}_r,\boldsymbol{i}_\theta,\boldsymbol{i}_z$，带电粒子的质量为 m，其所携电荷为 e。

假定外界电磁场包含了三维空间的各个分量，即

电场强度　　$\boldsymbol{E}=\boldsymbol{i}_rE_r+\boldsymbol{i}_\theta E_\theta+\boldsymbol{i}_zE_z$

磁场强度　　$\boldsymbol{B}=\boldsymbol{i}_rB_r+\boldsymbol{i}_\theta B_\theta+\boldsymbol{i}_zB_z$

用 X 表示由坐标原点到粒子瞬时坐标位置 A 的矢径(见图 1.1)，则 $X=\boldsymbol{i}_rr+\boldsymbol{i}_zz$。

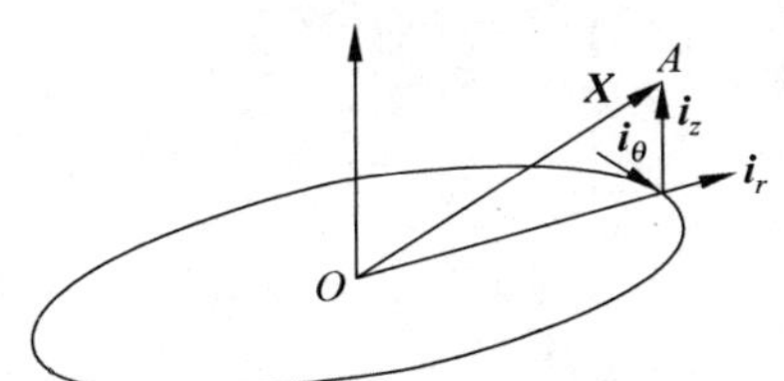

图 1.1　圆柱坐标系中粒子位置的表示

根据牛顿第二运动定律，粒子的运动可以表示为：

$$\frac{\mathrm{d}}{\mathrm{d}t}\left(m\frac{\mathrm{d}\boldsymbol{X}}{\mathrm{d}t}\right)=e\left(\frac{\mathrm{d}\boldsymbol{X}}{\mathrm{d}t}\times\boldsymbol{B}\right)+e\boldsymbol{E}\tag{1.1}$$

$\boldsymbol{X}$ 是矢量，它不仅反映数值大小随时间的变化，而且方向也随之变化，因而，除 r,z 是时间的函数外，$\boldsymbol{i}_r$ 及 $\boldsymbol{i}_z$ 也是时间的函数，即

$$\left.\begin{aligned}\frac{\mathrm{d}\boldsymbol{i}_r}{\mathrm{d}t}&=\frac{\mathrm{d}\boldsymbol{i}_r}{\mathrm{d}\theta}\cdot\frac{\mathrm{d}\theta}{\mathrm{d}t}=\boldsymbol{i}_\theta\,\dot{\theta}\\ \frac{\mathrm{d}\boldsymbol{i}_\theta}{\mathrm{d}t}&=\frac{\mathrm{d}\boldsymbol{i}_\theta}{\mathrm{d}\theta}\cdot\frac{\mathrm{d}\theta}{\mathrm{d}t}=-\boldsymbol{i}_r\,\dot{\theta}\\ \frac{\mathrm{d}\boldsymbol{i}_z}{\mathrm{d}t}&=0\end{aligned}\right\}\tag{1.2}$$

其中$\dot{\theta}$表示θ对时间的微分。

利用方程(1.2)可以把方程(1.1)的等号左端展开为：

$$\begin{aligned}\frac{\mathrm{d}}{\mathrm{d}t}\left(m\frac{\mathrm{d}\boldsymbol{X}}{\mathrm{d}t}\right)&=\frac{\mathrm{d}}{\mathrm{d}t}\left[m\frac{\mathrm{d}}{\mathrm{d}t}(\boldsymbol{i}_r r+\boldsymbol{i}_z z)\right]\\ &=\frac{\mathrm{d}}{\mathrm{d}t}\left[m\left(\boldsymbol{i}_r\frac{\mathrm{d}r}{\mathrm{d}t}+r\frac{\mathrm{d}\boldsymbol{i}_r}{\mathrm{d}t}+\boldsymbol{i}_z\frac{\mathrm{d}z}{\mathrm{d}t}+z\frac{\mathrm{d}\boldsymbol{i}_z}{\mathrm{d}t}\right)\right]\\ &=\frac{\mathrm{d}}{\mathrm{d}t}[\boldsymbol{i}_r(m\dot{r})+\boldsymbol{i}_\theta(mr\dot{\theta})+\boldsymbol{i}_z(m\dot{z})]\\ &=\boldsymbol{i}_r\left[\frac{\mathrm{d}}{\mathrm{d}t}(m\dot{r})-mr\dot{\theta}^2\right]+\boldsymbol{i}_\theta\frac{1}{r}\left[\frac{\mathrm{d}}{\mathrm{d}t}(mr^2\dot{\theta})\right]+\boldsymbol{i}_z\frac{\mathrm{d}}{\mathrm{d}t}(m\dot{z})\end{aligned}\tag{1.3}$$

根据矢量积定则，有：

$$\left.\begin{aligned}&\boldsymbol{i}_r\times\boldsymbol{i}_\theta=\boldsymbol{i}_z\\ &\boldsymbol{i}_\theta\times\boldsymbol{i}_z=\boldsymbol{i}_r\\ &\boldsymbol{i}_r\times\boldsymbol{i}_z=-\boldsymbol{i}_\theta\\ &\boldsymbol{i}_r\times\boldsymbol{i}_r=\boldsymbol{i}_\theta\times\boldsymbol{i}_\theta=\boldsymbol{i}_z\times\boldsymbol{i}_z=0\end{aligned}\right\}\tag{1.4}$$

将方程(1.1)右端展开为：

$$\dot{\boldsymbol{X}}\times\boldsymbol{B}=\begin{vmatrix}\boldsymbol{i}_r & \boldsymbol{i}_\theta & \boldsymbol{i}_z\\ \dot{r} & r\dot{\theta} & \dot{z}\\ B_r & B_\theta & B_z\end{vmatrix}$$

$$\left.\begin{aligned}&=\boldsymbol{i}_r(r\dot{\theta}B_z-\dot{z}B_\theta)+\boldsymbol{i}_\theta(\dot{z}B_r-\dot{r}B_z)+\boldsymbol{i}_z(\dot{r}B_\theta-r\dot{\theta}B_r)\\ \boldsymbol{E}&=\boldsymbol{i}_rE_r+\boldsymbol{i}_\theta E_\theta+\boldsymbol{i}_zE_z\end{aligned}\right\}\tag{1.5}$$

令左端等于右端，则方程(1.1)可以写为：

$$\begin{aligned}&\boldsymbol{i}_r\left[\frac{\mathrm{d}}{\mathrm{d}t}(m\dot{r})-mr\dot{\theta}^2\right]+\boldsymbol{i}_\theta\frac{1}{r}\left[\frac{\mathrm{d}}{\mathrm{d}t}(mr^2\dot{\theta})\right]+\boldsymbol{i}_z\frac{\mathrm{d}}{\mathrm{d}t}(m\dot{z})\\ &=\boldsymbol{i}_re(r\dot{\theta}B_z-\dot{z}B_\theta)+\boldsymbol{i}_\theta e(\dot{z}B_r-\dot{r}B_z)+\boldsymbol{i}_ze(\dot{r}B_\theta-r\dot{\theta}B_r)+\\ &\quad\boldsymbol{i}_reE_r+\boldsymbol{i}_\theta eE_\theta+\boldsymbol{i}_zeE_z\end{aligned}\tag{1.6}$$

依矢量$\boldsymbol{i}_r$,$\boldsymbol{i}_\theta$及$\boldsymbol{i}_z$将方程(1.6)分解为三个方向的运动，于是便得到带电粒子在电磁场中的运动方程(圆柱坐标)：

径向：$$\frac{\mathrm{d}}{\mathrm{d}t}(m\dot{r})-mr\dot{\theta}^2=e(r\dot{\theta}B_z-\dot{z}B_\theta)+eE_r \tag{1.7a}$$

辐向：$$\frac{1}{r}\cdot\frac{\mathrm{d}}{\mathrm{d}t}(mr^2\dot{\theta})=e(\dot{z}B_r-\dot{r}B_z)+eE_\theta \tag{1.7b}$$

轴向(垂直方向)：$$\frac{\mathrm{d}}{\mathrm{d}t}(m\dot{z})=e(\dot{r}B_\theta-r\dot{\theta}B_r)+eE_z \tag{1.7c}$$

其中 m 满足以下关系：

$$m=\frac{m_0}{\sqrt{1-\frac{1}{c^2}(\dot{r}^2+r^2\dot{\theta}^2+\dot{z}^2)}} \tag{1.7d}$$

或将方程(1.7a)～(1.7d)改写为更常见的形式：

$$\frac{\mathrm{d}}{\mathrm{d}t}\left(\frac{E}{c^2}\dot{r}\right)-\frac{E}{c^2}r\dot{\theta}^2=e(r\dot{\theta}B_z-\dot{z}B_\theta)+eE_r \tag{1.8a}$$

$$\frac{1}{r}\cdot\frac{\mathrm{d}}{\mathrm{d}t}\left(\frac{E}{c^2}r^2\dot{\theta}\right)=e(\dot{z}B_r-\dot{r}B_z)+eE_\theta \tag{1.8b}$$

$$\frac{\mathrm{d}}{\mathrm{d}t}\left(\frac{E}{c^2}\dot{z}\right)=e(\dot{r}B_\theta-r\dot{\theta}B_r)+eE_z \tag{1.8c}$$

$$E=\frac{E_0}{\sqrt{1-\frac{1}{c^2}(\dot{r}^2+r^2\dot{\theta}^2+\dot{z}^2)}} \tag{1.8d}$$

其中 E_0 及 E 分别表示带电粒子的静止能量及总能量；$\dot{r}$ 及 $\dot{z}$ 分别表示相应参数对时间的微分。

目前,带电粒子在任意电磁场中的运动,都可以通过以上方程组表示。

1.2　带电粒子在磁场中的运动

1.2.1　带电粒子在均匀磁场中的运动

先从最简单的电磁场形式入手,即假定电场不存在,磁场为均匀直流磁场,于是有：

$$\left.\begin{aligned}&\boldsymbol{E}_r=\boldsymbol{E}_\theta=\boldsymbol{E}_z=0\\&\boldsymbol{B}=\boldsymbol{i}_zB_z\\&\boldsymbol{B}_\theta=\boldsymbol{B}_r=0\end{aligned}\right\} \tag{1.9}$$

首先证明带电粒子在磁场中运动的第一个规律,即带电粒子在直流磁场中运动的过程中,各个方向上的速度分量都可能随时间而异,但粒子总的能量一直保持为常数。将方程(1.9)代入方程(1.8a)～(1.8d),则可得到带电粒子在均匀磁场中的运动方程组：

$$\frac{\mathrm{d}}{\mathrm{d}t}\left(\frac{E}{c^2}\dot{r}\right)-\frac{E}{c^2}r\dot{\theta}^2=er\dot{\theta}B_z \tag{1.10a}$$

$$\frac{1}{r}\cdot\frac{\mathrm{d}}{\mathrm{d}t}\left(\frac{E}{c^2}r^2\dot{\theta}\right)=-e\dot{r}B_z \tag{1.10b}$$

$$\frac{\mathrm{d}}{\mathrm{d}t}\left(\frac{E}{c^2}\dot{z}\right)=0 \tag{1.10c}$$

$$E=\frac{E_0}{\sqrt{1-\frac{1}{c^2}(\dot{r}^2+r^2\dot{\theta}^2+\dot{z}^2)}} \tag{1.10d}$$

将方程(1.10a)，(1.10b)，(1.10c)的两端分别乘以$\frac{E}{c^2}\dot{r}$，$\frac{E}{c^2}\dot{\theta}$及$\frac{E}{c^2}\dot{z}$，并叠加起来，便可得到：

$$\frac{1}{2}\cdot\frac{\mathrm{d}}{\mathrm{d}t}\left[\frac{E^2}{c^4}(\dot{r}^2+r^2\dot{\theta}^2+\dot{z}^2)\right]=0$$

又由式(1.8d)知道：

$$\frac{1}{c^2}(\dot{r}^2+r^2\dot{\theta}^2+\dot{z}^2)=1-\left(\frac{E_0}{E}\right)^2$$

代入上式，便得到：

$$\frac{1}{c^2}\cdot\frac{\mathrm{d}}{\mathrm{d}t}\left[E^2\left(1-\frac{E_0^2}{E^2}\right)\right]=0$$

由此得到要证明的结论：

$$\frac{\mathrm{d}E}{\mathrm{d}t}=0 \tag{1.11}$$

其次证明带电粒子在均匀磁场中运动的第二个重要规律：当带电粒子以与磁力线垂直的方向入射到均匀磁场中时，其轨迹是一个圆。由数学知识知道，质点运动轨迹的曲率半径可用下式表示：

$$\rho=\frac{(r^2+r'^2)^{3/2}}{r^2+2r'^2-rr''} \tag{1.12}$$

其中，r为由坐标中心到粒子轨迹上任意一点的距离；r'为r对辐角θ的导数；r''为r对θ的二次导数。又由式(1.10a)和式(1.10b)，将对时间的导数换成对θ的导数，得到：

$$\frac{E}{c^2}(r'\ddot{\theta}+\dot{\theta}^2r'')=\frac{E}{c^2}r\dot{\theta}^2+er\dot{\theta}B_z$$

$$\frac{E}{c^2}(r^2\ddot{\theta}+2rr'\dot{\theta}^2)=-err'\dot{\theta}B_z$$

将以上两式两端分别乘以 r^2 及 r'，消去 $\ddot{\theta}$ 项，于是得到：

$$\frac{E}{c^2}(r^2+2r'^2-rr'')\dot{\theta}=-e(r^2+r'^2)B_z \tag{1.13a}$$

又因运动局限于 $z=$ 常数的平面内，故 $\dot{z}=0$。又由式(1.10d)，令其中 $\dot{z}=0,\dot{r}=r'\dot{\theta}$，则得到：

$$\dot{\theta}=\frac{\beta c}{\sqrt{r^2+r'^2}} \tag{1.13b}$$

其中 β 表示带电粒子的相对速度，$\beta^2=\frac{1}{c^2}(\dot{r}^2+\dot{z}^2+r^2\dot{\theta}^2)$。将 $\dot{\theta}$ 值代入式(1.13)，则得到：

$$\frac{(r^2+r'^2)^{3/2}}{r^2+2r'^2-rr''}=-\frac{E\beta}{ecB_z}$$

代入式(1.12)后，得到轨道曲率半径为：

$$\rho=-\frac{E\beta}{ecB_z} \tag{1.14}$$

因粒子处于均匀磁场之中，$B_z=$ 常数，$E=$ 常数，因而 β 也是常数，故在均匀磁场中粒子轨道的曲率半径 ρ 处处相同。但是这并不等于说 r 也同时是常数。如果使 r 也是常数，必须附加一个条件，即带电粒子入射到均匀磁场时，初始轨道半径 r 应满足：

$$r=-\frac{E\beta}{ecB_z} \tag{1.15}$$

并且入射方向必须与 r 垂直，如图 1.2(a)所示。当上述条件不满足时，粒子轨道仍是一个圆，只是这个圆的中心不在坐标原点，如图 1.2(b)所示。

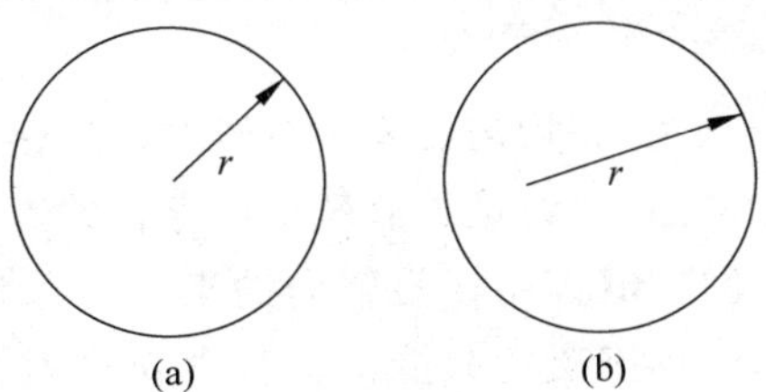

图 1.2　带电粒子在均匀磁场的运动轨迹

当方程(1.15)满足后，因 $\dot{r}=0$，即 $r'=0$，由方程(1.13b)可以得到：

$$\dot{\theta}=\frac{\beta c}{r}=-\frac{ec^2B_z}{E} \tag{1.16}$$

方程(1.15)及(1.16)中右项前的负号意义如下：若按右手定则取单位矢量 $\boldsymbol{i}_r,\boldsymbol{i}_\theta,\boldsymbol{i}_z$，则当带正电的粒子沿 θ 正方向运动时，B_z 必须是与 $\boldsymbol{i}_z$ 异向的。

1.2.2 带电粒子在均匀磁场中运动的稳定性

前面讨论了带电粒子在均匀磁场中运动的轨迹，本节要进一步讨论粒子在这种磁场中运动的稳定性。对于回旋式加速器，磁场不仅用来保持粒子做圆周运动，以便实现重复加速，而且磁场的分布必须能保证当粒子由于任何原因偏离理想轨道一个微量时，能自动恢复，不继续恶化。实际上，粒子在被加速过程中许多因素会使粒子不能始终沿理想轨道运动，如气体散射、核散射、量子辐射等都可能导致带电粒子离开预定轨道运动。寻找稳定运动的磁场分布是加速器理论的课题之一。

在均匀磁场中，由方程(1.10c)知道，在轴向的运动不存在恢复力。将方程(1.10c)的两端对时间积分便得到：

$$\dot{z} = 常数$$

或

$$z' = 常数$$

即当粒子在垂直方向有一微小的速度分量时，这个速度分量将导致粒子轨道平面连续沿 z 轴垂直移动。由于加速器的真空室是有限的，这种连续轨道平面运动将造成束流损失。例如，在电子回旋加速器中，如果不采取措施增加轴向聚焦，束流很难完成多次加速并引出真空室。因此，可以认为完全均匀的磁场对粒子垂直方向的运动是不稳定的。

其次研究径向运动。从前面的讨论中已经知道，不论粒子在注入时是否满足 $r_i = -\dfrac{E\beta}{ecB_z}$，粒子运动轨迹总是一个圆周。因此，可以得出结论：在均匀磁场中粒子的径向运动是稳定的，因为径向偏离理想轨迹，不会导致偏离量进一步增加。

根据以上分析可以认为，在均匀磁场中粒子的轴向运动不稳定，而径向运动是稳定的。但是以后会知道，在讨论了非理想场存在的影响后，发现径向运动也是不稳定的，而这种非理想场(即磁场沿辐向的不均匀分量)实际上是难以避免的。因此，一般说来，均匀形态磁场只能保证带电粒子做圆周运动，而不能保证运动的稳定。

1.2.3 带电粒子在径向不均匀磁场中的运动

现在研究的径向不均匀磁场满足这样的条件：磁力线与 $z=0$ 平面相交，磁场对该平面上下对称，沿辐向均匀分布，这时该空间任一点的磁场都含有两个分量：

$$\boldsymbol{B} = \boldsymbol{i}_r B_r + \boldsymbol{i}_z B_z \tag{1.17}$$

其中,$B_z(z)=B_z(-z)$,$B_r(z)=-B_r(z)$。在 $z=0$ 平面上,$B_r=0$。将方程(1.17)代入方程(1.8a)~(1.8d),便得到径向不均匀磁场中粒子的运动方程组:

$$\frac{\mathrm{d}}{\mathrm{d}t}\left(\frac{E}{c^2}\dot{r}\right)=\frac{E}{c^2}r\dot{\theta}^2+er\dot{\theta}B_z \tag{1.18a}$$

$$\frac{1}{r}\cdot\frac{\mathrm{d}}{\mathrm{d}t}\left(\frac{E}{c^2}r^2\dot{\theta}\right)=e(\dot{z}B_r-\dot{r}B_z) \tag{1.18b}$$

$$\frac{\mathrm{d}}{\mathrm{d}t}\left(\frac{E}{c^2}\dot{z}\right)=-er\dot{\theta}B_r \tag{1.18c}$$

$$E=\frac{E_0}{\sqrt{1-\frac{1}{c^2}(\dot{r}^2+r^2\dot{\theta}^2+\dot{z}^2)}} \tag{1.18d}$$

从方程(1.18c)中可以看出,由于磁场径向分量的存在,在轴向运动中出现了洛伦兹力,因此,只要恰当地选择 B_r 的分布形式,就有可能使垂直方向运动满足稳定条件。

1.2.4 带电粒子在径向不均匀磁场中运动的稳定性

现在来讨论径向不均匀磁场中粒子运动的稳定问题。在这种磁场中,不难证明当带电粒子入射到磁场中时,满足 $r_i=-\frac{E\beta}{ecB_z}$,并且速度方向与圆周轨道相切,则粒子运动的轨迹仍然是一个圆周。换句话说,在径向不均匀磁场中总可以找到这样一个轨道半径的圆周,一定能量的粒子沿这个圆周切线注入时,其感受的惯性离心力与向心力相等,因此,粒子将一直沿这个圆周运动下去。这个圆周称为平衡轨道*。

由于所研究的径向不均匀磁场对 $z=0$ 平面上下对称,因此平衡轨道落在 $z=0$平面上(只有在这个平面上,轴向的洛伦兹力才为零)。平衡轨道的径向位置由下式决定:

$$r_s=-\frac{E\beta}{ecB_z(r_s)} \tag{1.19}$$

其中 r_s 表示平衡轨道半径。

平衡轨道不一定都是稳定的。判断平衡轨道是否稳定的方法是:假定由于任何外界原因使粒子的轨道与平衡轨道有一个微小的偏差,如果磁场的洛伦兹力能使这个偏差不再继续发展,便认为这个轨道是稳定的。反之,如果导致偏差的进一步恶化,即粒子的实际轨道继续偏离平衡轨道,则这个平衡轨道是不稳定

* 当有加速场存在时,平衡轨道的概念就不同了。那时,轨道半径可以是不变的,也可以是变化的。

的。这就是判断轨道稳定的“微扰法”。

先讨论轨道的径向不稳定性。

假定在 $z=0$ 平面上磁场的分布满足如下关系：

$$B = B_z(r) = A/r^n \tag{1.20}$$

其中 A 和 n 都是常数。又假定粒子运动轨道的径向坐标 r 偏离一个小量 x，即轨道径向位置变为：

$$r = r_s + x \tag{1.21}$$

其中 x 是一个微小量，$x \ll r_s$。根据以上假设，将方程(1.20)围绕 r_s 展开，并略去高次项，如 $x^2/r_s^2\cdots$，只取一级近似，则得到 $B_z(r)$的一级近似的表达式：

$$\begin{aligned} B_z(r) = A/r^n &= A/(r_s + x)^n \\ &= \frac{A}{r_s^n}\left[1 - \frac{nx}{r_s} + \frac{n(n+1)}{2!}\left(\frac{x}{r_s}\right)^2 - \cdots\right] \\ &\approx \frac{A}{r_s^n}\left(1 - \frac{nx}{r_s}\right) = B_z(r_s)\left(1 - \frac{nx}{r_s}\right) \end{aligned} \tag{1.22}$$

又因粒子在磁场中运动时，其切线方向速度大于径向速度分量，即 $r\dot{\theta} > \dot{r}$，$r\dot{\theta} > \dot{z}$，因此 $\dot{r}^2 \ll (r\dot{\theta})^2$，$\dot{z}^2 \ll (r\dot{\theta})^2$，则式(1.18d)可以取一级近似，变为：

$$E = \frac{E_0}{\sqrt{1 - \frac{1}{c^2}(r^2\dot{\theta}^2 + \dot{r}^2 + \dot{z}^2)}} \approx \frac{E_0}{\sqrt{1 - \frac{1}{c^2}(r\dot{\theta})^2}}$$

又在平衡轨道上的粒子满足同样关系：

$$E_s = \frac{E_0}{\sqrt{1 - \frac{1}{c^2}(r_s\dot{\theta}_s)^2}}$$

其中$\dot{\theta}_s$ 表示在平衡轨道 r_s 上的粒子角速度。

根据能量守恒的原理，$E=E_s$，可以得到：

$$(r\dot{\theta})^2 \approx (r_s\dot{\theta}_s)^2$$

即

$$r\dot{\theta} \approx r_s\dot{\theta}_s = \beta_s c \tag{1.23}$$

由以上结果不难得到常用的如下关系式：

$$\dot{\theta}_s = \frac{\beta_s c}{r_s} = -\frac{ec^2 B_z(r_s)}{E_s} \tag{1.24}$$

$$\dot{\theta} \approx \dot{\theta}_s\left(1 - \frac{x}{r_s}\right) \tag{1.25}$$

现在将径向运动方程(1.18a)围绕 r_s 展开，先展开左端，由于能量不变，因而有：

$$\frac{\mathrm{d}}{\mathrm{d}t}\left(\frac{E}{c^2}\dot{r}\right)=\frac{E}{c^2}\ddot{x}$$

再展开右端：

$$\begin{aligned}\frac{E}{c^2}r\dot{\theta}^2+er\dot{\theta}B_z(r)&=\frac{E}{c^2}(r_s+x)\dot{\theta}_s^2\left(1-\frac{x}{r_s}\right)^2+\\&\quad e(r_s+x)\times\dot{\theta}_s\left(1-\frac{x}{r_s}\right)B_z(r_s)\left(1-\frac{nx}{r_s}\right)\\&=\frac{E}{c^2}r_s\dot{\theta}_s^2\left(1+\frac{x}{r_s}\right)\left(1-\frac{x}{r_s}\right)^2+er_s\dot{\theta}_s\times\\&\quad B_z(r_s)\left(1+\frac{x}{r_s}\right)\left(1-\frac{x}{r_s}\right)\left(1-\frac{nx}{r_s}\right)\\&\approx\frac{E}{c^2}r_s\dot{\theta}_s^2\left(1-\frac{x}{r_s}\right)+er_s\dot{\theta}_sB_z(r_s)\left(1-\frac{nx}{r_s}\right)\\&=\frac{E}{c^2}r_s\dot{\theta}_s^2\left(1-\frac{x}{r_s}\right)-\frac{E}{c^2}r_s\dot{\theta}_s^2\left(1-\frac{nx}{r_s}\right)\\&=-\frac{E}{c^2}\dot{\theta}_s^2(1-n)x\end{aligned}$$

因为左右两端相等，于是得到：

$$\frac{E}{c^2}\ddot{x}=-\frac{E}{c^2}\dot{\theta}_s^2(1-n)x$$

或

$$\ddot{x}+(1-n)\dot{\theta}_s^2x=0 \tag{1.26}$$

如果用对辐角 θ 的微分代替对 t 的微分，则上式变为：

$$x''+(1-n)x=0 \tag{1.27}$$

x' 表示对辐角 θ 取导数。

由方程(1.27)不难看出，径向运动稳定的条件是 $1-n>0$。当 $1-n>0$ 时，径向运动为简谐运动，即任何偏离平衡轨道的微小量 x，由于磁场的作用，不会继续无限制地扩张，因此运动是稳定的。相反，如果 $1-n<0$，则方程(1.27)的解是双曲函数，x 将依指数增长，使粒子的轨道不断远离平衡轨道 r_s。因此，这种情况是不稳定的。

综上所述，粒子径向运动的稳定条件是：

$$n<1 \tag{1.28}$$

在稳定运动条件满足以后，粒子的径向运动轨迹可以由解方程(1.27)得到，即

$$r=r_s+C\cos\sqrt{1-n}\,\theta+D\sin\sqrt{1-n}\,\theta$$

初始运动条件是：

$$r_i = r_s + x_i$$
$$r_i' = \gamma_r r_s$$

其中 γ_r 为粒子初始运动方向与平衡轨道切线方向的夹角。将初始条件代入以上 r 的表达式，得到：

$$r = r_s + x_i \cos\sqrt{1-n}\,\theta + \frac{\gamma_r r_s}{\sqrt{1-n}}\sin\sqrt{1-n}\,\theta \tag{1.29}$$

这就是径向稳定运动的轨迹表示式，或称径向振荡的轨迹表达式。其振荡幅值为：

$$a_r = \sqrt{x_i^2 + \frac{\gamma_r^2 r_s^2}{1-n}} \tag{1.30}$$

振荡角频率为 ω_r，即

$$\omega_r = \sqrt{1-n}\,\dot{\theta}_s \tag{1.31}$$

或写作 $\omega_r = \sqrt{1-n}\,\omega_s$，$\omega_s$ 为粒子沿平衡轨道运动的角频率。如果不是计算每秒振荡的弧度，而是粒子每转动 1 圈时间内粒子振荡的周期数，这时振荡频率用 Q_r 表示：

$$Q_r = \sqrt{1-n} \tag{1.32}$$

一般因 $0<n<1$，故 $Q_r<1$，即粒子每运动 1 圈时间，振荡不到 1 次。

总之，由于注入条件或其他原因使粒子偏离平衡轨道时，粒子受磁场力的作用，使其围绕 r_s 做小幅度的简谐运动，简称其为自由振荡。又因为这种运动首先是在电子感应加速器中研究的，所以又称之为电子感应加速器振荡。

现在讨论轴向（垂直）运动。为此，先要找出 B_r 分量的分布来。由于假定的磁场在 $z=0$ 平面上，$B_z=A/r^n$，$B_r=0$，只有在偏离 $z=0$ 平面上，才有 B_r 分量。根据马克劳林公式，可以得到 B_r 分量沿 z 方向的表示式为：

$$B_r(z) = B_r(0) + \left.\frac{\partial B_r}{\partial z}\right|_{z=0} z + \left.\frac{\partial^2 B_r}{\partial z^2}\right|_{z=0}\frac{z^2}{2!} + \cdots + \left.\frac{\partial^n B_r}{\partial z^n}\right|_{z=0}\frac{z^n}{n!} + \cdots$$

取一级近似，略去 z^2 及其以上的高次项，并考虑到 $B_r(0)=0$，于是得到：

$$B_r(z) = \left.\frac{\partial B_r}{\partial z}\right|_{z=0} z = -\frac{n}{r}B_z z \tag{1.33}$$

如果仅限于研究 $r=r_s$ 轨道附近的轴向运动，令上式中 $r=r_s$，则得到平衡轨道附近的 B_r 分量为：

$$B_r(z) = -\frac{nz}{r_s}B_z(r_s) \tag{1.34}$$

设粒子偏离 $z=0$ 平面一个微量 z，将方程(1.34)中的 B_r 代入轴向运动方程(1.18c)，则可以得到轴向粒子运动方程的微扰运动表示式：

$$\ddot{z} + \dot{\theta}_s^2 nz = 0 \tag{1.35}$$

或取对 θ 的导数代替对时间的导数，又可得到更简单的运动方程：

$$z'' + nz = 0 \tag{1.36}$$

因此轴向运动的稳定条件是：

$$n > 0 \tag{1.37}$$

当 $n>0$ 时，运动是简谐运动形式，轴向运动的轨迹可以用下式描写：

$$z = z_i \cos\sqrt{n}\theta + \frac{\gamma_z r_s}{\sqrt{n}} \sin\sqrt{n}\theta \tag{1.38}$$

其中 z_i 为初始轴向(垂直)偏离 $z=0$ 平面的大小，γ_z 为初始运动方向与 $z=0$ 平面的夹角。

轴向围绕 $z=0$ 平面的简谐运动又称为轴向自由振荡，其振荡频率为：

$$\omega_z = \sqrt{n}\omega_s \tag{1.39}$$

每圈自由振荡次数为：

$$Q_z = \sqrt{n} \tag{1.40}$$

轴向自由振荡幅值为：

$$a_z = \sqrt{z_i^2 + \frac{\gamma_z^2 r_s^2}{n}} \tag{1.41}$$

从上边径向和轴向两个方向的运动稳定性研究中可以得出结论：为了同时满足径向和轴向运动的稳定要求，磁场对数梯度 n 值必须选择在以下范围：

$$0 < n < 1 \tag{1.42}$$

同时，由方程(1.30)和(1.41)可以看出，n 值愈接近零，径向自由振荡幅值愈小，轴向自由振荡幅值愈大，即径向聚焦力加强，而轴向聚焦力减弱。相反，如果 n 值愈接近1，径向自由振荡幅值增大，轴向自由振荡幅值减小，即径向聚焦力减弱，轴向聚焦力加强。为了使两个方向上都保持一定的聚焦能力，n 值一般不宜选择在 $n=0$ 和 $n=1$ 两个边值附近。

1.2.5 带电粒子在三维磁场中的运动

现在讨论三维磁场，即除含有 B_z 和 B_r 分量以外，还同时含有 B_θ 分量的磁场中粒子运动的规律。三维磁场可以表示为：

$$\boldsymbol{B} = \boldsymbol{i}_r B_r + \boldsymbol{i}_\theta B_\theta + \boldsymbol{i}_z B_z \tag{1.43}$$

仍然限定在 $z=0$ 平面上只有 B_z 分量，在偏离这个平面的地方才有 B_r 及 B_θ 磁场分量存在。

由方程(1.8a)～(1.8d)可求得带电粒子在三维磁场中的运动方程为：

$$\frac{\mathrm{d}}{\mathrm{d}t}\left(\frac{E}{c^2}\dot{r}\right) = \frac{E}{c^2} r\dot{\theta}^2 + e(r\dot{\theta}B_z - \dot{z}B_\theta) \tag{1.44a}$$

$$\frac{1}{r}\cdot\frac{\mathrm{d}}{\mathrm{d}t}\left(\frac{E}{c^2}r^2\dot{\theta}\right)=e(\dot{z}B_r-\dot{r}B_z) \tag{1.44b}$$

$$\frac{\mathrm{d}}{\mathrm{d}t}\left(\frac{E}{c^2}\dot{z}\right)=e(\dot{r}B_\theta-r\dot{\theta}B_r) \tag{1.44c}$$

$$E=\frac{E_0}{\sqrt{1-\frac{1}{c^2}(\dot{r}^2+r^2\dot{\theta}^2+\dot{z}^2)}} \tag{1.44d}$$

如果用变量 θ 代替变量 t，则径向与轴向运动方程可以写为：

$$r''-\frac{2r'^2}{r}-r=-\frac{e}{m}\cdot\frac{\sqrt{r'^2+r^2+z'^2}}{v}\left(rB_z-z'B_\theta-\frac{z'r'}{r}B_r+\frac{r'^2}{r}B_z\right) \tag{1.45a}$$

$$z''-\frac{2r'z'}{r}=-\frac{e}{m}\cdot\frac{\sqrt{r'^2+r^2+z'^2}}{v}\left(r'B_\theta-rB_r-\frac{z'^2}{r}B_r+\frac{z'r'}{r}B_z\right) \tag{1.45b}$$

假定在中心轨道平面上（即 $z=0$ 平面）只有 z 方向的磁场，其表达式[3]为：

$$B_z=B(r)[1+\varepsilon f(r,\theta)] \tag{1.46}$$

其中 ε 为一常量，$\varepsilon<1$。$f(r,\theta)$ 为随 r 及 θ 变化的一个函数。

根据麦克斯韦方程，不难求出空间磁场的三个分量 B_z, B_θ, B_r，代入方程(1.45a)和(1.45b)，略去三级及三级以上小量后，得到径向与轴向微扰运动方程：

$$\begin{aligned}&x''+\left[1+n+\varepsilon R\frac{\partial f}{\partial r}+(2+n)\varepsilon f\right]x+\\&\left[\frac{d}{R}+\frac{3}{2R}+\frac{2n}{R}+\frac{\varepsilon f}{R}\left(\frac{3}{2}+n+d\right)+\varepsilon(2+n)\frac{\partial f}{\partial r}+\frac{\varepsilon R}{2}\cdot\frac{\partial^2 f}{\partial r^2}\right]x^2-\\&\left(\frac{1}{2R}-\frac{3}{2R}\varepsilon f\right)x'^2+\frac{1}{2}\left[\frac{n+2d}{R}(1+\varepsilon f)+(1+2n)\varepsilon\frac{\partial f}{\partial r}+\varepsilon R\frac{\partial^2 f}{\partial r^2}+\right.\\&\left.\frac{\varepsilon}{R}\cdot\frac{\partial^2 f}{\partial\theta^2}\right]z^2-\frac{\varepsilon}{R}\cdot\frac{\partial f}{\partial\theta}zz'+\frac{1}{2R}(1+\varepsilon f)z'^2=-\varepsilon Rf\end{aligned} \tag{1.47a}$$

$$\begin{aligned}&z''-\left(n+\varepsilon nf+\varepsilon R\frac{\partial f}{\partial r}\right)z-\left[\frac{2}{R}(n+d)+\frac{2\varepsilon}{R}(n+d)f+2\varepsilon(1+n)\frac{\partial f}{\partial r}+\right.\\&\left.\varepsilon R\frac{\partial^2 f}{\partial r^2}\right]zx+\frac{\varepsilon}{R}\cdot\frac{\partial f}{\partial\theta}zx'-\left(\frac{1}{R}-\frac{\varepsilon f}{R}\right)z'x'=0\end{aligned} \tag{1.47b}$$

其中 $x=r-R$，

$$n=\frac{R}{B(z)}\cdot\left.\frac{\mathrm{d}B(r)}{\mathrm{d}r}\right|_{r=R},$$

$$d=\frac{R^2}{2B(R)}\left[\frac{\mathrm{d}^2B(r)}{\mathrm{d}r^2}\right]_{r=R},$$

$f,\frac{\partial f}{\partial r},\frac{\partial f}{\partial \theta},\cdots$均得在 $r=R$ 处取值。

在 $z=0$ 平面上，由于磁场沿辐角方向分布不均匀，因此，平衡状态(即无自由振荡)的粒子轨道必然不是一个圆，而是一个曲率半径不一样的闭合曲线。这个闭合曲线可以视为是对平均轨道 R 的一个小的微扰。假定这个闭合曲线的半径为 r_s，$r_s=r_s(\theta)$，写成微扰形式，则为：

$$r_s = R + x_s(\theta) \tag{1.48}$$

在一级近似的情况下，$x_s(\theta)$值不难由方程(1.47a)求出，如果用 x_s 代替 x，并且略去二级及二级以上高次项，则方程(1.47a)变为：

$$x''_s + \left[1 + n + \varepsilon R \frac{\partial f}{\partial r} + (2+n)\varepsilon f\right]x_s = -\varepsilon R f \tag{1.49}$$

令 $x=x+x_s$ 并代入方程(1.47a)及(1.47b)，则得到围绕平衡轨道 r_s 的自由振荡方程为：

$$\begin{aligned}x'' + \Big[&1 + n + \varepsilon R\frac{\partial f}{\partial r} + (2+n)\varepsilon f + \frac{1}{R}(3+4n+2d)x_s + \\ &\frac{2\varepsilon f}{R}\left(\frac{3}{2}+n+d\right)x_s + 2\varepsilon(2+n)\frac{\partial f}{\partial r}x_s + \varepsilon R\frac{\partial^2 f}{\partial r^2}x_s\Big]x - \\ &\frac{1}{R}(1-\varepsilon f)x'x'_s = 0\end{aligned} \tag{1.50a}$$

$$\begin{aligned}z'' - \Big[&n + \varepsilon n f + \varepsilon R\frac{\partial f}{\partial r} + \frac{2}{R}(n+d)x_s + \frac{2\varepsilon}{R}(n+d)f x_s + 2\varepsilon(1+n)\frac{\partial f}{\partial r}x_s + \\ &\varepsilon R\frac{\partial^2 f}{\partial r^2}x_s - \frac{\varepsilon}{R}\cdot\frac{\partial f}{\partial \theta}x'_s\Big]z - \frac{1}{R}(1-\varepsilon f)z'x'_s = 0\end{aligned} \tag{1.50b}$$

设方程(1.46)中磁场系阿基米德螺旋线[3]，即

$$f = \sin\left(\frac{2\pi R}{2\pi\lambda} - N\theta\right) \tag{1.51}$$

其中 $2\pi\lambda$ 代表螺旋线的跨距，N 代表螺旋线的根数。由方程(1.49)可以求出 x_s，即

$$x_s = \frac{\varepsilon R}{N^2-(1+n)}\sin\left(\frac{R}{\lambda} - N\theta\right) - \frac{\varepsilon^2 R(2+n)}{2[N^2-(1+n)](1+n)} \tag{1.52}$$

将式(1.52)代入方程(1.50a)和(1.50b)，可以得到略去高次项和小量的阿基米德螺旋线磁场中粒子的自由振荡方程，即

$$\begin{aligned}x'' + \Big\{&1 + n - \frac{\varepsilon^2 R^2}{2\lambda^2[N^2-(1+n)]} + \frac{\varepsilon R}{\lambda}\cos\left(\frac{R}{\lambda}-N\theta\right) - \frac{\varepsilon^2(2+n)}{2(1+n)}\times \\ &\frac{3+4n+2d}{N^2-(1+n)} + \varepsilon(2+n)\sin\left(\frac{R}{\lambda}-N\theta\right)\Big\}x = 0\end{aligned} \tag{1.53a}$$

$$z'' + \left\{ -n + \frac{\varepsilon^2}{N^2 - (1+n)} \left(\frac{N^2}{2} + \frac{n+d}{n+1} \right) + \frac{\varepsilon^2 R^2}{2\lambda^2 [N^2 - (1+n)]} - \frac{\varepsilon R}{\lambda} \cos\left(\frac{R}{\lambda} - N\theta \right) - \varepsilon n \sin\left(\frac{R}{\lambda} - N\theta \right) z \right\} = 0 \tag{1.53b}$$

如果用 ξ 变量代替 θ，其中

$$2\xi = \frac{R}{\lambda} - N\theta \tag{1.54}$$

则方程(1.53)变为 Mathieu 方程，即

$$\frac{\mathrm{d}^2 x}{\mathrm{d}\xi^2} + (a_r + 2q_r \cos 2\xi) x = 0 \tag{1.55a}$$

$$\frac{\mathrm{d}^2 z}{\mathrm{d}\xi^2} + (a_z - 2q_z \cos 2\xi) z = 0 \tag{1.55b}$$

其中

$$a_r = \frac{4}{N^2} \left\{ 1 + n - \frac{\varepsilon^2 R^2}{2\lambda^2 [N^2 - (1+n)]} - \frac{\varepsilon^2 (2+n)}{2(1+n)} \cdot \frac{3 + 4n + 2d}{[N^2 - (1+n)]} \right\} \tag{1.56a}$$

$$q_r = \frac{2}{N^2} \cdot \frac{\varepsilon R}{\lambda} \tag{1.56b}$$

$$a_z = \frac{4}{N^2} \left\{ -n + \frac{\varepsilon^2}{N^2 - (1+n)} \left(\frac{N^2}{2} + \frac{n+d}{n+1} \right) + \frac{\varepsilon^2 R^2}{2\lambda^2 [N^2 - (1+n)]} \right\} \tag{1.56c}$$

$$q_z = \frac{2}{N^2} \cdot \frac{\varepsilon R}{\lambda} \tag{1.56d}$$

根据求解 Mathieu 方程的方法，可以得到自由振荡的主振荡频率[4]为：

$$Q_{r,z} = \frac{N}{2} \mu_{r,z} \tag{1.57}$$

其中 μ 值可由下式决定(当 $a>0$ 时)：

$$\cos \mu\pi = \cos \pi\sqrt{a} - \frac{\pi^2}{4} \cdot \frac{\sin \pi\sqrt{a}}{\pi\sqrt{a}} \cdot \frac{q^2}{1-a} \tag{1.58}$$

方程(1.58)可以给出相当精确的 μ 的解来。

当阿基米德螺旋线磁场表达式中的 $\lambda \to \infty$ 时，磁场形态变为托马斯磁场，即

$$B_z = B(r)(1 - \varepsilon \sin N\theta) \tag{1.59}$$

$$f = -\sin N\theta \tag{1.60}$$

这时，自由振荡方程变为：

$$x''+\left[1+n-\frac{\varepsilon^2(2+n)}{2(1+n)}\cdot\frac{3+4n+2d}{N^2-(1+n)}-(2+n)\varepsilon\sin N\theta\right]x=0 \tag{1.61a}$$

$$z''+\left[-n+\frac{\varepsilon^2}{N^2-(1+n)}\left(\frac{N^2}{2}+\frac{n+d}{n+1}\right)+\varepsilon n\sin N\theta\right]z=0 \tag{1.61b}$$

同理，可以把方程(1.61a)和(1.61b)变为如下形式：

$$x''+(a_r-2q_r\cos 2\xi)x=0 \tag{1.62a}$$

$$z''+(a_z+2q_z\cos 2\xi)z=0 \tag{1.62b}$$

其中

$$\left.\begin{aligned}
a_r&=\frac{4}{N^2}\left[1+n-\frac{\varepsilon^2(2+n)}{2(1+n)}\cdot\frac{3+4n+2d}{N^2-(1+n)}\right]\\
q_r&=\frac{2}{N^2}(2+n)\varepsilon\\
a_z&=\frac{4}{N^2}\left[-n+\frac{\varepsilon^2}{N^2-(1+n)}\left(\frac{N^2}{2}+\frac{n+d}{n+1}\right)\right]\\
q_z&=\frac{2}{N^2}\varepsilon n\\
2\xi&=\frac{\pi}{2}-N\theta
\end{aligned}\right\} \tag{1.63}$$

通过方程(1.63)，(1.57)和(1.58)可以求出托马斯磁场中粒子自由振荡的频率。

通过对三维磁场的分析，可以将带电粒子在这种磁场中的运动规律归纳为以下几点：

① 带电粒子在三维磁场中运动，其平衡轨道不再是一个圆周，而是一个曲率半径不相同的封闭曲线，即沿辐角 θ，粒子平衡轨道半径 r_s 不一样。

② 在三维磁场中带电粒子的自由振荡方程是 Mathieu 方程，其解不再是单一的简谐运动，而是多种振荡频率的组合。这时把基频的振荡频率当做是粒子的主自由振荡频率，即方程(1.57)。这时的 Q 值不仅与 n 值有关，还取决于 ε，N，R，λ 等值的大小。

③ Mathieu 方程存在稳定区(见图 1.3)，径向运动的稳定边界取决于

$$a\leqslant 1-q-\frac{1}{8}q^2 \tag{1.64}$$

而轴向(垂直)运动的稳定边界取决于

$$a\geqslant -\frac{1}{2}q^2 \tag{1.65}$$

上边界 $a\leqslant 1-q-\frac{1}{8}q^2$，当 $q\leqslant 1$ 时，可以近似地用 $a\leqslant 1-q$ 代替。这时将式(1.56)中的 a_r 及 q_r 代入，可以得到螺旋线磁场的上稳定边界条件为：

$$\frac{E}{E_0} \leqslant \frac{N}{2}\sqrt{1-\frac{2\varepsilon R}{\lambda N^2}+\frac{2\varepsilon^2 R^2}{\lambda^2 N^2[N^2-(1+n)]}+\frac{2\varepsilon^2(2+n)}{N^2(1+n)}\cdot\frac{3+4n+2d}{[N^2-(1+n)]}} \tag{1.66}$$

由此可见，粒子加速的能量受到上稳定边界的限制，一般讲，N 愈大，这个极限能量愈高。

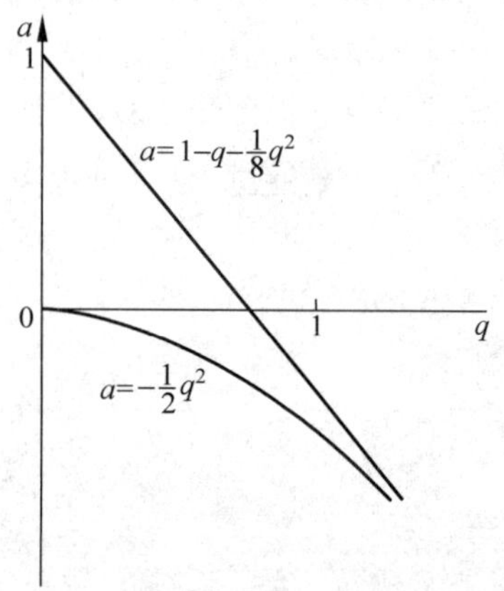

图 1.3　Mathieu 方程的稳定区[4]

下边界 $a \geqslant -\frac{1}{2}q^2$，这时将方程(1.56)中的 a_z 及 q_z 代入，可以得到下稳定边界条件为：

$$\frac{E}{E_0} \leqslant \sqrt{1+\frac{\varepsilon^2}{N^2-(1+n)}\left(\frac{N^2}{2}+\frac{n+d}{n+1}\right)+\frac{\varepsilon^2 R^2}{2\lambda^2[N^2-(1+n)]}+\frac{\varepsilon^2 R^2}{2\lambda^2 N^2}} \tag{1.67}$$

但是讨论了下稳定边界条件以后发现，在三维磁场中粒子被加速的能量上限将取决于 ε, R, N 和 λ 等数值，而且比起上稳定边界来，对能量限制更严。一般讲，ε 愈大，这个极限能量愈高，但是由于实际工艺上的限制，ε 的数值不可能太大。

对于托马斯型加速器，Mathieu 方程的上下稳定边界对粒子被加速能量分别提出以下要求：

上边界条件：

$$\frac{E}{E_0} \leqslant \frac{N}{2}\sqrt{1+\frac{2\varepsilon^2(2+n)}{N^2(1+n)}\cdot\frac{3+4n+2d}{N^2-(1+n)}-\frac{2+n}{N^2}\varepsilon} \tag{1.68}$$

下边界条件：

$$\frac{E}{E_0} \leqslant \sqrt{1+\frac{\varepsilon^2}{N^2-(1+n)}\left(\frac{N^2}{2}+\frac{n+d}{n+1}\right)} \tag{1.69}$$

④ 由方程(1.68)看出，当 $N\leqslant 2$ 时，$\frac{E}{E_0}\leqslant 1$，因此，粒子不能被加速，即粒子径向自由振荡将超出稳定区。实际上，三维磁场在等时性回旋加速器中，磁场沿辐向的变化次数至少要大于或等于 3，即

$$N\geqslant 3$$

当 $N=3$ 时，通称为三叶草。

⑤ 通过对式(1.67)的分析，不难看出，螺旋线式磁场(即 $\lambda\neq\infty$)使粒子被加速的能量极限增加了，如果把式(1.67)中根号内的第二项(托马斯磁场的贡献)与第四项(螺旋线磁场的贡献)相比较，并代入实际参量数值，那么螺旋线磁场对极限能量增加的贡献是相当大的，即 10 倍甚至几十倍于托马斯磁场的贡献。

⑥ 由于 a,q 值在加速过程中是变化的，自由振荡的频率 Q_r,Q_z 也随之变化，因此如何避免非线性共振，就成为后面要研究的一个重要课题。在普通回旋加速器中 $Q_r<1$，而在等时性回旋加速器中 $Q_r>1$，Q_z 则一般小于 1。

1.3 带电粒子在电磁场中的加速运动

首先写出电场存在时的运动方程。仍限于讨论径向不均匀的磁场，这时方程(1.18a)～(1.18d)变为：

$$\frac{\mathrm{d}}{\mathrm{d}t}\left(\frac{E}{c^2}\dot{r}\right)=\frac{E}{c^2}r\dot{\theta}^2+er\dot{\theta}B_z \tag{1.70a}$$

$$\frac{\mathrm{d}}{\mathrm{d}t}\left(\frac{E}{c^2}r^2\dot{\theta}\right)=e(r\dot{z}B_r-r\dot{r}B_z)+Q_\theta-\frac{e}{2\pi}\cdot\frac{\partial\Psi}{\partial t} \tag{1.70b}$$

$$\frac{\mathrm{d}}{\mathrm{d}t}\left(\frac{E}{c^2}\dot{z}\right)=-er\dot{\theta}B_r \tag{1.70c}$$

$$E=\frac{E_0}{\sqrt{1-\frac{\dot{r}^2+r^2\dot{\theta}^2+\dot{z}^2}{c^2}}} \tag{1.70d}$$

其中 Q_θ 代表高频电场施于带电粒子的力矩，而$\frac{e}{2\pi}\cdot\frac{\partial\Psi}{\partial t}$是由感应电场引起的力矩，$\Psi$ 表示粒子轨道所包围的磁通，即

$$\Psi=\int_0^r 2\pi rB_z(r)\mathrm{d}r \tag{1.71}$$

当磁通随时间变化时，感应电场对带电粒子所产生的力矩 L 为：

$$L=eEr=er\left(-\frac{1}{2\pi r}\cdot\frac{\partial\Psi}{\partial t}\right)=-\frac{e}{2\pi}\cdot\frac{\partial\Psi}{\partial t} \tag{1.72}$$

【注意：方程(1.70b)右端各项的量纲是力矩，左端是动量矩对时间的导数，与方程(1.70a)和(1.70c)的量纲不同】

如果在方程(1.70a)～(1.70c)的两端分别乘以$\frac{E}{c^2}\dot{r}$，$\frac{E}{c^2}\dot{\theta}$及$\frac{E}{c^2}\dot{z}$，并叠加起来，再借助于方程(1.70d)，如前边所做过的一样，可以得到这样的结果：

$$\frac{\mathrm{d}E}{\mathrm{d}t}=\dot{\theta}\left(Q_\theta-\frac{e}{2\pi}\cdot\frac{\partial\Psi}{\partial t}\right)\tag{1.73}$$

即方程(1.70b)中包含了粒子能量的变化，而且能量的变化仅与外电场的作用有关。如果用对θ取导数代替对时间取导数，则上式变为：

$$\frac{\mathrm{d}E}{\mathrm{d}\theta}=Q_\theta-\frac{e}{2\pi}\cdot\frac{\partial\Psi}{\partial t}\tag{1.74}$$

假定粒子在加速器中每圈受到一次加速，并且高频加速电场呈余弦变化形式，即

$$V=V_0\cos\varphi$$

其中$\varphi=\int_0^t\omega_{\mathrm{f}}\mathrm{d}t+\varphi_0$。$\omega_{\mathrm{f}}$为高频电场角频率，它可以是恒定的，也可以是随时间变化的。

当高频电场角频率与粒子旋转角频率$\dot{\theta}$相等时，每次粒子通过高频场的相位相同；当ω_{f}与$\dot{\theta}$不相同时，每次粒子穿过高频场的相位也不一样。为了将ω_{f}与$\dot{\theta}$联系起来，采用如下表示是可以的，即

$$\dot{\varphi}=\omega_{\mathrm{f}}-\dot{\theta}\tag{1.75}$$

φ表示粒子通过高频缝时的电场相位，$|\varphi|<2\pi$。譬如，当$\dot{\theta}<\omega_{\mathrm{f}}$时，相当于$T>T_{\mathrm{f}}$，则$\varphi$要向增加的方向移动，即$\dot{\varphi}>0$。可见上式的表示方法是正确的，于是$\dot{\varphi}$实际上表示粒子在高频电场中所处的相位随时间的变化。当然，这里需要说明：所谓φ对时间的导数是代表一个平均的概念，因为粒子在高频电场中相位的变化是每圈之间的变化。

为了使方程(1.75)更具有普遍意义，考虑到有些加速器采取倍频加速方法，则方程(1.75)可以写为：

$$\dot{\varphi}=\omega_{\mathrm{f}}-k\dot{\theta}\tag{1.76}$$

其中k为倍频系数，它是大于或等于1的正整数。当粒子转动1圈时，高频电场变化k次。

用$\dot{\varphi}$及ω_{f}代替$\dot{\theta}$，则方程(1.70b)可以写为：

$$\frac{\mathrm{d}}{\mathrm{d}t}\left(\frac{E}{c^2}r^2\,\frac{\omega_{\mathrm{f}}-\dot{\varphi}}{k}\right)=e(r\dot{z}B_r-r\dot{r}B_z)+Q_\theta-\frac{e}{2\pi}\cdot\frac{\partial\Psi}{\partial t}\tag{1.77}$$

又因为 $Q_\theta=\dfrac{eV_0}{2\pi}\cos\varphi$，故有：

$$\frac{\mathrm{d}E}{\mathrm{d}t}=\dot{\theta}\left(\frac{eV_0}{2\pi}\cos\varphi-\frac{e}{2\pi}\cdot\frac{\partial\Psi}{\partial t}\right)\tag{1.78}$$

$$\frac{\mathrm{d}E}{\mathrm{d}\theta}=\frac{eV_0}{2\pi}\cos\varphi-\frac{e}{2\pi}\cdot\frac{\partial\Psi}{\partial t}\tag{1.79}$$

同时，式(1.77)变为：

$$\frac{\mathrm{d}}{\mathrm{d}t}\left(\frac{E}{c^2}r^2\,\frac{\omega_{\mathrm{f}}-\dot{\varphi}}{k}\right)=e(r\dot{z}B_r-r\dot{r}B_z)+\frac{eV_0}{2\pi}\cos\varphi-\frac{e}{2\pi}\cdot\frac{\partial\Psi}{\partial t}\tag{1.80}$$

当运动局限于 $z=0$ 平面且 $r=r_{\mathrm{s}}$ 限于平衡轨道运动时，上式变为：

$$\frac{\mathrm{d}}{\mathrm{d}t}\left(\frac{E}{c^2}r_{\mathrm{s}}\,\frac{\omega_{\mathrm{f}}-\dot{\varphi}}{k}\right)=\frac{eV_0}{2\pi}\cos\varphi-\frac{e}{2\pi}\cdot\frac{\partial\Psi}{\partial t}\tag{1.81}$$

这就是粒子在电场中的加速运动方程。

1.4 平衡运动

这一节将根据 1.3 节得到的运动方程，定量地求出各种加速器中粒子平衡运动的条件。这时，令方程(1.70a)～(1.70d)中诸参数等于平衡运动状态的数值，即 $E=E_{\mathrm{s}}$，$r=r_{\mathrm{s}}$，$z=z_{\mathrm{s}}=0$，$\dot{\theta}=\dot{\theta}_{\mathrm{s}}=\omega_{\mathrm{s}}$，$\omega_{\mathrm{s}}=\dfrac{\omega_{\mathrm{f}}}{k}$，$B_z=B_{\mathrm{s}}$，$B_r=0$，再忽略 $\dfrac{\mathrm{d}}{\mathrm{d}t}\left(\dfrac{E}{c^2}\dot{r}\right)$ 及 $\dot{r}_{\mathrm{s}}^2$ 等微小量，便得到如下的平衡运动方程：

$$\dot{\theta}_{\mathrm{s}}=\omega_{\mathrm{s}}=\frac{\omega_{\mathrm{f}}}{k}=-\frac{ec^2B_{\mathrm{s}}}{E_{\mathrm{s}}}\tag{1.82a}$$

$$z_{\mathrm{s}}=0\tag{1.82b}$$

$$E_{\mathrm{s}}=\sqrt{(ecB_{\mathrm{s}}r_{\mathrm{s}})^2+E_0^2}\tag{1.82c}$$

由方程(1.78)又可以得到：

$$\frac{\mathrm{d}E_{\mathrm{s}}}{\mathrm{d}t}=\dot{\theta}_{\mathrm{s}}\left(\frac{eV_0}{2\pi}\cos\varphi_{\mathrm{s}}-\frac{e}{2\pi}\cdot\frac{\partial\Psi_{\mathrm{s}}}{\partial t}\right)\tag{1.82d}$$

方程(1.82d)也可改写为：

$$\cos\varphi_{\mathrm{s}}=\frac{2\pi}{eV_0}\left(\frac{1}{\omega_{\mathrm{s}}}\cdot\frac{\mathrm{d}E_{\mathrm{s}}}{\mathrm{d}t}+\frac{e}{2\pi}\cdot\frac{\partial\Psi_{\mathrm{s}}}{\partial t}\right)=-\frac{2\pi}{eV_0}\left[r_{\mathrm{s}}\frac{\mathrm{d}}{\mathrm{d}t}(r_{\mathrm{s}}B_{\mathrm{s}})-\frac{e}{2\pi}\cdot\frac{\partial\Psi_{\mathrm{s}}}{\partial t}\right]\tag{1.82e}$$

为了维持粒子共振加速，就要保持 φ_s 不随时间变化（当然 φ_s 缓慢的变化有时也是允许的）。由方程(1.82e)可以看出，要保持 φ_s 不变，可以通过不同的方法实现，因而也就出现了各种不同的加速原理。下面分别加以叙述，首先略去感应场$\frac{\partial \Psi}{\partial t}$。

1.4.1 恒定磁场共振加速(稳相加速器)

设在全部加速过程中 B_s 保持恒定，则由方程(1.82e)可以看出，这种加速器的特点必须是 r_s 不为常数。将 B_s＝常数代入方程(1.82e)，则得到：

$$\cos\varphi_s = -\frac{2\pi}{eV_0}B_s r_s \dot{r}_s \tag{1.83}$$

因此，对于恒定磁场共振加速，r_s 必须随时间而不断增大，即磁铁必须采用实心或中空的宽轨道结构。这是第一个特点。如果将 $\dot{r}_s$ 转换为每圈 r_s 的变化，则有：

$$\frac{\mathrm{d}r_s}{\mathrm{d}\nu} = -\frac{eV_0\cos\varphi_s}{\beta_s B_s} \tag{1.84}$$

其中 β_s 为粒子的相对速度，希腊字母 ν 代表圈数。当加速时，由于 β_s 不断增加，故粒子径向跨距（即每圈 r_s 之增量）随 r_s 之增加而减小。这是第二个特点。

由方程(1.82a)看出，当 B_s＝常数时，ω_s 随 E_s 的增加而减小。故要维持恒定磁场共振加速，必须使高频加速电场的频率随 E_s 的增加而减小，即必须调频。这是第三个特点。

由于恒定磁场多采用实心磁铁，就需要考虑这种加速器的经济问题。由方程(1.82c)可以看出，当被加速粒子的动能 $W<E_0$ 时，$r_s\approx\frac{\sqrt{2E_0W_s}}{2B_s}$，即 r_s 随 W_s 的增加较缓慢；但是当 $W>E_0$ 以后，$r_s\approx\frac{W_s}{eB_s}$，即 r_s 随 W_s 直线增长，磁铁半径也直线扩大，所以，从经济上考虑，恒定磁场共振加速方法对 $W_s<E_0$ 的能量范围比较合适。

1.4.2 恒定轨道共振加速(同步加速器)

鉴于恒定磁场加速方法在高能范围内表现出的缺点，人们自然会想到，能否用环形磁铁代替实心磁铁，这时可保持粒子轨道恒定，即 r_s＝常数。

由方程(1.82c)可以看出，当 r_s 不变时，要想使粒子的能量 E 增加，必须使 B_s 也增加，即恒定轨道共振加速时，必须调磁场 B_s。这是第一个特点。调场的速度可由方程(1.82e)求出：

$$\dot{B}_s = -\frac{eV_0}{2\pi r_s^2}\cos\varphi_s \tag{1.85}$$

由方程(1.85)看出，调场是线性的。调场的速度取决于 V_0，r_s 及 φ_s，即与 r_s^2 成反比，而与 $V_0\cos\varphi_s$ 成正比。

由方程(1.82a)与(1.82c)又可以得到：

$$\omega_s = -\frac{ec^2 B_s}{\sqrt{(ecB_s r_s)^2 + E_0^2}} \tag{1.86}$$

由上式看出，当 r_s 保持不变时，由于 B_s 是变化的，ω_s 不可能保持恒定，即在加速过程中，要维持共振加速，必须在调场的同时调频。这便是恒定轨道加速方法的第二个特点。如果对方程(1.86)的两端取对时间的导数，不难得到如下调频的规律：

$$\frac{\dot{\omega}_s}{\omega_s} = (1-\beta_s^2)\frac{\dot{B}_s}{B_s} \tag{1.87}$$

由方程(1.87)立刻可以发现，当 $\beta_s \approx 1$ 时，$\dot{\omega}_s \to 0$，这就显示出用恒定轨道加速方法加速高能电子的特殊优越性，即用高能(几个 MeV)电子注入，采用恒定轨道时，则可以用恒定频率的高频电场去加速电子，称为电子同步加速器。采用恒定频率的加速电源时，其电压幅度可以做得很高，因此，束流脉冲频率很高(每秒几十个脉冲)。对于重粒子，要达到 $\beta\approx 1$，必须注入的能量很高，因此一般都采用调频加速方式，称之为质子同步加速器。

1.4.3　恒定电场频率的加速方法(等时性回旋)

在普通回旋加速器中，电场的频率是恒定的，但不能称之为共振加速。要实现共振加速，必须使粒子在加速过程中的旋转频率保持不变，即

$$\omega_s = \frac{ec^2 B_s}{\sqrt{(ecB_s r_s)^2 + E_0^2}} = 常数 \tag{1.88}$$

要保持 ω_s 不变，必须使 B_s 与 r_s 同时改变才行。因此，定频加速的第一个特点是：r_s 是变化的。因此，一般要采用实心磁铁。

如果开始加速时 $r_s=0$，$E_s=E_0$，$B_s=B_0$，则方程(1.88)可以写为：

$$\omega_s = -\frac{ec^2 B_0}{E_0} = -\frac{ec^2 B_s}{\sqrt{(ecr_s B_s)^2 + E_0^2}} \tag{1.89}$$

由上式可以求出 B_s 的变化规律为：

$$B_s = \frac{B_0}{\sqrt{1-\left(\frac{ecr_s B_0}{E_0}\right)^2}} \tag{1.90}$$

磁场沿 r_s 依上式规律增加，这便是定频共振加速的第二个特点。

当然，由于磁场沿半径增加，会使轴向聚焦造成困难，但是当采取了螺旋线

或托马斯磁场后，轴向聚焦在一定能量范围内是可以保证的。因此，恒定频率共振加速必然伴随着采用三维磁场的加速结构，这是第三个特点。建造三维磁场的最大难度是调变度 ε 的选择。

关于螺旋线磁场调变度 ε，杜布诺联合核子研究所在世界上率先对螺旋线回旋加速器进行过深入研究，在螺旋线磁场的计算中，重要的是选择合适的磁场调变度 ε。在中心区的磁场调变度总是从零开始逐渐增加的，ε 是 r 的函数，即 $\varepsilon=\varepsilon(r)$。计算磁场调变度是十分复杂的一件事。杜布诺联合核子研究所的科学家提出了一个螺旋线磁场各次谐波的计算公式[3]：

$$B_N(r)=\sqrt{[B_N^c(r)]^2+[B_N^s(r)]^2} \tag{1.91}$$

其中 $B_N^c(r)=\dfrac{4\mu\delta N h_1}{\pi r\sqrt{r\lambda N}}\displaystyle\int_{\theta_i}^{\theta_k}\sqrt{\frac{1+\theta^2}{\theta^3}}\cos N\theta\left[-\frac{\mathrm{d}}{\mathrm{d}x}Q_{N-\frac{1}{2}}(x)\right]\mathrm{d}\theta$;

$B_N^s(r)=\dfrac{4\mu\delta N h_1}{\pi r\sqrt{r\lambda N}}\displaystyle\int_{\theta_i}^{\theta_k}\sqrt{\frac{1+\theta^2}{\theta^3}}\sin N\theta\left[-\frac{\mathrm{d}}{\mathrm{d}x}Q_{N-\frac{1}{2}}(x)\right]\mathrm{d}\theta$;

$Q_{N-\frac{1}{2}}(x)$ 是勒让德函数；

$x=\dfrac{h_1^2+r^2+\lambda^2N^2\theta^2}{2r\lambda N\theta}$;

h_1 为螺旋线下端与中心平面的距离。

公式(1.91)比较繁琐，使用起来很不方便。当时在该研究所工作的中国学者推导出另一个简洁的计算公式[5]：

$$B_N(r)=8\mu\sin\frac{N\alpha}{2}\mathrm{e}^{-\frac{h_1}{\lambda}\sqrt{1+\left(\frac{N\lambda}{r}\right)^2}}\left[1-\mathrm{e}^{-\frac{h_2-h_1}{\lambda}\sqrt{1+\left(\frac{N\lambda}{r}\right)^2}}\right] \tag{1.92}$$

其中 h_1 为螺旋线下端与粒子轨道平面的距离；h_2 为螺旋线上端与粒子轨道平面的距离；α 为螺旋线的辐角；N 为螺旋线根数；μ 为磁化系数。这就大大简化了调变度 ε 的计算。

1.4.4 感应场加速的平衡运动

当 $V_0=0$，而 $\dfrac{\partial\Psi}{\partial t}\neq 0$ 时，则得到感应场加速的一组方程：

$$\left.\begin{aligned}
&\frac{\mathrm{d}E_s}{\mathrm{d}t}=\omega_s\left(-\frac{e}{2\pi}\cdot\frac{\partial\Psi_s}{\partial t}\right)\\
&\omega_s=-\frac{ec^2B_s}{E_s}=-\frac{ec^2B_s}{\sqrt{(ecB_sr_s)^2+E_0^2}}\\
&z_s=0\\
&E_s=\sqrt{(ecB_sr_s)^2+E_0^2}
\end{aligned}\right\} \tag{1.93}$$

一般在感应场加速时，应保持 r_s 恒定。这时，由方程(1.93)第四式看出，要使 E_s 增加，必须使 B_s 增加，即一定要调场，这是感应加速的第一个特点。

又由方程(1.93)第二式，在非相对论情况下，ω_s 不为常数，但在相对论情况下，即 $E_0 \ll E_s$ 时，$\omega_s=$常数，这是第二个特点。

由方程(1.93)第四式，对时间取导数，得到：

$$\frac{\mathrm{d}E_s}{\mathrm{d}t} = -er_s^2\omega_s\frac{\partial B_s}{\partial t}$$

它与方程(1.93)第一式相等，于是又得到：

$$\frac{1}{2}\cdot\frac{1}{\pi r_s^2}\cdot\frac{\partial \Psi_s}{\partial t} = \frac{\partial B_s}{\partial t}$$

或写作

$$\frac{1}{2}\cdot\frac{\partial\langle B_s\rangle}{\partial t} = \frac{\partial B_s}{\partial t} \tag{1.94}$$

其中 $\langle B_s\rangle=\frac{1}{\pi r_s^2}\Psi_s$。$\langle B_s\rangle$ 为 r_s 轨道内磁场的平均值。为了保持 r_s 恒定的平衡运动，必须使 $\langle B_s\rangle$ 的增长2倍于轨道磁场 B_s 的增长，即满足2∶1的条件，这是感应加速器的第三个特点。

当然，感应加速不是非要保持 r_s 恒定不可，譬如，也可以使 r_s 缓慢地由小到大变化，或缓慢地由大到小变化，这时方程(1.94)的条件不再必须满足，而代之以 $\frac{1}{2\pi r_s}\cdot\frac{\partial\Psi_s}{\partial t}=\frac{\partial}{\partial t}(B_s r_s)$，或 $\frac{1}{2}\cdot\frac{\partial\langle B_s\rangle}{\partial t}=\frac{\partial B_s}{\partial t}-\frac{\langle B\rangle - B_s}{r_s}\cdot\frac{\partial r_s}{\partial t}$。当 $\frac{\partial\langle B_s\rangle}{\partial t}<2\frac{\partial B_s}{\partial t}$ 时，r_s 增大；当 $\frac{\partial\langle B_s\rangle}{\partial t}>2\frac{\partial B_s}{\partial t}$ 时，r_s 减小。

1.5　自由振荡(快振荡)

1.5.1　参数不变时的自由振荡

当参数不变时，即 E_s,B_s,r_s,n_s 等参数不变时，对于径向不均匀磁场，粒子自由振荡方程为：

$$\ddot{x}+\omega_s^2(1-n)x=0 \tag{1.95a}$$

$$\ddot{z}+\omega_s^2 nz=0 \tag{1.95b}$$

在满足稳定条件，即 $1>n>0$ 的情况下，以上方程的解是简谐振荡，这个振荡的振幅与频率都是常量。

对于三维磁场，粒子自由振荡符合 Mathieu 方程，这个方程的稳定解是多种频率振荡的组合。

自由振荡的特点是：

① 振荡的频率只取决于振荡本身诸参数，如 E_s，B_s，n_s 等，而与外界作用力无关。

② 在无参数慢变化时，振荡的幅度只取决于初始运动状态。

1.5.2 考虑参数慢变化时的自由振荡

当考虑参数 E_s，B_s，n_s 等的慢变化时，自由振荡方程可以写为如下形式（二维磁场）：

$$\frac{\mathrm{d}}{\mathrm{d}t}(E_s\dot{x}) + E_s\omega_s^2(1-n)x = 0 \tag{1.96a}$$

$$\frac{\mathrm{d}}{\mathrm{d}t}(E_s\dot{z}) + E_s\omega_s^2 nz = 0 \tag{1.96b}$$

现在来求方程(1.96a)和(1.96b)的解。由于 E_s，ω_s 及 n 也是时间的函数，因此不能用求解常微分方程的方法。考虑参数慢变化，先将方程(1.96a)变为如下形式：

$$\ddot{x} + \omega_s^2(1-n)x = -\frac{\dot{E}_s}{E_s}\dot{x} \tag{1.97}$$

用变系数法解该方程。设方程(1.97)的解为：

$$x = a(t)\cos\int^t \omega_r \mathrm{d}t + b(t)\sin\int^t \omega_r \mathrm{d}t \tag{1.98}$$

其中 $\omega_r = \omega_s\sqrt{1-n}$。将式(1.98)及其一、二阶导数代入方程(1.97)，并按正弦和余弦分开，便得到：

$$\left(\ddot{a} + 2\dot{b}\omega_r + b\dot{\omega}_r + \frac{\dot{a}\dot{E}_s}{E_s} + b\omega_r\frac{\dot{E}_s}{E_s}\right)\cos\int^t \omega_r \mathrm{d}t +$$

$$\left(\ddot{b} - 2\dot{a}\omega_r - a\dot{\omega}_r + \frac{\dot{b}\dot{E}_s}{E_s} - a\omega_r\frac{\dot{E}_s}{E_s}\right)\sin\int^t \omega_r \mathrm{d}t = 0$$

由于参数是慢变化的，可以近似地认为，在每个自由振荡周期内，粒子仍做简谐运动，这时，上式中正弦及余弦函数的系数分别等于零，即

$$\ddot{a} + 2\dot{b}\omega_r + b\dot{\omega}_r + \frac{\dot{a}\dot{E}_s}{E_s} + b\omega_r\frac{\dot{E}_s}{E_s} = 0$$

$$\ddot{b} - 2\dot{a}\omega_r - a\dot{\omega}_r + \frac{\dot{b}\dot{E}_s}{E_s} - a\omega_r\frac{\dot{E}_s}{E_s} = 0$$

略去二级小量 $\ddot{a}$，$\ddot{b}$，$\frac{\dot{a}\dot{E}_s}{E_s}$，$\frac{\dot{b}\dot{E}_s}{E_s}$，得到：

$$\frac{2\dot{a}}{a}+\frac{\dot{\omega}_r}{\omega_r}+\frac{\dot{E}_s}{E_s}=0$$

$$\frac{2\dot{b}}{b}+\frac{\dot{\omega}_r}{\omega_r}+\frac{\dot{E}_s}{E_s}=0$$

再对以上两式分别取积分，然后叠加起来，最后得到：

$$a_r^2\omega_r E_s=常数\qquad (a_r^2=a^2+b^2)\tag{1.99}$$

或改写为如下形式：

$$\frac{W_r}{\omega_r}=常数\qquad \left(W_r=\frac{1}{2}m\omega_r^2a_r^2\right)\tag{1.100}$$

W_r 表示振荡能量。从方程(1.100)可以看出，当振荡系统中的参数慢变化时，其振荡能量与振荡角频率之比保持常数。

同理，可以得到轴向运动也满足如下规律：

$$a_z^2\omega_z E_s=常数\tag{1.101}$$

$$\frac{W_z}{\omega_z}=常数\tag{1.102}$$

方程(1.99)与(1.101)还可以写成如下形式：

$$a_r=a_{r0}\left(\frac{1-n_0}{1-n_s}\right)^{1/4}\left(\frac{B_0}{B_s}\right)^{1/2}\tag{1.103}$$

$$a_z=a_{z0}\left(\frac{n_0}{n_s}\right)^{1/4}\left(\frac{B_0}{B_s}\right)^{1/2}\tag{1.104}$$

其中 a_{r0}，a_{z0} 分别为径向与轴向自由振荡的初始值。

参数慢变化的自由振荡有以下特点：

① 自由振荡的频率仍然只取决于振荡系统的诸参数，但不再是固定的数值；

② 自由振荡的幅值不仅取决于初始运动状态，还取决于诸参数的变化。

参考文献

[1] Livingood J J. Principles of Cyclic Particle Accelerators. D. Van Nostrand Company，1961

[2] Helmut Wiedemann. Particle Accelerator Physics (Linear beam Dynamics). Springer-Verlag，1993

[3] Danilov V I，Liu N etc. Cyclotron With Space Variation of the Magnetic Field. International Conference on High-Energy Accelerators and Instruments，CERN，1959. 211～225

[4] Mclachlan N W. The Theory and Application of Mathieu Functions. Oxford：Clarendon Press，1951

[5] 力一，刘乃泉等. 420MeV 质子加速器[杜布诺联合核子研究所]，1960

习题与思考题

1. 由基本运动方程(1.1)出发，导出轴对称径向不均匀磁场中粒子运动的方程组，即

$$\left.\begin{aligned}\frac{\mathrm{d}}{\mathrm{d}t}\left(\frac{E}{c^2}\dot{r}\right)&=\frac{E}{c^2}r\dot{\theta}^2+er\dot{\theta}B_z\\ \frac{\mathrm{d}}{\mathrm{d}t}\left(\frac{E}{c^2}r^2\dot{\theta}\right)&=-er\dot{r}B_z+er\dot{z}B_r\\ \frac{\mathrm{d}}{\mathrm{d}t}\left(\frac{E}{c^2}\dot{z}\right)&=-er\dot{\theta}B_r\end{aligned}\right\}$$

解释方程中洛伦兹力前正负号的意义。

2. 若希望粒子在轴对称径向不均匀磁场中的轨迹为圆周，粒子在入射时应满足什么条件？如果不满足这个条件，轨迹也是圆周吗？

3. 轨道半径与曲率半径有什么不同？在什么条件下二者合而为一？

4. 轨道半径表示方程(1.15)中为什么右端出现负号？

5. 由垂直运动方程(1.10c)出发，导出粒子轴向微扰运动方程

$$z''+nz=0$$

6. 若回旋加速器的磁场沿半径方向分布如下：

$$B_z(r)=B_0\left[1+\alpha\left(\frac{r}{R}\right)^2\right]$$

求粒子运动的稳定条件(垂直方向与径向)。

7. 平衡相位的物理意义是什么？用什么方法调节平衡相位？(以电子同步加速器为例)

8. 为什么平衡相位是在 $0\sim\frac{\pi}{2}$ 之间？这个结论在什么条件下成立？若 $n>1$，情况如何？

9. 同步加速器的最大轨道磁场为 1.2T，若希望将电子加速到 1000MeV，求 r_s 和调频范围。(设入射能量为 $W_i=100\text{MeV}$)

10. 用同步加速器将质子加速到 1000MeV，求 r_s 和调频范围。(设入射能量 $W_i=2\text{MeV}$)

11. 在同步加速器中，设磁场线性增加，当电子注入时，$\beta_i=0.9$，是否还需要调频？不调频会引起什么后果？在入射能量多大时，方可采用定频方法？

第2章 圆形加速器中带电粒子的纵向运动

2.1 感应加速器中电子轨道的收缩

电子感应加速器中初始平衡轨道 r_{0i} 是由注入能量和注入位置的轨道磁场所决定的。

$$r_{0i}=-\frac{E_i\beta_i}{ceB_i}=\frac{E_i\beta_i}{ceB_{\mathrm{s.m}}\left(\frac{r_{\mathrm{s}}}{r_{0i}}\right)^n\sin(2\pi ft_i)} \tag{2.1}$$

其中，$B_{\mathrm{s.m}}$ 为平衡轨道 r_{s} 磁场的峰值；f 为磁场频率。所有大于电子枪所在半径的电子都将与电子枪相碰而损失。所有 $r_{0i}<r_{\mathrm{s}}$ 的电子，由于其自由振荡幅值大于真空室半宽度，也很快损失掉。对于 $r_{0i}>r_{\mathrm{s}}$ 的电子，其瞬时平衡轨道 r_0 将逐渐向平衡轨道 r_{s} 逼近。由方程(1.73)可以求出电子在感应场中的运动方程组：

$$\left.\begin{aligned}\frac{\mathrm{d}E}{\mathrm{d}t}&=-\dot{\theta}\,\frac{e}{2\pi}\cdot\frac{\partial\Psi}{\partial t}\\ \dot{\theta}&=-\frac{ec^2B(r_0)}{E}\\ E&=\sqrt{[ecr_0B(r_0)]^2+E_0^2}\end{aligned}\right\} \tag{2.2}$$

其中 Ψ 为瞬时平衡轨道内的总磁通。对方程(2.2)的第三式的两端求导数得到：

$$\frac{\mathrm{d}E}{\mathrm{d}t}=-er_0^2\,\dot{\theta}B(r_0)\left[\frac{\dot{B}(r_0)}{B(r_0)}+\frac{\dot{r}_0}{r_0}\right] \tag{2.3}$$

将式(2.3)代入方程(2.2)的第一式，消去$\frac{\mathrm{d}E}{\mathrm{d}t}$，得到：

$$\frac{\dot{r}_0}{r_0} = \frac{1}{B(r_0)}\left[\frac{1}{2\pi r_0^2}\cdot\frac{\partial\Psi}{\partial t} - \frac{\mathrm{d}B(r_0)}{\mathrm{d}t}\right] \tag{2.4}$$

如果式(2.4)的右边等于零，即

$$\frac{1}{2\pi r_0^2}\cdot\frac{\partial\Psi}{\partial t} = \frac{\mathrm{d}B(r_0)}{\mathrm{d}t} \tag{2.5}$$

称式(2.5)为2∶1条件。这时 $\dot{r}_0=0$，$r_0=r_s$，瞬时平衡轨道不再随时间变化。

但在加速过程中，$r_0\neq r_s$，现在求 r_0 的变化规律。设 $r_0=r_s+x$，则有：

$$\Psi = \int_0^{r_0} 2\pi rB\,\mathrm{d}r = \int_0^{r_s} 2\pi rB\,\mathrm{d}r + \int_{r_s}^{r_0} 2\pi rB_s\left(\frac{r_s}{r_0}\right)^n\mathrm{d}r = 2\pi r_s^2 B_s\left(1+\frac{x}{r_s}\right)$$

$$\left[\frac{\partial\Phi}{\partial t}\right]_{r_0} = 2\pi r_s^2\left(1+\frac{x}{r_s}\right)\dot{B}_s$$

$$\frac{\mathrm{d}B(r_0)}{\mathrm{d}t} = \dot{B}_s\left(1-\frac{nx}{r_s}\right) + B_s\left(-\frac{n}{r_s}\right)\dot{x} + B_s\left(-\frac{x}{r_s}\right)\dot{n}$$

将这三式代入式(2.4)，得到：

$$\frac{\mathrm{d}x}{x} + \frac{\mathrm{d}B_s}{B_s} + \frac{\mathrm{d}(1-n)}{1-n} = 0 \tag{2.6}$$

解方程(2.6)，便得到如下关系：

$$x(1-n)B_s = \text{常数} \tag{2.7}$$

由式(2.7)可以阐明一个规律：在电子感应加速器的加速过程中，瞬时平衡轨道随轨道磁场 B_s 的增加向平衡轨道收缩。这对电子的俘获很有好处，即由于 r_0 的收缩，以及由于自由振荡的不断衰减，总有一部分电子可以躲过电子枪而被俘获，这便是单电子俘获理论。应该指出，在强流范围内，空间电荷的集体效应将起更主要作用。

2.2 圆形轨道加速器中的相振荡[1,2]

2.2.1 相振荡方程

这一章仍限于研究圆形轨道的纵向运动。这时，假定自由振荡不存在，而在相空间中粒子运动不满足平衡运动的条件，即 $\varphi_i\neq\varphi_s$，或者 $E_i\neq E_s$。在相振荡研究中，定义几个符号所代表的物理意义：r_0 为瞬时平衡轨道，$r_0=r_s+x_0$，x_0 表示由于相振荡所引起的粒子瞬时平衡轨道对平衡轨道 r_s 的偏移；φ_s 为平衡相位；φ 为瞬时相位；ω_0 为瞬时平衡轨道上粒子的旋转角频率；E_s 为平衡轨道 r_s 上的能量；E 为瞬时能量；E_0 为静止能量。它们之间满足如下关系：

$$E = \sqrt{[ecB(r_0)r_0]^2 + E_0^2} \tag{2.8}$$

其中 $B(r_0)$ 表示瞬时平衡轨道 r_0 上的磁场，而 $\Delta E=E-E_s$。由方程(1.77)可以得到以下相振荡方程组(二维磁场)：

$$\frac{\mathrm{d}}{\mathrm{d}t}\left(\frac{E_s}{K_s\omega_s^2}\cdot\frac{1}{k}\cdot\frac{\mathrm{d}\varphi}{\mathrm{d}t}\right)-\frac{eV_0}{2\pi}\cos\varphi=-\frac{eV_0}{2\pi}\cos\varphi_s \tag{2.9a}$$

$$\frac{x_0}{r_s}=\frac{1}{k\omega_s(1-n)\beta_s^2K_s}\cdot\frac{\mathrm{d}\varphi}{\mathrm{d}t} \tag{2.9b}$$

$$K_s=1+\frac{n}{1-n}\cdot\frac{1}{\beta_s^2} \tag{2.9c}$$

$$z=0 \tag{2.9d}$$

$$\omega_0=\frac{\omega_f-\dot{\varphi}}{k}=-\frac{ec^2B(r_0)}{E} \tag{2.9e}$$

$$\frac{\Delta E}{E_s}=(1-n)\beta_s^2\frac{x_0}{r_s} \tag{2.9f}$$

2.2.2　相振荡稳定条件

因方程(2.9a)中诸参数都是慢变化的，先假定参数 E_s,ω_s,K_s 在相振荡过程中为常数，又假定 $\cos\varphi_s>0$，如果在方程(2.9a)的两端乘以 $\dot{\varphi}$，并对时间积分，就会得到一个类似摆的能量守恒方程：

$$\frac{1}{2}\cdot\frac{E_s}{k\omega_s^2K_s}\dot{\varphi}^2+\frac{eV_0}{2\pi}(\varphi\cos\varphi_s-\sin\varphi)=\text{常数} \tag{2.10}$$

其中第一项只与 $\dot{\varphi}^2$ 有关，相当于动能；第二项只与 φ 有关，相当于位能；而常数相当于振荡总能量，它只取决于运动的初始状态。

方程(2.10)稳定与否，完全取决于位能函数的形状及初始条件。

图 2.1 表示的是当 $\cos\varphi_s=0.3$ 时的位能函数曲线。$U(\varphi)$ 表示位能函数，即 $U(\varphi)=\frac{eV_0}{2\pi}(\varphi\cos\varphi_s-\sin\varphi)$。由位能函数曲线可以看出，只有当 $\varphi_s>0$ 时才是稳定的。

粒子在相空间的运动可能有两种情况：一是当粒子的位能函数值超过临界值时，粒子在高频场中所处的相位将向某一个方向滑动，最后坠入减速场；另一种情况是粒子的最大位能小于临界值，这时粒子将围绕 φ_s 振荡。只有在第二种情况时，粒子能被连续加速。因此，称位能函数小于临界值的相位区域为振荡稳定区，其边界为 φ_{2m} 与 $-\varphi_s$。φ_{2m} 值由下面的关系决定：

$$U(\varphi_{2m})=U(-\varphi_s) \tag{2.11}$$

因此，为了使粒子的相振荡稳定，就要限制粒子的注入条件 φ_i 及 $\dot{\varphi}_i$，使总的振荡

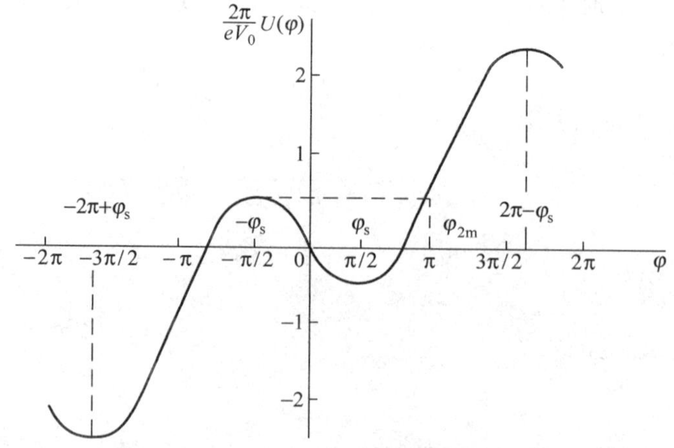

图 2.1 相运动方程的位能函数曲线

能量小于临界位能，即

$$\frac{1}{2}\frac{E_s}{k\omega_s^2K_s}\dot{\varphi}_i^2+\frac{eV_0}{2\pi}(\varphi_i\cos\varphi_s-\sin\varphi_i)\leqslant U(-\varphi_s) \tag{2.12}$$

对 $\dot{\varphi}_i$ 的限制相当于对粒子注入能散度的限制，即对 ΔE 的限制，有时也是对注入时间的限制。当 $\varphi_i=\varphi_s$ 时，位能最低，因此容许的 $\dot{\varphi}_i$ 最大。由方程(2.12)可以求出 $\dot{\varphi}_i$ 的最大值为：

$$\dot{\varphi}_{im}=\pm\sqrt{\frac{2k\omega_s^2K_s}{E_s}[U(-\varphi_s)-U(\varphi_s)]} \tag{2.13}$$

根据方程(2.9b)与(2.9f)，又可以求出 ΔE 的最大值，即

$$\Delta E_m=\pm E_s\sqrt{\frac{2eV_0(\sin\varphi_s-\varphi_s\cos\varphi_s)}{\pi kK_sE_s}} \tag{2.14}$$

反映在瞬时平衡轨道中的最大偏移为：

$$x_{0m}=\pm r_s\frac{1}{(1-n)\beta_s^2}\cdot\frac{\Delta E_m}{E_s}=\frac{r_s}{k\omega_s(1-n)\beta_s^2K_s}\dot{\varphi}_m \tag{2.15}$$

如果 $\dot{\varphi}_i=0$，则可以求出 φ_i 极限值的范围，即

$$-\varphi_s<\varphi_i<\varphi_{2m} \tag{2.16}$$

从以上分析看出，二维场中的相振荡有以下几个特点：

① 根据方程(2.10)可以给出 φ 与 $\dot{\varphi}$ 的关系曲线，如图 2.2 所示。当曲线封闭时，说明运动是稳定的；当曲线不封闭时，φ 只向一个方向移动，运动不稳定。

② 相振荡稳定区的大小与 φ_s 取值有关，当 $\varphi_s=0°$时，稳定区最小；当

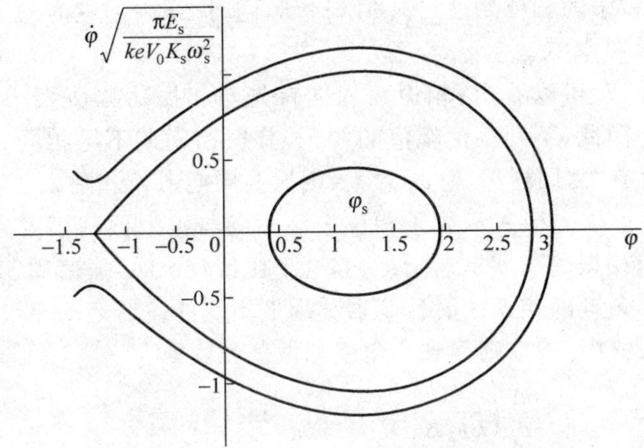

图 2.2　φ 与 $\dot{\varphi}$ 的关系曲线

$\varphi_s=90°$时，稳定区最大(注意：取 $V=V_0\cos\varphi$)。因此，从容纳更多的粒子角度来考虑，φ_s 取值尽量大一点好，φ_s 愈大，图 2.2 中的临界闭合曲线愈宽。同时，相稳定区的高度与 V_0 有关，V_0 愈大，方程(2.10)中的常数也愈大，因此可以容纳更多的 $\dot{\varphi}$ 不同的粒子。此外，稳定区的大小还与 E_s，ω_s 和 K_s 等参数有关。

③ 由方程(2.10)看出，过大的 $\dot{\varphi}$ 要引起瞬时平衡轨道对平衡轨道较大的偏离，也就是说 $\dot{\varphi}$ 愈大，占据的粒子轨道空间也愈大。为了得到大的相振荡容纳度，又不使 x_0 过大，应选择较大的 k 值。

④ 伴随相振荡，粒子能量分散性增加，由方程(2.14)看出：$\frac{\Delta E_m}{E_s}$与 $V_0^{1/2}$ 成正比；k 值愈大，$\frac{\Delta E_m}{E_s}$愈小；φ_s 取值愈小，$\frac{\Delta E_m}{E_s}$也愈小。

2.2.3　相振荡的周期与幅度

当粒子处于相空间的稳定区内时，它将围绕平衡相位 φ_s 做相振荡。可以从相运动方程(2.10)求出相振荡的周期。因为式(2.10)不是简谐运动方程，故必须用积分的方法求相振荡周期，即

$$T_\varphi = 2\sqrt{\frac{E_s}{2k\omega_s^2K_s}}\int_{\varphi_{\min}}^{\varphi_{\max}}\frac{\mathrm{d}\varphi}{\sqrt{C-U(\varphi)}} \tag{2.17}$$

其中 $\varphi_{\max}$ 及 $\varphi_{\min}$ 根据常数的选择而定，即 $U(\varphi_{\max})=U(\varphi_{\min})=C$，当 C 值选择为稳定区的边界时，$\varphi_{\min}=-\varphi_s$，$\varphi_{\max}=\varphi_{2m}$。在这个轨道上，粒子相振荡的周期为无

穷大。因为当粒子的相位到达$-\varphi_s$时，$\dot{\varphi}=0$，同时$\Delta E=0$，这时粒子拥有谐振能量E_s及谐振角频率ω_s。

由方程(2.17)可以看出，相振荡周期首先与相振荡幅值大小有关，幅值愈大，周期愈长。因此，不同振荡幅值的粒子，其振荡周期不尽相同；其次，相振荡周期与φ_s取值有关，同样振幅，φ_s愈大，则振荡周期愈长。图2.3表示相振荡周期与φ_s的关系。横坐标表示粒子相位振荡幅度与极限振荡幅度之比。当该比值接近于1时，相振荡周期迅速增加；当这个比值较小时，振荡周期接近于常数。因此，可以将小角度的相振荡看作是振荡周期不变的简谐运动。设$\Delta\varphi=\varphi-\varphi_s$，且$\Delta\varphi\ll 1$，代入式(2.9a)，则得到小角度相振荡方程：

$$\frac{\mathrm{d}}{\mathrm{d}t}\left(\frac{E_s}{k\omega_s^2 K_s}\Delta\dot{\varphi}\right)+\frac{eV_0}{2\pi}\sin\varphi_s\Delta\varphi=0 \tag{2.18}$$

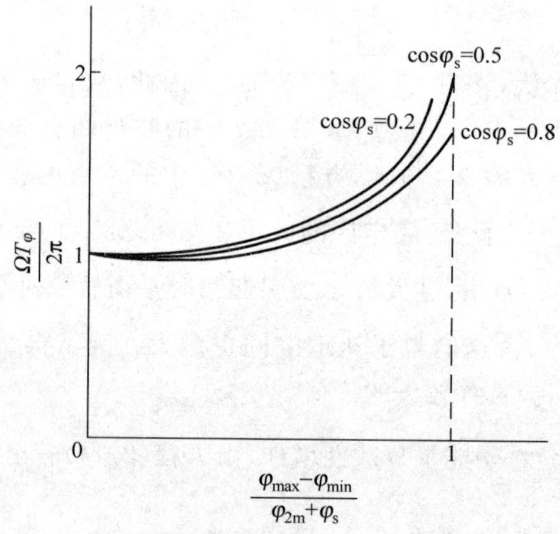

图2.3 相振荡周期与振幅的关系曲线

当不考虑参数慢变化时，这个小角度相振荡的角频率为：

$$\Omega=\omega_s\sqrt{\frac{eV_0K_sk\sin\varphi_s}{2\pi E_s}} \tag{2.19}$$

由方程(2.19)可以看出，当$K_s>0$(即$1>n>0$)时，只有当$\sin\varphi_s>0$，即φ_s为正值时，相振荡才是稳定的，否则Ω将是虚数，方程(2.18)的解是扩张的。当$K_s<0$时，相振荡的稳定平衡相位为$-\varphi_s$。

小角度相振荡的角频率Ω为粒子旋转角频率ω_s的$\sqrt{\frac{eV_0kK_s}{2\pi E_s}}$倍。因此，一般情况下，因$eV_0\ll E_s$，故$\Omega\ll\omega_s$。而自由振荡角频率接近$\omega_s$，故在前面把相振

荡看成是慢振荡，自由振荡看成是快振荡是完全合理的。

在不考虑 E_s，ω_s 等参数的变化时，相振荡的幅度 A 仅由 $\varphi_{\max}$ 及 $\varphi_{\min}$ 决定，即

$$A=\frac{\varphi_{\max}-\varphi_{\min}}{2}$$

其中 $\varphi_{\max}$ 及 $\varphi_{\min}$ 根据初始条件 φ_i 及 $\dot{\varphi}_i$，由位能函数曲线算出。

当考虑参数的慢变化时，相振荡方程变为：

$$\frac{E_s}{k\omega_s^2K_s}\Delta\ddot{\varphi}+\frac{\mathrm{d}}{\mathrm{d}t}\left(\frac{E_s}{k\omega_s^2K_s}\right)\Delta\dot{\varphi}+\frac{eV_0}{2\pi}\Delta\varphi\sin\varphi_s=0 \tag{2.20}$$

如果模仿自由振荡参数慢变化方程的解法，便得到相振荡幅值与参数变化的关系：

$$A=\text{常数}\times\left(\frac{2\pi k\omega_s^2K_s}{eV_0E_s\sin\varphi_s}\right)^{\frac{1}{4}} \tag{2.21}$$

如果采用绝热不变量的计算办法，亦可得到上述结果。

相振荡幅度与慢变化参数之间的关系可以根据以下两种极限情况而定：一是超高能，即 $\beta_s\approx1$，这时 $\omega_s=c/r_s$，K_s 及 φ_s 几乎不变，这时，相振荡幅度 $A\propto\left(\frac{1}{r_s^2V_0E_s}\right)^{\frac{1}{4}}$；当 r_s 不变时，$A\propto\left(\frac{1}{E_s}\right)^{\frac{1}{4}}$，故相振荡随 E_s 增加而缓慢衰减。而在非相对论情况下，即 $\beta_s\ll1$，略去 β_s^4 及 β_s^4 以上诸项，则得到：

$$A\propto\left(\frac{\omega_s^2K_s}{E_s}\right)^{\frac{1}{4}}\propto\left[\frac{1}{r_s^2}\left(1-\frac{3n-2}{2n}\beta_s^2\right)\right]^{\frac{1}{4}} \tag{2.22}$$

当 n 的选择满足 $\frac{3n-2}{2n}<0$，即 $n<\frac{2}{3}$ 时，相振荡的幅度 A 随 β_s 增加而增长，但 β_s 增加到一定条件时，$\beta_s\ll1$ 的条件不再满足，A 随 β_s 之增加反而减小。因此，在圆形弱聚焦加速器中，开始相振荡幅度有所增加，但以后很快就转为阻尼状态了。

2.2.4　相振荡引起粒子轨道和能量分散性的变化

由方程(2.9b)及(2.10)消去 $\dot{\varphi}$，即可以得到相振荡引起的粒子轨道偏移为：

$$\frac{x_0}{r_s}=\sqrt{\frac{2[C-U(\varphi)]}{k(1-n)^2\beta_s^4K_sE_s}} \tag{2.23}$$

其中

$$C=\frac{1}{2}\cdot\frac{E_s}{k\omega_s^2K_s}\dot{\varphi}_i^2+\frac{eV_0}{2\pi}(\varphi_i\cos\varphi_s-\sin\varphi_i) \tag{2.24}$$

$$U(\varphi)=\frac{eV_0}{2\pi}(\varphi\cos\varphi_s-\sin\varphi) \tag{2.25}$$

这种轨道偏移是慢变化的，称为瞬时平衡轨道，它具有如下特性：

① 瞬时平衡轨道 $r_0=r_s+x_0$，x_0 的数值大小是变化的，其变化周期与相振荡周期相同。

② 当 $\dot{\varphi}$ 极大时，x_0 也是最大。而 $\dot{\varphi}$ 最大相当于相振荡位能最低，即 $\varphi=\varphi_s$。于是，可以得到这样的概念：在相振荡过程中，当粒子通过平衡相位 φ_s 时，瞬时平衡轨道最大。

③ 当 $\dot{\varphi}$ 最小时，x_0 也最小；当 $\dot{\varphi}=0$，即 $\varphi=\varphi_{\max}$ 或 $\varphi_{\min}$ 时，$x_0=0$，粒子处于平衡轨道 r_s 上，$E=E_s$。于是，又得到另一个概念：在相振荡过程中，当粒子通过平衡轨道 r_s 时，相振荡角度最大。

④ x_0 的变化伴随着粒子能量的变化，x_0 最大，ΔE 也最大，因此，瞬时平衡轨道的振荡与自由振荡有本质的不同。

相振荡引起能量振荡的大小可以由下式表示：

$$\frac{\Delta E}{E_s}=\frac{1}{k\omega_s K_s}\dot{\varphi}=(1-n)\beta_s^2\frac{x_0}{r_s} \tag{2.26}$$

能量振荡具有以下特点：

① 能量振荡的周期与相振荡周期相同。

② 当 $\dot{\varphi}$ 极大，即 $\varphi=\varphi_s$ 时，ΔE 最大。

③ 当 $\dot{\varphi}$ 极小，即 $\dot{\varphi}=0$ 时，$\varphi=\varphi_{\max}$ 或 $\varphi_{\min}$，$\Delta E=0$。

在考虑参数慢变化时，在 $\dot{\varphi}$ 阻尼的同时，$\frac{x_0}{r_s}$ 与 $\frac{\Delta E}{E_s}$ 也同时阻尼。但是，从绝对值 ΔE 的变化来看，则 ΔE 将随着 E_s 的增加而缓慢增加，这时有：

$$\Delta E_m=\frac{E_s}{k\omega_s K_s}\dot{\varphi}_m\approx\frac{E_s}{k\omega_s K_s}A\Omega\propto\left(\frac{\omega_s^2 E_s V_0\sin\varphi_s}{K_s}\right)^{\frac{1}{4}} \tag{2.27}$$

因此，在粒子加速过程中，ΔE 随 $E_s^{\frac{1}{4}}$ 增大而增大。然而，ΔE 的相对值，即 $\frac{\Delta E}{E_s}$ 则随 E_s 的增加而减小。

2.3 粒子在普通回旋加速器中的相运动

2.3.1 回旋加速器中心区粒子的聚相过程

早期人们只注意粒子离开中心区后的聚焦、相移和加速最大能量等问题，忽视了研究中心区的相运动。1957 年，前苏联科学家费德洛夫等发现了回旋加速器中心区的聚相现象[3]。由于粒子离开离子源后的开始若干半圈主要是在加速间隙中运动，不能等效为在一个窄缝中获得能量。特别是头半圈粒子几乎在全部轨道上都经受交叉电磁场的作用。计算表明，粒子在这种电磁场的作用下，由离子源出来不同初始相位的离子经过半圈后，大体上都将聚集在高频电场 0°相位附近，这对回旋加速器后来的加速十分有利。

粒子在中心区的运动满足基本运动方程 (1.1)。考虑到中心区交叉场的特点，选用笛卡儿坐标，令坐标轴 x 平行于高频 D 形盒边缘，坐标轴 z 平行于主磁场，即 $\boldsymbol{X}=\boldsymbol{i}_x x+\boldsymbol{i}_y y$，$\boldsymbol{E}=\boldsymbol{i}_x E_x+\boldsymbol{i}_y E_y$，$\boldsymbol{B}=\boldsymbol{i}_z B_z$，将以上各式代入运动方程 (1.1)，得到以下描写中心运动的联立方程组：

$$\frac{\mathrm{d}p_x}{\mathrm{d}t}=eE_x+ev_yB_z \tag{2.28a}$$

$$\frac{\mathrm{d}p_y}{\mathrm{d}t}=eE_y-ev_xB_z \tag{2.28b}$$

又设 D 形盒的高频电压为 $V=V_0\cos(\omega_{\mathrm{f}}t+\varphi_0)$，则 $E_y=\dfrac{V_0}{2d}\cos(\omega_{\mathrm{f}}t+\varphi_0)$，$E_x=0$。$2d$ 为 D 形盒的间距，ω_{f} 为高频电场频率，φ_0 为粒子注入相位，高频电场的频率 ω_{f} 等于粒子在磁场中的回旋频率 ω 或等于其倍数 $k\omega$，即 $\omega_{\mathrm{f}}=k\omega=k(eB_z/m)$。不考虑相对论效应，$m=m_0$，于是联立方程组(2.28a)，(2.28b)变为：

$$\ddot{x}=\frac{e}{m_0}\dot{y}B_z \tag{2.29a}$$

$$\ddot{y}=-\frac{e}{m_0}\dot{x}B_z+\frac{eV_0}{2dm_0}\cos(\omega t+\varphi_0) \tag{2.29b}$$

解以上方程组，设初始条件 $t=0$ 时，$\dot{x}_0=\dot{y}_0=y_0=x_0=0$，于是求得方程的解为：

$$x=\frac{eV_0}{4\omega^2 dm_0}[-2\sin\varphi_0+\sin(\omega t+\varphi_0)-\omega t\cos(\omega t+\varphi_0)+\sin\varphi_0\cos\omega t] \tag{2.30a}$$

$$y=\frac{eV_0}{4\omega^2 dm_0}[-\sin\varphi_0\sin\omega t+\omega t\sin(\omega t+\varphi_0)] \tag{2.30b}$$

当 $\omega t+\varphi_0=2\pi$，即电场处于峰值时，不同初始的粒子转 1 圈后，全部集中在高频电场的 0°附近。粒子在开始进入 D 形盒时的相聚程度可由下式表示：

$$\varphi=-\frac{eV_0}{4\omega^2 d^2 m_0}\sin^2\varphi_0 \tag{2.31}$$

以美国橡树岭实验室的回旋加速器为例，质子最大能量为 25MeV，$V_0=400\mathrm{kV}$，$d=0.1\mathrm{m}$。由式(2.31)得到 $\varphi=-8^\circ\sin^2\varphi_0$。

然而，伴随相聚的另一个结果是粒子轨迹中心的分散，这将导致束流能散的增加。为了改善束流能散度，人们又不得不适当减弱相聚，为此，常在 D 形盒中心点安装一个“触须”或采用其他措施来提高初始束流品质。

2.3.2 粒子在普通回旋加速器中的相移和最大能量

粒子在中心区获得不同程度的相聚，大体上讲，相聚发生在电场峰值附近。其后，如果谐振加速条件能得到满足，粒子回旋频率等于加速电压频率，那么粒子相对于加速电压的相位就不会变化，加速过程能一直维持下去。在回旋加速器中，粒子回旋角频率 ω 为：

$$\omega = -\frac{ec^2 B(r)}{E(r)} \tag{2.32}$$

随着加速过程的进行，粒子能量 E 不断提高，而磁场强度沿半径略有减弱，因此粒子回旋频率不断下降。而加速电压频率是维持不变的。因此，粒子在高频电场中的相位不断移动。这种相移的持续进行就有可能导致粒子滑到减速区，使加速过程中断，从而限制了粒子的能量增加。高频电压愈高，粒子可以得到的能量愈大。

对于一台能量确定的回旋加速器，由于相移的存在，则对加速电压提出了最低要求。譬如，一台回旋加速器的磁场沿径向平均下降率为 1.25%，若将氘核加速到 18MeV，粒子总能量平均增长 0.5%，即粒子的旋转周期平均增加 1.75%。根据相聚效应，设粒子初始相位在 0°，可以算出，粒子每圈平均相移 6.3°。因为粒子相移不能超过 90°，所以粒子只能转动 14 圈左右。假设粒子每圈平均得到的能量为 $2eV_0\langle\cos\varphi\rangle$，其中 $\langle\cos\varphi\rangle$ 为加速过程中 $\cos\varphi$ 的平均值，$\langle\cos\varphi\rangle\approx 0.7$，则氘核加速到 18MeV，必须 $V_0\geqslant 900\text{kV}$。因此，把粒子加速到一定能量的最低高频电压称为阈电压。

为了准确地计算回旋加速器的极限能量及所对应的加速阈电压与磁场分布及相移之间的定量关系，下面推导相移方程。

仍以 ω_f 及 ω 分别表示加速电场及粒子旋转频率，则粒子每转 1 圈相移（以 ν 表示圈数）为：

$$\frac{d\varphi}{d\nu} = 2\pi\frac{\omega_f - \omega}{\omega} \tag{2.33}$$

将 ω 依 ω_0 展开为：

$$\omega = -\frac{ec^2 B}{E} = -\left(\frac{ec^2 B_0}{E_0}\right)\frac{B/B_0}{E/E_0} = \omega_0\frac{\dfrac{B(r)}{B_0}}{1+\dfrac{W}{m_0c^2}} \tag{2.34}$$

其中 ω_0 表示粒子在磁场中心的旋转频率；B_0 表示中心的磁感应强度；$B(r)$ 表示

$z=0$ 平面上在任意半径上的磁感应强度；W 表示粒子的动能。将方程(2.34)代入式(2.33)，并略去二级小量，便得到：

$$\frac{\mathrm{d}\varphi}{\mathrm{d}\nu}=2\pi\left[\frac{\omega_{\mathrm{f}}-\omega_0}{\omega_0}+\frac{B_0-B(r)}{B_0}+\frac{W}{E_0}\right] \tag{2.35}$$

方程(2.35)表示相移是由三个因素引起的：电场频率与粒子回旋频率的差别，轨道磁场沿 r 的降落以及粒子能量的增加。将方程(2.35)积分，就可以得到相移轨迹，并求出上述三因素对相移量的影响。为积分方便，对自变量 ν 进行变换：

$$\frac{\mathrm{d}\varphi}{\mathrm{d}\nu}=\frac{\mathrm{d}\varphi}{\mathrm{d}W}\cdot\frac{\mathrm{d}W}{\mathrm{d}\nu}=\frac{\mathrm{d}\varphi}{\mathrm{d}W}2eV_0\cos\varphi \tag{2.36}$$

其中 V_0 表示 D 极之间的电位差的峰值。将方程(2.36)代入式(2.35)则得到：

$$\frac{\mathrm{d}\varphi}{\mathrm{d}W}2eV_0\cos\varphi=2\pi\left[\frac{\omega_{\mathrm{f}}-\omega_0}{\omega_0}+\frac{B_0-B(r)}{B_0}+\frac{W}{E_0}\right]$$

两端取积分，得到：

$$\sin\varphi_{\mathrm{f}}-\sin\varphi_{\mathrm{i}}=\frac{\pi}{eV_0}\int_{W_{\mathrm{i}}}^{W_{\mathrm{f}}}\left[\frac{\omega_{\mathrm{f}}-\omega_0}{\omega_0}+\frac{B_0-B(r)}{B_0}+\frac{W}{E_0}\right]\mathrm{d}W \tag{2.37}$$

其中 W_{i}，φ_{i} 和 W_{f}，φ_{f} 分别为粒子能量和相位的初始值和最终值。有时在计算中对 r 积分显得更方便，这时可将 W 换为 r 的函数。将 $E=\sqrt{(ecBr)^2+E_0^2}$ 在非相对论范围内展开为：

$$2WE_0\approx(ecBr)^2$$

考虑到 B 沿 r 的变化很小，故对上式两端微分可近似地表示为：

$$\begin{aligned}\mathrm{d}W&\approx\frac{1}{2E_0}(ec\langle B\rangle)^2\mathrm{d}(r^2)\\&\approx\frac{1}{E_0}(ec\langle B\rangle)^2r\mathrm{d}r\end{aligned}$$

其中$\langle B\rangle$为沿径向从 $0\sim r$ 之间的平均磁感应强度。将上式代入方程(2.37)得到：

$$\sin\varphi_{\mathrm{f}}-\sin\varphi_{\mathrm{i}}=\frac{\pi(ec\langle B\rangle)^2}{2eE_0V_0}\int_0^{r_{\mathrm{f}}}2r\left[\frac{\omega_{\mathrm{f}}-\omega_0}{\omega_0}+\frac{B_0-B(r)}{B_0}+\frac{e^2c^2B^2(r)r^2}{2E_0^2}\right]\mathrm{d}r \tag{2.38}$$

其中 r_{f} 为加速粒子轨迹的最终半径。

方程(2.37)和(2.38)是根据一个特定的 $B(r)$分布和 ω_{f} 与 ω_0 之差，计算粒子随着能量的增长或磁场沿 r 变化时相移轨迹的公式，简称为相移公式。

假设回旋加速器中有如下的关系：

$$B(r)=B_0\left(1-\lambda\frac{W}{E_0}\right),\qquad \omega_f=\omega_0(1-\varepsilon)$$

λ,ε 均为常数,代入式(2.37),得到:

$$\sin\varphi_f-\sin\varphi_i=\frac{\pi}{eV_0}\int_{W_i}^{W_f}\left(-\varepsilon+\lambda\frac{W}{E_0}+\frac{W}{E_0}\right)\mathrm{d}W \tag{2.39}$$

对上式积分,可得极限能量 W_f 的表达式:

$$W_f=\frac{\varepsilon E_0}{1+\lambda}+\sqrt{\left(\frac{E_0\varepsilon}{1+\lambda}\right)^2+\frac{2eV_0E_0}{\pi(1+\lambda)}(\sin\varphi_f-\sin\varphi_i)} \tag{2.40}$$

从上式可知,只要知道起始相位 φ_i、最终相位 φ_f、高频电压 V_0 以及常数 ε 和 λ,就可以求得回旋加速器极限能量。至此,还有一个常数 ε 需要确定。ε 由反转相位 φ^* 决定:

$$\varepsilon=\sqrt{\frac{2eV_0(1+\lambda)}{\pi E_0}(\sin\varphi_i-\sin\varphi^*)}$$

其中 φ^* 可根据相移路径的选择由设计者确定。

2.4 等时性回旋加速器中的相运动

等时性回旋加速器具有准确的谐振磁场,随着粒子能量的不断增加,磁场沿半径也逐渐增加,严格保持粒子回旋频率不变,并与加速电场频率相等。因此,如果初始加速相位等于设计值的话,则粒子就一直在这个相位上加速下去,没有相移动。由于粒子回旋频率不随能量变化,因此,也不存在自动稳相过程,没有相振荡。不过,实际上的等时性回旋加速器也有相运动。首先,在中心区,为满足轴向聚焦的要求,中心区磁场有所下降,破坏了等时性条件,使粒子存在滑相;其次,在加速区,由于不可避免地存在平均磁场分布的误差和加速电场频率的误差,因而就引起了粒子相位的变化。下面分别加以叙述。

2.4.1 中心区滑相

设在中心区加速电压频率 ω_f 等于谐振加速粒子回旋频率 ω_0,即

$$\omega_f=\omega_0=-\frac{ec^2B_0}{E_0}$$

在 $r\neq0$ 处,忽略动能的影响,粒子回旋频率 ω 为:

$$\omega\approx-\frac{ec^2B(r)}{E_0}$$

在半径为 r 的轨道上每圈粒子相移为:

$$\frac{\Delta\varphi}{\Delta\nu}=2\pi\frac{\omega_f-\omega}{\omega}=-2\pi\frac{B_0-B(r)}{B(r)}\approx-2\pi\frac{B_0-B(r)}{B_0}\tag{2.41}$$

每圈粒子动能的增加(每圈加速 2 次)为：

$$\frac{\Delta W}{\Delta\nu}=2eV_0\cos\varphi\tag{2.42}$$

把式(2.42)代入式(2.41)，则得到：

$$\frac{\Delta\varphi}{\Delta W}=-2\pi\left[\frac{B_0-B(r)}{B_0}\right]\frac{1}{2eV_0\cos\varphi}\tag{2.43}$$

因为 $\Delta\varphi$ 与 ΔW 为小量，上式可表示成微分形式：

$$\cos\varphi\mathrm{d}\varphi=-\frac{2\pi}{2eV_0}\left[\frac{B_0-B(r)}{B_0}\right]\mathrm{d}W\tag{2.44}$$

对上式取积分，得到：

$$\sin\varphi-\sin\varphi_i=-\frac{2\pi}{2eV_0}\int_{W_i}^{W}\frac{B_0-B(r)}{B_0}\mathrm{d}W\tag{2.45}$$

而 $\mathrm{d}W=\frac{1}{2E_0}(ecB)^2\mathrm{d}(r^2)$，上式变为：

$$\sin\varphi-\sin\varphi_i=-\frac{\pi E_0}{2eV_0}\cdot\frac{\omega^2}{c^2}\int_{r_i}^{r}\frac{B_0-B(r)}{B_0}\mathrm{d}(r^2)\tag{2.46}$$

因此，在知道中心区磁场下降值 $\frac{B_0-B(r)}{B_0}$ 后，利用式(2.46)就可求出具有初始相位 φ_i 的粒子从 r_i 运动到 r 的相移量 $\Delta\varphi=\varphi-\varphi_i$。

2.4.2　平均磁场分布误差与加速电压频率误差所引起的相移

粒子离开中心区之后，如果平均磁场沿半径分布不等于谐振磁场值，或者加速电压频率不等于设计值，总之，当等时性条件不能严格得到满足时，就会产生相运动。如果这种相运动幅值比较大，粒子滑到减速区，则加速过程便受到破坏。因此，对磁场分布误差及频率误差都要提出严格的要求。下面分别给出磁场和频率误差与相移的定量关系。

如果等时磁场有误差，则引起的相移为：

$$\sin\varphi-\sin\varphi_i=-\frac{2\pi}{2eV_0}\int_{W_i}^{W}\frac{\Delta\langle B(r)\rangle}{\langle B_s(r)\rangle}\left(\frac{E_0}{E_0+W}\right)^2\mathrm{d}W\tag{2.47}$$

其次，当加速电场频率不满足谐振条件时，存在误差 Δf，也会引起相移：

$$\sin\varphi-\sin\varphi_i=\frac{2\pi}{2eV_0}\int_{W_i}^{W}\frac{\Delta f}{f_s}\mathrm{d}W\tag{2.48}$$

由上式可以确定由于加速电压频率的误差 $\Delta f/f_s$ 而导致的相移量 $\Delta\varphi=\varphi-\varphi_i$。

2.5 分离轨道等时性回旋加速器中的相运动[4,5]

1930年代，回旋加速器的能量只有1.2MeV，1980年代瑞典 Paul Scherrer 研究所利用分离扇等时性回旋加速器把质子能量提高到590MeV，平均流强达到1mA。1990年代人们对进一步提高质子能量使其达到1GeV和束流功率达到10MW发生了极大兴趣。为此，要求加速器的造价合理、运行费用低、束流损失非常小。由于强流质子直线加速器的造价昂贵，回旋加速器可能成为最佳选择。现有回旋加速器还不能满足上述要求，必须注入新的技术。

普通等时性回旋加速器中平均磁场随能量增加，这不仅限制轴向聚焦，还使径向自由振荡不可避免地穿越共振线，而相邻轨道的径向间隔愈来愈小，而不同相位的粒子受到不同高频电场加速，使束流宽度不断增加，结果还造成引出的困难，这是常规等时性回旋加速器的致命弱点，因此，分离轨道回旋加速器(SOC)应运而生。其中粒子的径向轨道为螺旋线，螺距远大于束流宽度，相邻轨道的径向梯度可以自由选择，这样，径向自由振荡就可以避免穿越共振线。采用多个分离轨道回旋加速器的串接，可以获得相当高的输出能量。粒子被分布在扇形磁铁中间的高频腔加速，螺旋轨道按照以下原则设计：相邻轨道长度单调增长，粒子平均速度也相应增长，使在加速场中保持同相。为此，每圈有效加速电压超过一个最小值：

$$\Delta V=\frac{m_0c^2\beta^2\gamma^3\Delta r_0}{er_0}\tag{2.49}$$

其中 r_0 为轨道平均半径；Δr_0 为每圈增量。若干圈内的旋转频率平均不变。由于纵向的聚焦，局部旋转频率又呈周期性变化。旋转频率变化与粒子速度和径向位置的关系为：

$$\frac{\Delta f_{\text{rev}}}{f_{\text{rev}}}=\frac{\Delta v}{v_0}-\frac{\Delta r}{r_0}\tag{2.50}$$

v_0 为沿设计轨道加速的同步粒子速度，这时 $\Delta v=\Delta r=0$。如果中心粒子偏离同步能量，$\Delta v\neq 0$，则导致整个束团能量振荡和相振荡，$\Delta r\neq 0$ 的粒子将围绕束中心作同步加速器振荡。

综上所述，普通等时性回旋与分离轨道等时性回旋加速器的主要区别是：对于前者，式(2.50)的右端总是等于零，粒子在纵向是不定的；而后者在纵向也有强的聚焦。但是，高频电压随着粒子能量的提高而不断增加，这使进一步提高分离轨道等时性回旋加速器的能量遇到困难。超导磁体以及超导高频腔的发展，给分离轨道等时性回旋加速器进一步提高能量带来了新的生机。1990年代德国率先进行 1GeV 质子分离轨道等时性回旋加速器的设计[5]。第一个加速器的注入能量为 106MeV，引出能量为 393MeV；第二个加速器的注入能量为 393MeV，引出能量为 1000MeV。同时，德国还建造了一台能量为 74MeV 的模型装置作为前期的预研，该装置定名为“TRITRON”。总之，分离轨道等时性回旋加速器是一种很有发展前景的结构。

参考文献

[1] Livingood J J. Principles of Cyclic Particle Accelerators. D. Van Nostrand Company，1961

[2] Kolomenski A A，Lebedev A N. Theory of Cyclic Accelerators. John Wiley & Sons，Inc.，1966

[3] Федоров Н Д. Атомная Энергия，1957，(2)：385

[4] Cyclotrons and Their Applications. 16th International Conference，East Lansing，2001

[5] Trinks U. Exotic Cyclotron——Future Cyclotrons，CAS CERN Accelerator School Cyclotrons，Linacs and their Applications. CERN 1996-02. 187～227

习题与思考题

1. 设电子感应加速器的轨道磁场均匀分布，即 $n=0$，如果轨道磁场不变，而中心磁通增加，电子的平衡轨道将如何移动？如果改变磁极间隙，平衡轨道又将如何移动？

2. 已知电子同步加速器的参数如下：最大能量 1000MeV，入射能量 45MeV，轨道最大磁场 1.1T，平衡轨道半径 3m，磁场对数梯度 0.7，加速电压 20kV，倍频系数为 1，平衡相位 30°，求相振荡最大速度 $\dot{\varphi}_m$，以及由此产生的最大能量分散和瞬时平衡轨道宽度。然后，试分析粒子的最大能量分散和瞬时平衡轨道宽度大小的利弊。

3. 在回旋加速器中，磁场依 r^2 均匀下降，在引出半径上共降落 1%，如果加速氘核，最大能量为 15MeV，若允许 $\varphi^*=-30°$，则所需高频电压 V_0 是多少？

4. 如果回旋加速器中的磁场稳定度为 10^{-3}，这对加速器的正常工作是否有影响？为什么稳定度必须在 10^{-4} 数量级以上？

5. 在等时性回旋加速器中，$V_0=200$kV，高频电压的频率稳定度为 10^{-4}，当允许相位漂移为 10°时，氘核可加速到多大能量？

第3章 粒子在理想周期场中的运动

3.1 用矩阵法研究粒子横向运动的稳定性

3.1.1 周期场中粒子的横向运动方程[1]

所谓周期场是指加速器的磁场沿幅角或轨道呈周期性变化，这包括强聚焦加速器的磁场和带有直线节的弱聚焦环形加速器等的磁场分布形态。

近代高能加速器往往采用具有交变梯度的强聚焦磁铁系统实现横向聚焦。可以借助于如图3.1所示的曲线坐标系来描述粒子的运动：l 表示参考点至粒子位置 P 在平衡轨道上的投影长度，x 和 z 分别表示 P 点偏离平衡轨道的水平和垂直距离，$\rho(l)$ 为平衡轨道的曲率半径。粒子的横向运动，是指垂直于 l 轴的运动，包括水平和垂直方向，也被称为自由振荡。

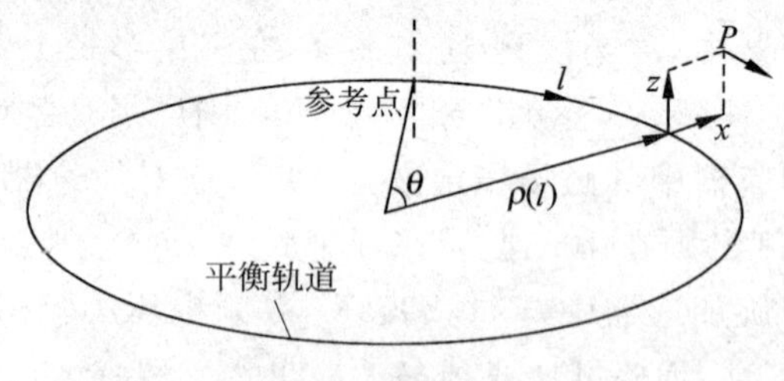

图 3.1 曲线坐标系

如果对平衡轨道上的每个点都定义单位矢量 $\boldsymbol{i}_l$，$\boldsymbol{i}_x$，$\boldsymbol{i}_z$，那么粒子的位置矢量为：

$$\boldsymbol{R} = r\boldsymbol{i}_x + z\boldsymbol{i}_z \tag{3.1}$$

这里 $r=\rho+x$。假设粒子运动轨道上只有水平和垂直方向的磁场，那么运动方程为：

$$\frac{\mathrm{d}\boldsymbol{p}}{\mathrm{d}t}=e\boldsymbol{v}\times\boldsymbol{B} \tag{3.2}$$

同时有：

$$\boldsymbol{v}\times\boldsymbol{B}=-v_lB_z\boldsymbol{i}_x+v_lB_x\boldsymbol{i}_z+(v_xB_z-v_zB_x)\boldsymbol{i}_l \tag{3.3}$$

其中 v_x,v_z,v_l 为粒子在 x,z,l 方向的速度分量。如果忽略粒子能量的变化，由式(3.2)可得：

$$\ddot{\boldsymbol{R}}=\frac{e\boldsymbol{v}\times\boldsymbol{B}}{\gamma m_0} \tag{3.4}$$

这里 γ 为洛伦兹因子，m_0 为粒子静止质量。对于曲线坐标系，单位矢量是随时间变化的，即

$$\mathrm{d}\boldsymbol{i}_x/\mathrm{d}t=\dot{\theta}\boldsymbol{i}_l,\mathrm{d}\boldsymbol{i}_z/\mathrm{d}t=0,\mathrm{d}\boldsymbol{i}_l/\mathrm{d}t=-\dot{\theta}\boldsymbol{i}_x \tag{3.5}$$

其中 $\dot{\theta}=v_l/r$，于是有：

$$\ddot{\boldsymbol{R}}=(\ddot{r}-r\dot{\theta}^2)\boldsymbol{i}_x+(2\dot{r}\dot{\theta}+r\ddot{\theta})\boldsymbol{i}_l+\ddot{z}\boldsymbol{i}_z \tag{3.6}$$

由式(3.3)和(3.6)可以得到水平方向的运动方程为：

$$\ddot{r}-r\dot{\theta}^2=-\frac{ev_l^2B_z}{\gamma m_0v_l} \tag{3.7}$$

由于 $v_x\ll v_l,v_z\ll v_l$，所以可以近似认为 $p\approx\gamma m_0v_l$，因此得到：

$$\ddot{r}-r\dot{\theta}^2=-\frac{ev_l^2B_z}{p} \tag{3.8}$$

如果选择 l 作为独立变量，则有：

$$\frac{\mathrm{d}}{\mathrm{d}t}=\frac{\mathrm{d}}{\mathrm{d}l}\cdot\frac{\mathrm{d}l}{\mathrm{d}t} \tag{3.9}$$

由图 3.2 可以得到：

$$\mathrm{d}l=\rho\mathrm{d}\theta=v_l\mathrm{d}t\,\frac{\rho}{r} \tag{3.10}$$

假设 $\mathrm{d}^2l/\mathrm{d}t^2=0$，那么就有：

$$\frac{\mathrm{d}^2}{\mathrm{d}t^2}=\left(\frac{\mathrm{d}l}{\mathrm{d}t}\right)^2\frac{\mathrm{d}^2}{\mathrm{d}l^2}=\left(v_l\,\frac{\rho}{r}\right)^2\frac{\mathrm{d}^2}{\mathrm{d}l^2} \tag{3.11}$$

利用 $r=\rho+x$，最终得到水平方向的运动方程为：

$$\frac{\mathrm{d}^2x}{\mathrm{d}l^2}-\frac{\rho+x}{\rho^2}=-\frac{B_z}{(B\rho)}\left(1+\frac{x}{\rho}\right)^2 \tag{3.12}$$

其中 $(B\rho)=p/e$ 称为粒子的磁刚度。同样，可以得到垂直方向的运动方程为：

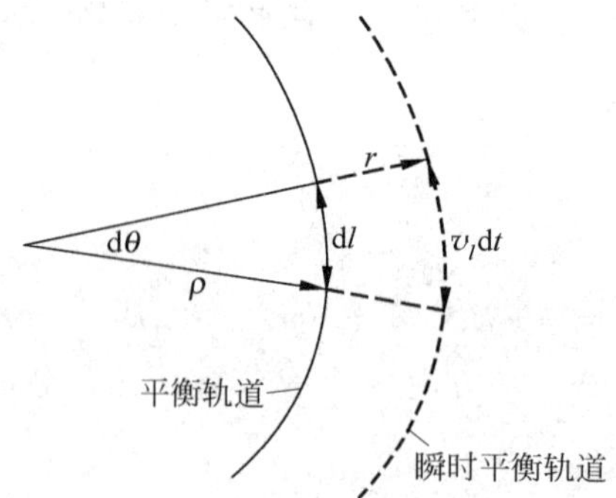

图 3.2 平衡轨道与瞬时平衡轨道长度的比例关系

$$\frac{\mathrm{d}^2 z}{\mathrm{d}l^2}=\frac{B_x}{(B\rho)}\left(1+\frac{x}{\rho}\right)^2 \tag{3.13}$$

一般来讲，上述运动方程是非线性方程，本章只考虑依赖于 x,z 的准线性场，因此可以把场按泰勒级数展开：

$$\left.\begin{aligned} B_x &= B_x(0,0)+\frac{\partial B_x}{\partial z}z+\frac{\partial B_x}{\partial x}x \\ B_z &= B_z(0,0)+\frac{\partial B_z}{\partial x}x+\frac{\partial B_z}{\partial z}z \end{aligned}\right\} \tag{3.14}$$

在平衡轨道附近，没有励磁电流，所以$\nabla\times\boldsymbol{B}=0$，这就给出了以下关系：

$$\frac{\partial B_z}{\partial x}=\frac{\partial B_x}{\partial z} \tag{3.15}$$

假设粒子只在水平面发生偏转，而且先不考虑水平和垂直方向运动的耦合，那么，$B_x(0,0)=0,\partial B_z/\partial z=0,\partial B_x/\partial x=0$，将式(3.14)和(3.15)代入式(3.12)和(3.13)，并只保留到 x,z 的最低阶项，运动方程为：

$$\frac{\mathrm{d}^2 x}{\mathrm{d}l^2}+\left[\frac{1}{\rho^2}+\frac{1}{(B\rho)}\cdot\frac{\partial B_z(l)}{\partial x}\right]x=0 \tag{3.16}$$

$$\frac{\mathrm{d}^2 z}{\mathrm{d}l^2}-\frac{1}{(B\rho)}\cdot\frac{\partial B_z(l)}{\partial x}z=0 \tag{3.17}$$

那么，水平和垂直方向的运动方程可以写成统一的形式：

$$\frac{\mathrm{d}^2 y}{\mathrm{d}l^2}+K_y(l)y=0 \tag{3.18}$$

其中 $y=x$ 或 z 为横向偏移，$K_x=\frac{1}{\rho^2}+\frac{1}{(B\rho)}\cdot\frac{\partial B_z(l)}{\partial x}$，$K_z=-\frac{1}{(B\rho)}\cdot\frac{\partial B_z(l)}{\partial x}$。假设强聚焦加速器由 N 个相同的单元(超周期)组成，那么就有：

$$K_y(l+L)=K_y(l) \tag{3.19}$$

这里 $L=C/N$，C 为加速器周长。像式(3.18)这种具有周期变化系数的微分方程称为 Hill 方程。

3.1.2 横向运动的稳定性判据[1,2,4]

对于线性二阶微分方程，包括 Hill 方程，它的解为：

$$\left.\begin{aligned} y(l) &= a(l,l_0)y(l_0)+b(l,l_0)y'(l_0) \\ y'(l) &= c(l,l_0)y(l_0)+d(l,l_0)y'(l_0) \end{aligned}\right\} \tag{3.20}$$

这里 $y(l_0)$，$y'(l_0)$ 为初始值，这可以写成如下的矩阵形式：

$$\tilde{\mathbf{y}}(l) = \begin{pmatrix} a & b \\ c & d \end{pmatrix}\tilde{\mathbf{y}}(l_0) = \boldsymbol{M}(l,l_0)\tilde{\mathbf{y}}(l_0) \tag{3.21}$$

其中 $\tilde{\mathbf{y}}(l)=\begin{pmatrix} y(l) \\ y'(l) \end{pmatrix}$；$\boldsymbol{M}(l,l_0)$ 是由 l_0 到 l 的传输矩阵，与 $y(l_0)$ 和 $y'(l_0)$ 无关。

对于式(3.18)，若 K_y 为正数，即对应聚焦磁铁，那么传输矩阵为：

$$\boldsymbol{M}(l,l_0) = \begin{pmatrix} \cos\left[\sqrt{K_y}(l-l_0)\right] & \dfrac{1}{\sqrt{K_y}}\sin\left[\sqrt{K_y}(l-l_0)\right] \\ -\sqrt{K_y}\sin\left[\sqrt{K_y}(l-l_0)\right] & \cos\left[\sqrt{K_y}(l-l_0)\right] \end{pmatrix} \tag{3.22}$$

若 K_y 为负数，即对应散焦磁铁，则有：

$$\boldsymbol{M}(l,l_0) = \begin{pmatrix} \cosh\left[\sqrt{|K_y|}(l-l_0)\right] & \dfrac{1}{\sqrt{|K_y|}}\sinh\left[\sqrt{|K_y|}(l-l_0)\right] \\ \sqrt{|K_y|}\sinh\left[\sqrt{|K_y|}(l-l_0)\right] & \cosh\left[\sqrt{|K_y|}(l-l_0)\right] \end{pmatrix} \tag{3.23}$$

若 K_y 为零，即对应直线节，则有：

$$\boldsymbol{M}(l,l_0) = \begin{pmatrix} 1 & l-l_0 \\ 0 & 1 \end{pmatrix} \tag{3.24}$$

对于均匀偏转磁铁，磁场梯度为零，在偏转平面内 $K_y=\dfrac{1}{\rho^2}$，传输矩阵为：

$$\boldsymbol{M}(l,l_0) = \begin{pmatrix} \cos[(l-l_0)/\rho] & \rho\sin[(l-l_0)/\rho] \\ -\dfrac{1}{\rho}\sin[(l-l_0)/\rho] & \cos[(l-l_0)/\rho] \end{pmatrix} \tag{3.25}$$

在非偏转平面内，$K_y=0$，其传输矩阵为式(3.24)。如果考虑边缘磁场效应，当偏转磁铁端面不与粒子中心轨道垂直，边缘磁场将产生聚焦效果。记偏转磁铁端面的法线与粒子中心轨道的夹角为 δ，并且定义当端面法线转向曲率中心一侧时，δ 为负值，反之为正值。假设边缘磁场作用满足薄透镜近似，即它只

是使粒子发生了瞬时冲量改变,而粒子在边缘磁场中的横向偏移很小,可以忽略不计,那么,在偏转平面,边缘磁场的传输矩阵为:

$$\boldsymbol{M}(l,l_0)=\begin{pmatrix}1 & 0\\ \dfrac{1}{\rho}\tan\delta & 1\end{pmatrix} \tag{3.26}$$

非偏转平面的传输矩阵为:

$$\boldsymbol{M}(l,l_0)=\begin{pmatrix}1 & 0\\ -\dfrac{1}{\rho}\tan\delta & 1\end{pmatrix} \tag{3.27}$$

根据上述传输矩阵,就可以得到由粒子轨道任意位置 l 处回旋一圈的传输矩阵 $\boldsymbol{M}(l+C,l)$,即

$$\tilde{\boldsymbol{y}}(l+C)=\boldsymbol{M}_n\cdots\boldsymbol{M}_2\boldsymbol{M}_1\tilde{\boldsymbol{y}}(l)=\boldsymbol{M}(l+C,l)\tilde{\boldsymbol{y}}(l)=\begin{pmatrix}M_{11} & M_{12}\\ M_{21} & M_{22}\end{pmatrix}\tilde{\boldsymbol{y}}(l) \tag{3.28}$$

可以证明,一圈传输矩阵具有如下的性质:

① $\boldsymbol{M}(l+C,l)$是关于 l 以 C 为周期的函数:$\boldsymbol{M}(l+C,l)=\boldsymbol{M}(l,l-C)$。

② 式(3.18)不含一次微分项,所以 $\boldsymbol{M}(l+C,l)$的行列式等于1(归一化),即 $\det[\boldsymbol{M}(l+C,l)]=1$。

③ 由于互易矩阵的迹相同,所以 $\boldsymbol{M}(l+C,l)$的迹不依赖于 l。

利用上述性质,可以把一圈的传输矩阵写为常数矩阵与迹为零的周期矩阵相加的形式,即

$$\boldsymbol{M}(l+C,l)=A\boldsymbol{I}+B\boldsymbol{J}(l) \tag{3.29}$$

其中

$$\boldsymbol{I}=\begin{pmatrix}1 & 0\\ 0 & 1\end{pmatrix},\boldsymbol{J}(l)=\begin{pmatrix}\alpha(l) & \beta(l)\\ -\gamma(l) & -\alpha(l)\end{pmatrix} \tag{3.30}$$

A,B 为常数,$\alpha(l),\beta(l),\gamma(l)$是以 C 为周期、以 l 为变量的函数。根据 $\boldsymbol{M}(l+C,l)$的行列式为 1 得出:

$$A^2+B^2[-\alpha^2(l)+\beta(l)\gamma(l)]=1 \tag{3.31}$$

因此 B^2 的系数必须为常数,不妨取这个常数为 1,即

$$-\alpha^2(l)+\beta(l)\gamma(l)=1 \tag{3.32}$$

则

$$A^2+B^2=1 \tag{3.33}$$

如果取 $A=\cos\mu,B=\sin\mu$(注意,μ 为复数),那么一圈的传输矩阵变为:

$$\begin{aligned}\boldsymbol{M}(l+C,l)&=\boldsymbol{I}\cos\mu+\boldsymbol{J}\sin\mu\\&=\begin{pmatrix}\cos\mu+\alpha(l)\sin\mu & \beta(l)\sin\mu\\ -\gamma(l)\sin\mu & \cos\mu-\alpha(l)\sin\mu\end{pmatrix}\end{aligned} \tag{3.34}$$

具有这种形式的传输矩阵称为 Twiss 矩阵，$\alpha(l)$，$\beta(l)$，$\gamma(l)$称为 Twiss 参数，或 Courant-Snyder 参数。由式(3.30)，可以得到：

$$\boldsymbol{J}^2(l)=\begin{pmatrix}\alpha(l) & \beta(l)\\ -\gamma(l) & -\alpha(l)\end{pmatrix}\begin{pmatrix}\alpha(l) & \beta(l)\\ -\gamma(l) & -\alpha(l)\end{pmatrix}=\begin{pmatrix}-1 & 0\\ 0 & -1\end{pmatrix}=-I \tag{3.35}$$

也就是 $\boldsymbol{J}(l)$与 $i(=\sqrt{-1})$类似，可以证明：

$$\boldsymbol{M}(l+C,l)=\boldsymbol{I}\cos\mu+\boldsymbol{J}\sin\mu=\exp[\boldsymbol{J}(l)\mu] \tag{3.36}$$

粒子在加速器中回旋 N 圈后，有：

$$\begin{aligned}\tilde{\boldsymbol{y}}(l+NC)=&\boldsymbol{M}[l+NC,l+(N-1)C]\cdots\boldsymbol{M}(l+2C,l+C)\times\\ &\boldsymbol{M}(l+C,l)\tilde{y}(l)=\boldsymbol{M}^N(l+C,l)\tilde{\boldsymbol{y}}(l)\end{aligned} \tag{3.37}$$

横向运动的稳定性要求 $N\to\infty$ 时，$\boldsymbol{M}^N(l+C,l)$的各元素为有限值。由式(3.36)，有：

$$\boldsymbol{M}^N(l+C,l)=\exp[\boldsymbol{J}(l)N\mu]=\boldsymbol{I}\cos N\mu+\boldsymbol{J}\sin N\mu \tag{3.38}$$

因此只有 μ 为实数，运动才是稳定的，这意味着以下关系：

$$|\mathrm{tr}\boldsymbol{M}(l+C,l)|=|M_{11}+M_{12}|=|2\cos\mu|\leqslant 2 \tag{3.39}$$

上式就是横向运动稳定性的判据。

3.1.3　FODO 结构的稳定性[3]

加速器中各种元件的排列方式称为磁聚焦结构，在高能加速器中，最简单的磁聚焦结构为 FODO 结构，它是由聚焦磁铁(F)、直线节(O)、散焦磁铁(D)、直线节(O)交替排列所组成的。下面以这种结构为例，利用式(3.39)来讨论它的稳定性。

为了简化数学处理，假设聚焦和散焦磁铁都满足薄透镜近似，即磁铁长度 $\Delta l\to 0$，$K\Delta l\to\frac{1}{f}$，f 为有限值，代表磁铁的聚焦长度，正值对应聚焦磁铁，负值对应散焦磁铁。它们的传输矩阵为：

$$\boldsymbol{M}_{\mathrm{F,D}}=\begin{bmatrix}1 & 0\\ -\frac{1}{f} & 1\end{bmatrix} \tag{3.40}$$

假设加速器由图 3.3 所示的 m 个 FODO 结构组成，QF、QD 的聚焦长度分别为 $f_1/2$、$f_2/2$，直线节的长度为 L，那么这个 FODO 单元的传输矩阵为：

$$\boldsymbol{M}=\begin{bmatrix}1 & 0\\ -\frac{1}{f_1} & 1\end{bmatrix}\begin{pmatrix}1 & L\\ 0 & 1\end{pmatrix}\begin{bmatrix}1 & 0\\ -\frac{2}{f_2} & 1\end{bmatrix}\begin{pmatrix}1 & L\\ 0 & 1\end{pmatrix}\begin{bmatrix}1 & 0\\ -\frac{1}{f_1} & 1\end{bmatrix}$$

$$
=\begin{bmatrix} 1-2\,\dfrac{L}{f} & 2L\left(1-\dfrac{L}{f_2}\right) \\ -\dfrac{2}{f}\left(1-\dfrac{L}{f_1}\right) & 1-2\,\dfrac{L}{f} \end{bmatrix} \tag{3.41}
$$

其中 $1/f=1/f_1+1/f_2-L/(f_1f_2)$。稳定性判据要求

$$
|\operatorname{tr}\boldsymbol{M}|=\left|2-\frac{4L}{f}\right|\leqslant 2 \tag{3.42}
$$

即

$$
0\leqslant\frac{L}{f}\leqslant 1 \tag{3.43}
$$

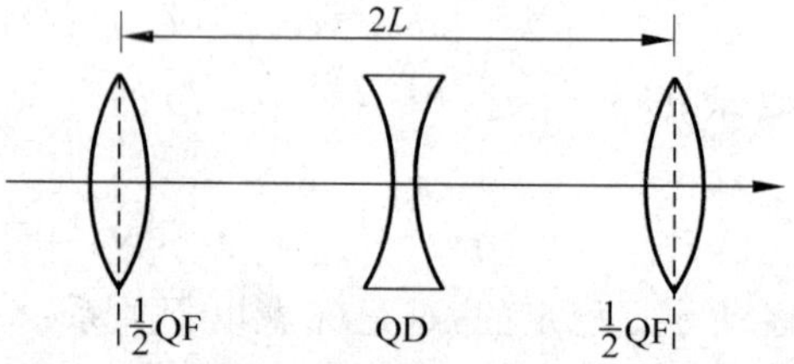

图 3.3 FODO 磁聚焦结构(QF 表示聚焦磁铁;QD 表示散焦磁铁)

定义 $A=L/f_1$,$B=L/f_2$,上述稳定性条件可以写作:

$$
0\leqslant A+B-AB\leqslant 1 \tag{3.44}
$$

这要求$|A|<1$,$|B|<1$,并且 A 和 B 异号,横向运动稳定区由下述方程所界定:

$$
\left.\begin{aligned} |A|=1,\ |B|=\frac{|A|}{1-|B|} \\ |B|=1,\ |A|=\frac{|B|}{1-|B|} \end{aligned}\right\} \tag{3.45}
$$

图 3.4 画出了稳定区的形状,它也被称为“领带图”。

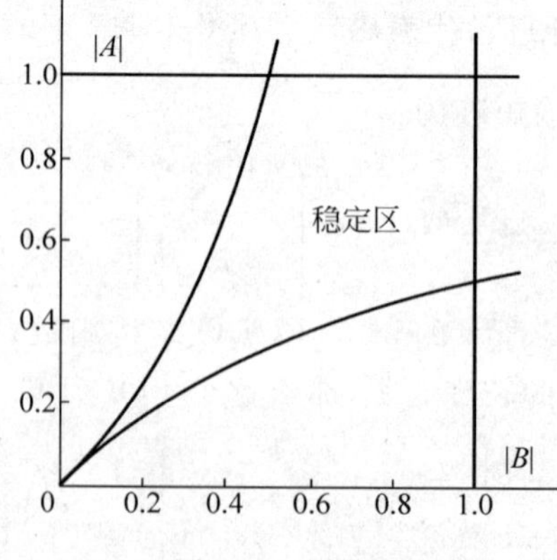

图 3.4 领带图

如果不采用薄透镜近似，根据式(3.22)，(3.23)，(3.24)，可以得到 FODO 结构的稳定性条件为：

$$\begin{aligned}\cos\mu =& \cos\left[\sqrt{K_1}l_1\right]\cosh\left[\sqrt{|K_2|}l_2\right]-\\ & \sqrt{K_1}L\sin\left[\sqrt{K_1}l_1\right]\cosh\left[\sqrt{|K_2|}l_2\right]+\sqrt{K_2}L\cos\left[\sqrt{K_1}l_1\right]\sinh\left[\sqrt{|K_2|}l_2\right]+\\ & \left[\frac{\sqrt{|K_2|}}{\sqrt{K_1}}-\frac{\sqrt{K_1}}{\sqrt{|K_2|}}-\sqrt{K_1}\sqrt{|K_2|}L^2\right]\sin\left[\sqrt{K_1}l_1\right]\sinh\left[\sqrt{|K_2|}l_2\right]\end{aligned} \tag{3.46}$$

当 $|\cos\mu|\leqslant 1$ 时，运动是稳定的。

3.2 粒子在周期场中的自由振荡[1,2]

3.2.1 Hill 方程及其解

前面用矩阵方法讨论了粒子的自由振荡的稳定性，本节将从下列 Hill 方程

$$\left.\begin{aligned}\frac{\mathrm{d}^2 y}{\mathrm{d}l^2}+K_y(l)y=0\\ K_y(l+L)=K_y(l)\end{aligned}\right\} \tag{3.47}$$

出发，讨论其他性质。

Hill 方程在 19 世纪得到了深入研究，弗洛克(Floque)定理给出其一般解具有如下形式：

$$y=Aw(l)\cos[\Psi(l)+\delta] \tag{3.48}$$

其中 A，δ 为由初始条件确定的常数，$w(l)$ 为与 $K_y(l)$ 具有相同周期的函数。将式(3.48)代入式(3.47)得：

$$\begin{aligned}y''+K_y y=&-A(2w'\Psi'+w\Psi'')\sin(\Psi+\delta)+\\ & A(w''-w\Psi'^2+K_y w)\cos(\Psi+\delta)=0\end{aligned} \tag{3.49}$$

由于 δ 是任意的，要使上式成立，正弦、余弦函数的系数都应为零。将正弦函数的系数乘以 w 得：

$$2ww'\Psi'+w^2\Psi''=(w^2\Psi')'=0 \tag{3.50}$$

对上式积分得到：

$$w^2(l)\Psi'=k \tag{3.51}$$

其中 k 为常数。由式(3.48)，可以把 k 合并到 A 中，而在上式中取 $k=1$，则有：

$$\Psi'=\frac{1}{w^2(l)}\Rightarrow\Psi(l)=\Psi(l_0)+\int_{l_0}^{l}\frac{\mathrm{d}l'}{w^2(l')} \tag{3.52}$$

同样，把 $\Psi(l_0)$ 合并到常数 δ 中，那么就有：

$$\Psi(l)=\int_{l_0}^{l}\frac{\mathrm{d}l'}{w^2(l')} \tag{3.53}$$

利用式(3.51)，以及余弦函数的系数为零的条件，可以得到 w 满足的方程为：

$$w^3(w''+K_y w)=1 \tag{3.54}$$

现在来推导 w,Ψ 与 Twiss 参数的关系。由 Twiss 矩阵式(3.28)和(3.34)，可以得到：

$$y(l+C)=y(l)[\cos\mu+\alpha(l)\sin\mu]+y'(l)\beta(l)\sin\mu \tag{3.55}$$

Hill 方程的解给出

$$y(l+C)=Aw(l+C)\cos[\Psi(l+C)+\delta] \tag{3.56}$$

利用式(3.53)及 $w(l)$ 的周期性，就有：

$$\Psi(l+C)-\Psi(l)=\int_{l}^{l+C}\frac{\mathrm{d}l'}{w^2(l')}=\oint_C\frac{\mathrm{d}l'}{w^2(l')}=2\pi Q \tag{3.57}$$

其中 Q 为常数，因此有：

$$\begin{aligned}y(l+C)&=Aw(l)\cos[\Psi(l)+2\pi Q+\delta]\\&=y(l)\cos(2\pi Q)-Aw(l)\sin[\Psi(l)+\delta]\sin(2\pi Q)\end{aligned} \tag{3.58}$$

对式(3.48)求导，得：

$$y'(l)=y(l)\frac{w'(l)}{w(l)}-\frac{A}{w(l)}\sin[\Psi(l)+\delta] \tag{3.59}$$

将式(3.59)代入式(3.58)，整理得：

$$y(l+C)=y(l)[\cos(2\pi Q)-ww'\sin(2\pi Q)]+y'(l)w^2\sin(2\pi Q) \tag{3.60}$$

与式(3.55)比较，得出：

$$\beta(l)=w^2(l),\alpha(l)=-w(l)w'(l)=-\frac{\beta'(l)}{2},\mu=2\pi Q=\oint_C\frac{\mathrm{d}l}{\beta(l)} \tag{3.61}$$

所以，用 Twiss 参数描述的粒子自由振荡方程为：

$$y(l)=A\sqrt{\beta(l)}\cos[\Psi(l)+\delta] \tag{3.62}$$

由式(3.62)可以看到，粒子横向运动振幅的包络是按 $\sqrt{\beta(l)}$ 变化的，同时 $\Psi(l)=\int\frac{\mathrm{d}l}{\beta(l)}$ 为自由振荡相位。另外，式(3.57)表明 Q 为粒子回旋 1 圈自由振荡的次数，即

$$Q=\frac{1}{2\pi}\oint\frac{\mathrm{d}l}{\beta(l)} \tag{3.63}$$

它也被称为自由振荡频率。

Twiss 参数是由加速器的磁聚焦结构确定的，由式(3.54)可以得到 $\beta(l)$ 满

足的微分方程为：

$$2\beta\beta''-\beta'^2+4\beta^2K_y=4 \tag{3.64}$$

对于给定的偏转、聚焦磁铁以及直线节等的排列方式，即 K_y 的分布形式，可以根据上式求解出 $\beta(l)$。但是更方便的途径是利用矩阵方法得到的传输矩阵。假设从某个位置开始的一个重复周期(一个超周期或整圈)的传输矩阵为：

$$\boldsymbol{M}=\boldsymbol{M}_n\cdots\boldsymbol{M}_1=\begin{pmatrix}a & b\\ c & d\end{pmatrix} \tag{3.65}$$

用 Twiss 参数表示的传输矩阵为：

$$\boldsymbol{M}=\begin{pmatrix}\cos\Delta\Psi_c+\alpha\sin\Delta\Psi_c & \beta\sin\Delta\Psi_c\\ -\gamma\sin\Delta\Psi_c & \cos\Delta\Psi_c-\alpha\sin\Delta\Psi_c\end{pmatrix} \tag{3.66}$$

比较式(3.65)与式(3.66)，可以得到：

$$\cos\Delta\Psi_c=\frac{1}{2}(a+d)=\frac{1}{2}\mathrm{tr}\boldsymbol{M} \tag{3.67}$$

由 $\cos\Delta\Psi_c$ 可以得到 $\sin\Delta\Psi_c$ 的大小，而 β 应为正值，$\sin\Delta\Psi_c$ 与 b 的符号相同，因此有：

$$\beta=\frac{b}{\sin\Delta\Psi_c} \tag{3.68}$$

$$\alpha=\frac{a-d}{2\sin\Delta\Psi_c} \tag{3.69}$$

通过选取起始位置，就可以得到磁聚焦结构内各点的 Twiss 参数。利用式(3.48)和(3.59)，可以得到用 Twiss 参数表示的任意两点之间的传输矩阵：

$$\tilde{\boldsymbol{y}}(l_2)=\boldsymbol{M}(l_2,l_1)\,\tilde{\boldsymbol{y}}(l_1)$$

$$\boldsymbol{M}(l_2,l_1)=\begin{bmatrix}\left(\dfrac{\beta_2}{\beta_1}\right)^{1/2}(\cos\Delta\Psi+\alpha_1\sin\Delta\Psi) & (\beta_1\beta_2)^{1/2}\sin\Delta\Psi\\ -\dfrac{1+\alpha_1\alpha_2}{(\beta_1\beta_2)^{1/2}}\sin\Delta\Psi+\dfrac{\alpha_1-\alpha_2}{(\beta_1\beta_2)^{1/2}}\cos\Delta\Psi & \left(\dfrac{\beta_1}{\beta_2}\right)^{1/2}(\cos\Delta\Psi-\alpha_2\sin\Delta\Psi)\end{bmatrix} \tag{3.70}$$

其中 $\Delta\Psi$ 是从 l_1 到 l_2 的自由振荡相位。相应的 Twiss 参数满足：

$$\begin{pmatrix}\beta\\ \alpha\\ \gamma\end{pmatrix}_2=\boldsymbol{M}_t\begin{pmatrix}\beta\\ \alpha\\ \gamma\end{pmatrix}_1$$

$$\boldsymbol{M}_t=\begin{pmatrix}m_{11}^2 & -2m_{11}m_{12} & m_{12}^2\\ -m_{11}m_{12} & m_{11}m_{22}+m_{12}m_{21} & -m_{12}m_{22}\\ m_{21}^2 & -2m_{21}m_{22} & m_{22}^2\end{pmatrix} \tag{3.71}$$

这里 m_{ij} 为 $\boldsymbol{M}(l_2, l_1)$ 的矩阵元。

3.2.2 发射度和接受度

由式(3.62)，自由振荡通常可以表示为：

$$\left.\begin{aligned} y(l) &= A\beta^{1/2}\cos[\Psi(l)+\delta] \\ y'(l) &= A\beta^{-1/2}\left\{\frac{1}{2}\beta'\cos[\Psi(l)+\delta]-\sin[\Psi(l)+\delta]\right\} \end{aligned}\right\} \tag{3.72}$$

因此有：

$$\alpha y(l)+\beta y'(l) = -A\beta^{-1/2}\sin[\Psi(l)+\delta] \tag{3.73}$$

由式(3.72)和(3.73)消去 sin 及 cos 项，可以得到如下关系：

$$\frac{1}{\beta}[y^2+(\alpha y+\beta y')^2] = A^2 \tag{3.74}$$

利用式(3.32)，上式变为：

$$\gamma y^2+2\alpha yy'+\beta y'^2 = A^2 \tag{3.75}$$

通常称常数 A^2 为 Courant-Snyder 不变量。若以 y 及 y' 为横、纵坐标，所形成的二维空间称为横向相空间。在环形加速器中，粒子多次通过轨道上某点，它的横向运动坐标 (y, y') 描绘出相空间的一个椭圆，如图 3.5(a)所示，椭圆的形状和大小由 α, β, γ, A 所决定。在环的不同位置，由于 α, β, γ 都是 l 的函数，因此椭圆的形状也不同，如图 3.5(b)所示。

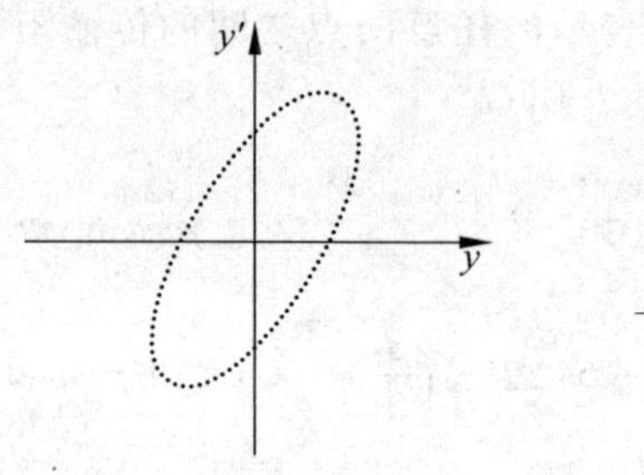

(a) 相同位置不同圈上的轨迹

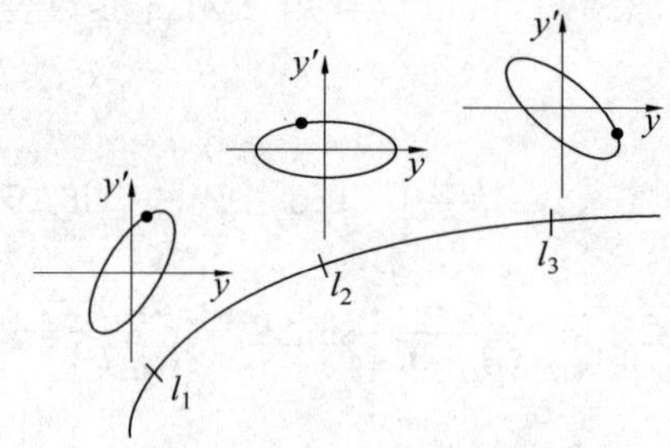

(b) 相同圈不同位置上的轨迹

图 3.5 相空间椭圆

由解析几何的知识可知，式(3.75)所描述的椭圆在相空间的面积为 $\frac{\pi A^2}{\sqrt{\beta\gamma-\alpha^2}} = \pi A^2$，所以它的面积在不同的位置是相等的。$\varepsilon = A^2$ 称为粒子的发射度。

对于由多个粒子组成的束流，如果粒子具有相同的发射度，那么在环上某个位置它们将分布在相同的相空间椭圆上，如图 3.6(a)所示。椭圆的形状随位置的不同而变化。实际上，束流内的粒子具有不同的发射度，在环上某个位置，它们在相空间的分布如图 3.6(b)所示，每个点代表一个粒子。束流的均方根发射度被定义为包含 39%粒子的椭圆的面积除以 π，即为图中的小椭圆，外面的大椭圆包含了 95%的粒子，它的面积除以 π 为 95%发射度。如果束流在相空间是方差为$\langle y^2\rangle$的高斯分布，那么就有：

$$\left.\begin{aligned}\sqrt{\langle y^2\rangle} &= \sqrt{\beta}\,\varepsilon_{\rm rms} \\ \sqrt{6\langle y^2\rangle} &= \sqrt{\beta}\,\varepsilon_{95\%}\end{aligned}\right\} \tag{3.76}$$

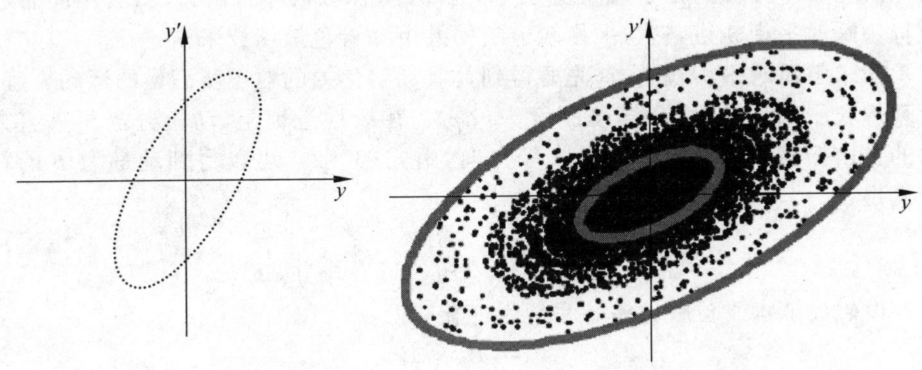

(a) 粒子具有相同发射度　　(b) 粒子具有不同发射度

图 3.6　束流相空间分布

其中 $\varepsilon_{\rm rms}$表示均方根发射度。接受度是指能在加速器中无损失运动的束流的最大发射度。由式(3.72)知道粒子横向运动最大振幅为 $A\sqrt{\beta(l)}$。如果束流管道的半径为 $a(l)$，那么在某个位置 $a(l)/\sqrt{\beta(l)}$必然存在最小值，因此接受度为：

$$(A^2)_{\min} = \left[\frac{a^2(l)}{\beta(l)}\right]_{\min} \tag{3.77}$$

前面讨论横向运动时，忽略了粒子加速的影响。考虑了加速引起的动量变化后，粒子运动方程为：

$$y'' + \frac{p'}{p}y' + K_y y = 0 \tag{3.78}$$

其中 p 为粒子的动量。如果粒子动量变化比较缓慢，自由振荡满足

$$y = A_0\left(\frac{p_0}{p}\right)^{1/2}\sqrt{\beta(l)}\cos[\Psi(l)+\delta] \tag{3.79}$$

那么，自由振荡的振幅将随粒子动量的增加而减小，这被称为绝热阻尼。由于发射度 $\varepsilon=A^2$，由上式可以看到，束流的发射度反比于束流的动量，为了便于比较，

定义归一化发射度为：

$$\varepsilon_N = \varepsilon\left(\gamma \frac{v}{c}\right) \tag{3.80}$$

在理想条件下，归一化发射度在加速过程中保持不变。

3.2.3 动量色散

前面讨论的粒子在周期场中的运动，假设其具有理想动量，即无动量分散的情况。实际上，在注入和加速过程中都会使粒子偏离理想动量，产生动量分散。这些具有动量分散的粒子将围绕着一个新的闭合轨道作自由振荡，这个闭合轨道称为瞬时平衡轨道，它与平衡轨道的偏差由动量色散函数来描述。

为求解瞬时平衡轨道，首先要得到具有动量偏差的粒子所满足的运动方程。记理想粒子的动量为 p_s，其磁刚度为$(B\rho)_s$，在线性近似下，动量分散对垂直方向的自由振荡没有影响。对于水平方向，由式(3.12)，可以得到动量为 p 的粒子满足：

$$\frac{d^2x}{dl^2} - \frac{\rho + x}{\rho^2} = -\frac{B_z}{(B\rho)_s}\left(1 + \frac{x}{\rho}\right)^2 \frac{p_s}{p} \tag{3.81}$$

仍假设磁场随水平位置偏差 x 呈线性变化，即

$$B_z = B_0 + B'x \tag{3.82}$$

将上式代入式(3.81)，忽略二阶以上项，得：

$$x'' + \left[\frac{1}{\rho^2} \cdot \frac{2p_s - p}{p} + \frac{B'}{(B\rho)_s} \cdot \frac{p_s}{p}\right]x = \frac{1}{\rho} \cdot \frac{\Delta p}{p} \tag{3.83}$$

其中 $\Delta p = p - p_s$。上式的解可以写成：

$$x = x_\beta + x_p \tag{3.84}$$

这里 x_β 为自由振荡，是式(3.83)的齐次解；x_p 为瞬时平衡轨道与平衡轨道的偏差，是式(3.83)的特解，可以写成：

$$x_p(l) = \eta(l) \frac{\Delta p}{p_s} \tag{3.85}$$

其中 $\eta(l)$称为动量色散函数。由式(3.83)可以得到 $\eta(l)$满足：

$$\eta'' + K_x(l)\eta = \frac{1}{\rho} \cdot \frac{\Delta p}{p}$$

$$K_x(l) = \frac{1}{\rho^2} \cdot \frac{2p_s - p}{p} + \frac{B'}{(B\rho)_s} \cdot \frac{p_s}{p} \tag{3.86}$$

利用矩阵方法，$\eta(l)$的解可以写作：

$$\begin{bmatrix} \eta(l) \\ \eta'(l) \\ 1 \end{bmatrix} = \begin{bmatrix} a & b & e \\ c & d & f \\ 0 & 0 & 1 \end{bmatrix} \begin{bmatrix} \eta(l_0) \\ \eta'(l_0) \\ 1 \end{bmatrix} = \mathbf{M}(l, l_0) \begin{bmatrix} \eta(l_0) \\ \eta'(l_0) \\ 1 \end{bmatrix} \tag{3.87}$$

如果 $K_x(l)$ 和 $\rho(l)$ 为分段常数，那么式(3.87)中的传输矩阵具有比较简单的形式，即当 $K_x(l)<0$ 时，有：

$$\boldsymbol{M}(l,l_0)=\begin{pmatrix}\cosh\theta & \dfrac{1}{\sqrt{|K_x|}}\sinh\theta & \dfrac{\cosh\theta-1}{|K_x|\rho}\\ \sqrt{|K_x|}\sinh\theta & \cosh\theta & \dfrac{\sinh\theta}{\sqrt{|K_x|}\rho}\\ 0 & 0 & 1\end{pmatrix}\tag{3.88}$$

当 $K_x(l)>0$ 时，有：

$$\boldsymbol{M}(l,l_0)=\begin{pmatrix}\cos\theta & \dfrac{1}{\sqrt{K_x}}\sin\theta & \dfrac{1-\cos\theta}{K_x\rho}\\ -\sqrt{K_x}\sin\theta & \cos\theta & \dfrac{\sin\theta}{\sqrt{K_x}\rho}\\ 0 & 0 & 1\end{pmatrix}\tag{3.89}$$

其中 $\theta=\sqrt{|K_x|}(l-l_0)$。

在直线节中则有：

$$\boldsymbol{M}(l,l_0)=\begin{pmatrix}1 & l-l_0 & 0\\ 0 & 1 & 0\\ 0 & 0 & 1\end{pmatrix}\tag{3.90}$$

在磁场均匀分布的偏转磁铁中，有：

$$\boldsymbol{M}(l,l_0)=\begin{pmatrix}\cos\dfrac{l-l_0}{\rho} & \rho\sin\dfrac{l-l_0}{\rho} & \rho\left(1-\cos\dfrac{l-l_0}{\rho}\right)\\ -\dfrac{1}{\rho}\sin\dfrac{l-l_0}{\rho} & \cos\dfrac{l-l_0}{\rho} & \sin\dfrac{l-l_0}{\rho}\\ 0 & 0 & 1\end{pmatrix}\tag{3.91}$$

当粒子回旋 1 圈时，整圈的传输矩阵为各元件的传输矩阵的乘积，即

$$\begin{pmatrix}\eta(l+C)\\ \eta'(l+C)\\ 1\end{pmatrix}=\boldsymbol{M}(l+C,l)\begin{pmatrix}\eta(l)\\ \eta'(l)\\ 1\end{pmatrix}\tag{3.92}$$

其中
$$\boldsymbol{M}(l+C,l)=\begin{bmatrix}\cos\mu+\alpha\sin\mu & \beta\sin\mu & D_x(l+C,l)\\ -\gamma\sin\mu & \cos\mu-\alpha\sin\mu & D'_x(l+C,l)\\ 0 & 0 & 1\end{bmatrix}$$

由于瞬时平衡轨道为闭合轨道，因此有：

$$\eta(l+C)=\eta(l)\tag{3.93}$$

所以就得到：

$$\begin{bmatrix}\eta(l)\\ \eta'(l)\\ 1\end{bmatrix}=\boldsymbol{M}(l+C,l)\begin{bmatrix}\eta(l)\\ \eta'(l)\\ 1\end{bmatrix} \tag{3.94}$$

由式(3.92)和 (3.94),可以得到:

$$\left.\begin{aligned}\eta(l)&=\frac{2D_x\sin^2\dfrac{\mu}{2}+(\alpha D_x+\beta D'_x)\sin\mu}{4\sin^2\dfrac{\mu}{2}}\\ \eta'(l)&=\frac{2D'_x\sin^2\dfrac{\mu}{2}-(\alpha D'_x+\gamma D_x)\sin\mu}{4\sin^2\dfrac{\mu}{2}}\end{aligned}\right\} \tag{3.95}$$

根据上式,可以得到色散函数在轨道上各点的值。

当粒子的动量偏离理想粒子的动量时,瞬时平衡轨道的周长将与平衡轨道的周长存在偏差。单位动量偏差 $\Delta p/p_s$ 与它所引起粒子轨道周长的相对变化 $\Delta C/C$ 之比,称为动量紧缩因子 α_p,有时也称为轨道膨胀因子,其定义为:

$$\frac{\Delta C}{C}=\alpha_p\frac{\Delta p}{p_s} \tag{3.96}$$

其中 C 为理想粒子的轨道周长。

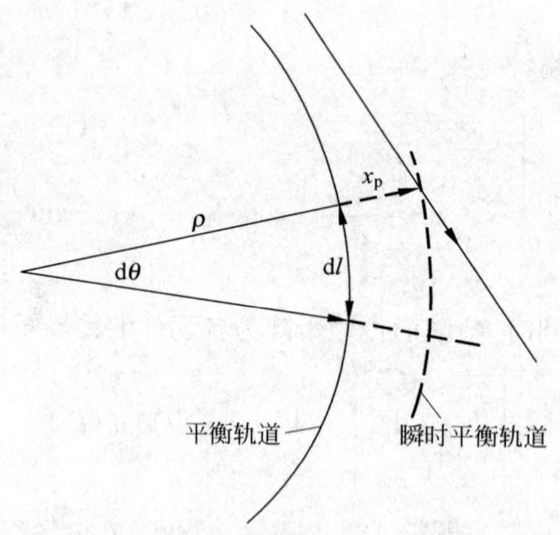

图 3.7 理想粒子与具有动量偏差的粒子的运动轨道

根据图 3.7,可以计算具有动量偏差的粒子与理想粒子的轨道周长偏差 ΔC 为:

$$\Delta C=\oint\left(\rho+\eta\frac{\Delta p}{p_s}\right)d\theta-\oint(\rho d\theta) \tag{3.97}$$

因此有：

$$\frac{\Delta C}{C}=\frac{1}{C}\oint\eta\frac{\mathrm{d}l}{\rho}\cdot\frac{\Delta p}{p_{\mathrm{s}}} \tag{3.98}$$

即

$$\alpha_{\mathrm{p}}=\frac{1}{C}\oint\eta\frac{\mathrm{d}l}{\rho} \tag{3.99}$$

一般 α_{p} 为小于 1 的正值。

设理想粒子的旋转周期为 T_{s}，速度为 v_{s}，轨道周长为 C，$\mathrm{d}T$，$\mathrm{d}v$，$\mathrm{d}C$ 分别为具有动量偏差的粒子与理想粒子的相应量的偏差，它们满足：

$$\frac{\mathrm{d}T}{T_{\mathrm{s}}}=\frac{\mathrm{d}C}{C}-\frac{\mathrm{d}v}{v_{\mathrm{s}}} \tag{3.100}$$

又因为

$$\frac{\mathrm{d}v}{v_{\mathrm{s}}}=\frac{\mathrm{d}\beta}{\beta_{\mathrm{s}}}=\frac{1}{\gamma_{\mathrm{s}}^{2}}\cdot\frac{\mathrm{d}p}{p_{\mathrm{s}}} \tag{3.101}$$

所以有：

$$\frac{\mathrm{d}T}{T_{\mathrm{s}}}=\left[\frac{\mathrm{d}C/C}{\mathrm{d}p/p_{\mathrm{s}}}-\frac{1}{\gamma_{\mathrm{s}}^{2}}\right]\frac{\mathrm{d}p}{p_{\mathrm{s}}}=\left[\alpha_{\mathrm{p}}-\frac{1}{\gamma_{\mathrm{s}}^{2}}\right]\frac{\mathrm{d}p}{p_{\mathrm{s}}}=\eta_{\mathrm{c}}\frac{\mathrm{d}p}{p_{\mathrm{s}}} \tag{3.102}$$

其中 γ_{s} 为理想粒子的相对论因子；η_{c} 称为滑相因子(slip factor)，它描述了具有动量偏差的粒子相对于理想粒子的回旋周期的变化。当 $\beta\ll1$ 时，有：

$$\eta_{\mathrm{c}}\approx\alpha_{\mathrm{p}}-1<0 \tag{3.103}$$

因此当 $p>p_{\mathrm{s}}$ 时，$T<T_{\mathrm{s}}$；当 $p<p_{\mathrm{s}}$ 时，$T>T_{\mathrm{s}}$。下节将看到，要保持纵向运动，即相运动稳定，必须选择相运动的平衡相位 $\varphi_{\mathrm{s}}<0$。当 $\beta\approx1$ 时，有：

$$\eta_{\mathrm{c}}\approx\alpha_{\mathrm{p}}>0 \tag{3.104}$$

要保持相运动稳定，必须使相运动的平衡相位 $\varphi_{\mathrm{s}}>0$。因此，在粒子加速过程中，可能发生平衡相位的跃迁，由式(3.102)可以得到相位跃迁的条件是：

$$\eta_{\mathrm{c}}=0 \tag{3.105}$$

如果用粒子能量表示，就有：

$$E_{\mathrm{t}}=\sqrt{\frac{1}{\alpha_{\mathrm{p}}}}E_{0} \tag{3.106}$$

其中 E_{t} 为跳相能量，E_{0} 为粒子的静止能量。对于相同的 α_{p}，质子的临界能量远大于电子的临界能量。

对于由 FODO 结构组成的环形加速器，如果一个周期的相移 $\mu\ll1$，那么 α_{p} 可以用下式近似表示：

$$\alpha_{\mathrm{p}}\approx\frac{1}{Q_{x}^{2}} \tag{3.107}$$

因此临界能量也可以用下式来估计：

$$E_t \approx Q_x E_0 \tag{3.108}$$

3.3 粒子在周期场中的相振荡

3.3.1 相运动方程

设高频加速电压为 $V_0\cos\varphi$，高频电场角频率为 ω_f，倍频系数为 k，对平衡态的粒子，角频率为 ω_s，通过高频电场时每圈增加能量为：

$$\frac{dE_s}{dn} = eV_0\cos\varphi_s \tag{3.109}$$

对非平衡态的粒子，其角频率为 ω，通过高频电场时每圈增加能量为：

$$\frac{dE}{dn} = eV_0\cos\varphi \tag{3.110}$$

由式(3.109)及(3.110)，可以得到以下关系：

$$\frac{d}{dt}\Delta E = \omega_s \frac{eV_0}{2\pi}(\cos\varphi_s - \cos\varphi) \tag{3.111}$$

其中 ΔE 表示平衡态粒子与非平衡态粒子所携能量之差。

当粒子的旋转频率与高频电场的频率有差异时，将产生相位失谐。设 φ 代表粒子通过高频电场的相位，则 ω_f，ω 与 $\dot{\varphi}$ 之间有如下关系：

$$\frac{\omega_f}{k} - \omega = \frac{\dot{\varphi}}{k} \tag{3.112}$$

又因 $\omega=\beta c/R$，对其求导数，并取一级近似，可以得到：

$$\Delta\omega = \left(\frac{1}{\gamma^2} - \alpha_p\right)\omega_s \frac{\Delta p}{p_s} = -\eta_c\omega_s \frac{\Delta p}{p_s} \tag{3.113}$$

将其代入式(3.112)，则得到另一个方程：

$$\dot{\varphi} = \eta_c \frac{\omega_s k}{\beta_s^2} \cdot \frac{\Delta E}{E_s} \tag{3.114}$$

或写为：

$$\Delta E = \frac{\beta_s^2 E_s}{\omega_s k \eta_c}\dot{\varphi} \tag{3.115}$$

对上式取时间微分，并代入式(3.111)，则得到周期场中相运动方程为：

$$\frac{d}{dt}\left[\frac{\beta_s^2 E_s}{\eta_c k\omega_s}\dot{\varphi}\right] + \frac{eV_0}{2\pi}\omega_s(\cos\varphi - \cos\varphi_s) = 0 \tag{3.116}$$

当不考虑 β_s，E_s，ω_s 等参数的变化时，上式又可简化为：

$$\ddot{\varphi}+\frac{k\omega_s^2\eta_c}{E_s\beta_s^2}\cdot\frac{eV_0}{2\pi}(\cos\varphi-\cos\varphi_s)=0 \tag{3.117}$$

3.3.2 小角度振荡

当相振荡幅度很小，即 $\varphi-\varphi_s\ll 1$ 时，令 $\varphi-\varphi_s=\Delta\varphi$，则 $\ddot{\varphi}=\Delta\ddot{\varphi}$，式(3.117)变为：

$$\Delta\ddot{\varphi}-\frac{k\omega_s^2\eta_c}{E_s\beta_s^2}\sin\varphi_s\cdot\frac{eV_0}{2\pi}(\Delta\varphi)=0 \tag{3.118}$$

或写为：

$$\Delta\ddot{\varphi}+\Omega_s^2(\Delta\varphi)=0 \tag{3.119}$$

其中 Ω_s 为小角度相振荡频率，即

$$\Omega_s=\sqrt{-\frac{k\omega_s^2\eta_c}{E_s\beta_s^2}\sin\varphi_s\cdot\frac{eV_0}{2\pi}} \tag{3.120}$$

由相振荡方程，可以得到如下结论：

① 要使相运动稳定，Ω_s 必须为实数。

② 在 $\beta_s\ll 1$ 时，$\eta_c=\alpha_p+\beta_s^2-1<0$，$\sin\varphi_s$ 也必须大于 0 才能稳定，即稳定相位在 0 到 $\frac{\pi}{2}$ 之间。

③ 在 $\beta_s\approx 1$ 时，$\eta_c=\alpha_p+\beta_s^2-1>0$，稳定相位在 0 到 $-\frac{\pi}{2}$ 之间。

④ 当 $\eta_c=\alpha_p+\beta_s^2-1=0$ 时，相振荡频率等于 0，在一级近似下，失去相稳定。因此当 $\beta_s=\sqrt{1-\alpha_p}$，即粒子到达临界能量时，高频相位必须迅速由 φ_s 转换为 $-\varphi_s$，以保证粒子继续稳定加速运动。

3.3.3 大角度振荡

当需要讨论相振荡最大容许范围时，必须研究大角度振荡。如果回到相运动方程(3.117)，并将其两端乘以 $\dot{\varphi}$，然后积分，则可以得到 φ 与 $\dot{\varphi}^2$ 之间的方程：

$$\frac{1}{2}\dot{\varphi}^2+\frac{k\omega_s^2\eta_c}{E_s\beta_s^2}\cdot\frac{eV_0}{2\pi}(\sin\varphi-\varphi\cos\varphi_s)=\text{常数} \tag{3.121}$$

如果初始条件为 $\varphi=\varphi_i$，$\dot{\varphi}=\dot{\varphi}_i$，则上式变为：

$$\begin{aligned}&\frac{1}{2}\dot{\varphi}^2+\frac{k\omega_s^2\eta_c}{E_s\beta_s^2}\cdot\frac{eV_0}{2\pi}(\sin\varphi-\varphi\cos\varphi_s)\\&=\frac{1}{2}\dot{\varphi}_i^2+\frac{k\omega_s^2\eta_c}{E_s\beta_s^2}\cdot\frac{eV_0}{2\pi}(\sin\varphi_i-\varphi_i\cos\varphi_s)\end{aligned} \tag{3.122}$$

如果将周期场的相运动方程与圆形加速器中的相运动方程相比较，可以看出它们之间的差异只不过是 K_s 值不同而已。如果把式(3.122)中的$\frac{\eta_c}{\beta_s^2}$也用 K_s 来表示，那么就有如下关系：

$$\left.\begin{aligned} K_s^* &= \frac{\eta_c}{\beta_s^2} && \text{(周期场中)} \\ K_s &= 1+\frac{n}{1-n}\cdot\frac{1}{\beta_s^2} && \text{(圆形加速器中)} \end{aligned}\right\} \tag{3.123}$$

在周期场中相运动也有稳定边界。当位能函数为

$$U(\varphi_{2m}) = U(-\varphi_s) = \frac{eV_0}{2\pi}(\sin\varphi_s - \varphi_s\cos\varphi_s) \tag{3.124}$$

时，相振荡达到最大容许数值，即稳定区的边界。因此，最大容许 φ_i 为：

$$\dot{\varphi}_{im} = \pm\sqrt{\frac{2k\omega_s^2 K_s^*}{E_s}\cdot\frac{eV_0}{\pi}(\varphi_s\cos\varphi_s - \sin\varphi_s)} \tag{3.125}$$

将式(3.125)代入式(3.115)，即得到最大能散为：

$$\frac{\Delta E_m}{E_s} = \pm\sqrt{\frac{2eV_0}{\pi}\cdot\frac{\varphi_s\cos\varphi_s - \sin\varphi_s}{kK_s^* E_s}} \tag{3.126}$$

参考文献

[1] Edwards D A, Syphers M J. An Introduction to The Physics of High Energy Accelerators(Chapter 2,3). John Wiley & Sons, Inc. ,1993

[2] Gerald Dugan. Introduction to Accelerator Physics:Lecture 5,6,10. USPAS, 2002

[3] Helmut Wiedemann. Particle Accelerator Physics(Chapter 6). Springer-Verlag,1993

[4] 魏开煜.带电束流传输理论.北京：科学出版社,1986

习题与思考题

1. 对于磁刚度($B\rho$)(单位：T·m)，试证明它与能量 E(单位:GeV)存在一个简单的关系：

$$(B\rho) = 3.3356E$$

如果加速器的二极磁铁的偏转半径为 15m，电子能量为 8GeV，计算电子的磁刚度($B\rho$)和二极磁铁的强度。

2. 证明稳定性条件与起始点的选择无关。

3. 加速器由 m 个相同的 FODO 磁聚焦结构组成，其中聚焦、散焦磁铁的聚焦长度分别为 f、$-f$，漂移节长为 L，试完成：

① 求一圈的传输矩阵；

② 确定横向运动的稳定性条件；

③ 证明振幅函数 β 的最大和最小值为：

$$\beta_{\max} = 2f\left[\frac{1+\sin(\mu/2)}{1-\sin(\mu/2)}\right]^{1/2} = 2L\left[\frac{1+\sin(\mu/2)}{\sin\mu}\right]$$

$$\beta_{\min} = 2f\left[\frac{1-\sin(\mu/2)}{1+\sin(\mu/2)}\right]^{1/2} = 2L\left[\frac{1-\sin(\mu/2)}{\sin\mu}\right]$$

④ 若 $m=10$，$L=0.5\text{m}$，$f=0.45\text{m}$，计算 μ，$\beta_{\max}$，$\beta_{\min}$ 和 Q。

4. 推导出式(3.70)和式(3.71)。

5. 试证明：对于由 FODO 结构组成的环形加速器，如果超周期的相移 $\mu \ll 1$，那么 α_p 可以用下式近似表示：

$$\alpha_p \approx \frac{1}{Q_x^2}$$

6. 环形加速器周长为200m，由20个FODO磁聚焦结构组成，聚焦、散焦磁铁近似为聚焦长度为4.5m和－4.5m的薄透镜，漂移节为磁场均匀分布的偏转磁铁，假设偏转磁铁的长度和强度都相同，计算一个FODO周期的色散函数。

7. 为什么在强聚焦加速器中有高频相位的跃迁问题，而在弱聚焦加速器中则不存在？

8. 电子同步加速器的参数如下：能量2.5GeV，加速腔频率为714MHz，加速电压为4.7MV，加速相位 $\varphi_s=150°$，谐波数 $k=1800$，滑相因子 $\eta_c=0.0096$，计算同步振荡频率 Ω_s、能接受的最大能散以及相振荡的最大容许值。

第4章 加速器中粒子运动的共振

4.1 几种常见的共振形式

4.1.1 非理想场对粒子运动的影响

前三章讨论了带电粒子在理想场中的运动，并得到了不同情况下的稳定条件。但这只是研究了理想情况，不能认为粒子运动的稳定问题都已经解决了，因为实际加工出来的磁铁和高频部件的参数不可能严格满足理想值，所以还必须研究各种非理想场对粒子运动的影响。

非理想场首先会引起粒子的强迫振荡。过大的强迫振荡将导致粒子与真空室相碰撞而损失。因此，要对加速器中的二极铁的加工误差及安装精度提出严格限制，使粒子的强迫振荡幅度限制在一个很小的数值以内。

非理想场对粒子运动的最大影响是共振现象的发生。当粒子的振荡周期与非理想场的周期接近或成某种倍数关系时，将导致共振现象发生。共振使粒子自由振荡或相振荡的振幅不断增加，使粒子在没有完成最后加速以前就打到真空盒壁损失掉。研究共振的目的正是为了找出发生共振的条件，在选择加速器的参数时，应尽量避免发生共振。有的高级共振实在无法避免时，也要采取措施，限制其破坏作用。

加速器中的共振现象一般是有害的，但是也并非在一切情况下都是绝对不好的。有时候，要人为地制造共振，如同步回旋加速器束流引出方法之一就是利用共振将束流引出。这是因为在同步回旋加速器中粒子在引出半径处的径向跨距很小，只有 0.2mm 左右，利用电偏转引出束流很困难。在同步加速器中也往往利用共振引出束流。

4.1.2 强迫振荡

假定在 $z=0$ 平面上，磁场分布如下：

$$B_z = B_s(1 - \frac{nx}{r_s} + a_k \cos k\theta) \tag{4.1}$$

其中前两项为理想场的线性近似,第三项是由于加工制造的误差而产生的附加磁场。k 表示磁场沿粒子轨道不均匀磁场的谐波数,$x=r-r_s$ 表示径向位移。将式(4.1)代入运动方程(1.10a)并略去高次项,就可以得到新的径向微扰运动方程:

$$\ddot{x} + \omega_s^2(1-n)x = -a_k r_s \omega_s^2 \cos k\theta \tag{4.2}$$

再用对 θ 的微分代替对时间的微分,上式变为:

$$x'' + (1-n)x = -a_k r_s \cos k\theta \tag{4.3}$$

方程(4.3)的解由齐次解与非齐次解两部分组成,即自由振荡与强迫振荡:

$$x_{\text{自由}} = x_0 \cos\sqrt{1-n}\,\theta + x_0' \frac{\sin\sqrt{1-n}\,\theta}{\sqrt{1-n}} \tag{4.4a}$$

$$x_{\text{强迫}} = \frac{a_k r_s}{k^2-(1-n)} \cos k\theta \tag{4.4b}$$

由式(4.4a)和式(4.4b)可以看出,强迫振荡有以下特点:

① 强迫振荡的频率完全取决于外力的频率,与自由振荡频率无关。

② 强迫振荡的幅值与附加磁场相对值 a_k 的大小成正比,因此减小强迫振荡幅值的办法之一就是减小附加磁场,或提高注入时刻的轨道磁场,使 a_k 尽量小;强迫振荡的幅值还与自由振荡频率及外力频率的各自平方差成反比,在弱聚焦加速器中,$n<1$,故一次谐波 $k=1$ 的危害最大,其次是二次谐波 $k=2$,因此,磁场补偿主要是削减一、二次谐波,而在强聚焦加速器中则主要是削减与自由振荡频率相近的外场谐波。

③ 强迫振荡是一种无法根除的现象,在设计真空室时,必须留出一定的空间。通常加速器的尺寸愈大,强迫振荡的幅值也愈大。

④ 由式(4.4b)可以看出,当 $1-n$ 与 k^2 接近时,强迫振荡的幅值将增至无穷大,这便是共振现象。

4.1.3 普通共振

当自由振荡频率与外力的频率相等时,粒子的振荡幅值不断增加,引起束流的损失,这种共振称为普通共振。若以 Q_x 表示径向自由振荡频率,则发生径向普通共振的条件是:

$$Q_x = k \quad (k = 1,2,3,\cdots) \tag{4.5}$$

当 $Q_x=k$ 时,方程(4.3)的解不再是式(4.4b),而是

$$x_{共振} = \frac{a_k r_s}{2k} \theta \sin k\theta \tag{4.6}$$

普通共振的特点有：

① 普通共振发生在 $Q_x=k$ 或 $Q_z=k$ 的条件下，即自由振荡的频率为整数时。当 $Q_x=1$ 时，粒子将与外场的一次谐波发生共振；当 $Q_x=2$ 时，粒子将与外场的二次谐波发生共振。在弱聚焦加速器中通常 $Q_x<1$，故整数共振只有在 $Q_x=1$时发生，即 $n=0$；而轴向普通共振则发生在 $Q_z=1$，即 $n=1$ 时。在强聚焦加速器中，$Q_{x,z}>1$ ，整数共振发生在自由振荡频率等于外场的高次谐波条件下。

② 普通共振的幅值增长是很快的。若以 A_x 表示其振幅，则由式(4.6)可以得到：

$$\frac{\mathrm{d}A_x}{\mathrm{d}\theta} = \frac{a_k r_s}{2k} \tag{4.7}$$

或每圈振幅增长为：

$$\frac{\mathrm{d}A_x}{\mathrm{d}v} = \frac{\pi a_k r_s}{k} \tag{4.8}$$

如果上式中 $k=1, a_k=10^{-3}$， $r_s=20\text{cm}$，则每圈振幅增长 $2\pi\times10^{-2}$ cm。在电子感应加速器中，经过 100 圈，振幅增长 6.28cm。一般电子感应加速器的真空室半径只有 5～6cm，因此在发生整数共振时，束流很快全部损失掉。电子在加速器中要走 100 万圈，所以绝对不可以在整数共振状态下工作。

那么，是否只有在 $Q_{x,z}=k$ 的条件下才能发生共振？不是，当自由振荡频率等于半整数时，将有另一类共振发生，即参数共振。

4.1.4 参数共振

如果磁场对数梯度沿辐角不均匀，则在环形加速器中的磁场可表示为：

$$B_z = B_s\left[1-n(\theta)\frac{x}{r_s}\right] \tag{4.9}$$

假设磁场对数梯度 $n(\theta)$ 中含有一次谐波，即

$$n(\theta) = \langle n\rangle - b_1\cos\theta \tag{4.10}$$

则式(4.9)变为：

$$B_z = B_s\left[1-\langle n\rangle\frac{x}{r_s}+b_1\frac{x}{r_s}\cos\theta\right] \tag{4.11}$$

将式(4.11)代入方程 (1.10a)，则可以得到相应的径向微扰运动方程：

$$x'' + (1-\langle n\rangle + b_1\cos\theta)\,x = 0 \tag{4.12}$$

方程 (4.12)是 Mathieu 方程，其准确解在第 1 章已有介绍，这里只限于取近似解，找出发生共振的条件。由于 b_1 通常比 $1-\langle n\rangle$小很多，因此可先略去 $b_1\cos\theta$

项，求出 x 的近似解来，再将这个 x 的近似解代入到 $(b_1\cos\theta)x$ 中。推导过程如下：

假定方程 (4.12) 的近似解为 $x_1 = A\cos(\sqrt{1-\langle n\rangle}\theta+\delta)$，代入 $(b_1\cos\theta)x$ 中，可以得到一个新的径向微扰运动方程：

$$x'' + (1-\langle n\rangle)\,x + (b_1\cos\theta)A\cos(\sqrt{1-\langle n\rangle}\,\theta+\delta) = 0$$

上式还可以变为：

$$x'' + (1-\langle n\rangle)\,x = -\frac{Ab_1}{2}[\cos(\sqrt{1-\langle n\rangle}\theta+\theta+\delta) + \cos(\sqrt{1-\langle n\rangle}\,\theta-\theta+\delta)]$$

或写为：

$$x'' + Q_x^2\,x = -\frac{Ab_1}{2}\left\{\cos[(Q_x+1)\theta+\delta] + \cos[(Q_x-1)\theta+\delta]\right\} \tag{4.13}$$

其中 $Q_x = \sqrt{1-\langle n\rangle}$。

由方程 (4.13) 可以看出，当 $Q_x = \pm(Q_x \pm 1)$ 时，将发生共振。这种共振发生的条件为：

$$Q_x = \frac{1}{2} \tag{4.14}$$

这称为半整数共振。这种共振是因为磁场参数 n 的分布不均匀引起的，故又称为参数共振。

如果 $n(\theta)$ 中不但含有一次谐波，而且还含有 k 次谐波，则发生参数共振的条件是：

$$Q_x = \frac{k}{2}\ (k = 1,2,3,\cdots) \tag{4.15}$$

参数共振一旦发生，也将导致束流很快损失，因此应绝对避免。在弱聚焦加速器中发生径向参数共振的条件为：

$$n = 0.75 \tag{4.16a}$$

发生轴向参数共振的条件为：

$$n = 0.25 \tag{4.16b}$$

在弱聚焦加速器中，电子感应加速器的 n 值大多选择小于 0.75。但是，在电子注入到轨道的过程中，n 值有时要穿过 $n=0.75$，为此，还要测量和补偿注入时刻的磁场对数梯度，以避免参数共振的发生。清华大学加速器实验室采用梯形绕组补偿注入时刻磁场对数梯度的方法，取得了良好的效果[1]。在回旋加速器中总是选择 $n<0.25$，以避免发生参数共振。

在强聚焦加速器中，参数共振主要是由于四极铁的制造误差引起的，因此，也必须在选择工作点时避开半整数。

4.1.5 线性耦合共振

耦合共振也是加速器中时常可能产生的现象。例如,环形加速器的磁中心平面发生了畸变,就会发生径向与轴向自由振荡之间的耦合,当两个方向的自由振荡频率满足一定关系时就会发生径向与轴向之间的耦合共振。

首先从最简单的情况入手。假定磁中心平面是一个圆锥面,它与几何中心平面成 α_0 夹角,如图 4.1 所示[2]。

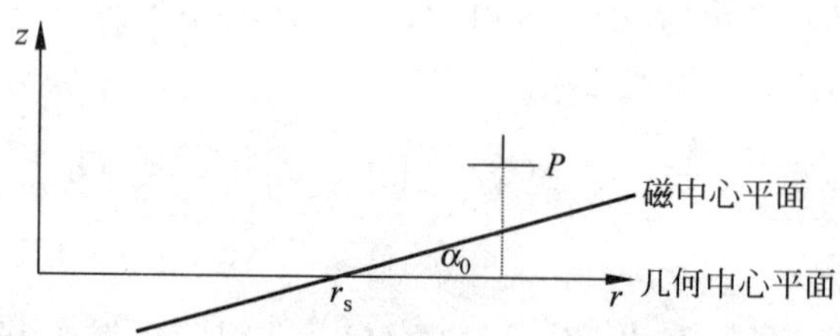

图 4.1 磁中心平面畸变示意图

现在寻找粒子的运动轨迹。由于磁中心平面(即 $B_r=0$ 的平面)与几何中心平面(即 $z=0$ 的平面)不重合,在 $z=0$ 的平面上,B_r 不再处处为 0,$B_r(r, z)$ 不能再用式(1.34)表示。借助麦克斯韦方程求出接近 $z=0$ 平面任意点 $P(r, z)$ 的轴向与径向磁场分量分别为:

$$B_z(r, z) = B_z(r, z_0) + \left.\frac{\partial B_z}{\partial z}\right|_{z=z_0} (z - z_0) \tag{4.17}$$

$$B_r(r, z) = B_r(r, z_0) + \left.\frac{\partial B_r}{\partial z}\right|_{z=z_0} (z - z_0) \tag{4.18}$$

其中 z_0 表示在 r 处磁中心面至几何中心面 $z=0$ 的轴向距离。$z_0=\alpha_0(r-r_s)=\alpha_0 x$,又因$\nabla\times\boldsymbol{B}=0$,$\dfrac{\partial B_z}{\partial r}-\dfrac{\partial B_r}{\partial z}=0$,在磁中心面上 $B_r(r, z_0)=0$,$B_z(r, z_0)=B_s\left(\dfrac{r_s}{r}\right)^n$,$B_s$ 表示在平衡轨道 r_s 上的磁场,因此式(4.18)又可变为:

$$B_r(r, z) = -\frac{n}{r}(z-\alpha_0 x)B_s \tag{4.19}$$

同理可以得到:

$$B_z(r, z_0) \approx B_s\left(1-\frac{nx}{r_s}\right) \tag{4.20}$$

又根据$\nabla\cdot\boldsymbol{B}=0$,即$\dfrac{\partial B_z}{\partial z}+\dfrac{\partial rB_r}{r\partial r}=0$,于是便得到:

$$\frac{\partial B_z}{\partial z}=-\frac{\partial\left[r\left(-\frac{n}{r}\right)(z-\alpha_0 x)B_s\right]}{r\partial r}\approx -n\frac{\alpha_0}{r_s}B_s$$

将上式及 $B_z(r,\ z_0)=B_s\left(\frac{r_s}{r}\right)^n$ 代入式(4.17)，取一级近似，则得到：

$$B_z(r,z)\approx B_s\left(1-n\frac{x}{r_s}-n\frac{\alpha_0 z}{r_s}\right) \tag{4.21}$$

将式(4.19)，(4.21)代入方程(1.18c)及(1.18a)，便得到线性耦合运动方程：

$$\ddot{x}+\omega_s^2[(1-n)x-\alpha_0 nz]=0 \tag{4.22}$$

$$\ddot{z}+\omega_s^2[nz-\alpha_0 nx]=0 \tag{4.23}$$

由于在径向运动中含有 z，在轴向运动中含有 x，所以两个方向的运动发生耦合。这种耦合是由于磁中心平面畸变引起的。当两个方向的振荡频率相等时，便发生耦合共振。这时，方程(4.22)及(4.23)的解可以写成如下形式：

$$x=X\exp(\mathrm{i}q\omega_s t) \tag{4.24a}$$

$$z=Z\exp(\mathrm{i}q\omega_s t) \tag{4.24b}$$

将以上两式代入原方程(4.22) 及 (4.23)，则得到：

$$\left.\begin{aligned}&[(1-n)-q^2]X-\alpha_0 nZ=0\\&\alpha_0 nX-(n-q^2)Z=0\end{aligned}\right\} \tag{4.25}$$

因为方程组(4.25)中，X 与 Z 不恒等于0，其系数行列式必然恒等于0，即

$$\begin{vmatrix}(1-n)-q^2 & -\alpha_0 n\\ \alpha_0 n & -(n-q^2)\end{vmatrix}=0 \tag{4.26}$$

由上式可解出 q 值来：

$$q^2=\frac{1}{2}\pm\sqrt{\left(n-\frac{1}{2}\right)^2+(\alpha_0 n)^2} \tag{4.27}$$

q 共有4个解，将其代入式(4.24a)及(4.24b)，就能得到方程的解。现在讨论耦合共振条件，当 $n=\frac{1}{2}$ 时，有：

$$q^2=\frac{1}{2}\pm\frac{\alpha_0}{2} \tag{4.28}$$

代入方程(4.25)，则得到：

$$\frac{Z}{X}=\pm 1 \tag{4.29}$$

即当发生线性耦合共振时，两个方向上的自由振荡幅值相等。实际上，两个方向的振荡能量相互交换，振幅交替达到最大值。

在强聚焦加速器中，由于四极透镜加工或安装不对称，也会造成两个方向自

由振荡的耦合。假如含有斜四极场分量，即

$$B_r = -K\left(\frac{p}{e}\right)x \tag{4.30}$$

$$B_z = K\left(\frac{p}{e}\right)z \tag{4.31}$$

那么，其效果与磁中心平面畸变产生的附加磁场完全相似。当两个方向的自由振荡频率相等时，便发生线性耦合共振。在大型加速器中利用专门安装的斜四极子造成某种程度的径向与轴向运动耦合，以调整轴向与径向的耦合度。

4.2 高次项与非线性共振

4.2.1 高次项对粒子运动的影响

在这一节以前，不论是理想场，还是非理想场，都是在线性近似的基础上研究的，即认为运动方程中的高次项（或称非线性项）可以忽略不计。一般情况下这种近似是允许的，但有的时候非线性项有重要影响，需要加以考虑。非线性项的影响大体上可以概括为两个方面：

(1) 当运动系统发生线性共振时，非线性项能起到抑制作用，使振荡幅度不至于无限增长。因为在共振发生之前，粒子的振荡幅度很小，方程中的高次项可以略去不计。这时粒子的振荡频率只由线性项所决定。但是当共振发生后，振荡幅值不断增大，原来可以忽略的高次项，逐渐可以与线性项的大小相比，这时必须将有影响的高次项考虑进去，于是粒子运动方程变为非线性方程。系统的振荡频率不再只取决于线性项，还与非线性项有关。也就是说，非线性项改变了原来的振荡频率。这样，原来满足共振条件，现在就可能不再满足了。结果，振荡幅度被限制在一定的范围内，不会无限增加。

下面以机械运动中的单摆为例，来观察非线性项对运动的影响。当不计阻力时，单摆的运动可由以下方程来表示：

$$\ddot{\varphi} + \frac{g}{l}\sin\varphi = 0 \tag{4.32}$$

其中 l 表示摆长，g 表示重力加速度，φ 表示摆偏离其平衡位置的角度。当 φ 很小时，$\sin\varphi \approx \varphi$，于是方程 (4.32)可以略去高次项，简化为线性方程：

$$\ddot{\varphi} + \frac{g}{l}\varphi = 0 \tag{4.33}$$

这时单摆呈简谐运动，其摆动频率 ω_0 为：

$$\omega_0 = \sqrt{\frac{g}{l}} = \text{常数} \tag{4.34}$$

当有外力作用，并且外力作用频率 k 与摆的固有振荡频率 ω_0 相等时，就会发生共振。摆的振荡幅度 φ 不断增大，当 φ 增加到一定程度后，$\sin\varphi \approx \varphi$ 的假设不再成立，这时，将 $\sin\varphi$ 展开为：

$$\sin\varphi = \varphi - \frac{\varphi^3}{3!} + \frac{\varphi^5}{5!} - \cdots \tag{4.35}$$

将式(4.35)代入单摆运动方程(4.32)，就得到单摆运动的非线性方程：

$$\ddot{\varphi} + \omega_0^2\left(\varphi - \frac{\varphi^3}{3!} + \frac{\varphi^5}{5!} - \cdots\right) = 0 \tag{4.36}$$

上述非线性方程的一次近似解的振荡频率 ω_1 与线性方程的振荡频率 ω_0 之间有如下关系：

$$\left(\frac{\omega_1}{\omega_0}\right)^2 = \frac{2\mathrm{J}_1(a)}{a} \tag{4.37}$$

其中 a 表示单摆的振幅 (rad)，$\mathrm{J}_1(a)$ 为贝塞尔函数。根据式(4.37)可以求出不同振幅时的振荡频率，结果列于表 4.1 中。

表 4.1

α/rad	$2\mathrm{J}_1(\alpha)$	ω_1/ω_0
0.1	0.099 8	0.999
0.2	0.199	0.998
0.5	0.485	0.985
1.0	0.880	0.938
1.5	1.116	0.863

从以上的计算结果可以看出，当振荡幅度较小时，考虑非线性项后的振荡频率与线性振荡频率相差很少，当振荡幅度增大到一定程度后，振荡频率明显偏离共振频率，共振终止，从而使振荡幅度不至于无限增加。由于只有振荡幅度增加到一定程度后，共振才能终止，因此靠非线性项避免线性共振的破坏作用是不可能的。但是，如果束流穿过共振线，非线性项就可以起到抑制振荡幅度过分增长的作用。

(2) 高次项对粒子运动的另一个影响是非线性共振。先通过一个简单的例子来说明什么是非线性共振。假定圆形轨道上的磁场为 $B_z(r) = A/r^n = A/(r_s + x)^n$，依泰勒级数展开为：

$$B_z(x) = B_s\left[1 - \frac{nx}{r_s} + \frac{d}{2}\left(\frac{x}{r_s}\right)^2 - \cdots\right] \tag{4.38}$$

其中 $d=n(n+1)$。若 d 沿辐角不均匀，含有幅度为 ε 的一次谐波，即 $d=\langle d\rangle+\varepsilon\cos\theta$，将其代入式(4.38)，则得到：

$$B_z(x)=B_s\left[1-\frac{nx}{r_s}+\frac{\langle d\rangle}{2}\left(\frac{x}{r_s}\right)^2+\frac{\varepsilon}{2}\left(\frac{x}{r_s}\right)^2\cos\theta-\cdots\right] \tag{4.39}$$

因此轨道磁场中就含有高次项 $B_s\dfrac{\varepsilon}{2}\left(\dfrac{x}{r_s}\right)^2\cos\theta$，将其代入径向运动方程便得到：

$$x''+(1-n)x=-\frac{\varepsilon}{2r_s}x^2\cos\theta \tag{4.40}$$

求解方程(4.40)的方法是：首先略去方程的右边项(因右边项含有小量 ε)，得到方程的近似解：$x=x_0\cos(Q_r\theta+\delta)$，再将其代入方程的右边项，得到：

$$x''+Q_r^2x=-\frac{\varepsilon}{8r_s}x_0^2[\cos(\theta+2Q_r\theta+2\delta)+\cos(\theta-2Q_r\theta-2\delta)+2\cos\theta] \tag{4.41}$$

由以上方程可以看出，当 $Q_r=1\pm2\,Q_r$ 时，运动系统将发生共振。发生共振的条件为：

$$Q_r=\frac{1}{3} \tag{4.42}$$

这种共振是由于磁场的非线性项 (或称高次项)引起的，故称为非线性共振。下面将深入讨论各种非线性共振发生的条件及可能造成的危害。

4.2.2 一维非线性共振

如果粒子的某一横向运动中含有各级非线性项，并有外力作用，则其一维运动方程可以表示为：

$$\ddot{x}+\omega_x^2x=\varepsilon f(\omega t,x,\dot{x}) \tag{4.43}$$

其中，x 表示横向微扰，ω_x 表示系统不含非线性项及外力时的振荡频率，$f(\omega t,x,\dot{x})$表示非线性项及外力的总和，ω 表示外力的频率，外力的周期为 2π，ε 为小的正整数。将 $f(\omega t,x,\dot{x})$展开为：

$$f(\omega t,x,\dot{x})=\sum_{m=-N}^{N}(A_m\cos m\omega t+B_m\sin m\omega t)f_m(x,\dot{x}) \tag{4.44}$$

仍按照上面的方法，先取方程的线性解为：

$$x=x_0\cos(\omega_xt+\delta)$$
$$\dot{x}=-x_0\omega_x\sin(\omega_xt+\delta)$$

将其代入式(4.44)右边项，于是得到作用于该运动系统的诸如 $\cos(m\omega+l\omega_x)t$ 及 $\sin(m\omega+l\omega_x)t$ 等各种复合频率的周期性外力。显然，如果这些外力中的任何一项，其复合频率与系统的线性振荡频率相等，就会导致运动系统的共振，即

$m\omega + l\omega_x = \omega_x$ 时发生共振，或写为：

$$\omega_x = \frac{p}{q}\omega \tag{4.45}$$

其中 p,q 为正整数，由作用于系统的外力所决定。

总之，非线性共振有如下特点：

① 非线性共振是在高次项与周期性外力共同作用下产生的。

② 一维非线性共振可能发生的条件是：

$$\omega_x = \frac{1}{3}\omega,\ \omega_x = \frac{2}{3}\omega,\ \omega_x = \frac{3}{3}\omega,\ \omega_x = \frac{1}{4}\omega,\ \omega_x = \frac{2}{4}\omega,\ \omega_x = \frac{3}{4}\omega,\cdots$$

③ 称 q 为非线性共振的级数。q 愈大，即共振级数愈高，在同样外力条件下，其共振线的宽度也愈窄，共振愈不易维持。即当共振发生后，如果振幅稍有增加，共振条件就被破坏，所以共振级数愈高，对粒子运动的危害程度愈小。但是在大型加速器中，对束流品质的要求比较高，即使 $q=6,7$ 的高级非线性共振也要认真对待，尽可能避免。

4.2.3　横向非线性耦合共振

如果运动系统不限于一维空间，而是径向与轴向之间有耦合作用，这时含有非理想场及非线性项的运动方程可以写作：

$$\left.\begin{aligned}\ddot{x} + \omega_x^2 x &= \varepsilon f_x(\omega, z, \dot{z}, x, \dot{x})\\ \ddot{z} + \omega_z^2 z &= \varepsilon f_z(\omega, z, \dot{z}, x, \dot{x})\end{aligned}\right\} \tag{4.46}$$

如同上述的方法一样，由方程(4.46)可以得到发生非线性耦合共振的条件是：

$$k_x\omega_x + k_z\omega_z + k = 0 \tag{4.47}$$

其中，k_x, k_z, k 为可正可负的整数。二维横向非线性耦合共振又可分为差共振与和共振。

(1) 当 k_x 与 k_z 同号，即 k_x, k_z 与 k 同为正数时，称为和共振。这时有：

$$k_x\omega_x + k_z\omega_z = k \tag{4.48}$$

发生和共振时，径向与轴向的振荡幅度都不断增加，导致振幅增加到不允许的范围，甚至束流损失掉。在加速器设计中绝对不允许工作点落在和共振附近。

(2) 当式(4.47)中的 k_x 与 k_z 异号时，称为差共振。这时有：

$$k_x\omega_x - k_z\omega_z = k \tag{4.49}$$

这里 k_x 与 k_z 均为正整数。发生差共振时，径向与轴向的振荡幅度交替增减，不会导致振荡幅度过分增加。有的加速器工作点落在差共振附近是允许的。有的加速器则应尽量避开任何较低级的非线性耦合共振。

(3) k_x 与 k_z 绝对值之和，代表非线性耦合共振的级数，共振的级数愈高，表示共振发生后的危害愈小。

$$|k_x|+|k_z| = \text{共振级数} \tag{4.50}$$

4.2.4 $n=0.2$ 的横向非线性耦合共振

选择 $n=0.2$ 耦合共振作为例子，它兼有非线性及耦合的双重特点，在回旋加速器中是一个不能回避的理论问题。将轨道磁场沿径向展开，取二级近似，则有：

$$B_z(r) = B_s\left[1-\frac{n_s x}{r_s}-\frac{\mathrm{d}n}{\mathrm{d}r}\bigg|_s\frac{x^2}{r_s}+\frac{n_s(n_s+1)}{2r_s^2}x^2\right] \tag{4.51}$$

其中 $x=r-r_s$，n_s 为平衡轨道 r_s 上的磁场对数梯度。利用泰勒级数可以求出平衡轨道附近空间任意点的磁场：

$$B_r(r,z) = B_r(r,0)+\frac{\partial B_r}{\partial z}\bigg|_{z=0}z+\frac{\partial^2 B_r}{\partial z^2}\bigg|_{z=0}\frac{z^2}{2!}+\cdots \tag{4.52}$$

又由 $\nabla\times\boldsymbol{B}=0$ 知道：

$$\frac{\partial B_r}{\partial z}=\frac{\partial B_z}{\partial r}=B_s\left[-\frac{n_s}{r_s}-\frac{\mathrm{d}n}{\mathrm{d}r}\bigg|_s\frac{2x}{r_s}+\frac{n_s(n_s+1)}{r_s^2}x\right]$$

对上式求导数得：$\dfrac{\partial^2 B_r}{\partial z^2}=\dfrac{\partial}{\partial z}\left(\dfrac{\partial B_z}{\partial r}\right)=0$。

在束流轨道上 $B_r(r,0)=0$，将以上诸式代入式(4.52)，便得到平衡轨道附近的径向磁场分量：

$$B_r(r,z) = B_s\left[-\frac{n_s}{r_s}-2\frac{\mathrm{d}n}{\mathrm{d}r}\bigg|_s\frac{x}{r_s}+\frac{n_s(n_s+1)}{r_s^2}x\right]z \tag{4.53}$$

用同样方法，借助 $\nabla\cdot\boldsymbol{B}=0$ 的转换，可以得到平衡轨道附近的轴向磁场分量：

$$B_z(r,z) = B_s\left[1-\frac{n_s}{r_s}x-\frac{\mathrm{d}n}{\mathrm{d}r}\bigg|_s\frac{x^2}{r_s}+\frac{n_s(n_s+1)x^2}{2r_s^2}+\left(\frac{\mathrm{d}n}{\mathrm{d}r}\bigg|_s\frac{1}{r_s}-\frac{n_s^2}{r_s^2}\right)\frac{z^2}{2}\right] \tag{4.54}$$

将式(4.53)及(4.54)代入式(1.18c)及(1.18a)，便得到二级近似的运动方程组：

$$\ddot{x}+\omega_s^2(1-n)x=\left[2\frac{\mathrm{d}n}{\mathrm{d}r}\bigg|_s-\frac{n_s(n_s+1)}{r_s}\right]\frac{\omega_s^2}{2}x^2+\left(\frac{n_s^2}{r_s}-2\frac{\mathrm{d}n}{\mathrm{d}r}\bigg|_s\right)\frac{\omega_s^2}{2}z^2 \tag{4.55}$$

$$\ddot{z}+\omega_s^2 nz=\left[\frac{n_s(1+n_s)}{r_s}-2\frac{\mathrm{d}n}{\mathrm{d}r}\bigg|_s\right]\omega_s^2 xz \tag{4.56}$$

设方程(4.55)及(4.56)的解为：

$$z=A\sin\omega_1 t \tag{4.57}$$

$$x = B\sin(\omega_2 t + \varphi) \tag{4.58}$$

其中,A 与 B 是慢变化函数,ω_1 和 ω_2 的变化很小,可视为常量。对式(4.57)取两次导数得到:

$$\ddot{z} = \dot{A}\omega_1\cos\omega_1 t - A\omega_1^2\sin\omega_1 t + \dot{A}\omega_1\cos\omega_1 t + \ddot{A}\sin\omega_1 t \tag{4.59}$$

将式(4.57),(4.58)及(4.59)代入轴向运动方程(4.56),并乘以 $\cos\omega_1 t$,则得到:

$$\ddot{A}\sin\omega_1 t\cos\omega_1 t + \dot{A}\omega_1(1 + \cos 2\omega_1 t) + A(n_s\omega_s^2 - \omega_1^2)\sin\omega_1 t\cos\omega_1 t + AB\frac{N}{4}\omega_s^2[\cos(2\omega_1 t - \omega_2 t - \varphi) - \cos(2\omega_1 t + \omega_2 t + \varphi)] = 0 \tag{4.60}$$

其中 $N_1 = 2\left.\frac{\mathrm{d}n}{\mathrm{d}r}\right|_s - \frac{n_s(n_s+1)}{r_s}$。因为 A 与 B 是慢变化函数,可以认为其在一个快振荡周期内数值不变。于是可以把上述方程中的快变化项与慢变化项分开。所有慢变化项之和等于 0。对于要研究的 $n \approx 0.2$ 的情况,$2\omega_1 \approx \omega_2$,所以 $\cos(2\omega_1 t - \omega_2 t - \varphi)$ 也是慢变化项,故有:

$$\dot{A}\omega_1 + AB\frac{N_1}{4}\omega_s^2\cos(2\omega_1 t - \omega_2 t - \varphi) = 0 \tag{4.61}$$

采用同样方法,也可得到径向运动中的慢变化各项之和为 0 的结果:

$$\dot{B}\omega_2 - A^2\frac{N_2}{8}\omega_s^2\cos(2\omega_1 t - \omega_2 t - \varphi) = 0 \tag{4.62}$$

其中 $N_2 = 2\left.\frac{\mathrm{d}n}{\mathrm{d}r}\right|_s - \frac{n_s^2}{r_s}$,近似取 $N_1 \approx N_2$,于是由以上两个慢变化方程联立可以得到以下结果:

$$A^2 + (2B)^2 = \text{常数} \tag{4.63}$$

方程(4.63)表明,当在运动方程中考虑二级小量,并且径向与轴向振荡频率之间满足一定关系时,就可能发生耦合共振。如在弱聚焦加速器中,当 $n \approx 0.2$ 时便发生耦合共振。这种共振的特点是:

① 共振是由理想场的高次项引起的,与非理想场无关。

② 共振发生时,只是轴向与径向的振幅交替变化。轴向振幅增加时,径向振幅减少;然后径向振幅增加,轴向振幅减少。不会导致振幅的无限增长。

③ 如果初始的径向振幅很大时,这种耦合共振将导致轴向振幅的相应增加,由于通常轴向真空室的高度比径向小,可能造成束流在轴向碰壁而损失。因此,在回旋加速器中要求避免 $n \approx 0.2$ 的耦合共振发生,通常的做法是在 $n \approx 0.2$ 之前引出束流。

4.3 用 Bogolyubov 法求解非线性方程

4.3.1 Bogolyubov 逐次渐进法

在前两节中讨论共振多是用很近似的方法求出共振条件的，这种方法比较简便，但是这种粗略分析往往限制了对共振现象更深入更全面的认识，如共振线宽度的概念、摩擦力对共振的抑制作用以及更高级共振对束流运动影响等的研究。为此，引入逐次渐进法求解具有各种外力作用以及含有高次项的运动方程。但是这种方法很繁，从数学上一步一步证明，要花费过多的篇幅，因此这里只做简要的介绍，详细的论证可参阅文献[3]。

任何有外力作用的系统，粒子运动方程都可以表示为：

$$\ddot{x} + \omega^2 x = \varepsilon f(\nu t, x, \dot{x}) \tag{4.64}$$

其中 x 表示任意方向的微扰量，ε 表示一个小的正参量，希腊字母 ν 代表外力的角频率，ν 为整数，$f(\nu t, x, \dot{x})$ 为外力及非线性项。$f(\nu t, x, \dot{x})$ 又可展开为：

$$f(\nu t, x, \dot{x}) = \sum_{n=-N}^{N} \mathrm{e}^{in\nu t} f_n(x, \dot{x}) \tag{4.65}$$

当外力不存在时，$\varepsilon=0$，方程为简谐运动，方程的解为：

$$\left.\begin{aligned} x &= a\cos(\omega t + \varphi) \\ \dot{x} &= -a\omega\sin(\omega t + \varphi) \end{aligned}\right\} \tag{4.66}$$

其中 a 及 φ 为常数。

当 $\varepsilon \neq 0$ 时，将式 (4.66)代入方程 (4.64)的右边项，方程必将出现含有 $\sin(n\nu + m\omega)t$ 及 $\cos(n\nu + m\omega)t$ 等项，其中 m 及 n 均为整数。当右式中的振荡频率$(n\nu + m\omega)$与粒子的原有振荡频率 ω 相等时，都将发生共振。包括线性和非线性共振发生的条件可以表示为：

$$\omega = \frac{p}{q}\nu \tag{4.67}$$

其中 p 和 q 均为整数。当 $p=q=1$ 时为整数共振；当 $p=1, q=2$ 时为半整数共振；当 $p=1, q=3$ 时为三级非线性共振；当 $p=1, q=4$ 时为四级非线性共振；依此类推。

当有外力存在及考虑高次项时，方程 (4.64)的解可以写为以下形式：

$$x = a\cos\Psi + \varepsilon u_1(\Psi, a, \nu t) + \varepsilon^2 u_2(\Psi, a, \nu t) + \cdots \tag{4.68}$$

其中 $u_1, u_2 \cdots$ 都是周期性函数，如 $\cos(n\nu t + m\Psi)$、$\sin(n\nu t + m\Psi)$ 等。同时，a 与 Ψ 不再是常数。

在非共振的情况下，假定 a 与 Ψ 由下式决定：

$$\left.\begin{aligned}\frac{\mathrm{d}a}{\mathrm{d}t}&=\varepsilon A_1(a)+\varepsilon^2A_2(a)+\cdots\\\frac{\mathrm{d}\Psi}{\mathrm{d}t}&=\omega+\varepsilon B_1(a)+\varepsilon^2B_2(a)+\cdots\end{aligned}\right\}\tag{4.69}$$

将式(4.68)与(4.69)代入原方程(4.64)，再根据不同小量级的诸项都应分别满足运动方程的原则，可以得到一系列求解 u,A,B 的方程组，从而求出在非共振情况下 u_1,A_1,B_1 的表达式，即

$$\begin{aligned}&u_1(a,\Psi,\nu t)\\&=\frac{1}{2\pi^2}\times\sum_{n^2+(m^2-1)\neq 0}^{n,m}\frac{\cos(n\nu t+m\Psi)}{\omega^2-(n\nu+m\omega)^2}\int_0^{2\pi}\int_0^{2\pi}f_0(a,\Psi,\nu t)\cos(n\nu t+m\Psi)\mathrm{d}\nu t\mathrm{d}\Psi+\\&\quad\frac{\sin(n\nu t+m\Psi)}{\omega^2-(n\nu+m\omega)^2}\int_0^{2\pi}\int_0^{2\pi}f_0(a,\Psi,\nu t)\sin(n\nu t+m\Psi)\mathrm{d}\nu t\mathrm{d}\Psi\end{aligned}\tag{4.70}$$

其中 $f_0(a,\Psi,\nu t)=f(\nu t,x,\dot{x})\Big|_{\substack{x=a\cos\Psi\\ \dot{x}=-a\sin\Psi}}$ 为零级近似；

$$A_1(a)=\frac{-1}{4\pi^2\omega}\int_0^{2\pi}\int_0^{2\pi}f_0(a,\Psi,\nu t)\sin\Psi\mathrm{d}\nu t\mathrm{d}\Psi\tag{4.71}$$

$$B_1(a)=\frac{-1}{4\pi^2\omega a}\int_0^{2\pi}\int_0^{2\pi}f_0(a,\Psi,\nu t)\cos\Psi\mathrm{d}\nu t\mathrm{d}\Psi\tag{4.72}$$

根据 u_1,A_1,B_1 的结果，可以求出 $f(\nu t,x,\dot{x})$ 的一级近似 $f_1(a,\Psi,\nu t)$。由 $f_1(a,\Psi,\nu t)$ 又可求出 u_2,A_2,B_2，依此类推，可以求出更精确的非线性方程的解。

当共振发生，即 $\omega\approx\frac{p}{q}\nu$ 时，设

$$\omega^2=\left(\frac{p}{q}\nu\right)^2+\varepsilon\Delta\tag{4.73}$$

其中$\frac{\varepsilon\Delta}{\omega^2}\ll 1$。将式(4.73)代入方程(4.64)，则方程(4.64)变为：

$$\ddot{x}+\left(\frac{p}{q}\nu\right)^2x=\varepsilon[f(\nu t,x,\dot{x})-\Delta x]\tag{4.74}$$

该方程的解也是式(4.68)的形式，不同的是，a 与 Ψ 不仅是 a 的函数，同时也是 θ 的函数。θ 由下式决定：

$$\theta=\Psi-\frac{p}{q}\nu t\tag{4.75}$$

式(4.75)中的 θ 为系统自由振荡与外力的相位差。从物理上可以知道，这个相位差对振荡有重要影响。共振发生时式(4.68)中的 a 与 Ψ 由下式决定：

$$\left.\begin{aligned}\frac{\mathrm{d}a}{\mathrm{d}t} &= \varepsilon A_1(a,\theta) + \varepsilon^2 A_2(a,\theta) + \cdots \\ \frac{\mathrm{d}\Psi}{\mathrm{d}t} &= \frac{p}{q}\nu + \varepsilon B_1(a,\theta) + \varepsilon^2 B_2(a,\theta) + \cdots\end{aligned}\right\} \tag{4.76}$$

如用 θ 代替 Ψ，则上式变为：

$$\left.\begin{aligned}\frac{\mathrm{d}a}{\mathrm{d}t} &= \varepsilon A_1(a,\theta) + \varepsilon^2 A_2(a,\theta) + \cdots \\ \frac{\mathrm{d}\theta}{\mathrm{d}t} &= \varepsilon B_1(a,\theta) + \varepsilon^2 B_2(a,\theta) + \cdots\end{aligned}\right\} \tag{4.77}$$

仍按非共振的处理方法，同样可以得到共振附近的 u_1，A_1，B_1 的值为：

$$u_1\left(a,\nu t,\frac{p}{q}\nu t+\theta\right) = \sum_{nq+(m\pm 1)p\neq 0}^{n,m} \frac{f_{nm}^0(a)\mathrm{e}^{\mathrm{i}[n\nu t+m(\frac{p}{q}\nu t+\theta)]}}{\left(\frac{p}{q}\nu\right)^2 - \left(n\nu + m\frac{p}{q}\nu\right)^2} \tag{4.78}$$

$$A_1(a,\theta) = \frac{-q}{4\pi^2\nu p}\sum_{\sigma}\mathrm{e}^{\mathrm{i}q\sigma\theta}\int_0^{2\pi}\int_0^{2\pi} f_0(a,\theta,\Psi)\mathrm{e}^{-\mathrm{i}q\sigma\zeta}\sin\Psi\mathrm{d}\theta\mathrm{d}\Psi \tag{4.79}$$

$$B_1(a,\theta) = \frac{q\Delta}{2p\nu} - \frac{q}{4\pi^2 a\nu p}\sum_{\sigma}\mathrm{e}^{\mathrm{i}q\sigma\theta}\int_0^{2\pi}\int_0^{2\pi} f_0(a,\theta,\Psi)\mathrm{e}^{-\mathrm{i}q\sigma\zeta}\cos\Psi\mathrm{d}\theta\mathrm{d}\Psi \tag{4.80}$$

其中 $f_0(a,\Psi,\theta) = f(\nu t,x,\dot{x})\ \Big|_{\substack{x=a\cos\Psi \\ \dot{x}=-a\frac{p}{q}\nu\sin\Psi}}$，$\zeta = \Psi - \frac{p}{q}\theta$。

σ 为整数（由 $-\infty$ 到 $+\infty$），实际上只有一小部分 σ 值代入式(4.79)及(4.80)后，积分不为 0，其余的积分均为 0。同理可以求出 f_1 及 u_2，A_2，B_2。依此类推，可以求出更精确的共振发生时的非线性方程解。

4.3.2 用逐次渐进法解半整数共振方程

当磁场梯度有误差时，可能发生半整数共振。其运动方程可写为：

$$\ddot{x} + \omega^2(1 - h\cos\nu t)x = 0 \tag{4.81}$$

其中 $\omega \approx \frac{1}{2}\nu$。设一级近似解为：

$$x = a\cos\Psi = a\cos\left(\frac{1}{2}\nu t + \theta\right) \tag{4.82}$$

并有：

$$\frac{\mathrm{d}a}{\mathrm{d}t} = \varepsilon A_1(a,\theta) \tag{4.83}$$

$$\frac{\mathrm{d}\theta}{\mathrm{d}t} = \varepsilon B_1(a,\theta) \tag{4.84}$$

$$f_0=(\omega^2\cos\nu t)x=a\omega^2\cos\nu t\cos\Psi$$

$$\omega^2=\left(\frac{1}{2}\nu\right)^2+\varepsilon\Delta$$

用上面介绍的逐次渐进法,可以求出 A_1 和 B_1,将其代入式(4.83)和(4.84),得到:

$$\frac{\mathrm{d}a}{\mathrm{d}t}=\frac{-ah\omega^2}{2\nu}\sin2\theta \tag{4.85}$$

$$\frac{\mathrm{d}\theta}{\mathrm{d}t}=\left(\omega-\frac{\nu}{2}\right)-\frac{h\omega^2}{2\nu}\cos2\theta \tag{4.86}$$

联立求解方程(4.85)和(4.86),设

$$\left.\begin{aligned}u&=a\cos\theta\\g&=a\sin\theta\end{aligned}\right\} \tag{4.87}$$

由式(4.87)对时间微分,得到:

$$\frac{\mathrm{d}u}{\mathrm{d}t}=\frac{\mathrm{d}a}{\mathrm{d}t}\cos\theta-a\frac{\mathrm{d}\theta}{\mathrm{d}t}\sin\theta$$

$$\frac{\mathrm{d}g}{\mathrm{d}t}=\frac{\mathrm{d}a}{\mathrm{d}t}\sin\theta+a\frac{\mathrm{d}\theta}{\mathrm{d}t}\cos\theta$$

再将式(4.85)与(4.86)代入上式并化简,就可以得到:

$$\left.\begin{aligned}\frac{\mathrm{d}u}{\mathrm{d}t}&=\left[-\frac{h\omega^2}{2\nu}-\left(\omega-\frac{\nu}{2}\right)\right]g\\\frac{\mathrm{d}g}{\mathrm{d}t}&=\left[-\frac{h\omega^2}{2\nu}+\left(\omega-\frac{\nu}{2}\right)\right]u\end{aligned}\right\} \tag{4.88}$$

由于上式是线性联立方程,其解可以是如下形式:

$$\left.\begin{aligned}u&=c_1\mathrm{e}^{\lambda t}\\g&=c_2\mathrm{e}^{\lambda t}\end{aligned}\right\} \tag{4.89}$$

代入原方程,则得到一组关于 c_1 与 c_2 的联立方程:

$$\left.\begin{aligned}\lambda c_1+\left(\frac{h\omega^2}{2\nu}+\omega-\frac{\nu}{2}\right)c_2&=0\\\left(\frac{h\omega^2}{2\nu}-\omega+\frac{\nu}{2}\right)c_1+\lambda c_2&=0\end{aligned}\right\} \tag{4.90}$$

因为 c_1 与 c_2 不恒等于 0,如果以上方程有解,必然 c_1 与 c_2 的系数行列式等于 0,即

$$\begin{vmatrix}\lambda & \dfrac{h\omega^2}{2\nu}+\left(\omega-\dfrac{\nu}{2}\right)\\\dfrac{h\omega^2}{2\nu}-\left(\omega-\dfrac{\nu}{2}\right) & \lambda\end{vmatrix}=0 \tag{4.91}$$

由式(4.91)得到：

$$\lambda^2-\frac{h^2\omega^4}{4\nu^2}+\left(\omega-\frac{\nu}{2}\right)^2=0$$

$$\lambda_{1,2}=\pm\sqrt{\frac{h^2\omega^4}{4\nu^2}-\left(\omega-\frac{\nu}{2}\right)^2}\tag{4.92}$$

代入式(4.89)，得到：

$$\left.\begin{aligned}u&=c_{11}\mathrm{e}^{\lambda t}+c_{12}\mathrm{e}^{-\lambda t}\\g&=c_{21}\mathrm{e}^{\lambda t}+c_{22}\mathrm{e}^{-\lambda t}\end{aligned}\right\}\tag{4.93}$$

其中

$$\lambda=\sqrt{\frac{h^2\omega^4}{4\nu^2}-\left(\omega-\frac{\nu}{2}\right)^2}\tag{4.94}$$

只有当 λ 为虚数时，u 与 g 才能是稳定解，即 a 是稳定解。当 λ 为实数时，a 是不稳定的，即振幅 a 随时间不断增加，因此运动的稳定条件为：

$$\frac{h^2\omega^4}{4\nu^2}-\left(\omega-\frac{\nu}{2}\right)^2<0$$

又因 $\omega\approx\frac{\nu}{2}$，上式又可变为：

$$\left|\omega-\frac{\nu}{2}\right|>\frac{h}{4}\omega\qquad\text{(对应稳定区)}\tag{4.95}$$

发生共振的条件为：

$$\left|\omega-\frac{\nu}{2}\right|<\frac{h}{4}\omega\qquad\text{(对应共振区)}\tag{4.96}$$

4.3.3 共振线宽度

由上面的分析可以看出，半整数共振不仅发生在严格的 $\omega=\frac{\nu}{2}$ 条件下，而且还发生在 $\left|\omega-\frac{\nu}{2}\right|<\frac{h}{4}\omega$ 的条件下，$\frac{h}{4}\omega$ 称为半整数共振线宽度(见图 4.2)。共振线宽度与磁场梯度误差 h 成正比。磁场梯度误差愈大，共振线宽度愈宽，对粒子运动稳定的威胁也愈大。在加速器设计中，选择工作点不仅要避开共振线，还要避免靠近共振线的宽度。

当方程(4.81)中含有阻尼项时，该方程变为：

$$\ddot{x}+\delta\dot{x}+\omega^2(1-h\cos\nu t)x=0\tag{4.97}$$

相应的不稳定条件变为：

$$\left|\omega-\frac{\nu}{2}\right|<\frac{h\omega}{4}\sqrt{1-\frac{16\delta^2}{\nu^2h^2}}\tag{4.98}$$

当 $\nu=1,\omega\approx 1/2$ 时，上式又可化简为：

$$\left|\omega-\frac{\nu}{2}\right|<\frac{h}{8}\sqrt{1-\frac{16\delta^2}{h^2}}$$

当阻尼足够大，即 $\delta>\frac{h\nu}{4}$ 时，共振线宽度将完全消失（见图 4.3）。

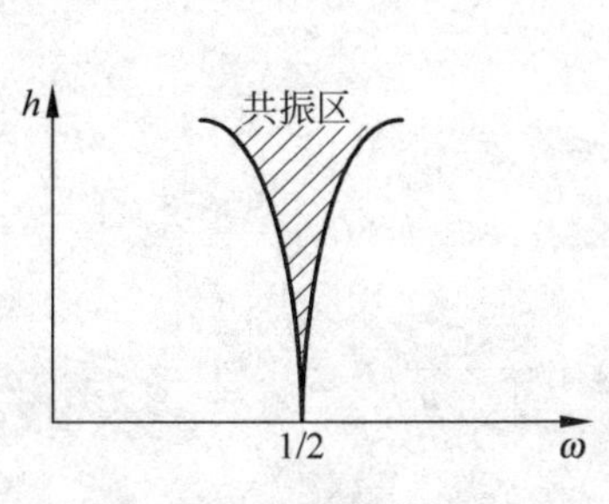

图 4.2 半整数共振区

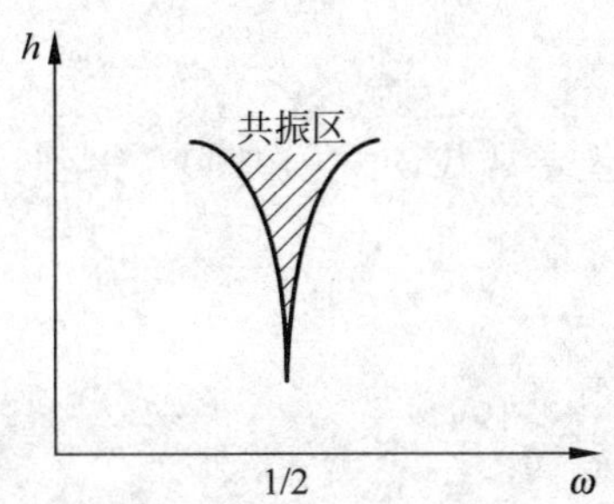

图 4.3 有摩擦力时的半整数共振区

考虑方程中的高次项，如 x^3 项，当共振发生后，它将会影响并改变粒子的振荡频率，使共振条件破坏，粒子的振幅不至于无限增长，这对线性共振是有抑制作用的。

4.4 相振荡中的共振

4.4.1 外力作用下的相振荡方程

当有外力，诸如高频电压和磁场中含有的某些周期性误差作用在相振荡上时，相振荡就会感受到附加的强迫振荡。如果这个外力的频率与相振荡的频率相等或成某种关系时，就可能发生相共振。假定高频电压、高频频率和轨道磁场的误差分别为 $\Delta V,\Delta\omega_f$ 和 ΔB，在圆形轨道上忽略参数慢变化，这时的相振荡方程为：

$$\frac{d^2(\Delta\varphi)}{dt^2}+\Omega^2(\Delta\varphi)=0 \tag{4.99}$$

其中，$\Delta\varphi=\varphi-\varphi_s$，$\Omega=\omega_s\sqrt{\frac{eV_0K_sk\sin\varphi_s}{2\pi E_s}}$ ［参见式(2.19)］。

在考虑外力作用后，方程(4.99)变为：

$$\begin{aligned}&\frac{d^2(\Delta\varphi)}{dt^2}+\Omega^2\left(1+\frac{\Delta V}{V_0}\right)(\Delta\varphi)\\&=\Omega^2\frac{\Delta V}{V_0}\cot\varphi_s+k\omega_s\frac{d}{dt}\left(\frac{\Delta\omega_f}{\omega_f}-\frac{1}{1-n}\cdot\frac{\Delta B}{B_s}\right)\end{aligned} \tag{4.100}$$

式(4.100)的推导可参阅文献[4]。假定外力为如下形式：

$$\frac{\Delta V}{V_0}=\varepsilon_1\sin\Omega_1 t$$

$$\frac{\Delta\omega_{\mathrm{f}}}{\omega_{\mathrm{f}}}=\varepsilon_2\sin\Omega_2 t$$

$$\frac{\Delta B}{B_{\mathrm{s}}}=\varepsilon_3\sin\Omega_3 t$$

将以上诸式代入式(4.100)，得到：

$$\frac{\mathrm{d}^2(\Delta\varphi)}{\mathrm{d}t^2}+\Omega^2\left(1+\frac{\Delta V}{V_0}\right)\Delta\varphi=\Omega^2\varepsilon_1\cot\varphi_{\mathrm{s}}\sin\Omega_1 t+$$

$$k\omega_{\mathrm{s}}\varepsilon_2\Omega_2\cos\Omega_2 t-k\omega_{\mathrm{s}}\varepsilon_3\Omega_3\frac{\cos\Omega_3 t}{1-n}\tag{4.101}$$

4.4.2 相振荡中的强迫振荡和共振

在非共振的情况下，外力将引起附加的强迫振荡，其幅值分别为：

$$A_1=\frac{\Omega^2\varepsilon_1\cot\varphi_{\mathrm{s}}}{\Omega^2-\Omega_1^2}$$

$$A_2=\frac{k\omega_{\mathrm{s}}\varepsilon_2\Omega_2}{\Omega^2-\Omega_2^2}$$

$$A_3=\frac{-k\omega_{\mathrm{s}}\varepsilon_3\Omega_3}{\Omega^2-\Omega_3^2}\cdot\frac{1}{1-n}$$

当外力的频率与相振荡频率接近的时候，将要引起相振荡幅度的增长。由于相振荡是慢变化过程，因此参数慢变化是不能忽略的。仍用文献[3]所介绍的方法，这里不详细推演，只给出结果。当考虑参数慢变化时，相振荡共振只引起振幅的增长，而不会无限增长。如果相振荡频率是慢变化的，那么振幅增长幅度分别为：

$$A_1=\sqrt{\frac{\pi}{2|\dot{\Omega}|}}\varepsilon_1\Omega\cot\varphi_{\mathrm{s}}$$

$$A_2=\sqrt{\frac{\pi}{2|\dot{\Omega}|}}\varepsilon_2 k\omega_{\mathrm{s}}$$

$$A_3=\sqrt{\frac{\pi}{2|\dot{\Omega}|}}\varepsilon_3\frac{k\omega_{\mathrm{s}}}{1-n}$$

其中 $\dot{\Omega}$ 表示相振荡频率变化的速度。通常不希望相振荡幅度超过 1rad，由上面的公式可以求出高频电压、高频频率及磁场的允许公差来。

当然，在有些加速器中相振荡的频率是不变的，这时必须避免共振条件的形成。

参考文献

[1] 清华大学电子感应加速器小组. 动态磁场及磁场对数梯度的测量. 清华大学工程物理系科学报告集，1966

[2] Bryant P. A Simple Theory for Betatron Coupling. CERN ISR-MA/75-28，1975

[3] Bogolyubov N N，Mitropolskij V A. Asymptotic Methods of the Theory of Nonlinear Oscillations. Physmatizdat，1958

[4] 刘乃泉. 加速器理论讲义. 清华大学工程物理系，1982

习题与思考题

1. 写出引起轴向强迫振荡的非理想场的表示式，并求出其微扰运动方程及非齐次解。

2. 当加速器的轨道磁场为 $B_z = B_s\left(\frac{r_s}{r}\right)^n[1 - a\cos k\theta]$ 时，可能发生什么共振？

3. 在弱聚焦加速器中，能同时发生整数和半整数共振吗？如有可能，则发生共振的条件是什么？

4. 求出线性耦合共振的方程解的最终形式（包括初始条件），并指出耦合振荡的周期。在弱聚焦磁场中，如果 $n \neq \frac{1}{2}$，是否可能发生轴向与径向的耦合？

5. 在 $n=0.2$ 的非线性共振中，为什么轴向与径向的最大振幅不同？其物理意义是什么？

6. 用逐次渐近法求解 $\omega=\nu$ 的整数共振，并与式（4.6）的结果进行比较。

第5章 周期场中非理想场与非线性共振

前面假设加速器磁铁元件具有的电场和磁场与我们希望的理想场完全一致，实际上，由于材料特性、加工和安装误差等因素，总会出现各种非理想场分量。

5.1 多极子场[1,3]

对于大多数加速器磁铁元件，其长度远大于磁极间隙的横向尺寸，因此理想的场只是分布在磁铁长度内，并且场沿纵向是不变的，即理想场忽略了边缘效应，当然这对螺线管线圈、扭摆磁铁和波荡器等元件并不是很好的近似。在束流通过的区域，由于没有电流，所以磁感应强度可以表示为磁场标量势 φ_m 的梯度：

$$\nabla \times \boldsymbol{H} = 0 \quad \Rightarrow \nabla \times \boldsymbol{B} = 0 \quad \Rightarrow \quad \boldsymbol{B} = -\nabla \varphi_m \tag{5.1}$$

同时磁感应强度的散度为 0，因此磁场标量势满足 Laplace 方程，即

$$\nabla^2 \varphi_m = 0 \tag{5.2}$$

对于理想场，φ_m 只是 x, z 的函数，它的解的一般形式为：

$$\varphi_m(x,z) = \mathrm{Re}\left[\sum_{n=0}^{\infty} C_n (x + \mathrm{i}z)^n\right] \tag{5.3}$$

其中 C_n 是由边界条件确定的复常数。由式(5.1)得：

$$\left.\begin{aligned} B_x &= -\frac{\partial \varphi_m}{\partial x} = -\mathrm{Re}\left[\sum_{n=1}^{\infty} nC_n (x + \mathrm{i}z)^{n-1}\right] \\ B_z &= -\frac{\partial \varphi_m}{\partial z} = -\mathrm{Re}\left[\sum_{n=1}^{\infty} \mathrm{i}nC_n (x + \mathrm{i}z)^{n-1}\right] \end{aligned}\right\} \tag{5.4}$$

上面两式可以组合为：

$$B_z + \mathrm{i}B_x = -\sum_{n=1}^{\infty} \mathrm{i}nC_n (x + \mathrm{i}z)^{n-1} \tag{5.5}$$

这是在没有电流的区域二维磁场的多极子展开形式。在式(5.5)两边对 x 求 $n-1$次导数,并在轨道中心 $x=z=0$ 处取值,得:

$$-\mathrm{i}nC_n=\frac{1}{(n-1)!}\left[\frac{\partial^{n-1}B_z}{\partial x^{n-1}}\bigg|_{x=y=0}+\mathrm{i}\frac{\partial^{n-1}B_x}{\partial x^{n-1}}\bigg|_{x=y=0}\right] \tag{5.6}$$

将上式代入式(5.5)得:

$$B_z+\mathrm{i}B_x=\sum_{n=0}^{\infty}\frac{1}{n!}(B^{(n)}+\mathrm{i}\widetilde{B}^{(n)})(x+\mathrm{i}z)^n \tag{5.7}$$

其中 $B^{(n)}=\frac{\partial^n B_z}{\partial x^n}\bigg|_{x=z=0}$;$\widetilde{B}^{(n)}=\frac{\partial^n B_x}{\partial x^n}\bigg|_{x=z=0}$。

对于每个 n,式(5.7)确定的场被称为 $2(n+1)$极场。例如 $n=0$ 对应二极场,$n=1$对应四极场,$n=2$ 对应六极场……其中无波浪线的项表示正多极场,其磁极不在中心平面上,如图 5.1 所示。有波浪线的项表示斜多极场,如图 5.2 所示。

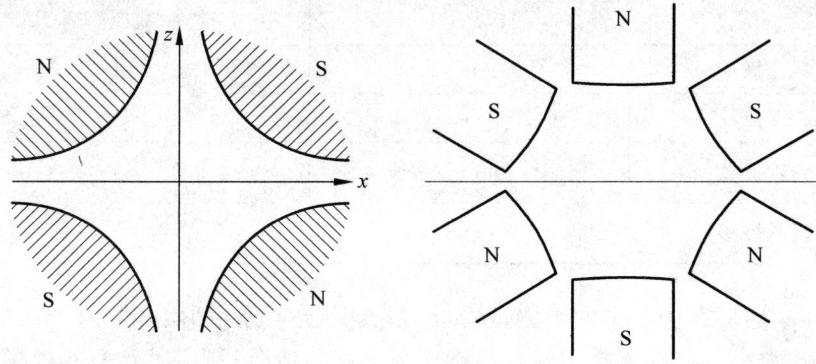

图 5.1　正多极场

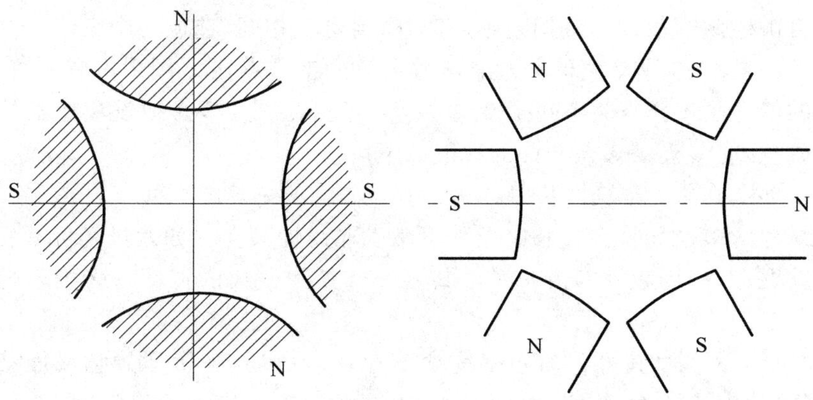

图 5.2　斜多极场

表 5.1、5.2 给出了几个低阶多极子的场的表达式，其中 $h_x, k, m, s, h_z, \tilde{k}, \widetilde{m}, \hat{s}$ 为常数。

表 5.1 正多极子场

	B_x	B_z
正二极场	0	h_x
正四极场	kz	kx
正六极场	mxz	$\frac{1}{2}m(x^2-z^2)$
正八极场	$\frac{1}{6}s(3x^2z-z^3)$	$\frac{1}{6}s(x^3-3xz^2)$

表 5.2 斜多极子场

	B_x	B_z
斜二极场	$-h_z$	0
斜四极场	$-\tilde{k}x$	$\tilde{k}z$
斜六极场	$-\frac{1}{2}\widetilde{m}(x^2-z^2)$	$\widetilde{m}xz$
斜八极场	$-\frac{1}{6}\hat{s}(x^3-3xz^2)$	$\frac{1}{6}\hat{s}(3x^2z-z^3)$

因此，如果在中心平面上测量磁场，根据其横向分布形状，可以辨认多极场的成分及大小。假如磁场中含有三次曲线形状的成分，则必然含有八极场。

多极场对束流运动有这样一些影响：

(1) 使粒子的自由振荡频率 Q 值发生变化。

当自由振荡幅值或动量偏差不同时，Q 值也不相同，造成一个束团中的粒子的 Q 值不一样。这种 Q 值的分散意味着束流的工作点在 Q 图中占有一块面积。最严重的情况是工作点将不可避免地触及共振线。为此，必须设法增加校正多极场的磁铁，使多极场降至允许的数值以下。

(2) 使粒子发生非线性共振。

非线性的多极场将会在一定条件下激发非线性共振。如六极场可激发三极非线性共振；八极场激发四极非线性共振……其共振线的宽度与多极场的强度有关。

(3) 如果大型加速器的轨道上完全不存在多极场，则常常故意增加某些多极场磁铁，使束流的 Q 值有一定的分散性，目的是降低束流不稳定性。

(4) 在同步加速器中，常常采用非线性共振的原理使得束流慢引出，这时也需要有一定的多极场在引出束流时投入工作。

5.2 磁场偏差引起束流轨道的畸变与校正[2]

假设在长为 ΔL 的小区间内有一个磁场偏差 $\Delta B(l)$，那么，粒子的运动方程为：

$$\frac{\mathrm{d}^2 y}{\mathrm{d}l^2}+K_y(l)y=\frac{\Delta B(l)}{B}\cdot\frac{1}{\rho(l)} \tag{5.8}$$

如果磁场偏差分布在很小的局域范围内，可以采用薄透镜近似：由于 ΔL 非常小，粒子通过磁场偏差所在的区间时，只改变运动方向，而横向位置不变。积分式(5.8)得：

$$\Delta y'+K_y(l)y\Delta L=\frac{\Delta B(l)\Delta L}{B}\cdot\frac{1}{\rho(l)}=\frac{\Delta(BL)}{B\rho(l)} \tag{5.9}$$

对于薄透镜，$\Delta L\to 0$，而 $\Delta(BL)$ 为有限值，由式(5.9)给出：

$$\Delta y'=\frac{\Delta(BL)}{B\rho(l)}=\theta \tag{5.10}$$

因此，在薄透镜近似下，磁场偏差只是在偏差所在位置引起粒子运动方向改变 θ 角度，这将使束流的闭合轨道发生变化。由于磁场偏差是以环的周长为周期的，所以新的平衡轨道必然是封闭曲线。假设磁场偏差位于 $l=l_k$，那么封闭轨道满足：

$$\boldsymbol{M}(C+l_k,l_k)\begin{pmatrix}y(l_k)\\ y'(l_k)\end{pmatrix}+\begin{pmatrix}0\\ \theta\end{pmatrix}=\begin{pmatrix}y(C+l_k)\\ y'(C+l_k)\end{pmatrix}=\begin{pmatrix}y(l_k)\\ y'(l_k)\end{pmatrix} \tag{5.11}$$

其中 $\boldsymbol{M}(C+l_k,l_k)$ 为 l_k 处不考虑磁场偏差的一圈的传输矩阵。由式(3.28)和(3.34)可以得到磁场偏差处的闭合轨道畸变为：

$$\begin{pmatrix}y(l_k)\\ y'(l_k)\end{pmatrix}=(\boldsymbol{I}-\boldsymbol{M})^{-1}\begin{pmatrix}0\\ \theta\end{pmatrix}=\frac{\theta}{2\sin\pi Q}\begin{pmatrix}\beta_k\cos\pi Q\\ \sin\pi Q-\alpha_k\cos\pi Q\end{pmatrix} \tag{5.12}$$

其中 α_k,β_k,Q 是没有考虑磁场偏差影响的自由振荡参数，下标 k 表示在 l_k 处取值。根据任意两点之间的传输矩阵式(3.70)，环上其他各处的闭合轨道畸变为：

$$y(l)=\frac{\theta\sqrt{\beta(l)\beta(l_k)}}{2\sin\pi Q}\cos[\Psi(l)-\Psi(l_k)-\pi Q] \tag{5.13}$$

其中 $\Psi(l)=\int_0^l\frac{\mathrm{d}l}{\beta}$ 为自由振荡相位。

作为具体例子，考虑由于四极磁铁的位置偏离轨道中心 δ，那么，在粒子平衡轨道上就产生一个磁场误差，它引起的运动方向变化为：

$$\theta=\frac{\Delta(BL)}{(B_s\rho)}=\frac{B'\delta L}{(B_s\rho)}=\frac{\delta}{f} \tag{5.14}$$

其中 f 为磁铁的聚焦长度。以 Tevatron 为例，它的标准四极磁铁的聚焦长度为 25m，那么，0.5mm 的位置偏差会导致 $\theta=20\mu\text{rad}$ 的角度变化。如果聚焦磁铁处 $\beta=100\text{m}$，横向振荡频率 $Q=19.4$，则由式(5.13)可以得到最大的轨道畸变为：

$$\Delta\hat{y}=\left|\frac{(20\mu\text{rad})(100\text{m})}{2\sin\pi(19.4)}\right|=1(\text{mm}) \tag{5.15}$$

实际的加速器有不止一处磁场偏差，可以由叠加原理得到 N 处磁场偏差引起的轨道畸变：

$$y(l)=\frac{\sqrt{\beta(l)}}{2\sin\pi Q}\sum_{k=1}^{N}\theta_k\ \sqrt{\beta(l_k)}\cos[\Psi(l)-\Psi(l_k)-\pi Q] \tag{5.16}$$

如果这 N 处误差是互不相关的，而且在加速器上是随机分布的，那么轨道畸变的均方根为：

$$\sqrt{\langle y(l)\rangle^2}=\frac{\sqrt{\beta(l)}}{2\sqrt{2}\sin\pi Q}\sqrt{\sum_{k=1}^{N}\theta_k^2\beta(l_k)}\approx\frac{\sqrt{N}\ \sqrt{\beta(l)\langle\beta(l_k)\rangle}}{2\sqrt{2}\sin\pi Q}\sqrt{\langle\theta^2\rangle} \tag{5.17}$$

而畸变的最大值还要大 3～4 倍。

闭合轨道畸变将使真空盒的利用效率降低，特别是在大型加速器中，由式(5.17)可以看到，N 越大，轨道畸变就越大，例如 Tevatron，N 取 100，会产生大约 10mm 的畸变，因此必须进行闭合轨道校正。通常在高 β 的位置放校正二极磁铁，根据束流位置监测器(BPM)获得的束流位置信息，引入校正磁场分量，补偿磁场误差引起的畸变。一般闭合轨道可以被校正到偏差在大约 0.1mm 的范围内。

另外，由式(5.13)可以看到，当自由振荡频率为整数时，将得不到闭合轨道。这是典型的共振现象：由于振荡频率为整数，磁场误差每圈都在相同相位扰动粒子的运动，使自由振荡振幅越来越大，直到粒子打在真空管壁上而丢失。

5.3 磁场梯度误差效应[1,2]

磁场梯度误差会改变聚焦函数 $K_y(l)$，而 $K_y(l)$ 决定了加速器的参数 β,η，以及由它们导出的量，如相位 Ψ 和振荡频率 Q，因此，磁场梯度误差将会引起这些量的改变。

与磁场误差的处理类似，首先讨论局限在某点的梯度误差，然后研究具有一定分布的梯度误差的影响。如果某点 $l=l_g$ 的局域梯度误差可以用一个聚焦长

度为 f 的薄透镜来代表，其中$\frac{1}{f}=\Delta K_y L=\frac{\Delta(B'L)}{B_s\rho}$，$L$ 为梯度误差在参考轨道的分布长度，那么，包含梯度误差影响的 l_g 处的一圈的传输矩阵为：

$$\begin{aligned}\boldsymbol{M}(C+l_g,l_g)&=\begin{pmatrix}\cos\mu+\alpha(l_g)\sin\mu & \beta(l_g)\sin\mu\\ -\gamma(l_g)\sin\mu & \cos\mu-\alpha(l_g)\sin\mu\end{pmatrix}\\ &=\begin{pmatrix}1 & 0\\ -\Delta(K_yL) & 1\end{pmatrix}\begin{bmatrix}\cos\mu_0+\alpha_0\sin\mu_0 & \beta_0\sin\mu_0\\ -\gamma_0\sin\mu_0 & \cos\mu_0-\alpha_0\sin\mu_0\end{bmatrix}\end{aligned} \tag{5.18}$$

其中$\begin{bmatrix}\cos\mu_0+\alpha_0\sin\mu_0 & \beta_0\sin\mu_0\\ -\gamma_0\sin\mu_0 & \cos\mu_0-\alpha_0\sin\mu_0\end{bmatrix}$为没有梯度误差时，$l_g$ 处的 1 圈的传输矩阵。

展开式(5.18)并对两边的矩阵取迹，可以得到：

$$\mathrm{tr}\boldsymbol{M}=2\cos\mu=2\cos\mu_0-\Delta(K_yL)\beta_0\sin\mu_0 \tag{5.19}$$

如果梯度误差产生的扰动足够小，即 $\mu=\mu_0+\Delta\mu$，其中 $\Delta\mu\ll 1$，那么，$\cos\Delta\mu\approx 1$，$\sin\Delta\mu\approx\Delta\mu$，式(5.19)化简为：

$$\begin{aligned}\cos\mu&=\cos\mu_0\cos\Delta\mu-\sin\mu_0\sin\Delta\mu=\cos\mu_0-\Delta\mu\sin\mu_0\\ &=\cos\mu_0-\frac{\beta_0\Delta(K_yL)}{2}\sin\mu_0\end{aligned} \tag{5.20}$$

由上式可以得到梯度误差引起的自由振荡频移为：

$$\Delta Q=\frac{1}{4\pi}\beta_0(l_g)\Delta(K_yL) \tag{5.21}$$

梯度误差引起的加速器工作点的变化，正比于误差的强度和分布长度，以及误差所在位置的振幅函数。由于上述推导忽略了振幅函数 β 的变化，因而式(5.21)只是梯度误差的最低阶近似，而且假设扰动运动是稳定的，即

$$|\cos 2\pi Q|=\left|\cos 2\pi Q_0-\frac{\beta_0\Delta(K_yL)}{2}\sin 2\pi Q_0\right|<1 \tag{5.22}$$

如果未扰动的自由振荡频率 Q_0 在半整数 $n/2$ 附近的区间，有 $|\cos 2\pi Q_0|\approx 1$，那么，足够大的梯度误差扰动将可能破坏稳定性条件，从而造成$\left|\cos 2\pi Q_0-\frac{\beta_0\Delta(K_yL)}{2}\sin 2\pi Q_0\right|>1$，即运动不稳定。这种由于自由振荡频率接近于半整数而导致的不稳定性运动称为半整数共振，相对应的取值范围称为半整数禁带宽度。由梯度误差引起的禁带增宽为 δQ：

$$\delta Q=\frac{1}{2\pi}\beta_0\Delta(K_yL) \tag{5.23}$$

梯度误差还会引起振幅函数 β 的变化，对此也可以用扰动方法来讨论。考虑了 l_g 处的梯度误差后，在其他位置 l 处的一圈传输矩阵为：

$$
\begin{aligned}
\boldsymbol{M}(l+C,l) &= \boldsymbol{M}_0(l+C,l_g)\begin{pmatrix} 1 & 0 \\ -\Delta(K_yL) & 1 \end{pmatrix}\boldsymbol{M}_0(l_g,l) \\
&= \begin{pmatrix} a_{11} & a_{12} \\ a_{21} & a_{22} \end{pmatrix}\begin{pmatrix} 1 & 0 \\ -\Delta(K_yL) & 1 \end{pmatrix}\begin{pmatrix} b_{11} & b_{12} \\ b_{21} & b_{22} \end{pmatrix}
\end{aligned} \tag{5.24}
$$

其中$\boldsymbol{M}_0(l+C,l_g)$，$\boldsymbol{M}_0(l_g,l)$分别代表由$l_g$到$l+C$、由$l$到$l_g$的传输矩阵，由于没有经过误差点，可以用未扰动的函数α_0，β_0，γ_0表示。式(5.24)右边给出：

$$
\left.\begin{aligned}
\Delta M_{12} &= -\Delta(K_yL)a_{12}b_{12} \\
a_{12} &= [\beta(l_g)\beta(l)]^{1/2}\sin(\Psi-\Psi_g) \\
b_{12} &= [\beta(l_g)\beta(l)]^{1/2}\sin(2\pi Q_0-\Psi+\Psi_g)
\end{aligned}\right\} \tag{5.25}
$$

这里$\Psi_g=\int_0^{l_g}\frac{dl}{\beta}$，$\Psi=\int_0^{l}\frac{dl}{\beta}$。已经知道$l$处一圈的传输矩阵的矩阵元$M_{12}=\beta(l)\sin\Psi$，对$M_{12}$取微分，则有：

$$
\Delta M_{12} = \Delta\beta(l)\sin\Psi + \Delta\Psi\beta(l)\cos\Psi \tag{5.26}
$$

其中$\Delta\beta(l)$是振幅函数的扰动。将式(5.25)与(5.26)联立，取一级近似，并考虑到$\Delta Q=\frac{1}{4\pi}\beta_0(l_g)\Delta(K_yL)$，则有：

$$
\frac{\Delta\beta(l)}{\beta(l_g)} = -\frac{\Delta(K_yL)\beta(l_g)}{2\sin 2\pi Q_0}\cos[2(\Psi-\Psi_g-\pi Q_0)] \tag{5.27}
$$

可以看到，当Q_0为半整数时，振幅函数将没有解，这就是半整数共振。

如果在l_i不同的位置有许多处梯度误差$\Delta(K_yL)_i$，那么，总的自由振荡频移就变为：

$$
\Delta Q = \frac{1}{4\pi}\sum_{i=1}^{N}\beta_0(l_i)\Delta(K_yL)_i \tag{5.28}
$$

此时，禁带增宽不再是上述频移的2倍，还需要把各个误差之间的相对相位考虑进来。若梯度误差在纵向位置分布范围较大，不能用薄透镜近似，则式(5.28)可以推广为：

$$
\Delta Q = \frac{1}{4\pi}\oint_C dl\beta_0(l)\Delta K_y(l) \tag{5.29}
$$

5.4 色　　品[1]

束流在轨道上运动，感受到的四极透镜的聚焦强度为：

$$
K = -\frac{1}{(B_s\rho)}\cdot\frac{\partial B_z}{\partial x} = \frac{e}{p}\cdot\frac{\partial B_z}{\partial x} \tag{5.30}
$$

它与$(B_s\rho)$成反比，即与粒子的动量成反比。因此，当束流中的粒子的动量不同时，聚焦强度 K 就不同，从而相应的自由振荡频率 Q 值也不一样。束流自由振荡频率的相对变化 $\Delta Q/Q$ 对粒子动量分散的依赖关系可以用下式表示：

$$\frac{\Delta Q}{Q}=\xi\frac{\Delta p}{p} \tag{5.31}$$

其中 ξ 为常系数，通常称之为色品(chromaticity)。

束流中粒子的动量偏离理想值，它所感受到的聚焦强度与理想粒子就存在一个偏差 ΔK，即动量偏差造成一个磁场梯度误差，由式(5.29)可以计算由此形成的自由振荡频率 Q 的变化：

$$\Delta Q=\frac{1}{4\pi}\oint_C\beta\Delta K\,\mathrm{d}l \tag{5.32}$$

由式(5.30)可知，$\frac{\Delta K}{K}=-\frac{\Delta p}{p}$，代入上式后得到：

$$\Delta Q=-\frac{1}{4\pi}\oint_C\beta K\,\mathrm{d}l\,\frac{\Delta p}{p} \tag{5.33}$$

对比式(5.31)与(5.33)，可以得到：

$$\xi_0=-\frac{1}{4\pi Q}\oint_C\beta K\,\mathrm{d}l \tag{5.34}$$

这个色品是由于聚焦强度依赖于粒子的动量引起的，称为自然色品。水平和垂直方向的自然色品通常为负值。无论从抑制束流头尾不稳定性还是从防止自由振荡频移过大引起共振的角度考虑，都需要对自然色品进行补偿。

为了补偿自然色品，需要磁场梯度与动量偏差呈线性关系的元件，这可以通过六极磁铁来实现。六极磁铁的磁场为：

$$B_z=\frac{B''}{2}(x^2-z^2),\quad B_x=B''xz \tag{5.35}$$

它具有依赖于位置的磁场梯度，即

$$\frac{\partial B_z}{\partial x}=B''x=\frac{\partial B_x}{\partial z} \tag{5.36}$$

如果把六极磁铁放在色散区域，$x=\eta\Delta p/p$，那么，磁场梯度是依赖于动量的，即

$$\frac{\partial B_z}{\partial x}=B''\eta\frac{\Delta p}{p} \tag{5.37}$$

这就等效于引入了磁场梯度偏差，即

$$\Delta K=\frac{e}{p}\cdot\frac{\partial B_z}{\partial x}=\frac{e}{p}B''\eta\frac{\Delta p}{p} \tag{5.38}$$

将式(5.38)代入式(5.32)，得到：

$$\Delta Q = \frac{1}{4\pi}\oint_C \frac{e}{p}\beta B''\eta \mathrm{d}l \frac{\Delta p}{p} \tag{5.39}$$

或写为：

$$\left.\begin{aligned} \frac{\Delta Q}{Q} &= \xi_s \frac{\Delta p}{p} \\ \xi_s &= \frac{1}{4\pi Q}\oint_C \frac{e}{p}\beta B''\eta \mathrm{d}l \end{aligned}\right\} \tag{5.40}$$

其中 ξ_s 称为附加色品。

六极磁铁所产生的附加色品有如下特点：

① 附加色品的数值与六极磁铁的强度 B'' 成正比，而与粒子的动量 p 成反比，即对于同一个六极磁铁，其有效作用随 p 的增加而减弱。

② ξ_s 还与 $\beta\eta$ 沿轨道的积分有关，为了充分发挥六极磁铁的作用，其位置应放置于 $\beta\eta$ 较大的地方。通常用来补偿水平方向色品的六极磁铁放在聚焦四极透镜附近，因为该处 β_x 较大；补偿垂直方向色品的六极磁铁放在散焦四极透镜附近，该处 β_z 较大；当然，还要选择 η 值大的地方。

③ 一块六极磁铁在一个方向提供正的附加色品，还会在另一个方向提供负的附加色品。通常为了补偿 x 与 z 两个方向的色品，总是同时安装水平与垂直两种校正六极磁铁。

④ 六极磁铁的非线性场不可避免地引入了非线性动力学问题。

5.5 非线性共振

在束流轨道上，由于加工和安装的精度、剩磁和涡流的扰动等因素的影响，磁铁元件除了会产生偏转和聚焦分量误差外，还将产生非线性场分量。另外，非线性场还被用来控制加速器的参数和束流的运行，例如色品补偿和束流共振引出。随着对加速器性能要求的提高，这些非线性场对粒子动力学的影响也需要仔细研究。

5.5.1 弗洛克变换[1,2]

首先，引入一个坐标变换，在新的坐标下，粒子的线性运动将是简谐运动。由横向运动方程的解

$$y = a\sqrt{\beta(l)}\cos[\Psi(l) + \delta] \tag{5.41}$$

定义两个新变量：

$$\left.\begin{aligned}\zeta &= \frac{y}{\sqrt{\beta}}\\ \phi &= \frac{\Psi(l)}{Q} = \frac{1}{Q}\int\frac{\mathrm{d}l}{\beta}\end{aligned}\right\}\tag{5.42}$$

那么就有：

$$\left.\begin{aligned}\zeta &= \frac{y}{\sqrt{\beta}} = a\cos(Q\phi+\delta)\\ \dot{\zeta} &= \frac{\mathrm{d}\zeta}{\mathrm{d}\phi} = -aQ\sin(Q\phi+\delta)\end{aligned}\right\}\tag{5.43}$$

将横向振荡简化为简谐运动，粒子回旋 1 圈，ϕ 增加 2π，横向振荡完成 Q 次。因为 $y=\zeta\beta^{1/2}$，对其取 l 的二次导数，并利用关系式

$$\beta' = -2\alpha,\quad \alpha' = \beta K_y - \gamma\tag{5.44}$$

可以得到 ζ 所满足的运动方程为：

$$\frac{\mathrm{d}^2\zeta}{\mathrm{d}\phi^2} + Q^2\zeta = 0\tag{5.45}$$

这个由(y,l)到(ζ,ϕ)的变换称为弗洛克(Floque)变换。

若考虑磁场误差，弗洛克变量所满足的方程为：

$$\frac{\mathrm{d}^2\zeta}{\mathrm{d}\phi^2} + Q^2\zeta = -Q^2\beta^{3/2}\,\frac{\Delta B(\zeta,\phi)}{B_s\rho}\tag{5.46}$$

其中 ΔB 代表线性和非线性磁场误差。在弗洛克坐标下，磁场误差项的影响类似于简谐振子的强迫振荡。对于形式为 $A\exp(\mathrm{i}\nu\phi)$ 的驱动力，则有：

$$\frac{\mathrm{d}^2\zeta}{\mathrm{d}\phi^2} + Q^2\zeta = A\exp(\mathrm{i}\nu\phi)\tag{5.47}$$

该方程的解为：

$$\zeta(\phi) = a\exp(\mathrm{i}\nu\phi)\tag{5.48}$$

代入式(5.47)可以得到：

$$a = \frac{A}{Q^2-\nu^2}\tag{5.49}$$

如果驱动力的频率非常接近于简谐振子的自然频率，那么，强迫振荡的振幅 a 将会非常大，这就是共振，共振条件为 $Q=\pm\nu$。这就是加速器中非线性共振的基本思想，但是驱动力的形式要远比简谐函数复杂得多。

5.5.2　谐波分析[1]

对于弗洛克坐标下的运动方程，即

$$\frac{\mathrm{d}^2\zeta}{\mathrm{d}\phi^2} + Q^2\zeta = -Q^2\beta^{3/2}\,\frac{\Delta B}{B_s\rho}$$

如果考虑水平方向的运动(垂直方向处理方法相同)，那么由 5.1 节，轨道平面($z=0$)上的非线性场的一般形式为：

$$\Delta B(x,l) = b_n(l)x^n \tag{5.50}$$

其中 b_n 正比于场的 n 阶导数，例如六极场，$n=2$，$b_2=\frac{B''}{2}$。将式(5.50)代入运动方程，可以得到驱动力的形式为：

$$-Q^2\beta^{3/2}\frac{b_n x^n}{B_s\rho} \tag{5.51}$$

假设驱动力对粒子的运动只是微扰，ζ 偏离线性运动的结果不是很多，可以近似认为 $\zeta(\phi)\approx a\cos(Q\phi)$，同时利用坐标变换关系 $x=\zeta\sqrt{\beta}$，那么，驱动力可以写成 ϕ 的函数：

$$-Q^2\left\{\beta[l(\phi)]^{(3+n)/2}\frac{b_n[l(\phi)]}{B_s\rho}\right\}a^n\cos^n Q\phi \tag{5.52}$$

上式方括号内的项是以加速器周长 C 为周期的 l 的函数，因此也是以 2π 为周期的 ϕ 的函数，可以展开成傅里叶级数：

$$\beta[l(\phi)]^{(3+n)/2}\frac{b_n[l(\phi)]}{B_s\rho} = \sum_{m=-\infty}^{+\infty} C_{m,n}\exp[\mathrm{i}m\phi] \tag{5.53}$$

其中

$$C_{m,n} = \frac{1}{2\pi Q}\int_0^C \mathrm{d}l'\beta[l(\phi')]^{(1+n)/2}\frac{b_n[l(\phi')]}{B_s\rho}\exp\left[-\mathrm{i}m\frac{\Psi(l')}{Q}\right] \tag{5.54}$$

为 m 阶傅里叶系数，它描述了场误差沿环是如何分布的。如果加速器是由 N 个相同的结构(超周期)重复排列而成，那么就有：

$$C_{m,n} = \begin{cases} \dfrac{N}{2\pi Q}\displaystyle\int_0^{C/N} \mathrm{d}l'\beta(l')^{(1+n)/2}\frac{b_n(l')}{B_s\rho}\exp\left[-\mathrm{i}m\frac{\Psi(l')}{Q}\right] & \text{对于 } m = jN \\ 0 & \text{对于 } m \neq jN \end{cases} \tag{5.55}$$

这意味着如果场的误差是系统误差，即在每个超周期都重复出现，那么很多个谐波分量都将不出现，从而避免了相应的共振的发生。

现在驱动力的形式为：

$$-Q^2\sum_{m=-\infty}^{+\infty} C_{m,n}\exp[\mathrm{i}m\phi]a^n\cos^n Q\phi \tag{5.56}$$

利用恒等式

$$\cos^n Q\phi = \frac{1}{2^n}\sum_{\substack{k=-n\\ \Delta k=2}}^{n}\begin{pmatrix} n \\ \dfrac{n-k}{2}\end{pmatrix}\exp[\mathrm{i}kQ\phi] \tag{5.57}$$

其中$\begin{pmatrix} n \\ m \end{pmatrix}=\dfrac{n!}{m!\ (n-m!)}$为二项式系数，那么，驱动力最终可以写成一系列谐波函数的和的形式：

$$-Q^2\left(\frac{a}{2}\right)^n \sum_{\substack{k=-n \\ \Delta k=2}}^{n} \begin{pmatrix} n \\ \dfrac{n-k}{2} \end{pmatrix} \sum_{m=-\infty}^{+\infty} C_{m,n} \exp[\mathrm{i}\phi(m+Qk)] \tag{5.58}$$

由上节的强迫振荡共振条件，发生共振须满足：

$$Q(1\mp k)=\pm m,\ -\infty \leqslant m \leqslant +\infty,\ -n \leqslant k \leqslant n, \Delta k = 2 \tag{5.59}$$

对于某一共振，对应着一对整数(m,k)，驱动力的强度正比于

$$-\left(\frac{a}{2}\right)^n \begin{pmatrix} n \\ \dfrac{n-k}{2} \end{pmatrix} \frac{Q}{2\pi}\int_0^C \mathrm{d}l'\beta(l')^{(1+n)/2}\,\frac{b_n(l')}{B_s\rho}\cos[\Psi(l)-(1-k)\Psi(l')] \tag{5.60}$$

其中$|1-k|$的值称为共振的阶。表 5.3 给出了二极子、四极子、六极子和八极子场误差可能引起的共振频率。

表 5.3　低阶多极子场可能引起的共振

场误差类型	n	k	$\lvert 1-k\rvert$	发生共振的自由振荡频率 $Q_{\mathrm{res}}=\dfrac{m}{1-k}, m=0,1,2,\cdots$
二极子	0	0	1	$1,2,3,\cdots$
四极子	1	1	0	0（自由振荡频移）
四极子	1	-1	2	$\frac{1}{2},1,\frac{3}{2},2,\frac{5}{2},\cdots$
六极子	2	2	1	$1,2,3,\cdots$
六极子	2	0	1	$1,2,3,\cdots$
六极子	2	-2	3	$\frac{1}{3},\frac{2}{3},1,\frac{4}{3},\cdots$
八极子	3	3	2	$\frac{1}{2},1,\frac{3}{2},2,\frac{5}{2},\cdots$
八极子	3	1	0	0（自由振荡频移）
八极子	3	-1	2	$\frac{1}{2},1,\frac{3}{2},2,\frac{5}{2},\cdots$
八极子	3	-3	4	$\frac{1}{4},\frac{2}{4},\frac{3}{4},1,\frac{5}{4},\cdots$

5.5.3 耦合共振[1,3]

粒子横向自由振荡包括水平和垂直两个方向的运动，由 5.1 节可知，多极场中包含同时依赖于两个方向运动幅度的分量，这些项将引起水平和垂直方向运动的耦合，甚至导致耦合共振。这些耦合项的一般形式为：

$$\Delta B(x,l) = b_{nr}(l)x^n z^r \tag{5.61}$$

其中 $b_{nr}(l)$为场的强度，n,r 为整数。将式(5.61)代入式(5.46)得：

$$\frac{\mathrm{d}^2\zeta_x}{\mathrm{d}\phi^2} + Q_x^2\zeta_x = -Q_x^2\beta_x^{3/2}\frac{b_{nr}x^n z^r}{B_s\rho} \tag{5.62}$$

假设方程右边的驱动力对粒子的运动只是微扰，近似认为 $\zeta_x(\phi)\approx a_x\cos(Q_x\phi)$，$\zeta_z(\phi)\approx a_z\cos(Q_z\phi)$，同时利用坐标变换关系 $x=\zeta_x\sqrt{\beta_x}$，$z=\zeta_z\sqrt{\beta_z}$，那么，驱动力可以写成：

$$-Q_x^2\left[\beta_x^{(3+n)/2}\beta_z^{r/2}\frac{b_{nr}}{B_s\rho}\right]a_x^n a_z^r\cos^n Q_x\phi\cos^r Q_z\phi \tag{5.63}$$

这里下标 x,z 分别代表水平和垂直方向自由振荡的参量。采用 5.2 节中的方法，驱动力可以写成：

$$-Q_x^2\left(\frac{a_x}{2}\right)^n\left(\frac{a_z}{2}\right)^r\sum_{m=-\infty}^{+\infty}\sum_{\substack{k=-n\\ \Delta k=2}}^{n}\sum_{\substack{s=-r\\ \Delta s=2}}^{r}C_{m,nr}\exp[\mathrm{i}\phi(m+Q_x k+Q_z s)] \tag{5.64}$$

其中 $C_{m,nr}$ 为式(5.63)方括号内的项的 m 阶傅里叶系数。由上式可以得到耦合驱动力引起水平方向共振的条件，类似地可以得到垂直方向的耦合共振条件，这两个共振条件可以一般地写为：

$$k_x Q_x + k_z Q_z = m \tag{5.65}$$

其中 k_x,k_z 为整数，$|k_x|+|k_z|$称为共振的阶，m 为正整数。如果 k_x 和 k_z 同号，发生的共振称为和共振，它会导致粒子的不稳定性运动；如果 k_x 和 k_z 异号，发生的共振称为差共振，它使两个方向的振荡能量相互交换，一般不会导致粒子丢失。但是在一些加速器中，要求束流横向为扁平形状，差共振会使垂直方向尺寸大大增加。

为了形象地描述共振问题，分别以水平、垂直自由振荡频率作为横、纵坐标，形成所谓的工作图，如图 5.3 所示，共振条件在工作图上为不同斜率的直线，加速器设计的水平、垂直自由振荡频率为一个点，称为工作点。因此，可以在工作图上根据距离共振线的远近选择工作点。

5.5.4 三阶共振[1,2]

5.5.2 节采用扰动方法定性地讨论了共振发生的条件，现在以三阶共振为

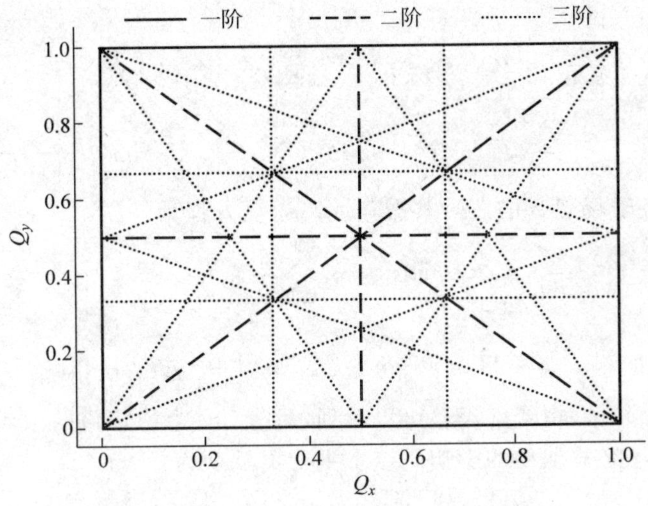

图 5.3 包含一、二、三阶共振线的工作图

例，定量地讨论在非线性共振条件附近束流在相空间的运动。扰动近似下的运动方程为：

$$\ddot{\zeta} + Q^2 \zeta = -Q^2 \sum_{m=-\infty}^{+\infty} C_{m,n} \exp[\mathrm{i}m\phi] \zeta(\phi)^n \tag{5.66}$$

弗洛克变换下的相空间坐标为$\left(\zeta, \frac{\dot{\zeta}}{Q}\right)$，在极坐标下讨论相空间的运动，引入振幅—相位变量：

$$\left.\begin{aligned} r^2 &= \zeta^2 + \left(\frac{\dot{\zeta}}{Q}\right)^2 \\ \varphi &= -\arctan \frac{\dot{\zeta}}{Q\zeta} \end{aligned}\right\} \tag{5.67}$$

由式(5.43)知道，在理想线性运动下，$\zeta^2 + \left(\frac{\dot{\zeta}}{Q}\right)^2 = a^2$，因此 r 是运动的守恒量，而且

$$\varphi = -\arctan \frac{-Qa \sin Q\phi}{Qa \cos Q\phi} = Q\phi = \Psi \tag{5.68}$$

为自由振荡的相位。

振幅—相位变量与弗洛克变量的转换关系为：

$$\zeta = r\cos\varphi, \quad \dot{\zeta} = -Qr\sin\varphi \tag{5.69}$$

由式(5.67)，(5.69)可以得到考虑非线性场误差后，振幅、相位应满足的

方程：

$$\left.\begin{aligned}\frac{\mathrm{d}r^2}{\mathrm{d}\phi} &= 2Q\cos^n\varphi\sin\varphi\, r^{n+1}\sum_{m=-\infty}^{+\infty} C_{m,n}\exp(\mathrm{i}m\phi)\\ \frac{\mathrm{d}\varphi}{\mathrm{d}\phi} &= Q\left[1+\cos^{n+1}\varphi\, r^{n-1}\sum_{m=-\infty}^{+\infty} C_{m,n}\exp(\mathrm{i}m\phi)\right]\end{aligned}\right\}\tag{5.70}$$

对于六极子场引起的三阶共振，$n=2$，运动方程为：

$$\left.\begin{aligned}\frac{\mathrm{d}r^2}{\mathrm{d}\phi} &= 2Qr^3\cos^2\varphi\sin\varphi\sum_{m=-\infty}^{+\infty} C_{m,2}\exp(\mathrm{i}m\phi)\\ \frac{\mathrm{d}\varphi}{\mathrm{d}\phi} &= Q\left[1+\cos^3\varphi\sum_{m=-\infty}^{+\infty} C_{m,2}\exp(\mathrm{i}m\phi)\right]\end{aligned}\right\}\tag{5.71}$$

对于某个共振，由式(5.59)可以看到，只有$|m|$为特定值的项对共振起主要贡献，下面将忽略其他项的影响。这个主要贡献项为：

$$C_{m,2}\exp(\mathrm{i}m\phi) = \frac{1}{2\pi Q}\int_0^C \mathrm{d}l'\beta(l')^{3/2}\,\frac{b_2(l')}{B_s\rho}\exp[\mathrm{i}m(\phi-\phi')]\tag{5.72}$$

组合$+|m|$和$-|m|$项，式(5.71)中的求和简化为：

$$C_{m,2}\exp(\mathrm{i}m\phi)+C_{-m,2}\exp(-\mathrm{i}m\phi) = \frac{1}{\pi Q}(A_{m2}\cos m\phi + B_{m2}\sin m\phi)\tag{5.73}$$

其中

$$\left.\begin{aligned}A_{m2} &= \int_0^C \mathrm{d}l'\beta(l')^{3/2}\,\frac{b_2(l')}{B_s\rho}\cos\left[\frac{m}{Q}\Psi(l')\right]\\ B_{m2} &= \int_0^C \mathrm{d}l'\beta(l')^{3/2}\,\frac{b_2(l')}{B_s\rho}\sin\left[\frac{m}{Q}\Psi(l')\right]\end{aligned}\right\}\tag{5.74}$$

运动方程转变为：

$$\left.\begin{aligned}\frac{\mathrm{d}r^2}{\mathrm{d}\phi} &= \frac{2}{\pi}r^3\cos^2\varphi\sin\varphi(A_{m2}\cos m\phi + B_{m2}\sin m\phi)\\ \frac{\mathrm{d}\varphi}{\mathrm{d}\phi} &= Q+\frac{1}{\pi}r\cos^3\varphi(A_{m2}\cos m\phi + B_{m2}\sin m\phi)\end{aligned}\right\}\tag{5.75}$$

展开式(5.75)右边的三角函数乘积：

$$\begin{aligned}\frac{\mathrm{d}r^2}{\mathrm{d}\phi} = \frac{r^3}{4\pi}\{&A_{m2}[\sin(\varphi+m\phi)+\sin(3\varphi+m\phi)+\sin(\varphi-m\phi)+\sin(3\varphi-m\phi)]-\\ &B_{m2}[\cos(\varphi+m\phi)+\cos(3\varphi+m\phi)-\cos(\varphi-m\phi)-\cos(3\varphi-m\phi)]\}\end{aligned}\tag{5.76}$$

上式右边的不同项对应着不同的动力学效应：自变量为 $3\varphi-m\phi\approx 3\left(Q-\frac{m}{3}\right)\phi$的项引起三阶共振，$Q\approx\frac{m}{3}$；自变量为 $\varphi-m\phi\approx(Q-m)\phi$ 的项引起一阶共振，$Q\approx m$，这与表 5.3 是一致的。自变量为 $3\varphi+m\phi$，$\varphi+m\phi$ 的项为快速振

荡项，不会引起共振。如果只考虑三阶共振，可以忽略其他项的贡献，则有：

$$\frac{\mathrm{d}r^2}{\mathrm{d}\phi} \approx \frac{r^3}{4\pi}[A_{m2}\sin(3\varphi - m\phi) + B_{m2}\cos(3\varphi - m\phi)] \tag{5.77}$$

采用同样的处理方法，可以得到 φ 满足的方程：

$$\frac{\mathrm{d}\varphi}{\mathrm{d}\phi} \approx Q + \frac{r}{8\pi}[A_{m2}\cos(3\varphi - m\phi) - B_{m2}\sin(3\varphi - m\phi)] \tag{5.78}$$

引入新的相位变量 $\varphi' = \varphi - \frac{m\phi}{3}$，式(5.77)与(5.78)简化为：

$$\left.\begin{aligned} \frac{\mathrm{d}r^2}{\mathrm{d}\phi} &= \frac{r^3}{4\pi}[A_{m2}\sin 3\varphi' + B_{m2}\cos 3\varphi'] \\ \frac{\mathrm{d}\varphi'}{\mathrm{d}\phi} &= \frac{\mathrm{d}\varphi}{\mathrm{d}\phi} - \frac{m}{3} = Q - \frac{m}{3} + \frac{r}{8\pi}[A_{m2}\cos 3\varphi' - B_{m2}\sin 3\varphi'] \end{aligned}\right\} \tag{5.79}$$

由式(5.79)可以得到粒子相空间轨迹所满足的微分方程：

$$\frac{\mathrm{d}r^2}{\mathrm{d}\varphi'} = \frac{\mathrm{d}r^2}{\mathrm{d}\phi}\left(\frac{\mathrm{d}\varphi'}{\mathrm{d}\phi}\right)^{-1} = \frac{\frac{r^3}{4\pi}[A_{m2}\sin 3\varphi' + B_{m2}\cos 3\varphi']}{Q - \frac{m}{3} + \frac{r}{8\pi}[A_{m2}\cos 3\varphi' - B_{m2}\sin 3\varphi']} \tag{5.80}$$

对上述方程进行积分，可以得到三阶共振附近的相空间轨迹：

$$\begin{aligned} a^2 &= r^2 + r^3\,\frac{A_{m2}\cos 3\varphi' - B_{m2}\sin 3\varphi'}{12\pi\left(Q - \frac{m}{3}\right)} \\ &= r^2 + r^3\,\frac{A_{m2}\cos(3\varphi - m\phi) - B_{m2}\sin(3\varphi - m\phi)}{12\pi\left(Q - \frac{m}{3}\right)} \end{aligned} \tag{5.81}$$

其中 a 为代表振幅的积分常数。为了更形象地理解，取 $B_{m2}=0$，并且在 $\phi=0$ 处观察，式(5.81)简化为：

$$a^2 = r^2 + r^3\,\frac{A_{m2}\cos 3\varphi}{12\pi\delta Q} \tag{5.82}$$

其中 $\delta Q = Q - \frac{m}{3}$。取 $\delta Q = 0.001$，$A_{m2} = 0.004$，$a = 0.5 \sim 4.0$，图5.4给出了弗洛克坐标相空间的几条运动轨迹。可以看到，在振幅比较小时，轨迹近似为圆形，与线性运动的情况比较相似；随着振幅的增加，轨迹变形为三角形，这是三阶共振的典型特征。图中的粗线三角形为分界线，在其内的轨迹，运动是稳定的；在其外的轨迹，运动是不稳定的。因此，线性共振（例如磁场梯度误差引起的二阶共振）与非线性共振有着本质的不同：对于前者，根据加速器和束流的参数，可以确定束流整体是稳定的或不稳定的；对于后者，束流内的部分粒子是稳定的，部分是不稳定的，依赖于它们的运动振幅的大小。

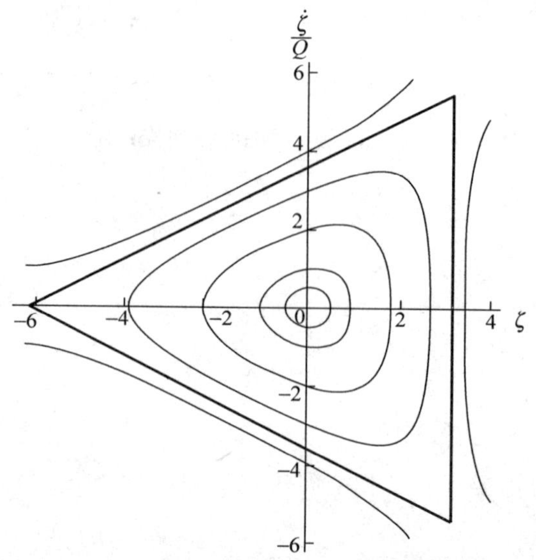

图 5.4 三阶共振附近的相空间轨迹

对于分界线，由式(5.82)可以得到：

$$a_{\text{sep}} = \frac{8\pi\delta Q}{\sqrt{3}A_{m2}} \tag{5.83}$$

而 a^2 对应着束流的发射度，因此用发射度 ε 表示的三阶共振带宽为：

$$2\delta Q = \sqrt{3\varepsilon}\frac{A_{m2}}{4\pi} = \frac{\sqrt{3\varepsilon}}{4\pi}\int_0^C \mathrm{d}l'\beta(l')^{3/2}\frac{b_2(l')}{B_s\rho}\cos[3\Psi(l')] \tag{5.84}$$

如果 $B_{m2}\neq 0$，上式应为：

$$2\delta Q = \sqrt{3\varepsilon}\frac{\sqrt{A_{m2}^2 + B_{m2}^2}}{4\pi} \tag{5.85}$$

可以通过调整六极磁铁在加速器上的分布来改变 A_{m2}，B_{m2} 的值，从而控制共振带宽和稳定运动相空间的大小。典型的应用是共振引出：通过逐渐增加引起共振的非线性场的强度，使稳定运动的相空间逐渐趋于 0，不稳定的粒子将沿着分界线被引出。

5.6 动力学孔径

在储存环中的束流本身总会存在横向振荡，其振荡幅度不能超出真空室的横向尺寸，否则就会造成粒子丢失。这个真空室尺寸的限制称为物理孔径。在加速器的偏转和聚焦磁铁中，必然存在各种非线性场，这些场在束流振幅比较小时，对束流运动不会产生重要影响。但是，当束流振幅比较大时，这些非线性场就会起重要作用，使振荡幅度继续扩大，最终导致运动不稳定而丢失。因此，束流振荡幅度存在一个阈值，如果超过这个数值，在非线性场的作用下，粒子就会丢失。这个振幅阈值称为动力学孔径。如果动力学孔径比物理孔径大，那么这些非线性场的存在不会影响束流的运动。如果动力学孔径比物理孔径小，就必须设法降低某些非线性场，使动力学孔径大于或等于物理孔径。六极磁铁是一种非线性场很强的元件。在第三代同步辐射光源中，由于引入大量的六极磁铁，对动力学孔径造成严重负面影响。此外，为提高光源性能而引入的插入元件破坏了聚焦结构的对称性，加上磁铁的加工和安装误差等，这些因素都会使动力学孔径减小。

动力学孔径主要根据束流模拟程序计算，将六极磁场及其他可能的非线性场输入到模拟程序中去，经过若干圈（通常选择一个阻尼时间的圈数），通过观察粒子运动是否稳定来确定动力学孔径。图 5.5 给出了利用 Sixtrack 程序[4]对一台能量为 1.6GeV 的同步辐射光源的动力学孔径的计算结果。

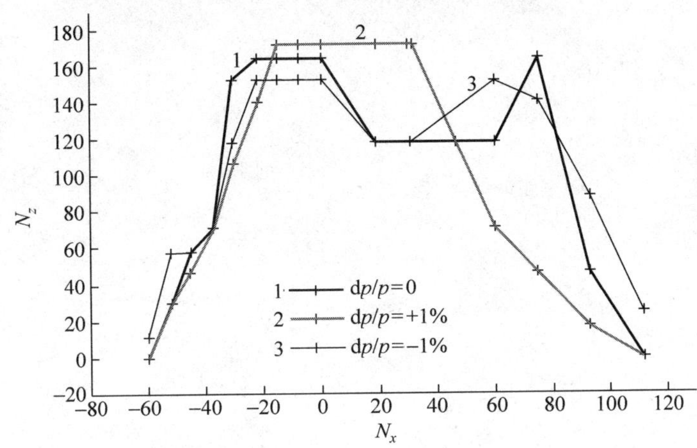

图 5.5　动力学孔径（N_x，N_z 分别表示 x，z 方向上的归一化动力学孔径；dp/p 表示动量偏差）

参考文献

[1] Gerald Dugan. Introduction to Accelerator Physics：Lecture 20～26. USPAS，2002

[2] Edwards D A，Syphers M J. An introduction to the physics of high energy accelerators. John Wiley & Sons，Inc.，1993

[3] Helmut Wiedemann. Particle Accelerator Physics. Springer-Verlag，1993

[4] Schmidt F. Sixtrack——User's Reference Manual. Geneva，CERN/SL/94-56 (AP)，1994

习题与思考题

1. 利用式(3.70)和(5.12),证明式(5.13)。

2. 推导式(5.27)。

3. 自然色品为什么一般总是负值? x 与 z 方向的自然色品是否相等? 为什么?

4. 推导出运动方程(5.46),并解释该方程的意义。

5. 某加速器的 $Q_y=9.588$,距离工作点最近的共振为几阶? 如果该加速器的超周期为 2,那么,磁铁元件的系统误差能引起最近的共振吗?

6. 利用式(5.67)和(5.69)推导出式(5.70)。

7. 根据相空间轨迹方程(5.81),如果 $B_{m2}=0$,并且在 $\phi=\pi/4$ 处观察,取 $m=1,\delta Q=0.001,A_{m2}=0.004$,画出相空间几条典型粒子的运动轨迹。

第6章 用哈密顿法研究粒子的运动

6.1 拉格朗日与哈密顿表示式

前面已经用二阶微分方程研究了粒子运动的各种问题，有人会提出这样的问题：为什么还要引入哈密顿表示法？或者认为用哈密顿表示法研究粒子运动是走弯路，没有必要。其实，这是一种误解。这里介绍哈密顿表示法的原因是，哈密顿量是一种“能量”的函数形式，而能量是物理学家和工程师们十分熟悉的。哈密顿方法对粒子的运动提供了十分清晰的物理图像，哈密顿法已经成功地应用于经典力学的一些简单问题，对于更复杂的系统或在运动变量更具有抽象意义时，哈密顿量的表示方法也是重要的。哈密顿表示法还可以使坐标转换十分方便，通过寻找新的运动变量，就可以降低自由度的维数。哈密顿表示法还可以使非线性运动简化。

本章将扼要地介绍一下哈密顿表示法及其在加速器理论中的应用，更多的应用方面的问题，读者可在专门的文献[1~3]中查阅。

6.1.1 拉格朗日与哈密顿表示式

任何一个运动系统的动力学行为总可以用一组广义坐标 q_k 和其对时间的导数 $\dot{q}_k$ 来表示。对于这样一个运动系统，可以写出粒子的拉格朗日函数$L(q_k,\dot{q}_k,t)$。

对于非相对论系统，粒子的拉格朗日函数为：

$$L(q_k,\dot{q}_k,t) = T - U \tag{6.1}$$

其中 T 与 U 分别表示该运动系统的动能与位能。T 与 U 都是 q_k 与 $\dot{q}_k$ 的函数。

对于相对论系统，当存在磁场时，粒子的拉格朗日函数为：

$$L = -m_0c(c^2 - \boldsymbol{v}\cdot\boldsymbol{v})^{1/2} - e\Phi + e\boldsymbol{A}\cdot\boldsymbol{v} \tag{6.2}$$

其中 $\boldsymbol{v}$ 为粒子的速度，$\boldsymbol{A}$ 为矢量势，Φ 为标量势。为了紧凑起见，方程(6.2)写成矢量形式，实际上 $\boldsymbol{v}$ 含有 $\dot{q}_k$ 的诸分量，Φ 与 $\boldsymbol{A}$ 是 q_k 和 t 的函数。这个拉格朗日函数不等于动能与位能之差。

对于保守力系统，拉格朗日函数满足以下方程：

$$\frac{\mathrm{d}}{\mathrm{d}t}\left(\frac{\partial L}{\partial \dot{q}_k}\right)-\frac{\partial L}{\partial q_k}=0 \quad (k=1,2,3,\cdots) \tag{6.3}$$

实际上方程(6.3)是由 k 个二阶微分方程组成的。

同样，任何一个运动系统的动力学行为也可以用一组广义坐标与广义动量来描写，即哈密顿函数。哈密顿函数与拉格朗日函数之间有如下关系[1,2]：

$$H(q,p,t)=\sum_k p_k\dot{q}_k-L(q,\dot{q},t) \tag{6.4}$$

对于非相对论粒子，哈密顿函数为：

$$H(q,p,t)=T+U \tag{6.5}$$

对于相对论粒子，在笛卡儿坐标系中，广义坐标为 x,y,z，广义动量 p_k 为：

$$p_k=m_0\gamma v_k+eA_k \tag{6.6}$$

式(6.6)与力学中不同的是增加了 eA_k 项，有时称 eA_k 为电磁动量，这时哈密顿量为：

$$H(q,p,t)=c[(\boldsymbol{p}-e\boldsymbol{A})^2+m_0^2c^2]^{1/2}+e\Phi \tag{6.7}$$

由电动力学不难证明，哈密顿函数具有如下性质：

$$\dot{q}_k=\frac{\partial H}{\partial p_k} \tag{6.8}$$

$$\dot{p}_k=-\frac{\partial H}{\partial q_k} \tag{6.9}$$

$$\frac{\mathrm{d}H}{\mathrm{d}t}=\frac{\partial H}{\partial t} \tag{6.10}$$

如果哈密顿函数 H 中不含时间的显函数，那么在运动中，H 将保持恒定。

6.1.2 正则变换

由一个坐标系 (q_k,p_k) 转换为另一个坐标系 (Q_k,P_k)，哈密顿方程的形式保持不变，这种转换称为正则变换，正则变换的必要与充分条件是：

$$\left[-\sum_k P_k\mathrm{d}Q_k+H_1(Q_k,P_k,t)\mathrm{d}t\right]+\left[\sum_k p_k\mathrm{d}q_k-H(q_k,p_k,t)\mathrm{d}t\right]=\mathrm{d}G \tag{6.11}$$

其中 H_1 为坐标变换后的哈密顿量，G 为母函数，$\mathrm{d}G$ 为母函数的全微分。而 Q_k 与 P_k 则是 q_k,p_k 与 t 的函数，即

$$Q_k = Q_k(q_1, q_2, \cdots, p_1, p_2, \cdots, t) \tag{6.12}$$

$$P_k = P_k(q_1, q_2, \cdots, p_1, p_2, \cdots, t) \tag{6.13}$$

母函数 G 可能有 4 种形式：

$$G_1(q, Q, t): p_k = \frac{\partial G}{\partial q_k};\ P_k = -\frac{\partial G}{\partial Q_k} \tag{6.14}$$

$$G_2(q, P, t): p_k = \frac{\partial G}{\partial q_k};\ Q_k = \frac{\partial G}{\partial P_k} \tag{6.15}$$

$$G_3(p, Q, t): q_k = -\frac{\partial G}{\partial p_k};\ P_k = -\frac{\partial G}{\partial Q_k} \tag{6.16}$$

$$G_4(p, P, t): q_k = -\frac{\partial G}{\partial p_k};\ Q_k = \frac{\partial G}{\partial P_k} \tag{6.17}$$

对于以上 4 种形式中的任何一种母函数，新老两种坐标系的哈密顿量都满足以下关系：

$$H_1(Q_k, P_k, t) = H(q_k, p_k, t) + \frac{\partial G}{\partial t} \tag{6.18}$$

6.2　线性运动

6.2.1　线性振荡

如果有一个谐振子，其运动能量可以用下式表示：

$$\left.\begin{aligned} &\text{动能} = T = \frac{1}{2}m\dot{q}^2 \\ &\text{位能} = U = \frac{k}{2}q^2 \quad (k\ \text{为弹性常数}) \end{aligned}\right\} \tag{6.19}$$

这时，拉格朗日函数可以写为：

$$L(q, \dot{q}) = T - U = \frac{1}{2}m\dot{q}^2 - \frac{k}{2}q^2 \tag{6.20}$$

又因为 $$p = m\dot{q}$$

故哈密顿量可写为：

$$H = T + U = \frac{p^2}{2m} + \frac{k}{2}q^2 \tag{6.21}$$

哈密顿方程为：

$$\left.\begin{aligned} \dot{q} &= \frac{\partial H}{\partial p} = \frac{p}{m} \\ \dot{p} &= -\frac{\partial H}{\partial q} = -kq \end{aligned}\right\} \tag{6.22}$$

上式又可用一个二阶微分方程表示：

$$\ddot{q}=-\frac{k}{m}q$$

或

$$\ddot{q}+\omega^2 q=0 \tag{6.23}$$

其中

$$\omega^2=\frac{k}{m}$$

现在通过正则变换用另一个坐标系描写谐振子的运动，首先确定一个母函数 G 为：

$$G(q,Q)=\frac{\sqrt{km}}{2}q^2\cot Q \tag{6.24}$$

利用方程(6.14)得到：

$$p=\frac{\partial G}{\partial q}=\sqrt{km}\,q\cot Q \tag{6.25}$$

$$P=-\frac{\partial G}{\partial Q}=\frac{\sqrt{km}}{2}q^2\csc^2 Q \tag{6.26}$$

新的哈密顿量 $H_1(Q,P)$ 为：

$$H_1(Q,P)=H(q,p)+\frac{\partial G}{\partial t} \tag{6.27}$$

因 G 不是 t 的显函数，故有：

$$\frac{\partial G}{\partial t}=0 \tag{6.28}$$

所以得到：

$$H_1(Q,P)=H(q,p) \tag{6.29}$$

再把方程(6.25)和(6.26)代入式(6.21)，则得到 $H_1(Q,P)$ 为：

$$H_1(Q,P)=P\sqrt{\frac{k}{m}}\cos^2 Q+P\sqrt{\frac{k}{m}}\sin^2 Q=P\omega \tag{6.30}$$

变换后的哈密顿方程为：

$$\dot{P}=-\frac{\partial H_1}{\partial Q}=0 \tag{6.31}$$

$$\dot{Q}=\frac{\partial H_1}{\partial P}=\omega \tag{6.32}$$

由上式解出 P 和 Q 为：

$$P=\text{常数} \tag{6.33}$$

$$Q = \omega t + \varphi \tag{6.34}$$

这样就使问题大大简化了。由方程(6.26)可以求出：

$$q = \sqrt{\frac{2P}{m\omega}}\sin(\omega t + \varphi) \tag{6.35}$$

这种正则变换对解决非线性问题很有用。

6.2.2　单摆

对于如图 6.1 所示的单摆运动，其动能和位能分别为：

$$\left.\begin{aligned} &\text{动能}\quad T = \frac{mv^2}{2} = \frac{ml^2\dot{\theta}^2}{2} \\ &\text{位能}\quad U = mgl(1-\cos\theta) \end{aligned}\right\} \tag{6.36}$$

对应的拉格朗日函数为：

$$L(\theta,\dot{\theta}) = T - U = \frac{ml^2\dot{\theta}^2}{2} - mgl(1-\cos\theta) \tag{6.37}$$

广义动量为：

$$p = \frac{\partial L}{\partial \dot{\theta}} = ml^2\dot{\theta} \tag{6.38}$$

故有：

$$\dot{\theta} = \frac{p}{ml^2} \tag{6.39}$$

哈密顿量为：

$$H(\theta,p) = T + U = \frac{p^2}{2ml^2} + mgl(1-\cos\theta) \tag{6.40}$$

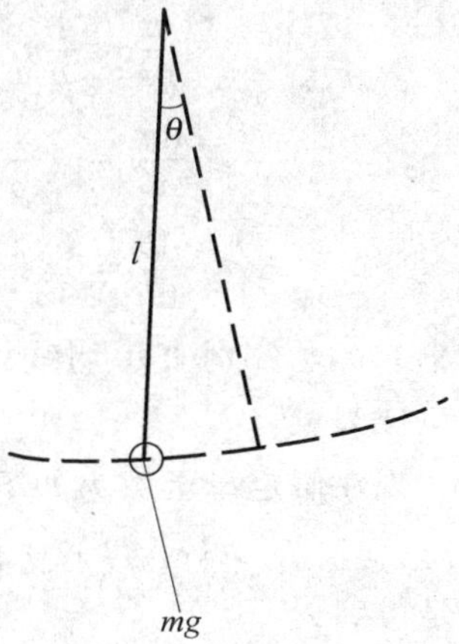

θ

l

mg

图 6.1　单摆运动

由哈密顿方程求得：

$$\dot{p} = -\frac{\partial H}{\partial \theta} = -mgl\sin\theta \tag{6.41}$$

$$\ddot{\theta} = \frac{1}{ml^2}\dot{p} = -\frac{g}{l}\sin\theta \tag{6.42}$$

或有：

$$\ddot{\theta} + \omega^2\sin\theta = 0 \tag{6.43}$$

$$\omega = \sqrt{\frac{g}{l}} \tag{6.44}$$

6.3 用哈密顿法研究非线性运动

6.3.1 曲线坐标系中的哈密顿方程

如果粒子运动的理想轨道为 $r_s(l)$，x 为法线方向的微量偏移，y 为垂直于理想轨道的微量偏移，则粒子轨道的任意位置都可以表示为[3]：

$$\boldsymbol{r}(x,y,l) = \boldsymbol{r}_s(l) + \boldsymbol{n}(l)x + \boldsymbol{b}(l)y \tag{6.45}$$

其中 $\boldsymbol{r}_s, \boldsymbol{n}, \boldsymbol{b}$ 都是 l 的函数，如图 6.2 所示。

各矢量单位之间的关系为：

$$\frac{\mathrm{d}\boldsymbol{r}_s}{\mathrm{d}l} = \boldsymbol{t} \tag{6.46}$$

$$\frac{\mathrm{d}\boldsymbol{t}}{\mathrm{d}l} = \frac{1}{\rho}\boldsymbol{n} \tag{6.47}$$

$$\frac{\mathrm{d}\boldsymbol{n}}{\mathrm{d}l} = -\frac{1}{\rho}\boldsymbol{t} \tag{6.48}$$

$$\frac{\mathrm{d}\boldsymbol{b}}{\mathrm{d}l} = 0 \tag{6.49}$$

其中 $\boldsymbol{t}, \boldsymbol{n}, \boldsymbol{b}$ 分别表示切线、法线和轴线方向的单位矢量。

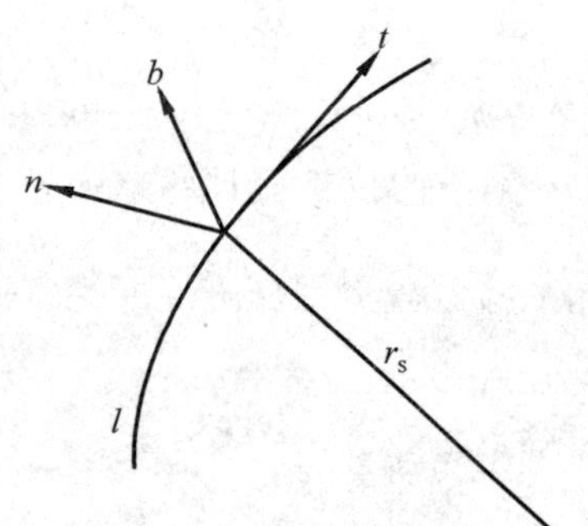

图 6.2 粒子的位置坐标

现在假定母函数为如下形式：

$$G(r,p) = \boldsymbol{p}\cdot\boldsymbol{r} = \boldsymbol{p}\cdot[\boldsymbol{r}_s(l) + \boldsymbol{n}(l)x + \boldsymbol{b}(l)y] \tag{6.50}$$

于是得到：

$$p_k = \frac{\partial G}{\partial r_k} = P_k \tag{6.51}$$

$$Q_k = \frac{\partial G}{\partial P_k} = r_k \tag{6.52}$$

因为$\frac{\partial G}{\partial t}=0$，故哈密顿量不变。

由方程(6.51)可以求得 p_k 的各个分量为：

$$p_l = \frac{\partial G}{\partial l} = \boldsymbol{p}\cdot\left(\frac{\mathrm{d}\boldsymbol{r}_s}{\mathrm{d}l} + x\frac{\mathrm{d}\boldsymbol{n}}{\mathrm{d}l} + y\frac{\mathrm{d}\boldsymbol{b}}{\mathrm{d}l}\right) = \boldsymbol{p}\cdot\left(1-\frac{1}{\rho}x\right)\boldsymbol{t} \tag{6.53}$$

$$p_x = \frac{\partial G}{\partial x} = \boldsymbol{p}\cdot\frac{\partial r}{\partial x} = \boldsymbol{p}\cdot\boldsymbol{n} \tag{6.54}$$

$$p_y = \frac{\partial G}{\partial y} = \boldsymbol{p}\cdot\frac{\partial r}{\partial y} = \boldsymbol{p}\cdot\boldsymbol{b} \tag{6.55}$$

同理可以得到矢量势 $\boldsymbol{A}$ 的变换，即设

$$G = \boldsymbol{A} \cdot \boldsymbol{r} \tag{6.56}$$

则有：

$$A_x = \boldsymbol{A} \cdot \boldsymbol{n} \tag{6.57}$$

$$A_y = \boldsymbol{A} \cdot \boldsymbol{b} \tag{6.58}$$

$$A_l = \boldsymbol{A} \cdot \boldsymbol{t}\left(1 - \frac{x}{\rho}\right) \tag{6.59}$$

这里要指出，通常 p_l 与 A_l 并不表示粒子在理想轨道 $r_s(l)$ 上的切线分量。

于是，可以用 $\boldsymbol{p}$ 与 $\boldsymbol{A}$ 描写哈密顿函数，即

$$H(q_k, p_k, t) = c\left[(p_x - eA_x)^2 + (p_y - eA_y)^2 + \left(\frac{p_l - eA_l}{1 - x/\rho}\right)^2 + m_0^2 c^2\right]^{1/2} \tag{6.60}$$

其中 A 是时间与地点的函数，$\Phi = 0$。

在环形加速器中，用弧长 l 做独立变量代替时间变量 t 更为方便，哈密顿原理本来的表示式[4]为：

$$\delta\int_{t_1}^{t_2} L\mathrm{d}t = \delta\int_{t_1}^{t_2}\left[\sum_k p_k \dot{q}_k - H(q_k, p_k, t)\right]\mathrm{d}t = 0 \tag{6.61}$$

现在可以改写为：

$$\delta\int_{l_1}^{l_2}\left(p_k \frac{\mathrm{d}x}{\mathrm{d}l} + p_y \frac{\mathrm{d}y}{\mathrm{d}l} - H\frac{\mathrm{d}t}{\mathrm{d}l} + p_l\right)\mathrm{d}l = 0 \tag{6.62}$$

假定新的哈密顿函数为：

$$-p_l(x, y, t, p_x, p_y, -H, l) = F \tag{6.63}$$

其中 $(t, -H)$ 是一组新的正交共轭变量。

由方程(6.60)可以求得：

$$-p_l = -eA_l - \left(1 - \frac{x}{\rho}\right)\left[\frac{1}{c^2}(H^2 - m_0^2 c^4) - (p_x - eA_x)^2 - (p_y - eA_y)^2\right]^{\frac{1}{2}} \tag{6.64}$$

其中 $\frac{1}{c^2}(H^2 - m_0^2 c^4) = \frac{1}{c^2}(m^2 c^4 - m_0^2 c^4) = m_0^2 c^2(\gamma^2 - 1)$。

哈密顿方程变为：

$$\left.\begin{aligned} x' &= \frac{\partial F}{\partial p_x}, y' = \frac{\partial F}{\partial p_y}, t' = -\frac{\partial F}{\partial H} \\ p_x' &= -\frac{\partial F}{\partial x}, p'_y = -\frac{\partial F}{\partial y}, H' = \frac{\partial F}{\partial t} \end{aligned}\right\} \tag{6.65}$$

以上各式中，$q_k = x, y, t$；$p_k = p_x, p_y, -H$。

6.3.2 $\frac{1}{3}$倍数共振

借助哈密顿法可以对非线性共振进行定量和精确的计算，现以$\frac{1}{3}$倍数共振为例进行讨论。

前面已经得到了相对论带电粒子的哈密顿量方程(6.64)，经过简化该方程又可写为：

$$H(x,y,l)=-eA_l-\left(1-\frac{x}{\rho}\right)\left[m_0c^2(\gamma^2-1)-(p_x-eA_x)^2-(p_y-eA_y)^2\right]^{\frac{1}{2}}$$

如果略去磁铁端部效应和曲率，则哈密顿量可化简为：

$$H=-eA_l-(p_s^2-p_x^2-p_y^2)^{\frac{1}{2}} \tag{6.66}$$

如果仅研究 x 方向的运动，并假定 $p_x \ll p_s$，则有：

$$H=-eA_l-p_s\left(1-\frac{p_x^2}{p_s^2}\right)^{\frac{1}{2}} \approx -eA_l-p_s+\frac{p_x^2}{2p_s} \tag{6.67}$$

又考虑到

$$A_l=-\int B_y\,\mathrm{d}x=-\sum_n \frac{B^{(n-1)}}{n!}x^n \tag{6.68}$$

其中 $B^{(n-1)}$ 表示磁场的 $n-1$ 阶导数，则有：

$$H=-p_s+\sum_n \frac{eB^{(n-1)}}{n!}x^n+\frac{p_x^2}{2p_s} \tag{6.69}$$

取新的哈密顿量 H_1，令

$$H_1=\frac{H+p_s}{p_s} \tag{6.70}$$

则有：

$$H_1(x,p_x,l)=\frac{1}{B\rho}\sum_n \frac{B^{(n-1)}}{n!}x^n+\frac{p_x^2}{2p_s^2} \tag{6.71}$$

上式等号右边第一项是多极场的贡献，当只考虑多极场中四极与六极子的贡献时，H_1 变为：

$$H_1(x,p_x,l)=\frac{p_x^2}{2p_s^2}+\frac{B'(l)}{2(B\rho)}x^2+\frac{B''(l)}{6(B\rho)}x^3 \tag{6.72}$$

但是，由这个哈密顿函数所写出的哈密顿方程并没有明显的解，所以，现在要进行一系列的正则变换。令

$$\left.\begin{aligned} v&=\frac{2}{\sqrt{\beta}}\\ \xi&=\int\frac{\mathrm{d}l}{Q\beta}\\ p_v&=\frac{\mathrm{d}v}{\mathrm{d}\xi}\end{aligned}\right\} \tag{6.73}$$

经过变换，得到新的哈密顿量，即

$$H_2(v,p_v,\xi) = \frac{p_v^2}{2} + \frac{Q^2 v^2}{2} + Q^2 \beta^{5/2} \frac{B''}{3!(B\rho)} v^3 \tag{6.74}$$

由式(6.74)可以看出，β 对共振的影响程度取决于六极场的位置是否靠近 β 的最大值，当采用校正多极磁铁时，希望分别将其位置放在 β_x 和 β_y 最大的地方，这样可以独立地控制不同的共振线。

第二个转换的目的是把 p_v 转换为一个无畸变运动不变量 J 及其共轭值，以及一个相角 δ。

取下列母函数：

$$F_1(p_v,\delta,\xi) = \frac{p_v^2}{2Q}\cot\delta \tag{6.75}$$

于是有：

$$v = -\frac{\partial F_3}{\partial p_v} = -\frac{p_v}{Q}\cot\delta \tag{6.76}$$

$$J = -\frac{\partial F_3}{\partial \delta} = \frac{p_v^2}{2Q}\csc^2\delta \tag{6.77}$$

或写为：

$$v = -\sqrt{\frac{2J}{Q}}\cos\delta \tag{6.78}$$

$$p_v = \sqrt{2QJ}\sin\delta \tag{6.79}$$

因此，哈密顿函数变为：

$$H_3(\delta,J,\xi) = QJ - 2J\sqrt{2QJ}\beta^{5/2} \frac{B''}{3!(B\rho)}\cos^3\delta \tag{6.80}$$

于是，无扰动情况下的哈密顿量变为一个常数项 QJ，这时 δ 与 ξ 具有如下简单关系：

$$\delta = Q\xi \tag{6.81}$$

现在用 ξ 的傅里叶级数代替方程(6.80)中的最后一项，级数的系数为：

$$A_n = \frac{1}{\pi(\beta\rho)}\int_0^{2\pi}(Q/2)^{1/2}\beta^{5/2}(\xi)\frac{B''(\xi)}{3!}\cos n\xi\,\mathrm{d}\xi \tag{6.82}$$

当 $n=3Q$ 时，上述积分是驱动该共振的主要成分，于是 H_3 变为：

$$\begin{aligned} H_3 &= QJ - A_n\cos n\xi(\cos 3\delta + 3\cos\delta)J^{3/2} \\ &= QJ - \frac{J^{3/2}A_n}{2}\cos(n\xi + 3\delta) - \frac{J^{3/2}A_n}{2}\cos(n\xi - 3\delta) - \\ &\quad \frac{3J^{3/2}A_n}{2}\cos(n\xi + \delta) - \frac{3J^{3/2}A_n}{2}\cos(n\xi - \delta) \end{aligned} \tag{6.83}$$

考虑到 $\delta=Q\xi$ 的关系，上式中只有一项在 $n\approx 3Q$ 情况下是慢变化的，略去快变化项后，哈密顿量 H_3 简化为：

$$H_3 = QJ - \frac{J^{3/2}A_n}{2}\cos(n\xi - 3\delta) \tag{6.84}$$

再做一次正则变换，设新的母函数为：

$$F_2(\delta, J^*, \xi) = J^*\left(\delta - \frac{n\xi}{3}\right) \tag{6.85}$$

则有：

$$\alpha = \frac{\partial F_2}{\partial J^*} = \delta - \frac{n\xi}{3} \tag{6.86}$$

$$J = \frac{\partial F_2}{\partial \delta} = J^* \tag{6.87}$$

最后，哈密顿函数变为：

$$H_4 = J\left(Q - \frac{n}{3}\right) - \frac{J^{3/2}A_n}{2}\cos 3\alpha \tag{6.88}$$

这个哈密顿函数的运动方程是可解的，这组运动方程为：

$$\dot{\alpha} = \left(Q - \frac{n}{3}\right) - \frac{3}{4}J^{1/2}A_n\cos 3\alpha \tag{6.89}$$

$$\dot{J} = -\frac{3}{2}J^{3/2}A_n\sin 3\alpha \tag{6.90}$$

当 $3\alpha = \pm k\pi$ 时，有：

$$\left.\begin{aligned}\dot{J} &= 0\\ \dot{\alpha} &= 0\end{aligned}\right\} \tag{6.91}$$

这相当于运动的静止点。

由 $\dot{\alpha}=0$ 立即可以求得共振线的宽度：

$$Q - \frac{n}{3} = \frac{3}{4}A_nJ^{1/2} \tag{6.92}$$

当知道轨道磁场的排列和缺陷时，通过计算，将不难求出 A_n 的数值和共振线宽度的大小。

上面这种变换，可以用于任何共振问题的研究[5]。

参考文献

[1] 周衍柏. 理论力学教程. 北京：人民教育出版社，1979

[2] Goldstein H. Classical Mechanics, 1950

[3] Montague B W. Proceedings of Accelerator School, CERN, 77-13, 1977

[4] Schnizer B. CERN 70-7, 1970

[5] Helmut Wiedemann. Particle Accelerator Physics II. Springer-Verlag, 1999

习题与思考题

1. 证明在相对论条件下的带电粒子，在忽略磁铁端部效应和曲率的二极场中，x 方向运动的哈密顿量为：

$$H_1 = \frac{p_x^2}{2} + \frac{1}{B\rho}\sum \frac{B^{(n-1)}}{n!}x^n$$

2. 导出上题的 y 方向运动的哈密顿量。

3. 举例计算$\frac{n}{3}$共振线宽度，并与第 5 章中的方法作一比较。

4. 用哈密顿表示法写出四极透镜中粒子的运动方程，并假定磁场中只含横向分量，即 $A_x = A_y = 0$。

第7章 同步辐射及其平均损失对粒子运动的影响

早在19世纪末，Lienard，Schott等人就指出过，电子在环形轨道上的运动将是一种强的辐射源。1944年，Iwanenko等人又预言：这种电磁辐射将要限制电子感应加速器中电子的最大能量。1946年，Blewett在100MeV电子感应加速器中首次验证了Iwanenko等人的预言，在实验中测量到由于这种电磁辐射而引起电子轨道的收缩。1947年，F. Haber第一次在一台70MeV的同步加速器中观察到这种电磁辐射，因而人们把这种电磁辐射称为“同步辐射”。实际上，不仅是在环形轨道上运动的电子能产生同步辐射，任何作加速运动的粒子都会产生电磁辐射。不过，只有电子或正电子，才容易产生功率很强的电磁辐射。

在设计高能加速器或电子储存环时，考虑同步辐射损失极端重要。第一，同步辐射将引起粒子振荡的阻尼，利用这种特性可以有效地改善束流品质并提高注入流强；第二，在设计高频供电系统时，要考虑对同步辐射损失的补偿；第三，在真空系统设计中必须考虑到由于同步辐射在真空盒壁上引起的放气效应和散热问题；第四，当电子的能量很高时，其所产生的同步辐射中包含有很强的硬X射线，它将穿透真空室的墙壁，对加速器的敏感元件、电子设备、电缆和线圈等起破坏作用，因此必须加以屏蔽。本章先介绍同步辐射的基本特性，重点是讨论平均辐射损失对粒子运动的影响，然后对插入件扭摆磁铁（wiggler）和波荡器（undulator）的性能也做一简要介绍。

7.1 同步辐射

7.1.1 同步辐射的平均能量损失

由电动力学可知，当单个电子沿曲率半径为ρ的轨道运动时，其瞬时辐射功率为[1]：

$$P_\gamma = \frac{2}{3} \cdot \frac{e^2 c}{\rho^2} \beta^4 \gamma^4 \tag{7.1}$$

这里要特别指出，式(7.1)所用的是静电单位制。为了使本书统一于国际单位制，可将式(7.1)变换为如下形式：

$$P_\gamma = 5.9917 \times 10^9 \frac{e^2 c}{\rho^2} \beta^4 \gamma^4 \tag{7.2}$$

式中 P_γ 的单位为 W。

但是，有些文献常常以 GeV/s 为功率的单位。当电子的速度接近光速时，设 $\beta=1$，式(7.2)又可表示为：

$$P_\gamma = \frac{cC_\gamma}{2\pi} \cdot \frac{E^4}{\rho^2} \tag{7.3}$$

其中

$$C_\gamma = 8.8460 \times 10^{-5}\,\mathrm{m/(GeV)^3}$$

当轨道上同时有 n_e 个电子运动时，其瞬时辐射功率为：

$$P_\gamma = \frac{n_e c C_\gamma}{2\pi} \cdot \frac{E^4}{\rho^2} \tag{7.4}$$

如果以 $\rho = E/(ecB)$ 代入式(7.2)，并设 $\beta=1$，又可得到：

$$P_\gamma = 5.9917 \times 10^9 \frac{e^4 c^3}{E_0^4} B^2 E^2 \tag{7.5}$$

式中 E_0 为电子的静止能量；B 为磁感应强度。若 P_γ 以 GeV/s 为单位，E 以 GeV 为单位，则式(7.5)又可表示为：

$$P_\gamma = C_0 B^2 E^2 \tag{7.6}$$

其中　$C_0 = 3.7934 \times 10^2\,\mathrm{T^{-2}(GeV)^{-1}s^{-1}}$。所以，电子的瞬时辐射功率与电子的能量以及电子所在位置的磁感应强度的积的平方成正比。

在平衡轨道上运动的电子，能量为 E_s，轨道曲率半径 $\rho_s = 1/G_s(l)$，每转 1 圈所辐射的能量可由式(7.3)求得：

$$U_s = \int_0^{T_s} P_\gamma \mathrm{d}t = \frac{C_\gamma E_s^4}{2\pi} \oint G_s^2(l)\,\mathrm{d}l_s \tag{7.7}$$

式中 T_s 为电子的旋转周期，积分沿平衡轨道一周。设 G_s^2 的平均值用 $\langle G^2 \rangle_s$ 表示，则有：

$$\langle G^2 \rangle_s = \frac{1}{C_s} \oint G_s^2(l)\,\mathrm{d}l_s \tag{7.8}$$

其中 C_s 为平衡轨道周长。将式(7.8)代入式(7.7)，则有：

$$U_s = C_\gamma E_s^4 R \langle G^2 \rangle_s \tag{7.9}$$

其中 R 为电子的平均轨道半径。

对于硬边界磁场，即在轨道的弯曲部分，$G_s(l)$为一常数，即 $G_s(l)=G_s=1/\rho_s$，而在轨道的其他部分 $G_s(l)=0$，这时就有：

$$\langle G^2\rangle_s=\frac{G_s}{R}=\frac{1}{R\rho_s} \tag{7.10}$$

$$U_s=\frac{C_\gamma E_s^4}{\rho_s} \tag{7.11}$$

对于一定的曲率半径，电子每圈辐射的能量与电子能量的 4 次方成正比。一个能量为 0.8GeV 的电子，在 1.2T 的磁场中运动，每圈辐射的能量为 16.3keV。

对于一般磁场，电子的平均辐射功率为：

$$\langle P_\gamma\rangle_s=\frac{U_s}{T_s}=\frac{cC_\gamma}{2\pi}E_s^4\langle G^2\rangle_s \tag{7.12}$$

对于硬边界磁场，电子平均辐射功率为：

$$\langle P_\gamma\rangle_s=\frac{cC_\gamma}{2\pi}\cdot\frac{E_s^4G_s}{R}=\frac{cC_\gamma E_s^4}{C_s\rho_s} \tag{7.13}$$

7.1.2 同步辐射光的性质

在讨论同步辐射损失对粒子运动的影响之前，首先对同步辐射光的性质作一介绍。这对于从事加速器理论研究，特别是从事同步辐射光源设计尤为重要。许多加速器参数的选择都要考虑到其对辐射光性能的影响。

同步辐射的特性有 6 个方面：

(1) 方向性

当带电粒子受到加速作用时，将会发出电磁辐射。在储存环中，电子受到向心加速作用，也会发出电磁辐射，即同步辐射光。非相对论电子的辐射没有明显的方向性，如图 7.1(a)所示；随着电子能量的增加，辐射逐渐集中到沿束流运动切线方向的一个窄的张角内，这个半张角的大小为$\frac{1}{\gamma}$，如图 7.1(b)所示。

$$\frac{1}{\gamma}=\frac{E_0}{E} \tag{7.14}$$

其中 E_0 为粒子的静止能量。当电子能量为 1GeV 时，由上式求得辐射张角为 0.51×10^{-3}rad。

(2) 连续光谱和临界波长

单一能量的电子产生的同步辐射光是连续光谱，如图 7.2 所示。其中，对应同步辐射总功率 1/2 的地方称为这个连续光谱的特征波长。

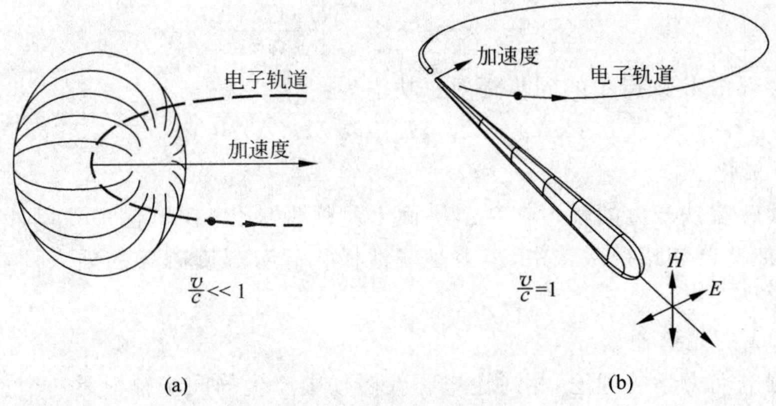

图 7.1　电子的同步辐射

(a) 非相对论电子的同步辐射；(b) 相对论电子的同步辐射

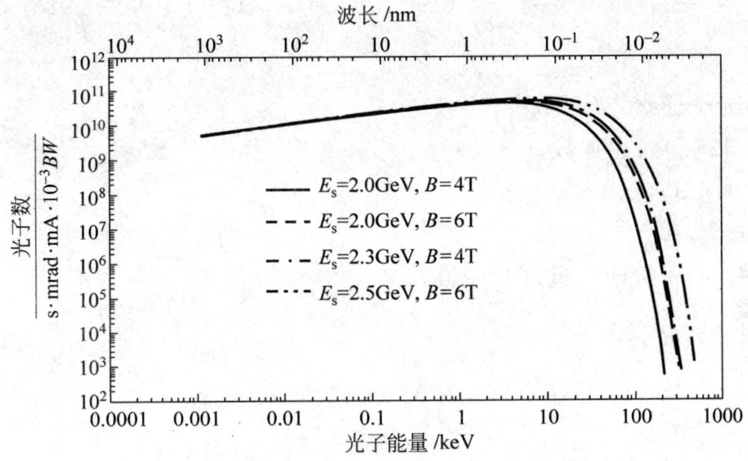

图 7.2　同步辐射光谱的特性(图上纵坐标中的 BW 表示带宽)

电子能量愈高，光谱中含的高能光子愈多；电子能量愈低，光谱中含的高能光子愈少。连续光谱的特征波长(单位：nm)由下式决定：

$$\lambda_c = \frac{1.86}{E^2 B} \tag{7.15}$$

其中 E 为电子能量，GeV；B 为磁场强度，T。也可以用光谱的临界能量 ε_c(单位：keV)表示光谱的特性，即

$$\varepsilon_c = 0.665 E^2 B \tag{7.16}$$

(3) 高辐射功率

对于硬边界的二极铁，每圈电子辐射的能量(括号内为单位，下同)为：

$$U_s(\text{keV}) = 88.5 \times \frac{E_s^4(\text{GeV})}{\rho_s(\text{m})} \tag{7.17}$$

储存环由B铁产生的同步辐射总功率为：

$$P_\gamma(\text{kW}) = 26.5E^3(\text{GeV})I(\text{A})B(\text{T}) \tag{7.18}$$

(4) 极化

由偏转磁铁产生的辐射在轨道平面上呈线性极化，在轨道平面以外为椭圆极化；在波荡器和扭摆磁铁中，辐射是线性极化。对螺旋磁场的插入件，辐射为椭圆极化。

(5) 高的光谱通量

根据电动力学的理论，相对论电子在磁场中产生的同步辐射是一个连续谱，单位立体角中光子通量是电子能量(γ)、光子能量或波长(λ)及垂直角分布(Ψ)的函数，即

$$\frac{\mathrm{d}I_{\text{ph}}}{\mathrm{d}\Omega} = \frac{3\gamma^2\alpha}{4\pi^2} \cdot \frac{I}{e} \cdot \frac{\Delta\omega}{\omega}\left(\frac{\omega}{\omega_c}\right)^2 (1+\gamma^2\Psi^2)^2\left[\mathrm{K}_{2/3}^2(\xi) + \frac{\gamma^2\Psi^2}{1+\gamma^2\Psi^2}\mathrm{K}_{1/3}^2(\xi)\right] \tag{7.19}$$

其中I_{ph}为光子通量，光子数/s；

$\alpha=1/137.04$，为常数；

$e=1.6\times10^{-19}\text{C}$；

I为电流，A；

$\mathrm{K}_{m/n}$为m/n阶修正贝塞尔函数；

$\xi=(1+\gamma^2\Psi^2)^{3/2}\dfrac{\omega}{2\omega_c}$。

在$\Psi=0$方向上，单位立体角中的光通量为：

$$\frac{\mathrm{d}^2 I_{\text{ph}}}{\mathrm{d}\theta\mathrm{d}\Psi} = 1.325\times10^{16}E^2 I\left(\frac{\lambda_c}{\lambda}\right)^2\left[\mathrm{K}_{2/3}^2\left(\frac{\lambda_c}{2\lambda}\right)\right](\Delta\omega/\omega) \tag{7.20}$$

其单位为光子数/[s(10^{-3}rad)^2]电子能量E的单位为GeV；电流I的单位为A；I_{ph}表示光子通量；$\mathrm{K}_{2/3}(x)$为2/3阶修正贝塞尔函数。

如果沿垂直方向积分，则可以得到单位水平方向夹角内光子的光谱通量为：

$$\frac{\mathrm{d}I_{\text{ph}}}{\mathrm{d}\theta} = 2.457\times10^{16}IE(\Delta\omega/\omega)\frac{\lambda_c}{\lambda}\int_{\lambda_c/\lambda}^{\infty}\mathrm{K}_{5/3}(x)\mathrm{d}x \tag{7.21}$$

其单位是光子数/[s(10^{-3}rad)]；$\mathrm{K}_{5/3}(x)$为5/3阶修正贝塞尔函数。

令$G(x_1)=\int_{\lambda_c/\lambda}^{\infty}\mathrm{K}_{5/3}(x)\mathrm{d}x$，$x_1=\lambda_c/\lambda$，由表7.1[7]可以得到不同波长下的$G(x_1)$值。

由式(7.21)可以计算出不同波长的光子通量。例如，某储存环的电子能量

$E=4.5\text{GeV}$，流强 $I=0.1\text{A}$，当光子能量等于临界能量，即 $E=E_c$ 时，由式(7.21)及表 7.1 可以求出其单位水平角内谱宽度为 0.1% 的光子通量为 7.2×10^{12} 光子数/[s(10^{-3} rad)]。

表 7.1　计算同步辐射光通量的函数表

x_1	$G(x_1)$	x_1	$G(x_1)$
0.001	213.6	1.00	0.6514
0.002	133.6	1.25	0.4359
0.004	83.49	1.50	0.3004
0.006	63.29	1.75	0.2113
0.008	51.92	2.00	0.1508
0.010	44.50	2.25	0.1089
0.020	27.36	2.50	7.926×10^{-2}
0.030	20.45	2.75	5.811×10^{-2}
0.040	16.57	3.00	4.286×10^{-2}
0.060	12.22	3.25	3.175×10^{-2}
0.080	9.777	3.50	2.362×10^{-2}
0.100	8.182	3.75	1.764×10^{-2}
0.150	5.832	4.00	1.321×10^{-2}
0.200	4.517	4.25	9.915×10^{-3}
0.400	2.225	4.50	7.461×10^{-3}
0.500	1.742	4.75	5.626×10^{-3}
0.700	1.126	6.00	1.404×10^{-3}
0.800	0.928	8.00	1.611×10^{-4}
0.900	0.774	10.00	1.922×10^{-5}

(6) 高亮度

同步辐射的亮度对用户有重要意义，定义其为：

$$B_{\text{ph}}=\frac{\mathrm{d}^4 I_{\text{ph}}}{\mathrm{d}\theta\mathrm{d}\varphi\mathrm{d}x\mathrm{d}y} \tag{7.22}$$

式中 θ,φ，x，y 分别为水平与垂直方向的张角和坐标。亮度的单位为光子数/[s · $\text{mm}^2(10^{-3}\text{rad})^2$]。在线性光学元件传输过程中，光束的亮度守恒。

如果忽略光斑的影响，并研究某一波长区间内 $\Delta\lambda/\lambda$ 光的亮度，设 $\Delta\lambda/\lambda=0.1\%$，则光的亮度可表示为：

$$B_{\mathrm{ph}}=\frac{\mathrm{d}^2 I_{\mathrm{ph}}}{\mathrm{d}\theta\mathrm{d}\Psi}=1.325\times10^{13}E^2 I\left(\frac{\lambda_{\mathrm{c}}}{\lambda}\right)^2\left[\mathrm{K}_{2/3}^2\left(\frac{\lambda_{\mathrm{c}}}{2\lambda}\right)\right] \tag{7.23}$$

B_{ph}的单位为光子数/$[\mathrm{s}(10^{-3}\mathrm{rad})^2 10^{-3}BW]$。

如果考虑光束中的光子在空间，张角呈高斯分布，那么，光的亮度应按下式计算[8]：

$$B_{\mathrm{ph}}=\frac{I_{\mathrm{ph}}}{4\pi^2\Sigma_x\Sigma'_x\Sigma_z\Sigma'_z} \tag{7.24}$$

其中 $\Sigma_{x,z}=\sqrt{\sigma_{x,z}^2+\sigma_r^2}$，$\Sigma'_{x,z}=\sqrt{\sigma'^2_{x,z}+\sigma'^2_r}$；$\sigma_x$，$\sigma_z$ 为束流横向尺寸；σ'_x，σ'_z 为束流横向张角；σ_r，σ'_r为单电子辐射的延伸光源尺寸和张角[8]。

同步辐射使电子或离子在储存环中失去能量，需要由高频腔不断补充能量；另一方面，在粒子注入到储存环后，往往能散度和发射度都比较大，由于辐射损失使束流受到阻尼作用，使能散度和发射度减小，这对获得高的注入流强和好的束流品质至关重要。本章第 2,3,4 节将分别讨论能量振荡阻尼和自由振荡阻尼等问题。另外，在有些储存环中，要求产生更强的光通量和更短的波长，常常在储存环的直线段安装扭摆磁铁和波荡器，为此，本章第 5 节将简要介绍插入件的性能及其对粒子运动的影响。

7.2 能量振荡阻尼

7.2.1 考虑辐射损失时电子的能量振荡方程

设能量为 E_{s}(或动量为 p_{s})的同步电子的轨道周长为 C_{s}，非同步电子与同步电子的能量差为 ε(或动量差为 Δp)，它们的轨道周长差为 ΔC，则有：

$$\frac{\Delta C}{C_{\mathrm{s}}}=\alpha_{\mathrm{p}}\frac{\Delta p}{p_{\mathrm{s}}} \tag{7.25}$$

其中 α_{p} 为动量紧缩因子，或轨道膨胀因子。当电子的速度接近光速时，则式(7.25)又可写为：

$$\frac{\Delta C}{C_{\mathrm{s}}}=\alpha_{\mathrm{p}}\frac{\varepsilon}{E_{\mathrm{s}}} \tag{7.26}$$

这里 ε 代表粒子能量对平衡轨道能量 E_{s} 的偏移。由图 7.3 可知，对于任一在平衡轨道附近运动的电子，其轨道弧元可表示为：

$$\mathrm{d}l=\left(1+\frac{x_\varepsilon}{\rho_{\mathrm{s}}}\right)\mathrm{d}l_{\mathrm{s}}=(1+G_{\mathrm{s}}x_\varepsilon)\mathrm{d}l_{\mathrm{s}} \tag{7.27}$$

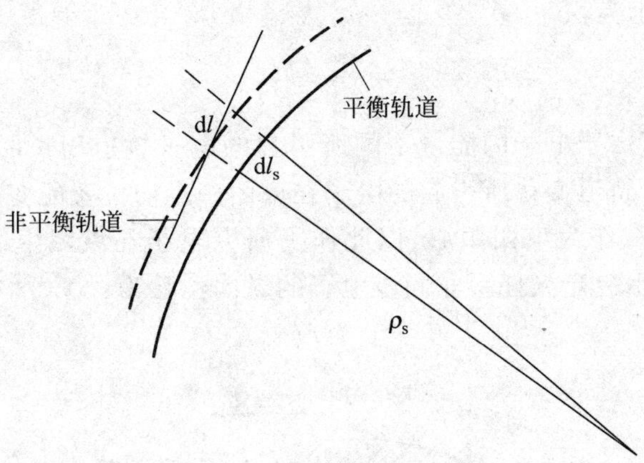

图 7.3　电子的运动轨道

其中 $G_s=1/\rho_s$ 为平衡轨道曲率。对于能散为 ε 的非同步电子，其轨道周长为：

$$C=\oint \mathrm{d}l=\oint[1+G_s(l)x_\varepsilon(l)]\mathrm{d}l_s \tag{7.28}$$

上式中第一项积分刚好是同步轨道的周长 C_s，第二项积分是 ΔC，其中 $x_\varepsilon=\eta\dfrac{\varepsilon}{E_s}$，于是可以得到：

$$\begin{aligned}\Delta C&=\oint G_s(l)x_\varepsilon(l)\mathrm{d}l_s\\&=\oint G_s(l)\eta(l)\frac{\varepsilon}{E_s}\mathrm{d}l_s\\&=\frac{\varepsilon}{E_s}\oint G_s(l)\eta(l)\mathrm{d}l_s\end{aligned} \tag{7.29}$$

将其代入式(7.25)，则有：

$$\alpha_p=\frac{1}{C_s}\oint G_s(l)\eta(l)\mathrm{d}l_s \tag{7.30}$$

因此动量紧缩因子 α_p 是与轨道磁场有关的一个参数，它对研究能量振荡有重要作用。

对于硬边界磁场，上式又可写为：

$$\alpha_p=\frac{G_s}{C_s}\int_B\eta(l)\mathrm{d}l_s \tag{7.31}$$

式中 $\int_B$ 表示积分只取偏转磁铁部分。假定偏转磁铁的总长度为 l_B，则 $\eta(l)$ 在偏转磁场中的平均值为：

$$\langle\eta\rangle_B=\frac{1}{l_B}\int_B\eta(l)\mathrm{d}l_s \tag{7.32}$$

因此 α_p 又可表示为：

$$\alpha_p = \frac{\langle \eta \rangle_B}{R} \tag{7.33}$$

以上讨论了由于电子的能量不同所引起的电子轨道周长的变化。下面，将进一步找出这个轨道变化所引起的电子在束团中纵向位置的变化。取同步电子的瞬时位置 $l_s(t)$ 作为束团中心，以此作为研究电子在束团中纵向振荡的参考点，如图 7.4 所示。定义任一非同步电子的纵向位移为：

$$y(t) = l(t) - l_s(t) \tag{7.34}$$

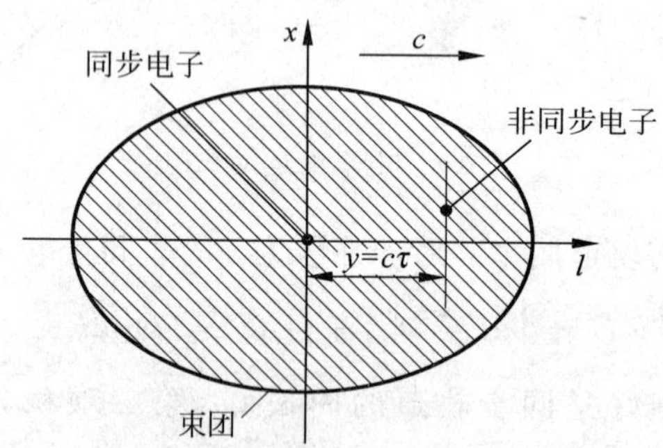

图 7.4 电子在束团中的纵向坐标 y 和 τ

式中 $l(t)$ 为非同步电子的瞬时位置。与此相应的时间位移为：

$$\tau(t) = \frac{y(t)}{c} \tag{7.35}$$

式中 c 为光速。

观察非同步电子在回旋运动中时间位移的变化，如图 7.5 所示。电子 A 在某一时刻的时间位移为 y_1，经过时间 T_s，同步电子回旋 1 圈回到原方位角，而电子 A 由于轨道周长偏大，其纵向位置必然滞后，所以有如下关系：

$$y_2 - y_1 = \Delta y = -\Delta C = -\alpha_p \frac{\varepsilon}{E_s} C_s \tag{7.36}$$

而 τ 的变化为：

$$\Delta\tau = \frac{\Delta y}{c} = -\alpha_p \frac{\varepsilon}{E_s} \cdot \frac{C_s}{c} \tag{7.37}$$

或

$$\frac{\Delta\tau}{T_s} = -\alpha_p \frac{\varepsilon}{E_s} \tag{7.38}$$

写成微分形式，即

$$\frac{d\tau}{dt} = -\alpha_p \frac{\varepsilon}{E_s} \tag{7.39}$$

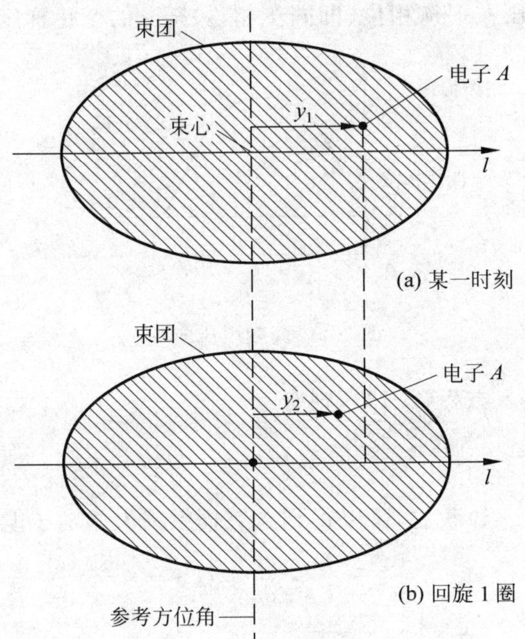

图 7.5 电子在束团中的纵向运动

再来看看电子能量的变化。一个电子回旋 1 圈从高频场中获得的能量为 $eV(\tau)$，同时又由于辐射而损失的能量为 $U(\varepsilon)$，故每圈电子能量变化为：

$$\Delta\varepsilon = eV(\tau) - U(\varepsilon) \tag{7.40}$$

其中辐射能量损失一项又可以写为：

$$U(\varepsilon) = U_s + \left(\frac{\mathrm{d}U}{\mathrm{d}E}\right)_s \varepsilon = U_s + D\varepsilon \tag{7.41}$$

D 为阻尼系数。因为式(7.40)表示电子每圈能量的变化，故又可以写成微分形式，即

$$\frac{\mathrm{d}\varepsilon}{\mathrm{d}t} = \frac{eV(\tau) - U(\varepsilon)}{T_s} \tag{7.42}$$

至此，方程(7.39)与(7.42)就共同决定了考虑辐射损失后电子的相振荡。

假定相振荡局限在高频电场的平衡相位附近，那么，上述方程就可以取线性近似，即方程(7.42)可写成：

$$\frac{\mathrm{d}\varepsilon}{\mathrm{d}t} = \frac{1}{T_s}[eV(\tau) - U_s - D\varepsilon] \tag{7.43}$$

高频场也可以围绕同步相位展开，取线性近似，则有：

$$eV(\tau) = e\dot{V}_0\tau + U_s \tag{7.44}$$

其中 $\dot{V}_0$ 为高频电压在平衡相位(即同步相位)随 τ 的变化梯度,如图 7.6 所示。

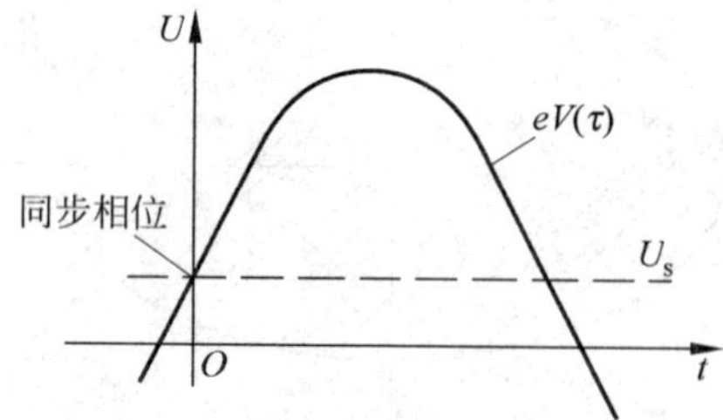

图 7.6 高频电压曲线

将式(7.44)代入方程(7.43),则有:

$$\frac{d\varepsilon}{dt} = \frac{1}{T_s}(e\dot{V}_0\tau - D\varepsilon) \tag{7.45}$$

将方程(7.39)与(7.45)联立,可以得到含有辐射损失的电子能量振荡方程,即

$$\frac{d^2\varepsilon}{dt^2} + \frac{D}{T_s} \cdot \frac{d\varepsilon}{dt} + \Omega^2\varepsilon = 0 \tag{7.46}$$

其中

$$\Omega^2 = \frac{e\dot{V}_0\alpha_p}{T_s E_s} \tag{7.47}$$

7.2.2 能量振荡阻尼系数

由方程(7.46)看出,当存在辐射时,ε 是阻尼衰减的,阻尼衰减系数用 α_ε 表示,其数值为:

$$\alpha_\varepsilon = \frac{1}{2} \cdot \frac{D}{T_s} = \frac{1}{2T_s}\left(\frac{dU}{d\varepsilon}\right)_s \tag{7.48}$$

为了最后求出阻尼系数 α_ε,还必须求出 $\left(\frac{dU}{d\varepsilon}\right)_s$。已经知道,非同步电子所辐射的能量与同步电子是不同的,原因有三点:①电子能量不同;②电子所经过的磁场大小不同;③电子轨道路程长度不同。在一级近似条件下,电子做自由振荡并不改变其平均辐射功率,因此,为了求出任意能量下的 $U(\varepsilon)$,沿非同步电子的闭合轨道对 P_γ 积分,即可得到:

$$U(\varepsilon) = \oint P_\gamma dt = \frac{1}{c}\oint P_\gamma dl \tag{7.49}$$

式中 dl 为非同步轨道上的弧元。考虑到 $dl = \left(1 + \frac{x_\varepsilon}{\rho_s}\right)dl_s$ 以及 $x_\varepsilon = \eta\frac{\varepsilon}{E_s}$,则式

(7.49)又可写为：

$$U(\varepsilon)=\frac{1}{c}\oint\left(1+\frac{\eta}{\rho_s}\cdot\frac{\varepsilon}{E_s}\right)P_\gamma\mathrm{d}l_s \tag{7.50}$$

对上式取能量的导数，则有：

$$\left[\frac{\mathrm{d}U(\varepsilon)}{\mathrm{d}\varepsilon}\right]_s=\frac{1}{c}\oint\left(\frac{\mathrm{d}P_\gamma}{\mathrm{d}E}+\frac{\eta P_\gamma}{\rho_s E_s}\right)\mathrm{d}l_s \tag{7.51}$$

方程(7.51)中的下标 s 指对同步轨道取积分。由方程(7.6)可得：

$$\frac{\mathrm{d}P_\gamma}{\mathrm{d}E}=2\frac{P_\gamma}{E}+2\frac{P_\gamma}{B}\cdot\frac{\mathrm{d}B}{\mathrm{d}E}$$

又知道

$$\frac{\mathrm{d}B}{\mathrm{d}E}=\frac{\mathrm{d}x}{\mathrm{d}E}\cdot\frac{\partial B}{\partial x}=\frac{\eta}{E_s}\cdot\frac{\partial B}{\partial x}$$

将以上两个方程代入式(7.51)，即可得到：

$$\left[\frac{\mathrm{d}U(\varepsilon)}{\mathrm{d}\varepsilon}\right]_s=\frac{1}{c}\oint\left[\left(\frac{2}{E_s}+\frac{\eta}{E_s}\cdot\frac{2}{B}\cdot\frac{\partial B}{\partial x}+\frac{1}{E_s}\cdot\frac{\eta}{\rho_s}\right)P_\gamma\right]_s\mathrm{d}l_s \tag{7.52}$$

上式中右边三项被积函数即是前边所指出产生辐射能量变化的三个因素。第一项为 $2U_s/E_s$，所以方程(7.52)又可化简为：

$$\left[\frac{\mathrm{d}U(\varepsilon)}{\mathrm{d}\varepsilon}\right]_s=\frac{U_s}{E_s}\left\{2+\frac{1}{cU_s}\oint\left[\eta P_\gamma\left(\frac{1}{\rho_s}+\frac{2}{B}\cdot\frac{\partial B}{\partial x}\right)\right]_s\mathrm{d}l_s\right\} \tag{7.53}$$

将上式代入式(7.48)，则能量阻尼系数可表示为：

$$\alpha_\varepsilon=\frac{U_s}{2T_sE_s}(2+\mathscr{D}) \tag{7.54}$$

其中

$$\mathscr{D}=\frac{1}{cU_s}\oint\left[\eta P_\gamma\left(\frac{1}{\rho_s}+\frac{2}{B}\cdot\frac{\partial B}{\partial x}\right)\right]_s\mathrm{d}l_s \tag{7.55}$$

将式(7.3)中的 P_γ 和式(7.7)中的 U_s 代入式(7.55)，则 $\mathscr{D}$ 又可写为：

$$\mathscr{D}=\frac{\oint\eta G_s(G_s^2+2K)\mathrm{d}l_s}{\oint G_s^2\mathrm{d}l_s} \tag{7.56}$$

式中 $K=\frac{1}{B_s\rho_s}\left(\frac{\partial B}{\partial x}\right)_s$。积分式中被积函数 G,K,η 均为轨道磁场的函数，因此 $\mathscr{D}$ 也是轨道磁场结构特性的函数，其绝对值小于 1。在许多大的储存环中，$\mathscr{D}\ll 1$，这时式(7.54)又可近似表示为：

$$\alpha_\varepsilon\approx\frac{U_s}{E_sT_s}=\frac{\langle P_\gamma\rangle}{E_s} \tag{7.57}$$

7.2.3 $\mathscr{D}$ 函数

下面分别研究不同轨道磁场下的 $\mathscr{D}$ 函数值。

(1) 有梯度的扇形偏转磁铁

令偏转磁铁的磁场对数梯度为：

$$n = -\frac{\rho_s}{B_s}\left(\frac{\partial B}{\partial x}\right)_s$$

则式(7.55)变为：

$$\mathscr{D} = \frac{1}{cU_s}\oint[\eta P_\gamma G_s(1-2n)]\mathrm{d}l_s \tag{7.58}$$

将式(7.3)和(7.7)代入式(7.58)，又可得到：

$$\mathscr{D} = \frac{\oint \eta G_s^3(1-2n)\mathrm{d}l_s}{\oint G_s^2 \mathrm{d}l_s} \tag{7.59}$$

从式(7.59)可以看出，$\mathscr{D}$ 是轨道磁场的函数，即与轨道磁场的 G_s，n 和 η 有关。

对于硬边界磁场，则式(7.59)变为：

$$\mathscr{D} = \frac{G_s^2}{2\pi}\int_B \eta(l)(1-2n)\mathrm{d}l_s \tag{7.60}$$

(2) 分离作用磁场结构

在分离作用磁场结构中，偏转磁铁的 $n=0$，如果同时也是硬边界磁场，式(7.60)可变为：

$$\mathscr{D} = \frac{G_s^2}{2\pi}\int_B \eta(l)\mathrm{d}l_s = \frac{1}{2\pi\rho_s^2}\int_B \eta(l)\mathrm{d}l_s \tag{7.61}$$

如果取偏转磁铁中 $\eta(l)$ 的平均值，并用 $\langle\eta\rangle_B$ 表示，则有：

$$\mathscr{D} = \frac{\langle\eta\rangle_B}{\rho_s} \tag{7.62}$$

根据式(7.33)，式(7.62)又可以写为：

$$\mathscr{D} = \frac{\alpha_p R}{\rho_s} \tag{7.63}$$

下面举例计算 $\mathscr{D}$ 值：

日本 UV－SOR 环[3]，$\alpha_p = 0.026$，$\rho_s = 2.2\text{m}$，$R = 8.47\text{m}$，由式(7.63)求得 $\mathscr{D}=0.1$。

中国 QHR－800 环[4]，其设计值为 $\alpha_p = 0.1085$，$\rho_s = 2.2\text{m}$，$R = 4.8\text{m}$，求得 $\mathscr{D}=0.2353$。

(3) 带有边缘聚焦的偏转磁铁

当偏转磁铁带有边缘聚焦时，电子入射方向与磁铁边缘的法线方向成 θ 角。或者说，电子入射方向与磁铁边缘成 $90^\circ-\theta$ 角，如图7.7所示。这时对于 $\varepsilon>0$ 的电子，弯曲轨道减小了一个 $\widehat{BB'}$ 长度，由于在 $\widehat{BB'}$ 轨道内不存在磁场，故电子的辐射损失较垂直边界入射的少；对于 $\varepsilon<0$ 的电子，情况刚好相反，因而使 $\mathscr{D}$ 值发生变化。下面推导其表达式。

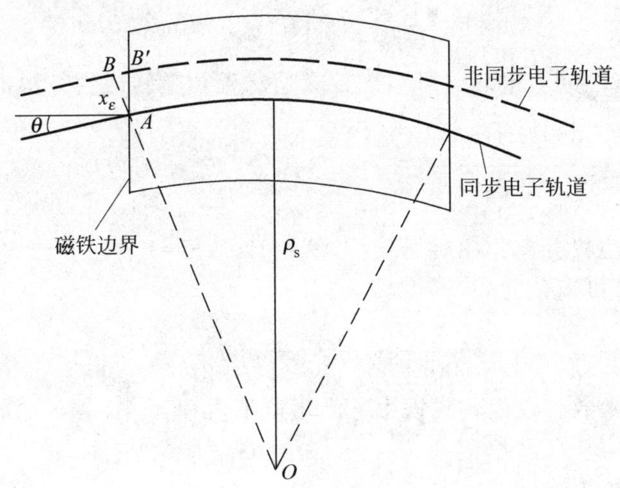

图7.7 带有边缘聚焦的偏转磁铁

近似取 BB' 为一直线段，并垂直于 AB，则有：

$$\Delta l=\widehat{BB}'=x_\varepsilon\tan\theta=\eta\tan\theta\frac{\varepsilon}{E_s} \tag{7.64}$$

电子在 $\widehat{BB}'$ 的轨迹内辐射能量的减少为：

$$\delta U=P_\gamma\frac{\Delta l}{c}=\frac{1}{c}\eta\tan\theta\cdot P_\gamma\frac{\varepsilon}{E_s} \tag{7.65}$$

电子转1圈后，辐射能量总减少又可写为：

$$\Delta U=\frac{\varepsilon}{cE_s}\sum_{j=1}^{2m}P_\gamma(l_j)\eta(l_j)\tan\theta(l_j) \tag{7.66}$$

其中 l_j 为偏转磁铁的入口与出口边界的轨道坐标；m 表示偏转磁铁的总数；j 的取值为 $1\sim2m$，表示磁铁的入口与出口处 θ 值可以取不同的数值。

对式(7.66)的两端取能量的导数并在平衡轨道上赋值，则有：

$$\left(\frac{\mathrm{d}\Delta U}{\mathrm{d}\varepsilon}\right)_s=\frac{1}{cE_s}\sum_{j=1}^{2m}P_{\gamma s}(l_j)\eta(l_j)\tan\theta(l_j) \tag{7.67}$$

由式(7.48)知道，$\alpha_\varepsilon=\frac{1}{2T_s}\left(\frac{\mathrm{d}U}{\mathrm{d}\varepsilon}\right)_s$，因此在带有边缘聚焦的偏转磁铁中，$\alpha_\varepsilon$ 将

减少一个 $\Delta\alpha_\varepsilon$，即

$$\Delta\alpha_\varepsilon = \frac{1}{2T_s}\left(\frac{\mathrm{d}\Delta U}{\mathrm{d}\varepsilon}\right)_s = \frac{1}{2T_s cE_s}\sum_{j=1}^{2m} P_{\gamma s}(l_j)\eta(l_j)\tan\theta(l_j)$$

$$= \frac{U_s}{2E_s T_s}\left[\frac{1}{cU_s}\sum_{j=1}^{2m} P_{\gamma s}(l_j)\eta(l_j)\tan\theta(l_j)\right] \tag{7.68}$$

与式(7.54)比较，又可得到 $\mathscr{D}$ 值的减少为：

$$\Delta\mathscr{D} = \frac{1}{cU_s}\sum_{j=1}^{2m} P_{\gamma s}(l_j)\eta(l_j)\tan\theta(l_j) \tag{7.69}$$

根据方程(7.56)，最后又可写出带有边缘聚焦偏转磁铁结构中的 $\mathscr{D}$ 值为：

$$\mathscr{D} = \frac{\oint \eta G_s(G_s^2 + 2K)\mathrm{d}l_s}{\oint G_s^2 \mathrm{d}l_s} - \frac{1}{cU_s}\sum_{j=1}^{2m} P_{\gamma s}(l_j)\eta(l_j)\tan\theta(l_j) \tag{7.70}$$

对于硬磁边界分离作用磁场结构，$G_s = 1/\rho_s$，$K=0$。当设计选取 $\theta(l_j)=\theta=$ 常数时，上式又可简化为：

$$\mathscr{D} = \frac{1}{2\pi\rho_s}\left[\oint G_s \eta \mathrm{d}l_s - \tan\theta\sum_{j=1}^{2m}\eta(l_j)\right] \tag{7.71}$$

现在求 η 函数。在偏转磁铁中 η 满足以下方程：

$$\eta'' + G_s^2\eta = G_s \tag{7.72}$$

解方程(7.72)可得：

$$\eta = (\eta_s - \rho_s)\cos\frac{l}{\rho_s} + \rho_s\eta_s'\sin\frac{l}{\rho_s} + \rho_s \tag{7.73}$$

将上式乘以 G_s 后沿弧 l_s 取环积分，则有：

$$\oint \eta G_s \mathrm{d}l_s = \sum_{j=1}^{m}\left[(\eta_{0j} - \rho_s)\sin\frac{l_{mj}}{\rho_s} + \rho_s\eta_{0j}'\left(1 - \cos\frac{l_{mj}}{\rho_s}\right) + l_{mj}\right] \tag{7.74}$$

其中 l_{mj} 为每块偏转磁铁的轨道弧长；m 为偏转磁铁总数量。将式(7.74)代入式(7.71)，并令偏转磁铁入口与出口之 η 函数值分别为 η_0 和 η_k，则式(7.71)变为：

$$\mathscr{D} = \frac{1}{2\pi\rho_s}\sum_{j=1}^{m}\left[(\eta_{0j} - \rho_s)\sin\frac{l_{mj}}{\rho_s} + \eta_{0j}'\rho_s\left(1 - \cos\frac{l_{mj}}{\rho_s}\right) + l_{mj} - (\eta_{0j} + \eta_{kj})\tan\theta\right] \tag{7.75}$$

又由式(7.73)可得到：

$$\eta_{kj} = (\eta_{0j} - \rho_s)\cos\frac{l_{mj}}{\rho_s} + \rho_s\eta_{0j}'\sin\frac{l_{mj}}{\rho_s} + \rho_s \tag{7.76}$$

或

$$\rho_s\eta_{0j}' = (\eta_{kj} - \rho_s)\frac{1}{\sin\frac{l_{mj}}{\rho_s}} - (\eta_{0j} - \rho_s)\cot\frac{l_{mj}}{\rho_s} \tag{7.77}$$

将式(7.77)代入式(7.75)后并化简，则又可得到：

$$\mathscr{D}=\frac{1}{2\pi\rho_s}\sum_{j=1}^{m}\left[(\eta_{0j}+\eta_{kj})\tan\frac{l_{mj}}{2\rho_s}+2\rho_s\left(\frac{l_{mj}}{2\rho_s}-\tan\frac{l_{mj}}{2\rho_s}\right)-(\eta_{0j}+\eta_{kj})\tan\theta\right]\tag{7.78}$$

或

$$\mathscr{D}=\frac{1}{2\pi\rho_s}\sum_{j=1}^{m}\left[(\eta_{0j}+\eta_{kj})\left(\tan\frac{l_{mj}}{2\rho_s}-\tan\theta\right)+2\rho_s\left(\frac{l_{mj}}{2\rho_s}-\tan\frac{l_{mj}}{2\rho_s}\right)\right]\tag{7.79}$$

若每块偏转磁铁的轨道弧长都相同，即 $l_{mj}=l_m$，则上式又可简化为：

$$\mathscr{D}=\left(1-\frac{2\rho_s}{l_m}\tan\frac{l_m}{2\rho_s}\right)+\frac{1}{2\pi\rho_s}\left(\tan\frac{l_m}{2\rho_s}-\tan\theta\right)\sum_{j=1}^{m}(\eta_{0j}+\eta_{kj})\tag{7.80}$$

(4) 矩形偏转磁铁

在高能电子储存环中，有时人们喜欢采用等磁场的矩形磁铁，这时式(7.80)中 θ 与 l_m 之间满足如下关系：

$$\theta=\frac{1}{2}\cdot\frac{l_m}{\rho_s}\tag{7.81}$$

将其代入式(7.80)，可求得矩形偏转磁铁结构的 $\mathscr{D}$ 值：

$$\mathscr{D}=1-\frac{\tan\theta}{\theta}\tag{7.82}$$

7.3　自由振荡阻尼

7.3.1　垂直方向的自由振荡阻尼

首先讨论垂直方向的自由振荡。电子自由振荡的位移 z 和散角 z' 可分别表示为：

$$z=A_z\sqrt{\beta_z(l)}\cos\varphi_z,\quad \varphi_z=\int_0^l\frac{\mathrm{d}l}{\beta_z(l)}\tag{7.83}$$

$$z'=-\frac{A_z}{\sqrt{\beta_z(l)}}[\alpha_z(l)\cos\varphi_z+\sin\varphi_z]\tag{7.84}$$

式中 A_z 是垂直方向幅度不变量；$\beta_z(l)$是垂直方向振荡 β 函数；φ_z 是垂直方向自由振荡相移；$\alpha_z(l)=\frac{-1}{2}\cdot\frac{\mathrm{d}\beta_z(l)}{\mathrm{d}l}$是垂直方向振荡 α 函数。在下面的讨论中，全部 $\beta_z(l)$，φ_z，$\alpha_z(l)$都略去角标 z 并简写为β，φ，α。

能量为 E_s 的电子在任一弧元 Δl 上的辐射能量为 δE，电子相应的动量 p 的变化为 δp，如图 7.8(a)所示。7.1 节曾指出 p 与 δp 平行且方向相反，因此电子的辐射损失并不改变电子轨迹的位移和散角，所以自由振荡幅度 A_z 并不改变。这里应当指出，在1圈内，电子能量会有微小的减少，因而有效聚焦力及 β 函数都会发生变化，但这是一种二级效应。由于高频腔不断补充能量，电子能量平均是不变的，因此这种二级效应可以忽略。

在高频腔里的情况则不同。高频场对电子的平均作用力平行于平衡轨道，因为电子的动量 δp 不平行于 p[参看图7.8(b)]，故导致振荡散角发生变化。

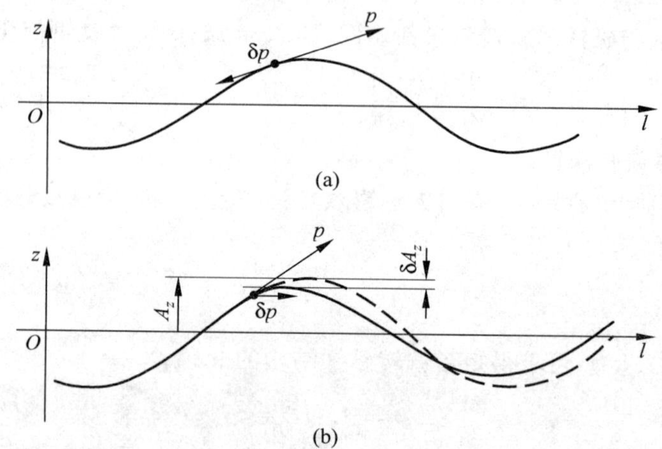

图7.8 能量变化对垂直方向振荡的影响
(a)辐射损失；(b)高频加速

假设电子在进入高频腔之前与平衡轨道的夹角为 z'，$z'=p_\perp p_s$，$p_\perp$ 表示动量 p 在垂直方向的分量。受电场加速后的散角变为 z_1'：

$$z_1' = \frac{p_\perp}{p_s + \delta p} = \frac{p_\perp}{p_s}\left(1 - \frac{\delta p}{p_s}\right) = z'\left(1 - \frac{\delta p}{p_s}\right) \tag{7.85}$$

散角的增量为：

$$\delta z' = z_1' - z' = -z'\frac{\delta p}{p_s} = -z'\frac{\delta E}{E_s} \tag{7.86}$$

已经知道，幅度不变量 A_z 满足：

$$\gamma z^2 + 2\alpha z z' + \beta z'^2 = A_z^2 \tag{7.87}$$

式中 γ 为横向振荡函数，$\gamma=(1+\alpha^2)/\beta$。从上式可求得 A_z 的变化为 δA_z，它满足以下关系：

$$A_z \delta A_z = (\gamma z + \alpha z')\delta z + (\beta z' + \alpha z)\delta z' \tag{7.88}$$

将 $\delta z=0$ 及式(7.86)代入式(7.88)，可得：

$$A_z \delta A_z = -\frac{\delta E}{E_s}(\beta z'^2 + \alpha z z') \tag{7.89}$$

由于电子到达高频腔时的振荡相位是任意的，它可能是 $0\sim2\pi$ 之间的任意值，因此，只能求 δA_z 的平均值，即

$$A_z\langle\delta A_z\rangle=-\frac{\delta E}{E_s}(\beta\langle z'^2\rangle+\alpha\langle zz'\rangle) \tag{7.90}$$

又由式(7.83)和(7.84)可求得：

$$\left.\begin{aligned}\langle z'^2\rangle&=\frac{1}{2\pi}\int_0^{2\pi}\frac{A_z^2}{\beta}(\alpha\cos\varphi+\sin\varphi)^2\mathrm{d}\varphi=\frac{A_z^2}{2\beta}(1+\alpha^2)\\\langle zz'\rangle&=\frac{1}{2\pi}\int_0^{2\pi}-A_z^2\cos\varphi(\alpha\cos\varphi+\sin\varphi)\mathrm{d}\varphi=-\frac{A_z^2}{2}\alpha\end{aligned}\right\} \tag{7.91}$$

将以上两式代入式(7.90)，则可得到：

$$\frac{\langle\delta A_z\rangle}{A_z}=-\frac{1}{2}\cdot\frac{\delta E}{E_s} \tag{7.92}$$

假设电子回旋 1 圈振幅的改变为 ΔA_z，则由于辐射损失而造成 A_z 的衰减为：

$$\frac{\Delta A_z}{A_z}=-\frac{U_s}{2E_s} \tag{7.93}$$

从上式可知，在回旋时间 T_s 里 ΔA_z 与 A_z 成正比。因此，振幅随时间呈指数衰减，即

$$\frac{1}{A_z}\cdot\frac{\mathrm{d}A_z}{\mathrm{d}t}=\frac{1}{A_z}\cdot\frac{\Delta A_z}{T_s}=-\frac{U_s}{2E_sT_s} \tag{7.94}$$

由上式可以解出 A_z 的表达式来，即：

$$A_z=A_{z0}\mathrm{e}^{-\alpha_z t} \tag{7.95}$$

其中

$$\alpha_z=\frac{U_s}{2E_sT_s}=\frac{\langle P_\gamma\rangle}{2E_s} \tag{7.96}$$

α_z 称为垂直方向的阻尼系数。

从上面的结果可以看出，“辐射阻尼”并不发生在辐射过程中，而是发生在从高频腔补充能量的过程中。

7.3.2　径向自由振荡的辐射阻尼

现在来考虑径向自由振荡的辐射阻尼。径向与垂直方向不同的是，能量振荡的存在增加了问题的复杂性。电子总的径向位移 x 是由能量振荡位移 x_ε 和自由振荡位移 x_β 组成的，即

$$x=x_\beta+x_\varepsilon \tag{7.97}$$

当电子能量变化 δE 时，相应的 x_ε 变化为：

$$\delta x_\varepsilon = \eta \frac{\delta E}{E_s} \tag{7.98}$$

与垂直方向相同，辐射引起的电子能量变化并不改变电子的总位移 x 及散角 x'，即

$$\delta x = 0, \quad \delta x' = 0 \tag{7.99}$$

于是，可以得到自由振荡位移的变化为：

$$\delta x_\beta = -\delta x_\varepsilon = -\eta \frac{\delta E}{E_s} \tag{7.100}$$

自由振荡散角的变化为：

$$\delta x'_\beta = -\delta x'_\varepsilon = -\eta' \frac{\delta E}{E_s} \tag{7.101}$$

由此可知，由于辐射能量而引起闭合轨道的变化将导致自由振荡轨迹的变化，如图 7.9 所示。

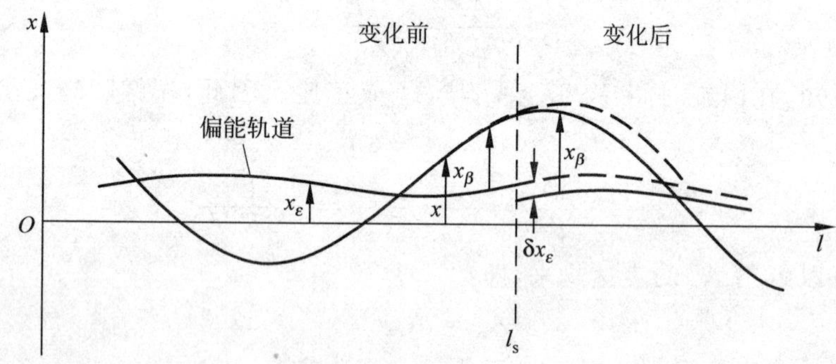

图 7.9 能量变化对径向振荡位移的影响

由于轨道曲率的存在，自由振荡正半周电子走过的路程比负半周所走过的路程长，于是在一个振荡周期内，两个半周所辐射的能量不同，因而振荡幅度也就不一样。下面进行推导。

径向自由振荡可描述为：

$$x_\beta = A_x \sqrt{\beta_x(l)} \cos\varphi_x \tag{7.102}$$

$$x'_\beta = -\frac{A_x}{\sqrt{\beta_x(l)}}[\alpha_x(l)\cos\varphi_x + \sin\varphi_x] \tag{7.103}$$

式中 A_x 表示径向幅度不变量；β_x 表示径向振荡 β 函数；$\alpha_x(l)$ 表示径向振荡 α 函数，即 $\alpha_x(l) = -\frac{1}{2} \cdot \frac{d\beta_x(l)}{dl}$；$\varphi_x$ 表示径向自由振荡相移，即 $\varphi_x = \int_0^l \frac{dl}{\beta_x(l)}$。

在下面的讨论中，全部 $\beta_x(l)$，φ_x，$\alpha_x(l)$ 都略去角标 x，直接写为 β,φ,α。

同样，可以应用幅度不变量方程求出 A_x 的变化：

$$A_x^2 = \gamma x_\beta^2 + 2\alpha x_\beta x'_\beta + \beta x'^2_\beta \tag{7.104}$$

$$A_x \delta A_x = (\gamma x_\beta + \alpha x'_\beta)\delta x_\beta + (\beta x'_\beta + \alpha x_\beta)\delta x'_\beta \tag{7.105}$$

式中 γ 为横向振荡 γ 函数，$\gamma=(1+\alpha^2)/\beta$。将式(7.100)和式(7.101)代入式(7.105)，可得：

$$A_x \delta A_x = -\frac{\delta E}{E_s}[(\eta\gamma + \eta'\alpha)x_\beta + (\eta\alpha + \eta'\beta)x'_\beta] \tag{7.106}$$

在弧元 Δl 上，电子能量的变化为：

$$\delta E = -\frac{P_\gamma}{c}\Delta l \tag{7.107}$$

用 $\Delta l=\left(1+\frac{x_\beta}{\rho_s}\right)\Delta l_s$ 代入式(7.107)，可以得到：

$$\delta E = -\left(1+\frac{x_\beta}{\rho_s}\right)\frac{P_\gamma}{c}\Delta l_s \tag{7.108}$$

式中 P_γ 为对应于自由振荡轨迹上电子的瞬时辐射功率。现在求它在平衡轨道附近的展开式。为此，利用方程(7.6)：

$$P_\gamma = C_0 B^2 E^2$$

再利用平衡轨道附近磁感应强度的展开式：

$$B = B_s\left[1 + \frac{1}{B_s}\left(\frac{\partial B}{\partial x}\right)_s x_\beta\right] \tag{7.109}$$

代入式(7.6)，只取一阶项，电子能量 $E=E_s$，则有：

$$P_\gamma = P_{\gamma s}\left[1 + \frac{2}{B_s}\left(\frac{\partial B}{\partial x}\right)_s x_\beta\right] \tag{7.110}$$

其中

$$P_{\gamma s} = C_0 B_s^2 E_s^2 \tag{7.111}$$

$P_{\gamma s}$ 为电子在平衡轨道上运动时的瞬时辐射功率。把式(7.110)代入式(7.108)，化简后只保留一阶项，可得：

$$\delta E = -\left\{1 + \left[\frac{1}{\rho_s} + \frac{2}{B_s}\left(\frac{\partial B}{\partial x}\right)_s\right]x_\beta\right\}\frac{P_{\gamma s}}{c}\Delta l_s \tag{7.112}$$

将式(7.112)代入式(7.106)，得到：

$$A_x \delta A_x = \left\{C_1 x_\beta + C_2 x'_\beta + C_1\left[\frac{1}{\rho_s} + \frac{2}{B_s}\left(\frac{\partial B}{\partial x}\right)_s\right]x_\beta^2 +\right.$$

$$C_2\left[\frac{1}{\rho_s}+\frac{2}{B_s}\left(\frac{\partial B}{\partial x}\right)_s\right]x_\beta x'_\beta\Bigg\}\frac{P_{\gamma s}}{cE_s}\Delta l_s \tag{7.113}$$

式中 $C_1=\eta\gamma+\eta'\alpha$，$C_2=\eta\alpha+\eta'\beta$，$C_1$ 和 C_2 均为自定参数，以便于推导。考虑到电子辐射可能发生在 $0\sim2\pi$ 间的任意相位，因此要对 φ 取平均值，即

$$\left.\begin{aligned}\langle x_\beta\rangle=0 \qquad & \langle x'_\beta\rangle=0\\ \langle x_\beta^2\rangle=\frac{1}{2}A_x^2\beta,\quad & \langle x_\beta x'_\beta\rangle=-\frac{A_x^2}{2}\alpha\end{aligned}\right\} \tag{7.114}$$

考虑到 $C_1\beta-C_2\alpha=\eta$，由式(7.113)可得：

$$\frac{\langle\delta A_x\rangle}{A_x}=\frac{1}{2cE_s}\left[\frac{1}{\rho_s}+\frac{2}{B_s}\left(\frac{\partial B}{\partial x}\right)_s\right]\eta P_{\gamma s}\Delta l_s \tag{7.115}$$

电子回旋1圈 A_x 的改变量为 ΔA_x，则有：

$$\frac{\Delta A_x}{A_x}=\frac{1}{2cE_s}\oint\left[\frac{1}{\rho_s}+\frac{2}{B_s}\left(\frac{\partial B}{\partial x}\right)_s\right]\eta P_{\gamma s}\Delta l_s \tag{7.116}$$

因此，可以求得辐射对径向阻尼系数的贡献为：

$$\alpha_{xR}=-\frac{U_s}{2E_sT_s}\left\{\frac{1}{cU_s}\oint\left[\eta P_{\gamma s}\left(\frac{1}{\rho_s}+\frac{2}{B}\cdot\frac{\partial B}{\partial x}\right)\right]_s \mathrm{d}l_s\right\}$$

或由式(7.55)，上式可简化为：

$$\alpha_{xR}=-\frac{U_s}{2E_sT_s}\mathscr{D} \tag{7.117}$$

下面还要考虑高频加速场的作用。与垂直方向情况相同，高频场对电子总径向位移和散角的扰动为：

$$\delta x=0,\quad \delta x'=-x'\frac{\delta E}{E_s} \tag{7.118}$$

式中 δE 为电子从高频场得到的能量。由 $\delta x=\delta x_\beta+\delta x_\varepsilon$，$\delta x'=\delta x'_\beta+\delta x'_\varepsilon$ 得到：

$$\delta x_\beta=-\delta x_\varepsilon=-\eta\frac{\delta E}{E_s} \tag{7.119}$$

$$\delta x'_\beta=-x'\frac{\delta E}{E_s}-\eta'\frac{\delta E}{E_s} \tag{7.120}$$

由于只考虑电子的自由振荡，因此式(7.120)中 $x'=x'_\beta$，于是得：

$$\delta x'_\beta=-\frac{\delta E}{E_s}(x'_\beta+\eta') \tag{7.121}$$

利用式(7.119)和(7.120)所给出的扰动条件，按照与垂直方向类似的推导方法，可得到相应的结果，即高频场对径向阻尼系数的贡献为：

$$\alpha_{xF}=\frac{U_s}{2E_sT_s} \tag{7.122}$$

将式(7.117)与(7.122)叠加，则可得到总的径向阻尼系数：

$$\alpha_x = \alpha_{xR} + \alpha_{xF} = \frac{U_s}{2E_s T_s}(1-\mathscr{D}) \tag{7.123}$$

其中

$$\mathscr{D} = \frac{1}{cU_s}\oint\left[\eta P_\gamma\left(\frac{1}{\rho_s} + \frac{2}{B}\cdot\frac{\partial B}{\partial x}\right)_s\right]\mathrm{d}l_s$$

这里需要指出，以上的 $\mathscr{D}$ 值只适用于磁铁边界处电子垂直入射(出射)的情况。对于非垂直入射(出射)，必须对 $\mathscr{D}$ 值作修正，其结果与7.2节相同(读者可自行证明)。

7.4　辐射阻尼的时间常数与衰减分配数

前面已经考虑了束团中任一电子的所有三个自由度的辐射阻尼效应。三种振荡模式都是以自然指数形式衰减的，其阻尼系数可表示为如下的一般形式：

$$\alpha_i = J_i\alpha_0, \qquad \alpha_0 = \frac{U_s}{2E_s T_s} = \frac{\langle P_\gamma\rangle}{2E_s} \tag{7.124}$$

此处的角标 i 分别为 x,z,ε，于是有：

$$J_x = 1-\mathscr{D},\ J_z = 1,\ J_\varepsilon = 2+\mathscr{D} \tag{7.125}$$

阻尼时间常数被定义为：

$$\tau_i = \frac{1}{\alpha_i} = \frac{2E_s T_s}{J_i U_s} = \frac{2E_s}{J_i\langle P_\gamma\rangle} \tag{7.126}$$

对于硬边界磁场，$\langle P_\gamma\rangle$ 可取式(7.13)，于是得：

$$\tau_i = \frac{4\pi}{cC_\gamma}\cdot\frac{R\rho_s}{J_i E_s^3} \tag{7.127}$$

从上式可以看出，对于一个给定的储存环，阻尼时间常数与能量的立方呈反比变化。

在以上诸式中 J_i 称为衰减分配数，它们的和为一确定数值，即

$$\sum J_i = J_x + J_z + J_\varepsilon = 4 \tag{7.128}$$

文献[6]也给出了此式的证明。

7.5　扭摆磁铁与波荡器

7.5.1　插入件的特征参数 K

为了获得性能更高的同步辐射光，人们常常采用插入件。扭摆磁铁是目前

广泛采用的提高储存环同步辐射光子能量的一种经济有效的插入件。例如，我国国家同步辐射实验室的储存环，电子束的能量为 0.8GeV，所产生的同步辐射光的临界波长为 2.4nm，可使用短波长为 0.5nm，属于软 X 射线范畴，不能满足硬 X 射线用户的需要。1998 年，安装一台 6 万高斯(即 6T)的超导扭摆磁铁后，同步辐射的临界波长缩短到 0.5nm，可使用的短波长延伸到 0.1nm，这样可以同时开展软、硬 X 射线的科学研究。

通常，扭摆磁铁是由磁场较强的三块磁铁组成的，其中中间的磁铁为主磁极，两边的磁铁为辅助磁极，其磁场方向与主磁极相反，如图 7.10 所示。三块磁铁组成的磁场要满足束流动力学的要求，即束流通过扭摆磁铁时轨道发生剧烈弯曲，从而产生短波长的 X 射线。

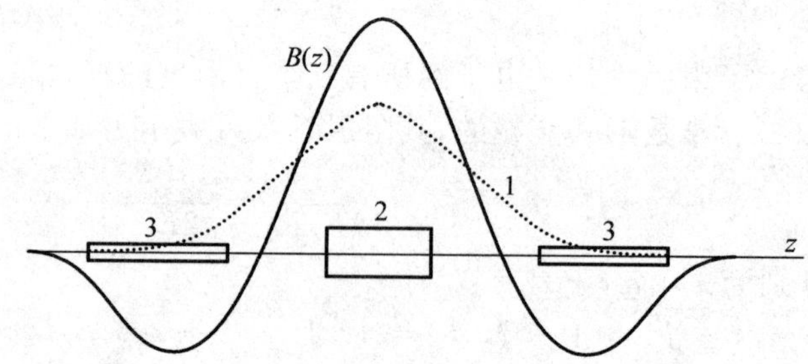

图 7.10　扭摆磁铁中的磁场分布和束流轨道

1—粒子轨道；2—主磁极；3—补偿磁极

假定每块磁铁中的磁场近似为正弦分布，取直角坐标，磁场方向为 y，束流轨道水平偏移为 x，束流方向为 z，则每块磁铁的轨道磁场可以表示为：

$$B_y(z) = B_0 \sin(2\pi z/\lambda_w) \tag{7.129}$$

其中 B_0 和 λ_w 分别为磁场的幅值和周期。

当束流通过这个磁场时，其轨迹满足以下运动方程：

$$\frac{\mathrm{d}p_x}{\mathrm{d}t} = e v_z B_y \tag{7.130}$$

或写为：

$$\frac{\mathrm{d}^2 x}{\mathrm{d}z^2} = \frac{eB_y}{mv_z} \approx \frac{eB_y}{mc} = \frac{ecB_y}{E} \tag{7.131}$$

对上式积分，得到束流通过扭摆磁铁时的轨道水平偏转角为：

$$\frac{\mathrm{d}x}{\mathrm{d}z} = \theta_w = \frac{ec}{E}\int_w B_y \mathrm{d}z \tag{7.132}$$

在主磁铁中的最大偏转角相当于在半个磁铁中的偏转角度，即

$$\theta_{w.\max} = \frac{ec}{E}\int_0^{\lambda_w/4} B_0 \sin\frac{2\pi z}{\lambda_w}\mathrm{d}z = \frac{ecB_0\lambda_w}{2\pi E} = \frac{B_0\lambda_w}{2\pi B\rho} \tag{7.133}$$

用归一化能量 γ 乘以最大偏转角，称为插入件的特征参数 K。K 值由下式决定：

$$K = \gamma\theta_{w.\max} = 0.934B_0\lambda_w \tag{7.134}$$

其中 B_0 的单位为 T；λ_w 的单位为 cm。通常，扭摆磁铁的 K 值 >1。如果插入件的磁铁是由许多正负交替排列且场强较低的磁极所组成，这时 K 值通常小于 1，这样的插入件称为波荡器。波荡器产生的同步辐射光与扭摆磁铁不同，是相干光，其光谱是不连续的。

7.5.2 插入件中同步辐射光的特性

由波荡器产生的同步辐射光是含有各次谐波(n)的相干光，当波荡器磁铁的波长为 λ_u 时，其辐射光的波长由下式求出：

$$\lambda_n = \frac{\lambda_u}{2n\gamma^2}\left(1+\frac{K^2}{2}+\gamma^2\theta^2\right) \tag{7.135}$$

其中 $n=1,3,5,\cdots,K=0.934B_u\lambda_u,B_u$ 为波荡器磁场的幅值，θ 为观察角。各种不同类型的波荡器(如螺旋形等)所产生的同步辐射光通量及亮度的计算公式可参阅文献[8]。

在磁场为正弦分布的假设下，波荡器的辐射总功率 P_γ(单位为 kW)为：

$$P_\gamma = 0.6327E^2IB_{\max}^2L \tag{7.136}$$

其中 $B_{\max}$ 为峰值磁场，T；I 为电流，A；E 为束流能量，GeV；L 为其长度，m。

在磁场为正弦分布的假设下，由 3 对线圈组成的扭摆磁铁，其总辐射功率为：

$$P_\gamma = 0.3164E^2IB_{\max}^2L \tag{7.137}$$

例如，位于合肥的国家同步辐射实验室的 6T 扭摆磁铁，总长 $L=0.3$m，电流 $I=0.3$A，则辐射的总功率 $P_\gamma=0.656$kW。考虑到扭摆磁铁产生的射线张角很小，因此在单位角度内的射线强度要比转靶 X 射线机的连续谱大 10^4 倍以上。

由扭摆磁铁产生的同步辐射，对于多磁极的扭摆磁铁，单位辐角内的光子通量为：

$$\frac{\mathrm{d}I_{\mathrm{ph}}}{\mathrm{d}\theta} = 2.457\times10^{16}NIE(\Delta\omega/\omega)\frac{\lambda_c}{\lambda}\int_{\lambda_c/\lambda}^{\infty}\mathrm{K}_{5/3}(x)\mathrm{d}x \tag{7.138}$$

单位为光子数/(s · mrad)。其中 N 为磁极的周期数。如果不考虑光斑的影响，则中心光谱的亮度为：

$$\frac{\mathrm{d}^2I_{\mathrm{ph}}}{\mathrm{d}\theta\mathrm{d}\Psi} = 1.325\times10^{16}NE^2I\left(\frac{\lambda_c}{\lambda}\right)^2\left[\mathrm{K}_{2/3}^2\left(\frac{\lambda_c}{2\lambda}\right)\right](\Delta\omega/\omega) \tag{7.139}$$

7.5.3 插入件磁场对粒子运动的影响

在束流通过插入件(扭摆磁铁或波荡器)后,要求粒子轨道保持不变,这就必须对插入件的磁场分布提出严格要求。以扭摆磁铁为例,要求有以下四个方面:

(1) 束流通过扭摆磁铁后,要求水平方向不变,根据式(7.132),这就要求

$$\frac{\mathrm{d}x}{\mathrm{d}z}=\frac{ec}{E}\int_{w}B_{y}\mathrm{d}z=0 \tag{7.140}$$

其中 B_y 为扭摆磁铁的轨道磁场。如果上式不等于 0,则束流通过扭摆磁铁后将产生一个水平偏转角,从而加大自由振荡幅值。

(2) 束流通过扭摆磁铁后,要求水平位移也等于 0,即二次积分等于 0,对式(7.132)再取积分,得到:

$$\Delta x=\frac{ec}{E}\int_{w}\int_{z}B_{y}(z_1)\mathrm{d}z\mathrm{d}z_1=0 \tag{7.141}$$

如果上式不等于 0,则束流通过扭摆磁铁后将产生一个水平位移,这也会加大自由振荡幅度。

(3) 超导扭摆磁铁安装到储存环上将会造成储存环的物理参数发生畸变,特别是引起储存环工作点的变化。中国科技大学国家同步辐射实验室的储存环安装了 6 万高斯(6T)的超导扭摆磁铁后,垂直方向的自由振荡频率发生明显的偏离。插入件引起垂直方向的自由振荡频率的变化可按下式计算:

$$\Delta Q_y=\frac{\beta_{yw}}{4\pi}\left(\frac{ec}{E}\right)^2\int_{w}B_y^2\mathrm{d}z \tag{7.142}$$

其中 β_{yw} 为插入件处的 β 函数,积分只沿插入件的磁场进行。中国国家同步辐射实验室在同步辐射装置中安装扭摆磁铁后,储存环工作点发生了明显的变化,采用工作点预补偿法取得了良好的调机效果[9]。扭摆磁铁还会引起储存环 β 值的变化,这将导致束流自由振荡幅值的增加,束流寿命下降。通过全环补偿[10],可使 β 值下降到允许的范围,使束流寿命提高到接近原来的水平。

(4) 扭摆磁铁的高次场对束流运动也有影响,因此也要进行一定的限制。

参考文献

[1] J. D. 杰克逊. 经典电动力学(下). 北京:人民教育出版社,1979

[2] Sands M. SLAC-121, 1970

[3] Kasuga T. BNL-51959, 1985. 83

[4] Liu Naiquan. BNL-51959, 1985. 133

[5] He Duhui. BNL-51959, 1985. 155

[6] Koch E E. Handbook on Synchrotron Radiation. 1983, 1A:104

[7]　金玉明. 电子储存环物理. 合肥：中国科学技术大学出版社，2001

[8]　Murphy J. Synchrotron Light Source Data Book. BNL 42333，1990

[9]　Liu Naiquan etc. Nuclear Instruments and Methods in Physics Research A 434，1999

[10]　刘乃泉，张武，蒋迪奎等. 国家同步辐射实验室的研究报告，1999

习题与思考题

1. 试说明在一级近似条件下，电子作自由振荡的平均辐射功率与平衡轨道上的辐射功率相同。

2. 对于磁场对数梯度 $n=-\dfrac{\rho_s}{B_s}\left(\dfrac{\partial B}{\partial x}\right)_s=0.5$ 的等磁场，$\mathscr{D}$ 值有什么特点？

3. 电子辐射能量对其运动的影响在径向与垂直方向有哪些异同？

4. 某电子储存环的参数如下：$E_s=800\text{MeV}$，$C_s=66.13\text{m}$，$\rho_s=2.22\text{m}$，磁铁系统为无边缘聚焦的分离函数磁铁，$\alpha_p=0.01$，求各个阻尼系数 α_x，α_z，α_ε。

5. 合肥国家同步辐射实验室的储存环安装 1 台超导扭摆磁铁，$B=6\text{T}$，$N=1$，求在 $\lambda=\lambda_c$ 时的同步辐射光的通量与光亮度。

第8章 量子辐射损失对粒子运动的影响

第7章主要讨论了同步辐射的平均损失过程，即认为同步辐射是一个连续的过程。实际上同步辐射在时间上不是连续的过程，电子每次辐射的光子能量也是不相同的，通常这些光子能量由可见光可以延续到X射线。

电子不连续辐射量子，引起电子本身能量的不连续变化，因此扰动了电子的运动，多次扰动积累起来就会使电子振荡幅度增加。另一方面，这种量子激发最终又被平均辐射阻尼效应所平衡。本章主要讨论的就是这种电子自由振荡与能量振荡的量子激发与平衡的过程。

8.1 量子辐射引起的电子能量振荡

8.1.1 能量振荡

当电子在轨道上运动发射一个光子时，电子突然损失一定的能量，这种突然的扰动将引起电子在相空间的一个微小的振荡，多次量子辐射，使电子在相空间的振荡幅度不断增加。但是，由于有辐射阻尼的存在，这种相振荡的幅度增长到一定数值便达到平衡，以后这种由于量子辐射所激发的相振荡（即电子能量振荡）将围绕某一个平衡幅度变化。为了计算方便起见，不考虑每次量子辐射所引起的电子能量变化的情况，而只是研究电子能量变化与平均值的均方根差。

在没有考虑量子辐射效应时，电子的小角度能量振荡方程为：

$$\frac{\mathrm{d}^2\varepsilon}{\mathrm{d}t^2}+\Omega^2\varepsilon=0 \tag{8.1}$$

它的解为：

$$\varepsilon(t)=A_0\mathrm{e}^{\mathrm{i}\Omega(t-t_0)} \tag{8.2}$$

其中 Ω 为相振荡角频率；A_0 为振幅。

现在假定在某一瞬时 t_i，电子发射一个光子，电子的能量突然减少了一个 u，于是在 t_i 时刻以后，电子的能量偏差变为：

$$\varepsilon(t) = A_0 e^{i\Omega(t-t_0)} - u e^{i\Omega(t-t_i)} \tag{8.3}$$

这个量子辐射引起电子能量振荡的变化过程如图 8.1 所示。

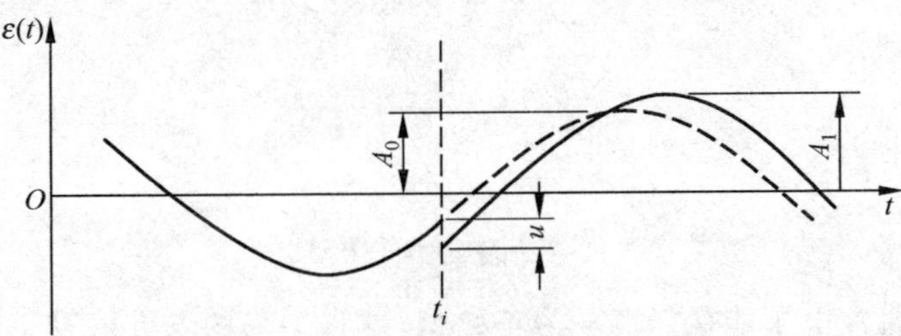

图 8.1　量子辐射引起电子能量振荡的变化

t_i 时刻后，新的电子能量振荡可用下式描述：

$$\varepsilon(t) = A_1 e^{i\Omega(t-t_1)} \tag{8.4}$$

其中

$$A_1^2 = A_0^2 + u^2 - 2A_0 u\cos\Omega(t_i - t_0) \tag{8.5}$$

而 t_1 则是一个无关紧要的时间位移，因为量子辐射而使电子能量振荡的幅值变化到一个新的数值 A_1，这只取决于初始时间与辐射时间之差以及 A_0 和 u 的大小。但是，由于量子辐射的随机特点，$\cos\Omega(t_i-t_0)$的期望值为 0，这样由量子辐射而引起的平均最可几幅值改变量为：

$$\langle \delta A^2 \rangle = \langle A_1^2 - A_0^2 \rangle = u^2 \tag{8.6}$$

假定每秒内有 N 个量子辐射，每次辐射使 A^2 值变化 u^2，则单位时间内 A^2 的变化量为 Nu^2，即

$$\left\langle \frac{dA^2}{dt} \right\rangle = Nu^2 \tag{8.7}$$

而 A^2 变化率的最可几幅值等于 A^2 最可几幅值的变化率，因而有：

$$\left\langle \frac{dA^2}{dt} \right\rangle = \frac{d\langle A^2 \rangle}{dt} = Nu^2 \tag{8.8}$$

由方程(8.8)可以看出，右边 Nu^2 是一个正实数，这意味着由于发射光量子而引起的能量振荡振幅是增加的，也就是说，即使在原来能量振荡幅度为 0 的情况下，量子辐射也将会激发起电子的能量振荡。

现在要考虑平均辐射损失引起能量振荡的阻尼。第 7 章已经算出这个阻尼衰减系数为 α_ε，或衰减时间常数 τ_ε，因此振荡的衰减率为 A/τ_ε，或振幅平方的衰

减率为 $2A^2/\tau_\varepsilon$。由于平均辐射阻尼，电子 A^2 最可几幅值的变化率为：

$$\frac{\mathrm{d}\langle A^2\rangle}{\mathrm{d}t}=-2\frac{\langle A^2\rangle}{\tau_\varepsilon} \tag{8.9}$$

在稳定状态下，量子激发的能量振荡增长应与辐射阻尼衰减的数值相平衡，即

$$Nu^2-2\frac{\langle A^2\rangle}{\tau_\varepsilon}=0 \tag{8.10}$$

上式又可写为：

$$\langle A^2\rangle=\frac{1}{2}\tau_\varepsilon Nu^2 \tag{8.11}$$

考虑到通常电子能量振荡 ε 为正弦型，这种振荡的均方值等于其振荡幅度最可几幅值的 1/2，即

$$\sigma_\varepsilon^2=\langle\varepsilon^2\rangle=\frac{\langle A^2\rangle}{2}=\frac{1}{4}\tau_\varepsilon Nu^2 \tag{8.12}$$

因此，能量振荡的均方值是由于平均能量为 u 的量子随机辐射产生的。

现在假定量子辐射的能量不相同，设能量为 $u+\mathrm{d}u$ 与 u 之间的量子数目为 $n(u)\Delta u$，则其对能量振幅变化的贡献是：

$$\Delta\left(\frac{\mathrm{d}\langle A^2\rangle}{\mathrm{d}t}\right)=u^2n(u)\Delta u \tag{8.13}$$

又因为各个量子的辐射是彼此无关的，不同能量的量子对 A^2 增长的贡献是相互独立的，因此，其贡献的总和为：

$$\frac{\mathrm{d}\langle A^2\rangle}{\mathrm{d}t}=\int_0^\infty u^2n(u)\mathrm{d}u \tag{8.14}$$

其中右式的 u^2 可用均方值代替，于是有：

$$\frac{\mathrm{d}\langle A^2\rangle}{\mathrm{d}t}=N\langle u^2\rangle \tag{8.15}$$

又因为发射的光子的能量 u 只与储存环电子的能量和轨道的曲率半径有关，所以可以把能量偏差的均方值用 γ 和 ρ 表示。下面进行推导[1]。

考虑到能量振幅的变化比起电子在储存环中回旋的周期要慢得多，因此每圈内 $\langle A^2\rangle$ 的变化，可用一圈的平均值 $\langle N\langle u^2\rangle\rangle_s$ 来代替，即方程(8.15)变为：

$$\frac{\mathrm{d}\langle A^2\rangle}{\mathrm{d}t}=\langle N\langle u^2\rangle\rangle_s \tag{8.16}$$

定义

$$Q_\varepsilon=\langle N\langle u^2\rangle\rangle_s=\frac{1}{2\pi R}\oint N\langle u^2\rangle\mathrm{d}l_s \tag{8.17}$$

这样，均方能量偏差可以表示为：

$$\sigma_\varepsilon^2 = \frac{1}{4}\tau_\varepsilon \langle N\langle u^2 \rangle \rangle_s = \frac{1}{4}\tau_\varepsilon Q_\varepsilon \tag{8.18}$$

现在来求 Q_ε。在平均轨道上电子电能为 E_s，轨道曲率为 G_s，平均辐射损失功率为：

$$\langle P_\gamma \rangle_s = \frac{cC_\gamma}{2\pi} E_s^4 \langle G^2 \rangle_s = \frac{P_{\gamma s}\langle G^2 \rangle_s}{G_s^2} \tag{8.19}$$

其中 $C_\gamma = 8.85\times 10^{-5}\,\mathrm{m}\cdot(\mathrm{GeV})^{-3}$。又由电动力学知道[2]，单位时间发射的光量子数为：

$$N = \frac{15\sqrt{3}}{8}\cdot\frac{P_\gamma}{u_c} \tag{8.20}$$

其中 u_c 为被发射光量子的临界能量，其大小可表示为：

$$u_c = \hbar\omega_c = \frac{3}{2}\cdot\frac{\hbar c\gamma^3}{\rho} = \frac{3\hbar c\gamma^3 G}{2} \tag{8.21}$$

量子能量的均方值为：

$$\langle u^2 \rangle = \frac{11}{27}u_c^2 \tag{8.22}$$

故平衡轨道上的 Q_ε 值可表示为：

$$Q_\varepsilon = \langle N\langle u^2 \rangle \rangle_s = \left\langle \frac{55}{24\sqrt{3}}\cdot\frac{3}{2}\hbar c\gamma_s^3 G_s \frac{\langle P_\gamma \rangle G_s^2}{\langle G^2 \rangle_s} \right\rangle = \frac{3}{2}C_u \hbar c\gamma_s^3 \langle G^3 \rangle \frac{\langle P_\gamma \rangle_s}{\langle G^2 \rangle_s} \tag{8.23}$$

其中

$$C_u = 55/(24\sqrt{3}) \tag{8.24}$$

又因为

$$\tau_\varepsilon = \frac{2E_s}{J_\varepsilon \langle P_\gamma \rangle}$$

将 τ_ε 及式(8.23)代入式(8.18)，便得到 σ_ε^2 值：

$$\sigma_\varepsilon^2 = \frac{C_q \gamma_s^2 E_s^2 \langle G^3 \rangle}{J_\varepsilon \langle G^2 \rangle} \tag{8.25}$$

其中

$$C_q = \frac{3Cu\hbar}{4m_0 c} = 3.832\times 10^{-13}\,(\mathrm{m}) \tag{8.26}$$

如果取相对能散度，则式(8.25)可以改写为：

$$\left(\frac{\sigma_\varepsilon}{E_s}\right)^2 = \frac{C_q \gamma_s^2 \langle G^3 \rangle}{J_\varepsilon \langle G^2 \rangle} \tag{8.27}$$

在等磁场偏转磁铁的储存环中，上式又可简化为：

$$\left(\frac{\sigma_\varepsilon}{E_s}\right)^2 = \frac{C_q\gamma_s^2}{J_\varepsilon\rho_s} \tag{8.28}$$

以中国科技大学国家同步辐射实验室的 800MeV 储存环为例，其中 $\rho_s = 2.22\text{m}$，$\gamma_s = 1566$，$J_\varepsilon = 1.98$，由方程(8.28)求得该环内的电子能散度为：

$$\frac{\sigma_\varepsilon}{E_s} = 4.6 \times 10^{-4}$$

8.1.2 束团长度

为了找出由于电子能散而造成电子束团的纵向伸长，先要求出能量偏差与时间位移的关系。这里能量偏差与时间位移都是相对于同步粒子而言的。

(1) 小能量振荡

小的时间位移和能量偏差的纵向运动，称为小能量振荡。求解方程(7.39)～(7.42)，可得到如下方程：

$$\frac{\mathrm{d}^2\tau}{\mathrm{d}t^2} + 2\alpha_\varepsilon\frac{\mathrm{d}\tau}{\mathrm{d}t} + \Omega^2\tau = 0 \tag{8.29}$$

其中 α_ε 为能量阻尼系数；Ω 为纵向振荡角频率，其表达式为：

$$\Omega^2 = \frac{e\dot{V}_0\alpha_p}{T_s E_s} \tag{8.30}$$

方程(8.29)的解是：

$$\tau(t) = \tilde{\tau}\mathrm{e}^{-(\alpha_\varepsilon - \mathrm{i}\Omega)t} \tag{8.31}$$

式中 $\tilde{\tau}$ 是一个复数常数。

能量偏差 ε 的运动方程已在式(7.46)中给出，该方程的解为：

$$\varepsilon(t) = \tilde{\varepsilon}\mathrm{e}^{-(\alpha_\varepsilon - \mathrm{i}\Omega)t} \tag{8.32}$$

因为时间位移与能量偏差之间有如下关系：

$$\frac{\mathrm{d}\tau}{\mathrm{d}t} = -\alpha_p\frac{\varepsilon}{E_s} \tag{8.33}$$

则由方程(8.31)～(8.33)可求得：

$$\tilde{\varepsilon} = -\mathrm{i}\frac{\Omega E_s}{\alpha_p}\tilde{\tau} \tag{8.34}$$

或

$$\frac{\varepsilon_{\max}}{\tau_{\max}} = \frac{|\tilde{\varepsilon}|}{|\tilde{\tau}|} = \frac{\Omega E_s}{\alpha_p} \tag{8.35}$$

(2) 大能量振荡

当 ε 与 τ 的振荡幅度都比较大时，称之为大能量振荡。任何一个储存环一般只能接受能散在一定范围内的电子，例如能散为百分之几到千分之几，超出这个范围的电子则被丢掉。根据对大能量振荡的研究，决定储存环的最大能散接受度，也叫能量孔度，或纵向接受度。这时，对于时间位移 τ 的运动方程变为：

$$\frac{d^2\tau}{dt^2}+2\alpha_\varepsilon\frac{d\tau}{dt}+\frac{\alpha_p}{E_s T_s}[eV(\tau)-U_s]=0 \tag{8.36}$$

为了求最大能散接受度，这里略去阻尼力，即令 $\alpha_\varepsilon \to 0$，于是方程(8.36)变为：

$$\frac{d^2\tau}{dt^2}+\frac{\alpha_p}{E_s T_s}[eV(\tau)-U_s]=0 \tag{8.37}$$

将上式两端乘以 $d\tau$ 并积分，便可以得到：

$$\frac{1}{2}\left(\frac{d\tau}{dt}\right)^2=\Phi_0-\Phi(\tau) \tag{8.38}$$

其中

$$\Phi(\tau)=\frac{\alpha_p}{E_s T_s}\int_0^\tau[eV(\tau)-U_s]d\tau \tag{8.39}$$

式中 $\Phi(\tau)$表示运动系统的位能；而$\frac{1}{2}\left(\frac{d\tau}{dt}\right)^2$ 为动能；Φ_0 为运动系统的总能量。

由方程(8.33)与式(8.38)可以求得：

$$\frac{\varepsilon(\tau)}{E_s}=\pm\frac{\sqrt{2}}{\alpha_p}[\Phi_0-\Phi(\tau)]^{\frac{1}{2}} \tag{8.40}$$

如果能量振荡是在正弦高频电场中，则有：

$$[\Phi_0-\Phi(\tau)]_{max}=\Phi_{max}=\frac{\alpha_p U_s}{2\pi k E_s}F(q) \tag{8.41}$$

其中

$$F(q)=2\left[\sqrt{q^2-1}-\arccos\left(\frac{1}{q}\right)\right] \tag{8.42}$$

这样，能量孔度或储存环的能散接受度为：

$$\left(\frac{\varepsilon_{max}}{E_s}\right)=\sqrt{\frac{U_s}{\pi\alpha_p k E_s}F(q)} \tag{8.43}$$

如果将式(8.35)与(8.28)联立，便可求出在量子辐射情况下，束团在小能量振荡条件下，时间位移 σ_τ 的平方值为：

$$\sigma_\tau^2=\frac{C_q\gamma_s^2\alpha_p^2}{J_\varepsilon\rho_s\Omega^2} \tag{8.44}$$

或采用长度单位，即束团半长度为 σ_l，$\sigma_l=c\sigma_\tau$，于是有：

$$\sigma_l^2=\frac{C_q\gamma_s^2\alpha_p^2 c^2}{J_\varepsilon\rho_s\Omega^2} \tag{8.45}$$

在极限情况下，即当能量振荡最大时，束团在时间上的位移刚好等于高频电

场周期(T_f)的一半,因此束长极限为:

$$(\sigma_l)_{\max} = \frac{1}{2} T_f c \tag{8.46}$$

8.2 量子辐射引起的电子自由振荡

同步辐射中量子效应不仅激发起电子能量的振荡,同时也激发起电子无规则的自由振荡。当储存环的横向尺寸一定时,这种无规则的自由振荡可能造成束流损失。本节将分别对水平与垂直两个方向上量子辐射所激发的无规则自由振荡进行研究,并求出两个方向的束团尺寸来。

8.2.1 束团宽度

在第 7 章讨论电子辐射效应时,假定电子动量损失是与其运动方向相平行的。现在仍采用这个假定,只是把第 7 章中的能量损失 δE 用现在的量子损失 u 来代替。量子辐射只改变电子的动量大小,而不改变其运动方向。当然,电子能量的变化自然将伴随着自由振荡瞬时平衡轨道的变化,从而引起径向自由振荡位移的变化:

$$\delta x_\beta = -\eta \frac{u}{E_s} \tag{8.47}$$

$$\delta x'_\beta = -\eta' \frac{u}{E_s} \tag{8.48}$$

假定在 l_2 处发生量子辐射,那么,它引起 l_1 处的径向自由振荡位移为:

$$x_\beta(l_1, t_j) = a\sqrt{\beta_1}\cos\varphi_j \tag{8.49}$$

其中 φ_j 为在时间 t_j 电子多次通过 l_1 的相位;β_1 为在 l_1 处的 β 函数值;a 为一个常量,其大小由下式决定:

$$a^2 = \frac{1}{\beta_2}\left[x_2^2 + \left(\beta_2 x'_2 - \frac{1}{2}\beta'_2 x_2\right)^2\right] \tag{8.50}$$

如果认为 x_2, x'_2 就是式(8.47)与(8.48)中的自由振荡变量,那么,在 l_2 处发生量子辐射将引起自由振荡中常量 a 的变化为:

$$\delta a^2 = \frac{u^2}{E_s^2} \cdot \frac{1}{\beta_2}\left[\eta_2^2 + \left(\beta_2\eta'_2 - \frac{1}{2}\beta'_2\eta_2\right)^2\right] \tag{8.51}$$

如果定义一个新函数

$$\chi(l) = \frac{1}{\beta}\left[\eta^2 + \left(\beta\eta' - \frac{1}{2}\beta'\eta\right)^2\right] \tag{8.52}$$

那么，式(8.51)就可以写为：

$$\delta a^2 = \frac{u^2}{E_s^2}\chi(l_2) \tag{8.53}$$

以上结果是在假定原来自由振荡幅度为0的情况下得到的。如果本来已经有一个自由振荡，然后发生量子辐射，这时情况又会怎样呢？由于初始振荡与量子辐射之间没有确定的相位关系，故 a^2 的最大可几值变化也就是上边所求出的 δa^2。因此，可以把由于 l_2 处发生一次量子辐射而引起 a^2 的最大可几值的变化写为：

$$\delta\langle a^2\rangle = \frac{u^2}{E_s^2}\chi(l_2) \tag{8.54}$$

考虑到电子在 l_2 处走过 Δl 距离所需的时间为 $\Delta t=\Delta l/c$，在这么长的距离内量子辐射的几率是 $N\Delta l/c$。辐射量子能量的均方值为 $\langle u^2\rangle$，因此，在 Δl 距离内引起 a^2 最大可几幅值的变化为：

$$\delta\langle a^2\rangle = \frac{[N\Delta l\langle u^2\rangle\chi(l_2)]_s}{cE_s^2} \tag{8.55}$$

由于量子辐射沿偏转轨道一周，处处都可能发生，那么，引起 a^2 最大可几幅值的变化为：

$$\Delta\langle a^2\rangle = \frac{1}{cE_s^2}\oint(N\langle u^2\rangle\chi)_s \mathrm{d}l \tag{8.56}$$

如果用 Δl 上 $\delta\langle a^2\rangle$ 的平均值与轨道周长 $2\pi R$ 的乘积来表示，则有：

$$\Delta\langle a^2\rangle = 2\pi R\frac{\langle N\langle u^2\rangle\chi\rangle_s}{cE_s^2} \tag{8.57}$$

上式中的 $N\langle u^2\rangle$ 值，又与电子的实际轨道有关。理想轨道上的电子辐射与非理想轨道上的辐射略有差异，但从一级近似考虑，可以认为 $N\langle u^2\rangle$ 值是一样的。下面的重点是研究多圈 $\Delta\langle a^2\rangle$ 的积累效率。

方程(8.57)表示一圈内 $\langle a^2\rangle$ 的变化量，因此又可以改写为微分形式：

$$\frac{\mathrm{d}\langle a^2\rangle}{\mathrm{d}t} = \frac{\langle N\langle u^2\rangle\chi\rangle_s}{E_s^2} \tag{8.58}$$

在量子辐射的同时，电子的自由振荡还受一个平均的辐射阻尼的作用，它将使 $\langle a^2\rangle$ 也发生变化，即

$$\frac{\mathrm{d}\langle a^2\rangle}{\mathrm{d}t} = -\frac{2\langle a^2\rangle}{\tau_x} \tag{8.59}$$

在平衡情况下，以上两个方程之和应该等于0，即

$$\langle a_x^2 \rangle = \frac{1}{2}\tau_x \frac{\langle N\langle u^2\rangle\chi\rangle_s}{E_s^2} \tag{8.60}$$

由式(8.49)可以求出径向自由振荡位移 x_β 的均方值为：

$$\langle x_\beta^2(l_1)\rangle = \sigma_{x\beta}^2(l_1) = \frac{1}{2}\langle a_x^2\rangle\beta_1 = \frac{1}{4}\tau_x\beta_1 \frac{\langle N\langle u^2\rangle\chi\rangle_s}{E_s^2} \tag{8.61}$$

由于 l_1 是任意选取的，故上式又可写为：

$$\sigma_{x\beta}^2(l) = \frac{1}{4}\tau_x\,\beta(l) \frac{\langle N\langle u^2\rangle\chi\rangle_s}{E_s^2} \tag{8.62}$$

由式(8.19)～(8.22)可求得：

$$N\langle u^2\rangle = \frac{3}{2}C_u\hbar c\gamma_s^3 \frac{\langle P_\gamma\rangle_s G_s^3}{\langle G^2\rangle_s} \tag{8.63}$$

将其代入方程(8.62)可以得到：

$$\frac{\sigma_{x\beta}^2}{\beta} = \frac{3}{2}C_u\hbar c\gamma_s^3\ \frac{1}{4}\tau_x \frac{\langle P_\gamma\rangle_s\langle G^3\chi\rangle_s}{\langle G^2\rangle_s E_s^2} \tag{8.64}$$

其中 $C_u = \dfrac{55}{24\sqrt{3}}$。

又考虑到 $\tau_x = \dfrac{2E_s}{J_x\langle P_\gamma\rangle_s}$，式(8.64)又可简化为：

$$\frac{\sigma_{x\beta}^2}{\beta} = C_q \frac{\gamma_s^2\langle G^3\chi\rangle_s}{J_x\langle G^2\rangle_s} \tag{8.65}$$

其中 $C_q = \dfrac{3}{4}\hbar\dfrac{C_u}{m_0 c} = 3.832\times 10^{-13}\,(\mathrm{m})$。

对于等磁场，$G_s = \dfrac{1}{\rho_s}$ 或 0，因此式(8.65)可以再简化为：

$$\frac{\sigma_{x\beta}^2}{\beta} = \frac{C_q\gamma_s^2\langle\chi\rangle_B}{J_x\rho_s} \tag{8.66}$$

其中 $\langle\chi\rangle_B$ 只取偏转磁铁中的平均值，即

$$\langle\chi\rangle_B = \frac{1}{2\pi\rho_s}\int_B \frac{1}{\beta}\left[\eta^2 + \left(\beta\eta' - \frac{1}{2}\beta'\eta\right)^2\right]\mathrm{d}l \tag{8.67}$$

将式(8.66)与(8.28)联立，求得：

$$\frac{\sigma_{x\beta}^2}{\beta} = \langle\chi\rangle_B \frac{J_\varepsilon}{J_x}\left(\frac{\sigma_\varepsilon}{E_s}\right)^2 \tag{8.68}$$

为了粗略估算束流径向尺寸，上式又可以作如下近似：令式(8.67)中的

$\beta\eta'-\frac{1}{2}\beta'\eta=0$，因为 η 可近似为：

$$\eta(l)=\left(\frac{\alpha_{\mathrm{p}}R}{Q_x}\right)^{\frac{1}{2}}\beta^{\frac{1}{2}}(l) \tag{8.69}$$

故得到：

$$\chi\approx\frac{\alpha_{\mathrm{p}}R}{Q_x} \tag{8.70}$$

于是方程(8.66)变为：

$$\frac{\sigma_{x\beta}^2}{\beta_x}\approx\frac{C_{\mathrm{q}}\alpha_{\mathrm{p}}R\gamma_{\mathrm{s}}^2}{J_x\rho_{\mathrm{s}}Q_x} \tag{8.71}$$

或

$$\frac{\sigma_{x\beta}^2}{\beta_x}\approx\frac{J_\varepsilon\alpha_{\mathrm{p}}R}{J_xQ_x}\left(\frac{\sigma_\varepsilon}{E_{\mathrm{s}}}\right)^2 \tag{8.72}$$

因为 $\sigma_{x\beta}^2/\beta_x$ 实际上代表了径向束流发射度，故式(8.71)又可写为：

$$\varepsilon_x=\frac{\sigma_{x\beta}^2}{\beta_x}\approx\frac{C_{\mathrm{q}}\alpha_{\mathrm{p}}R\gamma_{\mathrm{s}}^2}{J_x\rho_{\mathrm{s}}Q_x} \tag{8.73}$$

上面只是考虑由于自由振荡引起的束团宽度，但束团的总径向尺寸还应考虑由于能散引起的径向加宽，这个径向增宽尺寸的均方值为：

$$\sigma_{x\varepsilon}^2=\langle x_\varepsilon^2\rangle=\eta^2\frac{\langle\varepsilon^2\rangle}{E_{\mathrm{s}}^2}=\eta^2\left(\frac{\sigma_\varepsilon}{E_{\mathrm{s}}}\right)^2 \tag{8.74}$$

因此，总径向位移的均方值为：

$$\sigma_x^2=\sigma_{x\beta}^2+\sigma_{x\varepsilon}^2 \tag{8.75}$$

将式(8.65)及(8.74)代入上式，就得到束团径向尺寸的计算公式：

$$\sigma_x^2(l)=\frac{C_{\mathrm{q}}\gamma_{\mathrm{s}}^2\langle G^3\chi\rangle_{\mathrm{s}}\beta(l)}{J_x\langle G^2\rangle_{\mathrm{s}}}+\eta^2\left(\frac{\sigma_\varepsilon}{E_{\mathrm{s}}}\right)^2 \tag{8.76}$$

对于等磁场，可以将式(8.28)代入上式，则有：

$$\sigma_x^2(l)=\frac{C_{\mathrm{q}}\gamma_{\mathrm{s}}^2}{\rho_{\mathrm{s}}}\left[\frac{\langle\chi\rangle_{\mathrm{B}}\beta(l)}{J_x}+\frac{\eta^2(l)}{J_\varepsilon}\right] \tag{8.77}$$

再将式(8.69)及(8.70)两个近似公式代入上式后，可以得到 σ_x 的近似表达式：

$$\sigma_x^2(l)\approx\sigma_{x\beta}^2(l)\left(1+\frac{J_x}{J_\varepsilon}\right) \tag{8.78}$$

通常，当 $\mathscr{D}$ 很小时，$J_\varepsilon\approx2J_x$，故有：

$$\sigma_x^2(l)\approx1.5\sigma_{x\beta}^2(l) \tag{8.79}$$

在有些储存环(如弱聚焦)中 $\mathscr{D}$ 接近于1，这时就有：

$$\sigma_x^2(l)\approx\sigma_{x\beta}^2(l) \tag{8.80}$$

8.2.2 束团高度

在计算束团宽度时，假定量子辐射不改变电子的运动方向。实际上，这个假定是不严格的，任何一个单独的量子发射，都将引起电子横向动量的微小变化。当这个量子的动量为 u/c 时，它与电子动量方向成 θ_γ 角，即量子带走数值为 $\theta_\gamma u/c$ 的横向动量，根据动量守恒原理，电子势必也发生相应的横向动量的变化，其大小为 $\delta x' E_s/c$，与 $\theta_x u/c$ 大小相等，于是得到以下关系：

$$\delta x' = \frac{u}{E_s}\theta_x \tag{8.81}$$

其中 θ_x 为 θ_γ 在水平面上的投影。因为 $\theta_\gamma \approx 1/\gamma$，故有 $\theta_x < 1/\gamma$，即

$$\delta x' < \frac{u}{\gamma E_s} \tag{8.82}$$

上式与式(8.48)相比，是一个小量，通常可以忽略。但是对于垂直方向的运动，情况就不同了，如果电子轨道严格位于一个平面内，那么量子发射将不存在一级效应($\eta_z = \eta_z' = 0$)，因此必须考虑量子辐射引起的垂直方向电子动量的变化。在量子辐射后，电子轨道变化为：

$$\left.\begin{aligned} \delta z &= 0 \\ \delta z' &= \frac{u}{E_s}\theta_z \end{aligned}\right\} \tag{8.83}$$

其中 θ_z 为量子的辐射角在垂直方向上的投影。

采用与径向运动相同的处理方法，可得到如下结果：

$$\delta a_z^2 = \frac{u^2}{E_s^2}\theta_z^2\beta_z \tag{8.84}$$

所有推导过程与径向运动情况一样，最后同样也可以得到垂直方向自由振荡位移 z_β 的均方值：

$$\langle z_\beta^2(l)\rangle = \frac{1}{2}\langle a_z^2\rangle\beta_z(l) = \frac{1}{4}\tau_z\beta_z(l)\frac{\langle N\langle u^2\theta_z^2\rangle\beta_z\rangle_s}{E_s^2} \tag{8.85}$$

如果写为束团垂直方向尺寸的有效值，则有：

$$\sigma_{z\beta}^2 = \frac{1}{4}\tau_z\beta_z(l)\frac{\langle N\langle u^2\theta_z^2\rangle\beta_z\rangle_s}{E_s^2} \tag{8.86}$$

如果精确地计算 $\langle u^2\theta_z^2\rangle$ 值，要从分析量子辐射能谱及其发射角入手，但作为一级近似，作如下简化，即认为：

$$\langle u^2\theta_z^2\rangle \approx \langle u^2\rangle\langle\theta_z^2\rangle \tag{8.87}$$

其中 $\langle\theta_z^2\rangle$ 又可以表示为：

$$\langle \theta_z^2 \rangle \approx \langle \theta_\gamma^2 \rangle = \frac{1}{\gamma_s^2} \tag{8.88}$$

将其代入式(8.86)后，得到：

$$\sigma_{z\beta}^2 = \frac{1}{4}\tau_z\beta_z \frac{\langle N\langle u^2 \rangle \beta_z \rangle_s}{E_s^2\gamma_s^2} \tag{8.89}$$

再将方程(8.63)代入上式，则有：

$$\frac{\sigma_{z\beta}^2}{\beta_z} = \frac{1}{4}\tau_z\ \frac{3}{2}C_u\hbar c\gamma_s\ \frac{\langle P_\gamma \rangle_s \langle G^3\beta_z \rangle_s}{E_s^2\langle G^2 \rangle_s} \tag{8.90}$$

又因为 $\tau_z = \dfrac{2E_s}{\langle P_\gamma \rangle_s J_z}$，故上式又可写为：

$$\frac{\sigma_{z\beta}^2}{\beta_z} = C_q \frac{\langle G^3\beta_z \rangle_s}{J_z\langle G^2 \rangle_s} \tag{8.91}$$

对于等磁场的情况，上式变为：

$$\frac{\sigma_{z\beta}^2}{\beta_z} = C_q \frac{\langle \beta_z(l) \rangle_B}{J_z\rho_s} \tag{8.92}$$

其中 $\langle \beta_z(l) \rangle_B$ 表示在偏转磁铁轨道上 β_z 的平均值。

同理，也可以写出垂直方向的束流发射度的公式：

$$\varepsilon_z = C_q \frac{\langle G^3\beta_z \rangle_s}{J_z\langle G^2 \rangle_s} \tag{8.93}$$

因为垂直方向上一般 $\eta=0$，故不存在其他因素造成束团高度的增加。$\sigma_{z\beta}^2$ 就表示了垂直方向束团的有效高度，即

$$\sigma_z = \sigma_{z\beta} \tag{8.94}$$

又因为 $J_z=1$，通常 $\langle \beta_z \rangle_B$ 又可以近似用 ρ_s 来表示，所以有：

$$\sigma_z^2 \approx C_q\beta_z(l) \tag{8.95}$$

当 $\beta_z(l)=10\text{m}$ 时，则有：

$$\sigma_z \approx 2\times 10^{-6}(\text{m})$$

注意：以上计算的 σ_x 与 σ_z 都未考虑耦合效应。

8.2.3　耦合作用下的束团横向尺寸

前边已经讨论了水平与垂直方向上的束团尺寸，这些公式都是彼此独立的。这时，束团半高度 σ_z 只有 $10^{-6}\sim10^{-7}$ m 的量级，与半宽度比较，σ_x 约为 10^{-3} m，是一个很小的量。但是实际上，由于储存环的磁铁在加工与安装中有误差，以及

磁铁材料本身有缺陷，水平与垂直方向上粒子运动的耦合是难以避免的，从而使束团高度尺寸加大。

为了获得较高的光源亮度，一般希望这种耦合越小越好，但有时则希望通过这种耦合来增加束团尺寸，比如说采用斜四极矩，或使储存环工作在差共振的条件下，或两者同时使用，都可以实现水平与垂直方向上运动的耦合。下面就来具体讨论这种耦合运动。

当存在耦合时，有：

$$a_z^2 = k_1 a_x^2 \tag{8.96}$$

其中 k_1 为耦合系数，k_1 的数值在 0～1，通常在 0.01～0.1 之间。

当考虑辐射的平均效应时，在束团稳定的情况下，有两个方程：

$$\left.\begin{aligned} \frac{\mathrm{d}\langle a_x^2\rangle}{\mathrm{d}t} &= -\frac{2\langle a_x^2\rangle}{\tau_x} + \frac{\langle N\langle u^2\rangle\chi(l)\rangle_{\mathrm{s}}}{E_{\mathrm{s}}^2} = 0 \\ \frac{\mathrm{d}\langle a_z^2\rangle}{\mathrm{d}t} &= -\frac{2\langle a_z^2\rangle}{\tau_z} + \frac{\langle N\langle u^2\theta_z^2\rangle\beta_z\rangle_{\mathrm{s}}}{E_{\mathrm{s}}^2} = 0 \end{aligned}\right\} \tag{8.97}$$

将式(8.96)代入上式，消去 a_z^2，则有：

$$\langle a_x^2\rangle = \frac{E_{\mathrm{s}}}{\langle P_\gamma\rangle(J_x + k_1 J_z)}\left[\frac{\langle N\langle u^2\rangle\chi(l)\rangle_{\mathrm{s}}}{E_{\mathrm{s}}^2} + \frac{\langle N\langle u^2\theta_z^2\rangle\beta_z\rangle_{\mathrm{s}}}{E_{\mathrm{s}}^2}\right] \tag{8.98}$$

对于等磁场的情况，则有：

$$\langle a_x^2\rangle = \frac{2C_{\mathrm{q}}\gamma_{\mathrm{s}}^2}{\rho_{\mathrm{s}}(J_x + k_1 J_z)}\left[\langle\chi(l)\rangle_{\mathrm{B}} + \frac{\langle\beta_z\rangle_{\mathrm{B}}}{\gamma_{\mathrm{s}}^2}\right] \tag{8.99}$$

通常上式中的第二项比第一项要小得多，因此式(8.99)又可以简化为：

$$\langle a_x^2\rangle = \frac{2C_{\mathrm{q}}\gamma_{\mathrm{s}}^2\langle\chi(l)\rangle_{\mathrm{B}}}{\rho_{\mathrm{s}}(J_x + k_1 J_z)} \tag{8.100}$$

由式(8.96)，又可以得到：

$$\langle a_z^2\rangle = k_1\frac{2C_{\mathrm{q}}\gamma_{\mathrm{s}}^2\langle\chi(l)\rangle_{\mathrm{B}}}{\rho_{\mathrm{s}}(J_x + k_1 J_z)} \tag{8.101}$$

这样，在考虑横向耦合的情况下，束团尺寸的计算公式为：

$$\sigma_x^2 = \sigma_{x\beta}^2 + \sigma_{x\varepsilon}^2 = \frac{C_{\mathrm{q}}\gamma_{\mathrm{s}}^2}{\rho_{\mathrm{s}}}\left[\frac{\langle\chi\rangle_{\mathrm{B}}\beta_x(l)}{J_x + k_1 J_z} + \frac{\eta^2(l)}{J_\varepsilon}\right] \tag{8.102}$$

$$\sigma_z^2 = k_1\frac{C_{\mathrm{q}}\gamma_{\mathrm{s}}^2}{\rho_{\mathrm{s}}}\left[\frac{\langle\chi\rangle_{\mathrm{B}}\beta_z(l)}{J_x + k_1 J_z}\right] \tag{8.103}$$

也可以写成发射度的形式：

$$\varepsilon_x = \frac{C_{\mathrm{q}}\gamma_{\mathrm{s}}^2\langle\chi\rangle_{\mathrm{B}}}{\rho_{\mathrm{s}}(J_x + k_1 J_z)} \tag{8.104}$$

$$\varepsilon_z = k_1 \frac{C_q \gamma_s^2 \langle \chi \rangle_B}{\rho_s (J_x + k_1 J_z)} \tag{8.105}$$

参考文献

[1]　Sands M. SLAC-121,1970

[2]　J. D. 杰克逊. 经典电动力学(下). 北京：人民教育出版社,1979

[3]　Winick H. Synchrotron Radiation Sources-A Primer. Singapore：World Scientific Publishing Co. Pte. Ltd.，1994

[4]　Helmut Wiedemann. Synchrotron Radiation. Springer-Verlag，2003

习题与思考题

1. 某电子储存环的物理参数如下：

能量	$E_s = 800$ MeV	高频频率	$f_{RF} = 98.92$ MHz
电流	$I = 100$ mA	谐波数	$k = 10$
周长	$L = 30.3$ m	轨道膨胀因子	$\alpha_p = 0.1085$
偏转磁铁的曲率半径	$\rho_s = 2.224$ m	每圈辐射损失	$U_s = 16$ keV
偏转磁铁场强	$B = 1.2$ T	辐射阻尼时间常数	$\tau_x = 12.9$ ms
自由振荡频率	$Q_x = 2.42$		$\tau_z = 9.9$ ms
	$Q_z = 1.42$		$\tau_\varepsilon = 4.4$ ms

试求束团的能散度、束长、束宽和无耦合情况下的束团高度。

2. 求上述储存环的最小高频电压和高频容纳度($V_{RF} = 100$ kV)。

3. 试证明自由振荡幅度不变量公式,即

$$a^2 = \frac{1}{\beta}\left[x^2 + \left(\beta x' - \frac{1}{2}\beta' x\right)^2\right]$$

4. 试推导出横向束团尺寸的近似公式(8.71),即

$$\frac{\sigma_{x\beta}^2}{\beta_x} = \frac{C_q \alpha_p R \gamma_s^2}{J_x \rho_s Q_x}$$

5. 试推导出垂直方向束流高度尺寸的公式(8.86),即

$$\frac{\sigma_{z\beta}^2}{\beta_z} = \frac{1}{4}\tau_z \frac{\langle N \langle u^2 \theta_z^2 \rangle \beta_z \rangle_s}{E_s^2}$$

6. 当耦合系数为 0.1 时,求第 1 题中储存环束团的宽度和高度。

第9章 束流寿命

束流寿命是电子储存环的重要参数之一，在一般同步加速器中，电子束流由注入到引出的时间很短，因此束流寿命的问题并不突出，但在储存环中人们总是希望束流存在的时间愈长愈好，寿命问题便成为设计和运行中的一个需要专门研究的课题。随着电子储存环应用技术的发展，目前许多国家十分注意储存环的小型化，与此相关的低能注入问题和束流寿命问题，更是小型储存环能否建造成功的关键。

束流寿命通常是由三个主要因素决定的，即量子效应、气体散射效应和Touschek效应。

储存环中的电子由于发射光量子使横向振荡能发生变化，当这个振荡能足够大，其所引起的振荡幅度超过真空室的尺寸时，电子将与真空室壁碰撞而损失掉。另外，光量子的发射还引起电子能量振荡的变化，当这个振荡足够大时，电子将越出相稳定区而丢失。这两种情况所造成的束流损失统称为量子损失效应。

电子与真空室内的剩余气体的碰撞是另一种引起束流损失的效应。电子与剩余气体的碰撞又可以分为三种作用机制，即卢瑟福散射或称弹性散射、轫致辐射以及壳层电子对束流电子的非弹性碰撞。

束流内部电子之间的弹性散射使电子的纵向动量发生变化而导致电子越出高频电场的相稳定区，这个过程称为Touschek效应。

下面分别介绍以上三种束流损失机制以及这些机制所决定的束流寿命。

9.1 束流量子寿命[1]

9.1.1 横向振荡量子的寿命

在电子储存环中，由于量子辐射的能量和方向是随机的，通常可以用高斯分

布函数来描写电子径向位移的分布，即

$$P(x) = \frac{1}{\sqrt{2\pi}\sigma_x} e^{-\frac{x^2}{2\sigma_x^2}} \tag{9.1}$$

其中 $P(x)$表示径向位移分布函数；σ_x 为均方根偏差值。

用 $P(x)$这个分布函数来描写电子的径向分布只是一种近似，因为这种分布可以延伸到正负无穷远处。而真空室的尺寸是有限的，如图 9.1 所示，但只要真空室的孔径比 σ_x 大得多，用高斯分布来表示束流的径向分布就是相当满意的。

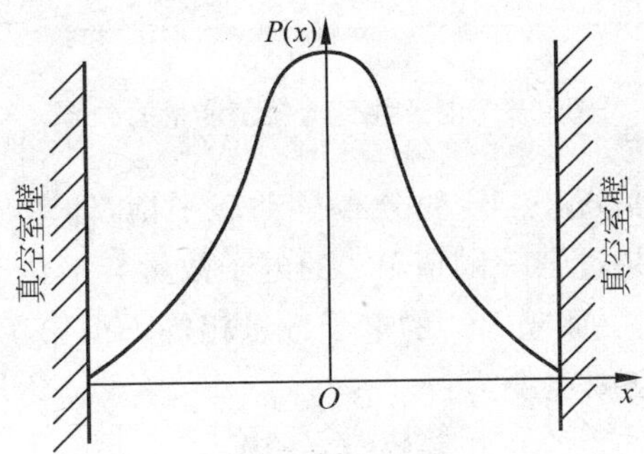

图 9.1　电子束沿径向的高斯分布

如果真空室的孔径足够大，以致电子在阻尼时间内直接碰壁损失的几率很小，那么由于量子辐射而损失的几率对所有电子都是一样的，即电子的损失率正比于储存环中的电子总数 N。因此，单位时间内每个电子的损失几率为：

$$\frac{1}{\tau_{qx}} = -\frac{1}{N} \cdot \frac{\mathrm{d}N}{\mathrm{d}t} \tag{9.2}$$

其中的 τ_{qx} 表示径向振荡的量子寿命。

假定束流在 l_1 处首先与径向障碍物相撞，则束流损失主要发生在 l_1 处，在计算束流寿命时只考虑该处的损失过程就可以了。

由第 8 章知道，在 l_1 处径向自由振荡的包络值为 $a\sqrt{\beta_1}$，定义这个包络值的平方为"振荡能"W，即

$$W = a^2\beta_1 \tag{9.3}$$

如果真空室没有任何限制(即真空室为无穷大)，则电子的"振荡能"W 的分布为：

$$h(W) = \frac{N}{\langle W\rangle} e^{-W/\langle W\rangle} \tag{9.4}$$

其中 $h(W)$表示振荡能在 W 与 $W+\mathrm{d}W$ 之间的电子数目，如图 9.2 所示。$\langle W\rangle$ 为 W 的平均值，它等于 $2\sigma_x^2$。

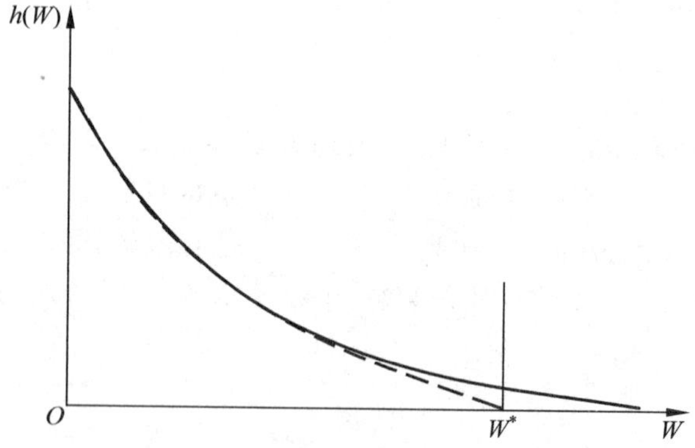

图 9.2　电子数目随振荡能量的分布

在真空室无壁的情况下，W 的分布呈动态平衡，即单位时间内由于光量子辐射，导致 W 增加的超过某一阈值 W^* 的电子数量与单位时间内由于辐射阻尼导致 W 的减少低于同一阈值 W^* 的电子数量相等。由第 7 章可以得到，由于电子的辐射阻尼，W 的衰减速度为：

$$\frac{\mathrm{d}W}{\mathrm{d}t}=-\frac{2W}{\tau_x} \tag{9.5}$$

其中 τ_x 为径向阻尼时间常数。由上式又可求出由于辐射阻尼使电子的"振荡能"减少到小于 W^* 的电子通量为：

$$h(W^*)\left.\frac{\mathrm{d}W}{\mathrm{d}t}\right|_{W^*}=-\frac{2W^*h(W^*)}{\tau_x} \tag{9.6}$$

现在考虑真空室壁存在的情况。令 W^* 为电子碰到真空室壁时的 W 阈值，即所有 $W\geqslant W^*$ 的电子都要损失掉，因此在真空室壁上所损失的电子通量为：

$$-\frac{\mathrm{d}N}{\mathrm{d}t}=\frac{2W^*h(W^*)}{\tau_x} \tag{9.7}$$

将方程(9.4)代入上式，则有：

$$-\frac{1}{N}\cdot\frac{\mathrm{d}N}{\mathrm{d}t}=\frac{2W^*}{\tau_x\langle W\rangle}\mathrm{e}^{-W^*/\langle W\rangle} \tag{9.8}$$

又根据方程(9.2)，可得到径向振荡量子寿命为[1]：

$$\tau_{qx}=\frac{\tau_x\langle W\rangle}{2W^*}\mathrm{e}^{W^*/\langle W\rangle} \tag{9.9}$$

如果用$\langle W\rangle=2\sigma_x^2$ 和 $W^*=x_{\mathrm{m}}^2$ 代入上式，其中 x_m 表示真空室半宽度，则有：

$$\tau_{qx}=\frac{\tau_x\sigma_x^2}{x_{\mathrm{m}}^2}\mathrm{e}^{x_{\mathrm{m}}^2/(2\sigma_x^2)} \tag{9.10}$$

由式(9.10)可以得到两个结论：

① 径向振荡量子寿命与阻尼时间常数成正比。

② τ_{qx} 随真空室宽度的平方呈指数规律变化，如果真空室的尺寸(或真空室内障碍物)稍小一点，则束流寿命将灾难性地缩短；反之，如果稍大一点，则束流寿命将以天文数字增加。

以中国科技大学的电子储存环为例，该环的 $\tau_x=0.02\text{s}$，x_m/σ_x 取不同的值，得到的径向振荡的量子寿命如表 9.1 所示。

表 9.1　径向振荡量子寿命与真空室尺寸的关系

x_m/σ_x	4	5	6	7	8
τ_{qx}	3.7s	215s	10.1h	4952h	6.8×10^6h

通常取 $x_m=6\sigma_x$，最大取 $x_m=10\sigma_x$，由此得到的径向振荡量子寿命已足够长了。

同样，垂直方向振荡的量子寿命也可以计算出来，即

$$\tau_{qz}=\tau_z\left(\frac{\sigma_z}{b}\right)^2 e^{b^2/(2\sigma_z^2)} \tag{9.11}$$

其中 b 为真空室的半高度；τ_z 为垂直方向的辐射阻尼时间常数。

9.1.2　纵向振荡量子的寿命

在第 8 章曾讨论过电子在高频电场中的相运动，如果以能量偏移 ε 为横坐标，振荡位能 Φ 为纵坐标，则当电子的能量偏移超过某一阈值 ε^* 时，将脱离相稳定区而不能同步加速。ε^* 表示位能函数 Φ 的稳定边界所对应的 ε 值，如图 9.3(a)所示。

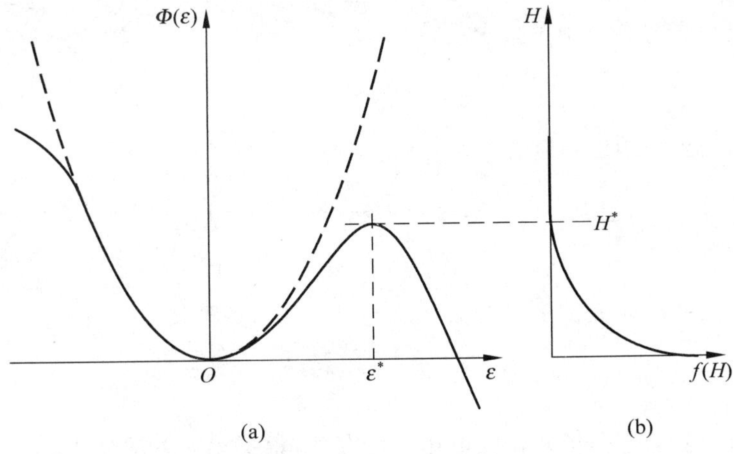

图 9.3　相振荡位能函数与能量分布

在相振荡过程中，不同电子的振荡能量各异，其能达到的最大 ε 值也不一样，用 ε_1 表示不同电子所能达到的最大能量偏移，在量子辐射与阻尼平衡的情况下，ε_1 满足高斯分布，即

$$P(\varepsilon_1) = \frac{1}{\sqrt{2\pi}\sigma_{\varepsilon_1}} e^{-\varepsilon_1^2/(2\sigma_{\varepsilon_1}^2)} \tag{9.12}$$

其中

$$\sigma_{\varepsilon_1}^2 = \int_{-\infty}^{\infty} \varepsilon_1^2 P(\varepsilon_1) d\varepsilon_1 \tag{9.13}$$

设 H 表示“相振荡能量”，即

$$H = \varepsilon_1^2 \tag{9.14}$$

当不考虑相振荡稳定边界(即高频电压无穷大)时，电子随振荡能量 H 的分布为 $f(H)$，如图 9.3(b)所示，$f(H)$为：

$$f(H) = \frac{N}{\langle H \rangle} e^{-H/\langle H \rangle} \tag{9.15}$$

其中

$$\langle H \rangle = 2\sigma_{\varepsilon_1}^2 \tag{9.16}$$

于是振荡能量在 H 与 $H + dH$ 之间的电子数为：

$$dN = f(H)dH = \frac{N}{\langle H \rangle} e^{-H/\langle H \rangle} dH \tag{9.17}$$

如果考虑相振荡有稳定边界(即高频电压有限大)，则振荡能量 $H \geqslant H^*$ 的电子，即 $\varepsilon_1 > \varepsilon^*$ 的电子都要损失掉，如径向运动一样。当量子辐射与能量阻尼相平衡时，即有：

$$\left.\frac{dH}{dt}\right|_{H^*} = -\frac{2H^*}{\tau_\varepsilon} \tag{9.18}$$

于是纵向量子寿命可由下式求出：

$$\frac{1}{\tau_{q\varepsilon}} = -\frac{1}{N} \cdot \left.\frac{dN}{dt}\right|_{H=H^*} \tag{9.19}$$

由式(9.17)和(9.18)得到：

$$\tau_{q\varepsilon} = -\frac{\tau_\varepsilon \langle H \rangle}{2H^*} e^{H^*/\langle H \rangle} \tag{9.20}$$

其中

$$H^* = \varepsilon^{*2} \tag{9.21}$$

为了保证纵向振荡量子寿命 $\tau_{q\varepsilon}$ 足够大，通常要选取

$$H^*/\langle H \rangle \geqslant 18 \tag{9.22}$$

或

$$\varepsilon^*/\sigma_{\varepsilon_1} \geqslant 6 \tag{9.23}$$

对于等磁场导向场和正弦电压的储存环，根据第 8 章的公式，可以导出相应的 $H^*/\langle H \rangle$ 值来，即

$$H^*/\langle H\rangle = \frac{J_\varepsilon E_0}{\alpha_p k E_1} F(q) \tag{9.24}$$

其中

$$E_1 = \frac{3m_0 c C_q}{2r_e} = 1.04\times 10^8 (\text{eV})$$

$$F(q) = 2\left(\sqrt{q^2-1} - \arccos\frac{1}{q}\right)$$

式中的 $q=\dfrac{eV_0}{U_0}$ 为过压系数。当 q 值很大时，$F(q)=2q-\pi$，纵向振荡量子寿命将与高频电压呈指数变化关系。

9.2　束流散射寿命

9.2.1　库仑散射寿命[2,12]

当电子与真空室中剩余气体的原子核发生弹性散射时，电子将受到一横向力的作用，使其发生散射。当这个散射角足够大时，自由振荡的幅度增加到使电子触及真空室壁，电子就损失掉了。假设这个散射角为 θ_i，则由其导致的自由振荡幅度将增加为：

$$\Delta y = \theta_i [\beta(s)\beta_i]^{1/2} \sin[\varphi(s) - \varphi_i] \tag{9.25}$$

其中 $\beta(s)$，β_i 分别表示在任意位置和发生散射位置上的 β 函数值；$\varphi(s)$，φ_i 分别表示上述位置的自由振荡相位。散射引起的最大振荡幅值为：

$$(\Delta y)_{\max} = \theta_i (\beta_{\max}\beta_i)^{1/2} \tag{9.26}$$

当这个振荡幅值超过某个数值时，电子就会丢失，因此这个散射角 θ_i 有一个阈值 θ_c，即

$$\theta_c = \frac{(\Delta y)_{\max}}{\sqrt{\beta_{\max}\beta_i}} \tag{9.27}$$

如果发生散射的地点是任意的，取 β_i 函数的平均值 $\langle\beta\rangle$，并以真空室的半高度 b 代替 $(\Delta y)_{\max}$，则阈值 θ_c 又可表示为：

$$\theta_c = \frac{b}{\sqrt{\beta_{\max}\langle\beta\rangle}} \tag{9.28}$$

由经典的卢瑟福(Rutherford)散射公式知道，电子与剩余气体原子核碰撞损失微分截面为[2]：

$$\frac{d\sigma}{d\Omega} = \left(\frac{Zr_e}{2\gamma}\right)^2 \frac{1}{\sin^4\dfrac{\theta}{2}} \tag{9.29}$$

其中 Z 表示原子核的原子序数；Ω 为立体角，$\mathrm{d}\Omega=\sin\theta\mathrm{d}\theta\mathrm{d}\varphi$；$r_e=2.82\times10^{-15}\,\mathrm{m}$。对上式积分，得到损失截面为：

$$\sigma=\pi\left(\frac{Zr_e}{\gamma}\right)^2\cot^2\left(\frac{\theta_c}{2}\right) \tag{9.30}$$

通常阈值 θ_c 很小，因此近似取 $\tan(\theta_c/2)\approx\theta_c/2$，并将式(9.28)代入上式，考虑到垂直方向的损失几率大一些，取垂直的 β 函数，则最后得到的库仑弹性散射截面，用 σ_1 表示为：

$$\sigma_1=\frac{4\pi Z^2r_e^2}{\gamma^2}\cdot\frac{\beta_{z\cdot\max}\langle\beta_z\rangle}{b_z^2} \tag{9.31}$$

其中 $\langle\beta_z\rangle$ 为 β_z 函数的平均值；b_z 为真空盒的垂直半高度；Z 为剩余气体原子核的原子序数；γ 为电子的相对能量（以静止能量为单位）。

这种散射的束流寿命可由下式求出：

$$\frac{1}{\tau_1}=\sigma_1cn \tag{9.32}$$

其中 n 为单位体积剩余气体中所含的分子数（单位为 $1/\mathrm{cm}^3$），按下式计算：

$$n=3.5\times10^{16}p \tag{9.33}$$

式中 p 表示剩余气体的压强（单位为 Torr，1Torr=133.32Pa）。将方程(9.31)和(9.33)代入式(9.32)，则得到：

$$\tau_1=0.97\times10^{-9}\frac{b_z^2\gamma^2}{pZ^2\langle\beta_z\rangle\beta_{z\cdot\max}} \tag{9.34}$$

其中 β_z 以 m 为单位；τ_1 以 s 为单位；b_z 以 mm 为单位。

以美国 BNL 实验室的 750MeV 储存环为例，剩余气体含量及其对电子散射寿命的贡献如表 9.2 所示。

表 9.2 BNL 实验室 750MeV 储存环中残余气体含量及其散射寿命[3]

气体名称	部分压强/10^{-9} Torr	散射寿命/h
He	2.21	348
CH_4	0.23	167
H_2O	0.61	38
CO	1.13	14
CO_2	0.52	18

由方程(9.34)可以看出，电子与残余气体的库仑散射寿命 τ_1 有如下性质：

① 真空室尺寸愈大，电子散射寿命愈长。

② 电子能量愈高，寿命也愈长，因此对低能注入的电子，库仑散射寿命大大降低。

③ 库仑散射寿命不仅与真空室内的真空度有关，还与剩余气体的成分有关，例如当 CO_2 及 CO 的含量较大时，寿命也要降低。

④ β 愈大，寿命愈低。

即使真空室表面经过严格清洁处理，仍有大量气体分子被吸附在真空室的表面，在同步辐射光的作用下，这些气体分子被释放出来。束流愈强，所释放出的气体分子也愈多；束流愈弱，所释放出的气体分子也愈少。因此，在真空抽速不变的情况下，可以观察到在束流不断衰减过程中，真空度自动改善，束流寿命也就有所增加。

9.2.2　韧致辐射损失

储存环中的电子通过剩余气体时，与核作用，轨道将发生偏转并辐射出能量。当这个能量损失足够大时，电子在高频电场中失去同步而损失掉。如果在碰撞地点轨道的色散系数不为 0，韧致辐射将会激励一个自由振荡。当这个振荡幅度足够大时，电子也将与真空室壁相碰而损失掉。

通常韧致辐射损失的微分截面由下式表示：

$$\mathrm{d}\sigma = \frac{4r_e^2 Z^2}{137} F(E, E_b) \frac{\mathrm{d}E_b}{E_b} \tag{9.35}$$

其中 $r_e = 2.82\times 10^{-15}\,\mathrm{m}$；$E$ 为电子能量；E_b 为韧致辐射能量；函数 $F(E, E_b)$ 与具体条件有关，当电子能量较高时，由 Bethe-Heitler[4,2] 给出的 F 为如下形式：

$$F(E, E_b) = \left[\frac{4}{3}\left(1 - \frac{E_b}{E}\right) + \frac{E_b^2}{E^2}\right] \ln \frac{183}{Z^{1/3}} + \frac{1}{9}\left(1 - \frac{E_b}{E}\right) \tag{9.36}$$

对于一个能量为 E 的电子，当辐射能量大于 ΔE_m 时，这个电子就损失掉，其损失截面为：

$$\sigma_2 = \int_{\Delta E_m}^{E} \mathrm{d}\sigma = \frac{4r_e^2 Z^2}{137}\left\{\left[\frac{4}{3}\left(\ln\frac{E}{\Delta E_m} - \frac{5}{8} + \frac{\Delta E_m}{E}\right) - \frac{\Delta E_m^2}{2E^2}\right]\ln\frac{183}{Z^{1/3}} + \frac{1}{9}\left(\ln\frac{E}{\Delta E_m} - 1 + \frac{\Delta E_m}{E}\right)\right\} \tag{9.37}$$

其中 ΔE_m 由以下两个因素之一决定。这两个因素分别为：

(1) 相运动的粒子能散容纳度，即第 8 章的式(8.43)：

$$\Delta E_m = E_s \sqrt{\frac{2U_s}{\pi \alpha_p k E_s}\left(\sqrt{q^2 - 1} - \arccos\frac{1}{q}\right)} \tag{9.38}$$

其中 U_s 为电子每圈所辐射的能量；$q = \dfrac{eV_0}{U_s}$ 为过压系数。

(2) 瞬时平衡轨道的最大容纳度

当电子失去能量时,其瞬时平衡轨道要发生变化,与之相关联的是电子自由振荡幅度的增大。当电子失去能量过多时,电子将与真空室壁碰撞而损失。由此对 ΔE_m 提出了一个阈值要求,即

$$\Delta E_m = \frac{x_m}{\eta} E_s \tag{9.39}$$

其中 x_m 表示真空室半宽度;η 为色散函数。方程(9.37)中的 ΔE_m 值由式(9.38)与(9.39)中最小的 ΔE_m 所决定。

9.2.3 电子与剩余气体原子的壳层电子之间的弹性散射[2,6]

这种情况下的损失截面为:

$$\sigma_3 = 5 \times 10^{-25} \frac{Z}{\gamma} \cdot \frac{E}{\Delta E_m} (\mathrm{cm}^2) \tag{9.40}$$

相应的束流寿命为:

$$\tau_3 = 2 \times 10^{-3} \frac{\gamma}{pZ} \cdot \frac{\Delta E_m}{E} (\mathrm{s}) \tag{9.41}$$

通常,这项损失不占重要地位。

9.2.4 电子与剩余气体原子的壳层电子之间的非弹性散射[5]

这种情况下的损失截面为:

$$\sigma_4 = \frac{4r_e^2 Z}{137} \left\{ \left[\frac{4}{3} \left(\ln \frac{E}{\Delta E_m} - \frac{5}{8} \right) \right] \ln \frac{1194}{Z^{2/3}} + \frac{1}{9} \left(\ln \frac{E}{\Delta E_m} - 1 \right) \right\} \tag{9.42}$$

9.2.5 电子与剩余气体的散射总寿命

总寿命可由各分寿命倒数之和求得,即

$$\tau_c = \frac{1}{1/\tau_1 + 1/\tau_2 + 1/\tau_3 + 1/\tau_4} \tag{9.43}$$

9.2.6 束流散射寿命的修正公式

在以上计算束流散射寿命过程中都是假定束流位于真空室的中心,这样得到的公式计算值要比实测值高,这是因为实际上束流在真空室内具有一定的空间分布。偏离中心位置愈大的粒子,损失的几率也愈大。在注入过程中,束流截面较大,所以实测寿命比前面的计算值要小很多。

文献[7]在计算束流散射损失时考虑了束流发射度的影响,将 $a_x^2 + \delta a_x^2 \geqslant A_x^2$

作为散射损失条件，其中 a_x^2 为碰撞前的振荡幅度不变量，δa_x^2 为碰撞引起的振荡幅度不变量的变化，A_x^2 为储存环的接受度，同时还考虑到径向与轴向的损失条件不尽相同，从而导出了束流散射寿命的修正公式。下面简要地加以介绍。

假定储存环真空室的半宽度为 a，切割板、冲击磁铁、探测元件以及平衡轨道畸变等所占据的真空室半宽度为 Δa，则储存环的径向接受度为：

$$A_x^2 = \left\{ \frac{\left[a - \Delta a - \eta(l)\dfrac{\Delta E}{E}\right]^2}{\beta_x(l)} \right\}_{\min} \tag{9.44}$$

其中 $\eta(l)$ 为色散函数。

同理，轴向接受度为：

$$A_y^2 = \left[\frac{(b - \Delta b)^2}{\beta_y(l)}\right]_{\min} \tag{9.45}$$

其中 b 为真空室的半高度；Δb 为平衡轨道轴向畸变及其他元件所占据的半高度。

电子自由振荡幅度不变量为：

$$a_x^2 = \gamma_x(l)x^2 + 2\alpha_x(l)xx' + \beta_x(l)x'^2 \tag{9.46}$$

$$a_y^2 = \gamma_y(l)y^2 + 2\alpha_y(l)yy' + \beta_y(l)y'^2 \tag{9.47}$$

当发生电子与剩余气体碰撞散射时，自由振荡幅度不变量增加，即

$$a_x^2 + \delta a_x^2 = \gamma_x(l)x^2 + 2\alpha_x(l)x(x' + \tan\theta_x) + \beta_x(l)(x' + \tan\theta_x)^2 \tag{9.48}$$

$$a_y^2 + \delta a_y^2 = \gamma_y(l)y^2 + 2\alpha_y(l)y(y' + \tan\theta_y) + \beta_y(l)(y' + \tan\theta_y)^2 \tag{9.49}$$

由库仑散射引起电子损失的条件为：

$$a_x^2 + \delta a_x^2 \geqslant A_x^2 \tag{9.50}$$

$$a_y^2 + \delta a_y^2 \geqslant A_y^2 \tag{9.51}$$

如果束流在真空室中的分布服从如下函数：

$$f(a_x^2) = \frac{1}{\langle a_x^2\rangle}\exp\left(\frac{-a_x^2}{\langle a_x^2\rangle}\right)F\left(\frac{a_x^2}{\langle a_x^2\rangle}, \frac{A_x^2}{\langle a_x^2\rangle}\right) \tag{9.52}$$

其中

$$F\left(\frac{a_x^2}{\langle a_x^2\rangle}, \frac{A_x^2}{\langle a_x^2\rangle}\right) = 1 - \frac{\sum\limits_{K=1}^{\infty}\left(\dfrac{a_x^2}{\langle a_x^2\rangle}\right)^K \Big/ K(K!)}{\sum\limits_{K=1}^{\infty}\left(\dfrac{A_x^2}{\langle a_x^2\rangle}\right)^K \Big/ K(K!)} \tag{9.53}$$

可以求得束流与剩余气体的库仑散射截面为：

$$\sigma_1 = \frac{2\pi Z^2 r_e^2}{\gamma^2\theta_c^2}C(K_x^2, K_y^2) \tag{9.54}$$

其中 $C(K_x^2,K_y^2)$ 为 K_x^2 与 K_y^2 的函数(参见文献[7]),K_x^2 与 K_y^2 按下式计算:

$$K_x^2 = \frac{A_x^2}{\langle a_x^2 \rangle} \tag{9.55}$$

$$K_y^2 = \frac{A_y^2}{\langle a_y^2 \rangle} \tag{9.56}$$

利用式(9.54)修正后的公式计算出来的库仑损失截面比采用方程(9.31)计算出的结果更精确,也更接近实验数值。

同样,在计算韧致辐射损失截面时,考虑到束流本身有能量分散,通过相振荡幅度不变量增长的计算,当其超出相振荡接受度时,部分束流便损失掉,这样,公式(9.37)将变为如下形式:

$$\sigma_2 = \frac{4}{137} Z^2 r_e^2 \, \frac{4}{3} \left(\ln \frac{1}{\sqrt{H_\mathrm{f}/2}} + \frac{\sigma_\varepsilon^2}{2H_\mathrm{f}} \right) \ln \frac{183}{Z^{1/3}} \tag{9.57}$$

其中 $H_\mathrm{f}=2\left(\frac{\Delta E_m}{E}\right)^2$ 为相振荡接受度;σ_ε 为束流能散度。

对于电子束与剩余气体的核外电子的弹性散射损失截面,修正后的公式比式(9.40)表达的数值有所增加,即

$$\sigma_3 = \frac{2\pi Z r_e^2}{\gamma} \left(\frac{1}{\sqrt{H_\mathrm{f}/2}} + \frac{\sigma_\varepsilon^2}{H_\mathrm{f}^{3/2}} \right) \tag{9.58}$$

9.3 Touschek 寿命

9.3.1 Touschek 效应

电子束团内部电子与电子之间的弹性散射使电子的纵向动量发生变化,从而导致电子越出相稳定区的现象称为 Touschek 效应。这种现象是 1963 年由一个法国和意大利学者参加的小组在意大利的一个 250MeV 正负电子对撞机 ADA 中首先发现的。Touschek 对这种损失机制给出了科学的解释,因而得名[8]。

下面推导 Touschek 损失截面和 Touschek 寿命的计算公式。

在第 8 章中得到了相振荡稳定区的公式(8.43):

$$\frac{\varepsilon_\mathrm{m}}{E_\mathrm{s}} = \left[\frac{U_\mathrm{s}}{\pi \alpha_\mathrm{p} k E_\mathrm{s}} F(q_\mathrm{RF}) \right]^{1/2}$$

$$F(q_\mathrm{RF}) = 2\left(\sqrt{q_\mathrm{RF}^2 - 1} - \arccos \frac{1}{q_\mathrm{RF}} \right)$$

如果用动量代替能量,则上式变为:

$$\frac{\Delta p_{\mathrm{m}}}{p_{\mathrm{s}}}=\left[\frac{U_{\mathrm{s}}}{\pi\alpha_{\mathrm{p}}kE_{\mathrm{s}}}F(q_{\mathrm{RF}})\right]^{1/2} \tag{9.59}$$

其中 p_s 代表电子的总动量；Δp_m 代表电子的最大动量偏差，其数值由高频电压及过压系数所决定，即由高频场的容纳度所决定。因此，可用 Δp_{RF} 代替 Δp_m，即动量偏差大于 Δp_{RF} 的电子都将损失掉。考虑到

$$U_s = eV_0/q_{RF}, \quad F(q)\approx 2q_{RF} \qquad (\text{当 } q_{RF}\gg 1 \text{ 时})$$

所以，方程(9.59)又可变为：

$$\frac{\Delta p_{RF}}{p_s}\approx\sqrt{\frac{2eV_0}{\pi\alpha_p kE_s}} \tag{9.60}$$

束团中的电子横向速度是非相对论的，假定束团中任意两个电子的径向速度分量分别为 v_i 和 v_k，则它们之间的相对速度为 $v=v_i-v_k$。在这对电子所组成的质心系中，每个电子的动量为 $q_j m_0 c$，这两个电子对质心的相对动量为：

$$q_j=\frac{v}{2c} \tag{9.61}$$

q_j 为无量纲的动量，像以前用 γ 表示无量纲的能量一样，q_j 也称为质心系中的归一化动量。如果这两个电子发生弹性碰撞(如图 9.4 所示)，则碰撞后电子在质心系中的纵向动量增加为 $q_j\cos\psi$，对应在实验室坐标系中碰撞后纵向动量增加为 $\gamma q_j\cos\psi$，当

$$\gamma\,|q_j\cos\psi|>\Delta p_{RF}$$

亦即

$$|\cos\psi|>\frac{\Delta p_{RF}}{\gamma\,|q_j|} \tag{9.62}$$

时，这个电子就将越出相稳定区而损失掉。

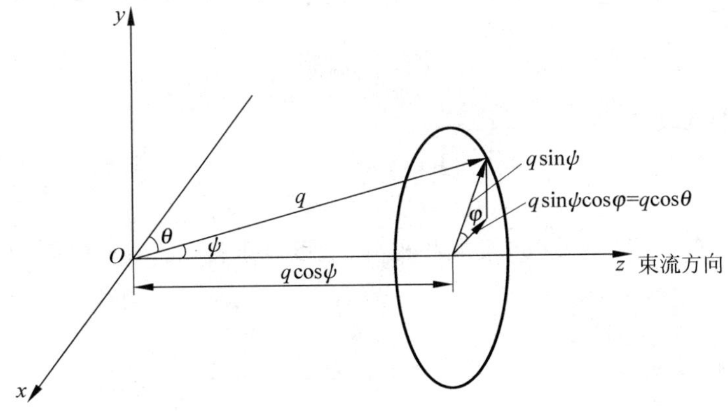

图 9.4　电子在质心系中的弹性碰撞

由于横向运动是非相对论的，根据 Moller 公式，在散射角 θ 上有效微分散射截面为：

$$\frac{\mathrm{d}\sigma}{\mathrm{d}\Omega} = \frac{4r_e^2c^4}{v^4}\left(\frac{4}{\sin^4\theta} - \frac{3}{\sin^2\theta}\right) \tag{9.63}$$

由图 9.4 可求得：

$$\left.\begin{aligned} \cos\theta &= \sin\psi\cos\varphi \\ \mathrm{d}\Omega &= \sin\psi\mathrm{d}\psi\mathrm{d}\varphi \end{aligned}\right\} \tag{9.64}$$

将上式代入式(9.63)并积分，便得到总的散射截面为：

$$\sigma = \frac{4r_e^2c^4}{v^4}\int_0^{\psi_c}(\sin\psi\mathrm{d}\psi) \times 2\int_0^{\pi}\left[\frac{4}{(1-\sin^2\psi\cos^2\varphi)^2} - \frac{3}{1-\sin^2\psi\cos^2\varphi}\right]\mathrm{d}\varphi \tag{9.65}$$

对上式积分运算后，得到：

$$v\sigma = \begin{cases} \dfrac{\pi r_e^2 c}{q_j^3}\left(\dfrac{1}{\mu^2} - 1 + \ln\mu\right) & \left(\text{当 } q_j > \dfrac{\Delta p_{\mathrm{RF}}}{\gamma} \text{ 时}\right) \\ 0 & \left(\text{当 } q_j \leqslant \dfrac{\Delta p_{\mathrm{RF}}}{\gamma} \text{ 时}\right) \end{cases} \tag{9.66}$$

其中

$$\mu = \frac{\Delta p_{\mathrm{RF}}}{|q_j|\,\gamma} \tag{9.67}$$

如果束团中电子的横向动量具有高斯分布，其标准偏差为：

$$\delta p_x = p\delta x_\beta\left(\frac{c}{\omega_x}\right)^{-1} \tag{9.68}$$

其中 p 为电子总动量；δx_β 为径向自由振荡的标准偏差；ω_x 为径向自由振荡角频率。

在质心系统中电子的动量 q 也应满足高斯分布，q 值的标准偏差为：

$$\delta q = \frac{1}{\sqrt{2}}\delta p_x \tag{9.69}$$

故 q 的分布几率为：

$$P(q) = \frac{1}{\sqrt{2\pi}\delta q}\mathrm{e}^{-\frac{q^2}{2(\delta q)^2}} = \frac{1}{\sqrt{\pi}\delta p_x}\mathrm{e}^{-\frac{q^2}{(\delta p_x)^2}} \tag{9.70}$$

将方程(9.70)与(9.66)相乘并积分，就可以求得 $v\sigma$ 的平均值：

$$\langle v\sigma\rangle = 2\int_{q_c}^{\infty}P(q)v\sigma\mathrm{d}q \tag{9.71}$$

其中 q_c 为临界质心动量，即当 $q_j \geqslant q_c$ 时，电子就损失掉。

$$q_c = \frac{\Delta p_{\mathrm{RF}}}{\gamma} \tag{9.72}$$

通过运算求得$\langle v\sigma\rangle$值为：

$$\langle v\sigma\rangle=\frac{2\pi r_e^2 c}{\sqrt{\pi}}\int_{q_c}^{\infty}\frac{1}{q^3}\left[\left(\frac{\gamma q}{\Delta p_{\mathrm{RF}}}\right)^2-1-\frac{1}{2}\ln\left(\frac{\gamma q}{\Delta p_{\mathrm{RF}}}\right)^2\right]\mathrm{e}^{-\frac{q^2}{(\delta p_x)^2}}\mathrm{d}q \tag{9.73}$$

或

$$\langle v\sigma\rangle=\frac{\sqrt{\pi}r_e^2 c\gamma^2}{\delta p_x(\Delta p_{\mathrm{RF}})^2}C(\varepsilon) \tag{9.74}$$

其中

$$C(\varepsilon)=\varepsilon\int_{\varepsilon}^{\infty}\frac{1}{u^2}\left(\frac{u}{\varepsilon}-\frac{1}{2}\ln\frac{u}{\varepsilon}-1\right)\mathrm{e}^{-u}\mathrm{d}u \tag{9.75}$$

$$\varepsilon=\left(\frac{\Delta p_{\mathrm{RF}}}{\gamma\delta p_x}\right)^2 \tag{9.76}$$

$$u=\left(\frac{q}{\delta p_x}\right)^2 \tag{9.77}$$

$C(\varepsilon)$的数值可以通过数字积分或绘制成的曲线求出，如图9.5所示。

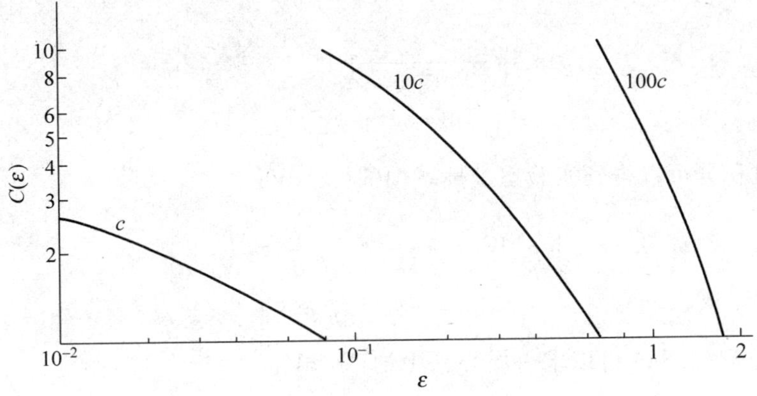

图9.5 $C(\varepsilon)$函数的计算曲线

当$\varepsilon\leqslant 10^{-2}$时，可以将式(9.75)展开，取零级近似，于是得到[9]：

$$C(\varepsilon)=\ln\frac{1}{1.78\varepsilon}-\frac{3}{2} \tag{9.78}$$

9.3.2 Touschek 寿命

设在质心系中，一个体积元$\mathrm{d}V$含有$\mathrm{d}N$个电子，由于弹性散射而损失的几率为：

$$\mathrm{d}(\dot{N})=\mathrm{d}\left(\frac{\mathrm{d}N}{\mathrm{d}t}\right)=\langle v\sigma\rangle\rho\mathrm{d}N$$

又因为

$$\rho = \frac{\mathrm{d}N}{\mathrm{d}V}$$

故有

$$\mathrm{d}(\dot{N}) = \langle v\sigma \rangle \rho^2 \mathrm{d}V$$

这样，整个束团中电子的损失几率为：

$$\dot{N} = \int_V \langle v\sigma \rangle \rho^2 \mathrm{d}V \tag{9.79}$$

束流寿命可以表示为：

$$\tau_{\mathrm{T}}^* = \frac{N}{\dot{N}} = \frac{N}{(\langle v\sigma \rangle \int_V \rho^2 \mathrm{d}V)_{\mathrm{s}}} \quad \text{(质心系)} \tag{9.80}$$

在实验室坐标中，束流 Touschek 寿命为：

$$\tau_{\mathrm{T}} = \frac{\gamma N}{(\langle v\sigma \rangle \int_V \rho^2 \mathrm{d}V)_{\mathrm{s}}} \quad \text{(实验室系)} \tag{9.81}$$

下面求$\int_V \rho^2 \mathrm{d}V$。首先求实验室坐标系中的$\int_V \rho^2 \mathrm{d}V$，其中

$$(\rho)_{\mathrm{L}} = \frac{N}{(2\pi)^{3/2}\delta_x \delta_z \delta_l} \mathrm{e}^{-\left(\frac{x^2}{2\delta_x^2}+\frac{z^2}{2\delta_z^2}+\frac{l^2}{2\delta_l^2}\right)} \tag{9.82}$$

其中

$$\delta_x^2 = \delta_{x\beta}^2 + \delta_{x\varepsilon}^2 \text{。} \tag{9.83}$$

通过积分可以得到实验室坐标系中的$\int_V \rho^2 \mathrm{d}V$：

$$\int_V \rho^2 \mathrm{d}V = \frac{N^2}{(4\pi)^{3/2}\delta_x \delta_z \delta_l} = \frac{N^2}{V_{\mathrm{L}}} \tag{9.84}$$

$$V_{\mathrm{L}} = (4\pi)^{3/2}\delta_x \delta_z \delta_l \tag{9.85}$$

由方程(9.84)可以求得质心系中的$\int_V \rho^2 \mathrm{d}V$：

$$\left(\int_V \rho^2 \mathrm{d}V\right)_{\mathrm{s}} = \frac{1}{\gamma} \cdot \frac{N^2}{V_{\mathrm{L}}} \tag{9.86}$$

将上式代入方程(9.81)，便得到实验室坐标系中的 Touschek 寿命为：

$$\tau_{\mathrm{T}} = \frac{\delta p_x (\Delta p_{\mathrm{RF}})^2 V_{\mathrm{L}}}{\sqrt{\pi} r_e^2 c N C(\varepsilon)} \tag{9.87}$$

这里 $r_e = 2.8\times10^{-15}\,\mathrm{m}$；$c = 3\times10^8\,\mathrm{m/s}$；$C(\varepsilon)$按公式(9.75)确定；$N$ 为束团内的电子数；δp_x 为径向动量偏差(归一化值)；Δp_{RF} 为高频的最大动量接受度(归一化值)；V_{L} 为束团的有效体积，用式(9.85)计算。

9.3.3 Touschek 多重散射

在能量高的储存环中依照方程(9.87)计算出来的 Touschek 寿命与实验值

吻合程度尚好；在电子能量较低时，测量得到的寿命远大于计算值，这是因为储存环电子能量较低时，碰撞引起电子之间动量的交换较少，不足以使电子越出相稳定区而损失掉。但经过多次碰撞，激发了横向自由振荡和纵向振荡，使束团截面增大，即 V_L 增加。由方程(9.87)可以看出，V_L 的增大导致 τ_T 的增加。这种经过多次碰撞才会造成电子损失的效应称为 Touschek 多重散射。多重散射的计算，此处不再赘述，读者可参阅文献[2,9]。这里只给出一组计算与实验曲线，如图 9.6 所示，由此可以看出考虑与不考虑多重散射效应在低能区的明显差别。

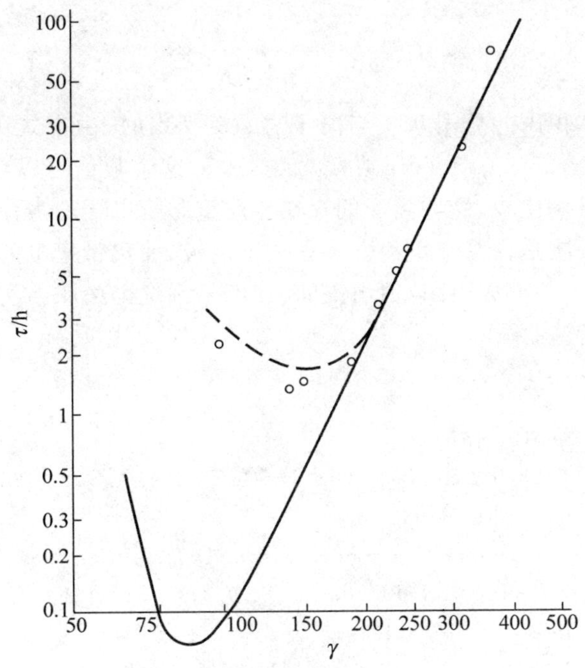

图 9.6　Touschek 寿命与多重散射效应

——为不考虑多重散射的 Touschek 寿命；

----为考虑多重散射的 Touschek 寿命；

○—○为实验值

9.4　离子捕获损失

在储存环真空室中，剩余气体由于与电子碰撞，有一部分将被电离，或是被同步辐射感生的光电子电离[12]，这些带有正电荷的离子聚集在一起形成离子陷阱，并被环流电子捕获。

被捕获的离子总数远少于电子总数[11]，在一个能量为 1GeV 的储存环中，如果束流强度为 500mA，则大约相当于 10^{12} 个电子做环流运动，因此被捕获的离子总数远小于 10^{12}。假定离子只有电子的 1%，设电子束为高斯分布，其在储存环中所占的体积为：

$$2(2\pi)^2\langle\sigma_x\rangle\langle\sigma_z\rangle R \tag{9.88}$$

其中 $\langle\sigma_x\rangle$，$\langle\sigma_z\rangle$ 为电子束的横向尺寸平均值；R 为真空室的平均半径。代入相关参数，通过计算可以得到该储存环中电子束的体积为 190cm^3。被捕获离子所产生的气体压强为：

$$p=\frac{n}{3.5\times10^{16}}$$

其中 n 为单位体积内的分子数。当离子总数为 10^{10} 时，由上式可以得到被捕获离子的压强 $p_i=1.5\times10^{-9}$ Torr 或 2×10^{-7} Pa。这个数值可以与真空室内中性剩余气体的压强相比较，这些离子的存在将严重影响电子的寿命，因此必须设法去除。通常的做法是在真空室内安装去离子电极，捕捉带正电的离子，或在注入多束团时，少注入一部分束团，留出空间，让离子逃逸出束团。实验表明，这些都是行之有效的措施。

参考文献

[1] Sands M. SLAC-121，1970

[2] Bocchetta C J. Lifetime and Beam Quality. CERN 1998-04 . 221～285

[3] Halama H J. BNL-34177，1984

[4] Heitler W. The Quantum Theory of Radiation. Oxford：Clarendon Press ，1954

[5] Le Duff J. Nuclear Instr. And Methods. A239. 1985. 83～101

[6] Miyahara Y. ISSN 0082-4798(1984)

[7] 刘国治. 储存环低能注入的一些理论问题研究(硕士学位论文). 清华大学，1986

[8] Bernardini C，Touschek B. Phys. Rev. Letters. 1963，10：407

[9] Bruck H. Circular Particle Accelerators. 1974

[10] 刘乃泉，王坨，林郁正等. A compact synchrotron radiation source. BNL-57959，1985

[11] Rieke F F，Prepeichal W. Phys. Rev. 1972，A6(4)

[12] Helmut Wiedemann. Particle Accelerator Physics. Springer-Verlag，1993. 381

习题与思考题

1. 为什么通常可以用高斯分布来描述电子的径向位移分布，而对质子或重粒子则不是这样？

2. σ_x 与 σ_z 的物理意义是什么？如何求得 σ_x 与 σ_z？

3. 以中国科学院高能物理研究所的对撞机为例，试求该储存环中电子的量子寿命(所需参数可由文献查取)。

4. 从保证一定的纵向量子寿命考虑，q 值选择在什么范围合适？k 值选取范围又如何？

5. 电子在真空室中与剩余气体发生库仑散射时，造成电子损失的散射角阈值 θ_c 应如何确定？

6. 试计算中国科学院高能物理研究所、中国科技大学和清华大学所设计的储存环中电子的库仑散射寿命(储存环参数可以由文献查到)，并提出增大库仑散射寿命的相应措施。

7. 库仑散射损失、轫致辐射损失以及电子与原子壳层电子的弹性与非弹性碰撞损失，对于不同的储存环，哪个是主要的？(以中国 4 个储存环的参数为例)

8. 用计算机求出函数 $C(\varepsilon)$ 的曲线，当 $\varepsilon=10^{-2}$ 时，利用上述曲线求出的 $C(\varepsilon)$ 值与利用方程(9.78)计算出的 $C(\varepsilon)$ 值相差多少？

9. V_L 的物理意义是什么？由此讨论在一个储存环中束流的 Touschek 寿命由注入到增能，直到储存期间，是如何变化的？

10. Touschek 寿命随电子能量的变化为什么有一个最小值？(参见图 9.6)

11. 在计算了以上各种束流寿命后，如何计算电子束的总寿命？请举例计算。

第

章

束流集体不稳定性

前面各章研究的带电粒子运动，主要限于单粒子，即粒子的运动规律完全由外部电磁场所决定。在较低流强下，束流在加速器中的运动可以看作无相互作用的带电粒子的集合在外部场，如加速、聚焦、导向等电磁场中的运动，因此可以用单粒子图像来描述。然而，许多加速器都要求束流有较高的流强，随着流强增加，束流自身产生的电磁场，特别是与周围环境相互作用而激发的电磁场，将叠加在外部场上，从而扰动束流的运动。当扰动足够强时，束流的运动将变得不稳定。为了研究这类动力学问题，必须采用多粒子图像。这种图像考虑了束流自身场的影响，但是一般忽略单粒子图像中的非线性问题。

具体来说，高流强的束流在真空管道内运动时，与环境相互作用将产生电磁场，即所谓尾场。它反作用在束流上，扰动了束流的运动。在一定条件下，这个扰动会进一步增强尾场，从而最终导致束流运动的幅度以指数增长，即发生集体不稳定性，它伴随着束流品质的降低和大量粒子的丢失，因此集体不稳定性是限制现代加速器性能的一个重要因素。

本章首先引入描述束流与环境相互作用的尾场和阻抗的概念，以此为基础，采用宏粒子模型，揭示几种集体不稳定性的物理图像，然后介绍一种不稳定性问题的系统处理方法——Vlasov 方程法，最后对朗道阻尼的物理机制作简单介绍。本章的很多内容选自文献[1]。

10.1　尾场与阻抗[1~3]

10.1.1　尾场函数

当加速器的金属真空管道在几何尺寸上呈不连续光滑或者由非理想导体组成时，束流通过后要在其后激励起电磁场，这个电磁场称为尾场，如图 10.1 所示。较强的束流将激励出较强的尾场。如果尾场足够强，它对束流的扰动可能使束流的运动变得不稳定。

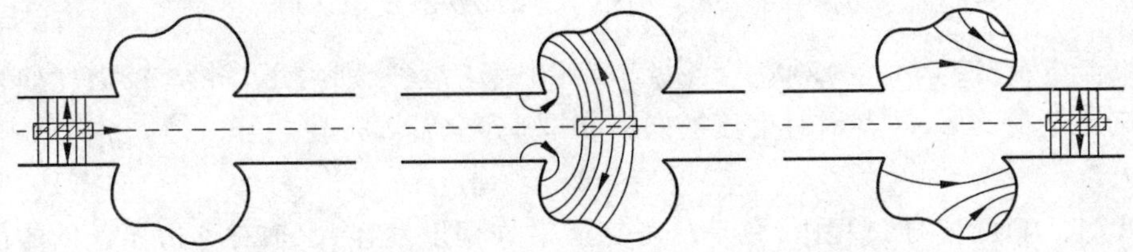

图 10.1　束流通过真空管道的不连续处产生的尾场[1]

考虑激励尾场的束流具有电荷 q，沿着束流管道的轴线运动。一个检验电荷 e 跟随在激励束流之后。假设激励束流和检验电荷都以速度 $v\approx c$ 运动，二者保持固定的间距 z。记 $\boldsymbol{E}$ 和 $\boldsymbol{B}$ 为检验电荷所感受到的尾场的电场和磁场分量，那么检验电荷受到的尾场力为 $\boldsymbol{F}=e(\boldsymbol{E}+\boldsymbol{v}\times\boldsymbol{B})$。一般来说，尾场力都不会强到使人们不能忽略它随时间的细节变化，因此令我们感兴趣的是尾场力对检验电荷的平均作用效果，这可以用力沿轨道的积分来表示：

$$\bar{\boldsymbol{F}}=\int_{-\infty}^{+\infty}\boldsymbol{F}\mathrm{d}l \tag{10.1}$$

式中 $\bar{\boldsymbol{F}}$ 称为尾场势，它是激励束流与检验电荷的间距 z 的函数，同时也依赖于检验电荷的横向位置坐标 (r,θ)。由麦克斯韦方程，可以得到尾场势满足 Panofsky-Wenzel 定理，即

$$\nabla_{\perp}\bar{F}_{/\!/}=\frac{\partial}{\partial z}\bar{\boldsymbol{F}}_{\perp} \tag{10.2}$$

另有关系为：

$$\nabla_{\perp}\cdot\bar{\boldsymbol{F}}_{\perp}=0 \tag{10.3}$$

利用式(10.2)和(10.3)，同时考虑到轴对称的边界条件，在柱坐标系下，尾场势的一般表达式为[2]：

$$\left.\begin{aligned}
\bar{\boldsymbol{F}}_{\perp}&=\sum_{m}\bar{\boldsymbol{F}}_{\perp,m}\\
\bar{F}_{/\!/}&=\sum_{m}\bar{F}_{/\!/,m}\\
\bar{\boldsymbol{F}}_{\perp,m}&=-emW_m(z)r^{m-1}[\boldsymbol{i}_r(q_m\cos m\theta+\tilde{q}_m\sin m\theta)-\boldsymbol{i}_\theta(q_m\sin m\theta-\tilde{q}_m\cos m\theta)]\\
\bar{F}_{/\!/,m}&=-eW'_m(z)r^m(q_m\cos m\theta+\tilde{q}_m\sin m\theta)
\end{aligned}\right\} \tag{10.4}$$

这里“′”代表 d/dz，$\boldsymbol{i}_r$，$\boldsymbol{i}_\theta$ 为径向、角向的单位矢量。$W_m(z)$称为横向尾场函数，$W'_m(z)$为纵向尾场函数。另外，

$$
\left.\begin{aligned}
q_m &= \int_0^{2\pi} \mathrm{d}\theta' \int_0^{\infty} \mathrm{d}r' r'^{m+1} \cos m\theta' \rho(r', \theta') \\
\tilde{q}_m &= \int_0^{2\pi} \mathrm{d}\theta' \int_0^{\infty} \mathrm{d}r' r'^{m+1} \sin m\theta' \rho(r', \theta')
\end{aligned}\right\} \tag{10.5}
$$

是束流电荷分布 $\rho(r,\theta)$ 对应的各极矩，其中 q_m，$\tilde{q}_m$ 分别为正、斜 m 极矩。如果束流总电荷为 q，$\langle\rangle$ 表示对束流横向分布取平均，那么就有：

$$
q_0 = q,\ q_1 = q\langle x\rangle,\quad \tilde{q}_1 = q\langle y\rangle \tag{10.6}
$$

在式(10.4)的推导过程中，只是从麦克斯韦方程出发，除了轴对称边界条件的假定，没有涉及束流环境的具体信息，就得到了尾场势对 m,r,θ 的依赖关系。惟一待求的就是尾场函数，它是由束流经过的具体环境决定的。

尾场函数的量纲分别为 $[W_m]=[\Omega\cdot\mathrm{s}^{-1}\cdot\mathrm{m}^{-2m+1}]$，$[W'_m]=[\Omega\cdot\mathrm{s}^{-1}\cdot\mathrm{m}^{-2m}]$。表 10.1 给出了笛卡儿坐标下束流电荷分布的低阶正、斜矩对应的尾场势，其中检验电荷跟在束流后面对应着 $z<0$，$\boldsymbol{i}_x$ 和 $\boldsymbol{i}_y$ 分别为水平和垂直方向的单位矢量。

表 10.1 低阶束流分布矩对应的尾场势

m	束流的分布矩	纵向尾场势	横向尾场势
0	q	$-eqW'_0(z)$	0
1	$q\langle x\rangle$ $q\langle y\rangle$	$-eq\langle x\rangle xW'_1(z)$ $-eq\langle y\rangle yW'_1(z)$	$-eq\langle x\rangle W_1(z)\boldsymbol{i}_x$ $-eq\langle y\rangle W_1(z)\boldsymbol{i}_y$
2	$q\langle x^2-y^2\rangle$ $q\langle 2xy\rangle$	$-eq\langle x^2-y^2\rangle(x^2-y^2)W'_2(z)$ $-eq\langle 2xy\rangle(2xy)W'_2(z)$	$-2eq\langle x^2-y^2\rangle W_2(z)(x\boldsymbol{i}_x-y\boldsymbol{i}_y)$ $-2eq\langle 2xy\rangle W_2(z)(y\boldsymbol{i}_x+x\boldsymbol{i}_y)$
3	$q\langle x^3-3xy^2\rangle$ $q\langle 3x^2y-y^3\rangle$	$-eq\langle x^3-3xy^2\rangle\times$ $(x^3-3xy^2)W'_3(z)$ $-eq\langle 3x^2y-y^3\rangle\times$ $(3x^2y-y^3)W'_3(z)$	$-3eq\langle x^3-3xy^2\rangle W_3(z)\times$ $[(x^2-y^2)\boldsymbol{i}_x-2xy\boldsymbol{i}_y]$ $-3eq\langle 3x^2y-y^3\rangle W_3(z)\times$ $[2xy\boldsymbol{i}_x+(x^2-y^2)\boldsymbol{i}_y]$

对于尺寸与束流管道半径 b 差不多的腔式结构，尾场函数存在一个粗略的比例关系：$W_m\propto 1/b^{2m-1}$，$W'_m\propto 1/b^{2m}$。由表 10.1 可知，横向尾场势粗略正比于 $(a/b)^{2m-1}$，纵向尾场势粗略正比于 $(a/b)^{2m}$，其中 a 为束流横向尺寸。典型的 $a\ll b$，所以比较低阶的尾场函数占主导地位。一般地说，可以用 W_1 代表横向尾场函数，用 W'_0 代表纵向尾场函数。

尾场函数还具有一些重要的性质：

① 根据因果律，如果 $z>0$，则有 $W_m(z)=0$，$W'_m(z)=0$。

② 如果 $z\to 0^-$，则有 $W_m(z)\leqslant 0$，$W'_m(z)\geqslant 0$。

③ 除空间电荷的尾场函数外，一般都有 $W_m(0)=0$。

④ 由束流负载基本原理得到：$W'_m(0)=W'_m(0^-)/2$。

⑤ 对所有的 z，$W'_m(0^-)\geqslant|W'_m(z)|$。

⑥ $\int_{-\infty}^{0}W'_m(z)\mathrm{d}z\geqslant 0$。

10.1.2　阻抗

阻抗是尾场函数在频域的对应，它与纯谐波电流分布产生的尾场相联系。任何电流分布形式 $I(l,t)$ 都可以通过傅里叶级数展开为多个电流谐波叠加的形式。不妨取某个电流谐波为：

$$I_0(l,t)=\hat{I}_0\mathrm{e}^{\mathrm{i}kl-\mathrm{i}\omega t} \tag{10.7}$$

下标 0 意味着电流分布与 x,y 无关，即 $m=0$。定义纵向阻抗由下式给出：

$$\bar{E}_l(l,t)=-I_0(l,t)z_0^{/\!/}(\omega) \tag{10.8}$$

其中 $\bar{E}_l(l,t)$ 是电流 $I_0(l,t)$ 产生的尾场的纵向电场分量沿 l 的积分，即电压。由表 10.1 和叠加原理，电荷元 $\mathrm{d}q(m=0)$ 产生的尾场势为：

$$\mathrm{d}\bar{F}_l=e\mathrm{d}\bar{E}_l=-eW'_0(z)\mathrm{d}q \tag{10.9}$$

对于纵向位置某点 l，时刻 t' 通过该点的电荷元为 $\mathrm{d}q=I_0(l,t')\mathrm{d}t'$。在随后的时刻 t，这个电流元在该点的尾场函数为 $W_0(z)$，其中 z 为 t 时刻该电流元的位置与点 l 的距离，$z=c(t'-t)$，因此有：

$$\mathrm{d}\bar{E}_l=-W'_0[c(t'-t)]I_0(l,t')\mathrm{d}t' \tag{10.10}$$

那么，总的电场积分是对所有 t 以前的时间积分，即

$$\bar{E}_l=-\int_{-\infty}^{t}\mathrm{d}t'W'_0[c(t'-t)]I_0(l,t')=-\int_{-\infty}^{+\infty}\mathrm{d}t'W'_0[c(t'-t)]I_0(l,t') \tag{10.11}$$

其中把积分延展到 $+\infty$ 是因为对于 $z>0$，$W_0(z)=0$。改变上式的积分变量为 $z=c(t'-t)$，得：

$$\bar{E}_l(l,t)=-\frac{1}{c}\int_{-\infty}^{+\infty}\mathrm{d}zW'_0(z)I_0\left(l,\frac{z}{c}+t\right) \tag{10.12}$$

将式(10.7)代入到式(10.12)，得：

$$\bar{E}_l(l,t)=-\frac{I_0(l,t)}{c}\int_{-\infty}^{+\infty}\mathrm{d}zW'_0(z)\exp\left(-\mathrm{i}\frac{\omega z}{c}\right) \tag{10.13}$$

与阻抗定义式(10.8)相比，可以得到阻抗与尾场函数的关系为：

$$Z_0^{/\!/}(\omega)=\frac{1}{c}\int_{-\infty}^{+\infty}\mathrm{d}zW'_0(z)\exp\left(-\mathrm{i}\frac{\omega z}{c}\right) \tag{10.14}$$

即阻抗是尾场函数的傅里叶变换。若 $m>0$,也可以得到类似的关系:

$$Z_m^{/\!/}(\omega) = \frac{1}{c}\int_{-\infty}^{+\infty} \mathrm{d}z W'_m(z) \exp\left(-\mathrm{i}\,\frac{\omega z}{c}\right) \tag{10.15}$$

同样,对于 $m>0$,可以定义横向阻抗满足:

$$\overline{\boldsymbol{F}}_{\perp}(l,t) = ieI_m(l,t) m r^{m-1}(\boldsymbol{i}_r \cos m\theta - \boldsymbol{i}_\theta \sin m\theta) Z_m^{\perp}(\omega) \tag{10.16}$$

其中 $I_m(l,t)$ 是电流分布的 m 阶矩。横向阻抗与横向尾场函数的关系为:

$$Z_m^{\perp}(\omega) = \frac{\mathrm{i}}{c}\int_{-\infty}^{+\infty} \mathrm{d}z W_m(z) \exp\left(-\mathrm{i}\,\frac{\omega z}{c}\right) \tag{10.17}$$

如果知道了阻抗,也可以通过傅里叶逆变换得到尾场函数:

$$\left.\begin{aligned} W'_m(z) &= \frac{1}{2\pi}\int_{-\infty}^{+\infty} \mathrm{d}\omega Z_m^{/\!/}(\omega) \exp\left(\mathrm{i}\,\frac{\omega z}{\boldsymbol{c}}\right) \\ W_m(z) &= -\frac{\mathrm{i}}{2\pi}\int_{-\infty}^{+\infty} \mathrm{d}\omega Z_m^{\perp}(\omega) \exp\left(\mathrm{i}\,\frac{\omega z}{\boldsymbol{c}}\right) \end{aligned}\right\} \tag{10.18}$$

阻抗的量纲为$[Z_m^{/\!/}]=[\Omega\cdot\mathrm{m}^{-2m}]$,$[Z_m^{\perp}]=[\Omega\cdot\mathrm{m}^{-2m+1}]$。与尾场函数相对应,最主要的纵向阻抗为 $Z_0^{/\!/}$,最主要的横向阻抗为 $Z_1^{\perp}$。

阻抗具有一些很重要的性质:

① Panofsky-Wenzel 定理在频域可表示为:$Z_m^{/\!/}(\omega)=\dfrac{\omega}{c}Z_m^{\perp}(\omega)$。

② 尾场函数为实数,要求 $Z_m^{/\!/*}(\omega)=Z_m^{/\!/}(-\omega)$,$Z_m^{\perp *}(\omega)=-Z_m^{\perp}(-\omega)$。

③ 根据因果律,阻抗的实部与虚部不是相互独立的,它们之间满足 Hilbert 变换,即

$$\mathrm{Re}[Z_m^{/\!/}(\omega)] = \frac{1}{\pi} P.V.\int_{-\infty}^{+\infty} \mathrm{d}\omega' \,\frac{\mathrm{Im}[Z_m^{/\!/}(\omega')]}{\omega' - \omega}$$

$$\mathrm{Im}[Z_m^{/\!/}(\omega)] = -\frac{1}{\pi} P.V.\int_{-\infty}^{+\infty} \mathrm{d}\omega' \,\frac{\mathrm{Re}[Z_m^{/\!/}(\omega')]}{\omega' - \omega}$$

其中 $P.V.$ 表示取积分主值,对于横向阻抗也有类似关系式。因此,从原理上讲,知道了阻抗的实部或虚部就可以求得整个阻抗。

④ $\mathrm{Re}[Z_m^{/\!/}(\omega)]\geqslant 0$ 对全部 ω 都成立。

如果 $\omega>0$,则 $\mathrm{Re}[Z_m^{\perp}(\omega)]\geqslant 0$;如果 $\omega<0$,则 $\mathrm{Re}[Z_m^{\perp}(\omega)]\leqslant 0$。

10.1.3 加速器中常见的阻抗[3]

为了计算特定束流管道结构的阻抗,需要求解激励束流在管道内产生的电磁场。目前,人们提出了很多方法来计算阻抗,这包括:在恰当的边界条件下直接解析求解麦克斯韦方程,这种方法只能应用于比较简单的情况;把结构划分为

不同的子区域，在不同子区域用本征函数展开场，然后在子区域的交界面和边界上用场匹配的方法确定展开系数；在时域用数值模拟方法对束流激励产生的场积分，然后经过傅里叶变换得到阻抗；用脉冲电流模拟束流方法在实验平台上测量单个真空部件的阻抗，或者测量加速器参数随流强的变化关系，据此估算加速器的阻抗。

下面将忽略具体的求解和计算过程，给出加速器中常见的一些阻抗。

(1) 空间电荷阻抗

半径为 a 的束流通过由理想金属构成的半径为 b、长为 L 的圆管道，空间电荷的阻抗和尾场函数列于表10.2。

表10.2　空间电荷的阻抗和尾场函数

阻　抗	尾场函数
$Z_0^{/\!/}=\mathrm{i}\,\dfrac{Z_0 L\omega}{4\pi c\gamma^2}\left(1+2\ln\dfrac{b}{a}\right)$	$W_0'=\dfrac{Z_0 cL}{4\pi\gamma^2}\left(1+2\ln\dfrac{b}{a}\right)\delta'(z)$
$Z_{m\neq 0}^{\perp}=\mathrm{i}\,\dfrac{Z_0 L}{2\pi\gamma^2 m}\left(\dfrac{1}{a^{2m}}-\dfrac{1}{b^{2m}}\right)$	$W_{m\neq 0}=\dfrac{Z_0 cL}{2\pi\gamma^2 m}\left(\dfrac{1}{a^{2m}}-\dfrac{1}{b^{2m}}\right)\delta(z)$

其中 $Z_0\approx 377\Omega$ 为自由空间阻抗，$\delta'(z)$为 δ 函数的导数。

(2) 电阻壁阻抗

由有限电导率为 σ_c 的金属构成的半径为 b、长为 L 的圆管道，其阻抗和尾场函数列于表10.3。

表10.3　电阻壁的阻抗和尾场函数

阻　抗	尾场函数
$Z_m^{/\!/}=\dfrac{\omega}{c}Z_m^{\perp}$	$W_m=-\dfrac{c}{\pi b^{m+1}(1+\delta_{m0})}\sqrt{\dfrac{Z_0}{\pi\sigma_c}}\cdot\dfrac{L}{\lvert z\rvert^{1/2}}$
$Z_m^{/\!/}=\dfrac{1-\mathrm{sgn}(\omega)\mathrm{i}}{1+\delta_{0m}}\cdot\dfrac{L}{\pi\sigma_c\delta_{\mathrm{skin}}b^{2m+1}}$	$W_m'=-\dfrac{c}{2\pi b^{m+1}(1+\delta_{m0})}\sqrt{\dfrac{Z_0}{\pi\sigma_c}}\cdot\dfrac{L}{\lvert z\rvert^{3/2}}$

其中 $\delta_{\mathrm{skin}}=\sqrt{\dfrac{2c}{\lvert\omega\rvert Z_0\sigma_c}}$为趋肤深度。如果 $m=0$，则 $\delta_{m0}=1$；如果 $m\neq 0$，则 $\delta_{m0}=0$。

(3) 谐振子阻抗模型

这是用电阻、电感、电容(RLC)的并联回路等效复杂结构的阻抗模型，对应的阻抗和尾场函数列于表10.4，其中 $R_s^{(m)}$ 为分流阻抗，Q 为品质因子，ω_r 为谐振频率，$\alpha=\omega_r/(2Q)$，$\bar{\omega}_r=\sqrt{\lvert\omega_r^2-\alpha^2\rvert}$。

表 10.4　谐振子模型的阻抗和尾场函数

阻　　抗	尾 场 函 数
$Z_m^{/\!/}(\omega)=\dfrac{R_s^{(m)}}{1+\mathrm{i}Q(\omega_r/\omega-\omega/\omega_r)}$	$W_m(z<0)=\dfrac{R_s^{(m)}c\omega_r}{Q\bar{\omega}_r}\mathrm{e}^{\alpha z/c}\sin\dfrac{\bar{\omega}_r z}{c}$
$Z_m^{\perp}(\omega)=\dfrac{c}{\omega}Z_m^{/\!/}(\omega)$	$W'_m(z<0)=2\alpha R_s^{(m)}\mathrm{e}^{\alpha z/c}\left(\cos\dfrac{\bar{\omega}_r z}{c}+\dfrac{\alpha}{\bar{\omega}_r}\sin\dfrac{\bar{\omega}_r z}{c}\right)$

(4) 宽带阻抗模型

如果只对短程尾场感兴趣，对于尺寸与束流管道半径 b 可比的类腔结构，在频率 $\omega\leqslant\dfrac{c}{b}$ 的范围内，它的阻抗可以用谐振子阻抗来等效，其具体参数为：

$$\left.\begin{aligned}&\text{对 } Z_0^{/\!/}\text{：}\quad R_s^{(0)}\approx 60\Omega,\ Q\approx 1,\omega_r\approx\frac{c}{b}\\&\text{对 } Z_1^{\perp}\text{：}\quad R_s^{(1)}\approx\frac{1}{b^2}\times 60\Omega,\ Q\approx 1,\omega_r\approx\frac{c}{b}\end{aligned}\right\}\tag{10.19}$$

10.1.4 寄生损失

当束流通过时，束流会损失能量在真空管道的阻抗上，这个能量损失称为寄生损失(parasitic loss)。如果束流总电荷量为 Q，归一化的纵向电荷分布为 $\rho(l)$，那么，在阻抗 $Z_0^{/\!/}$ 上的寄生损失为：

$$\begin{aligned}\Delta\varepsilon&=-Q^2\int_{-\infty}^{+\infty}\mathrm{d}l'\rho(l')\int_{z'}^{+\infty}\mathrm{d}l\rho(l)W'_0(l'-l)\\&=-\frac{Q^2}{2\pi}\int_{-\infty}^{+\infty}\mathrm{d}\omega\,|\hat{\rho}(\omega)|^2\mathrm{Re}[Z_0^{/\!/}(\omega)]\\&=-Q^2\kappa^{/\!/}\end{aligned}\tag{10.20}$$

其中 $\hat{\rho}(\omega)$ 为纵向电荷分布的傅里叶变换：

$$\left.\begin{aligned}\hat{\rho}(\omega)&=\int_{-\infty}^{+\infty}\mathrm{d}l\mathrm{e}^{-\mathrm{i}\omega l}\rho(l)\\\rho(l)&=\frac{1}{2\pi c}\int_{-\infty}^{+\infty}\mathrm{d}\omega\mathrm{e}^{\mathrm{i}\omega l/c}\hat{\rho}(\omega)\end{aligned}\right\}\tag{10.21}$$

$\kappa^{/\!/}$ 为损失因子，单位为 $\mathrm{V}\cdot(\mathrm{pC})^{-1}$。

$$\kappa^{/\!/}=\frac{1}{2\pi}\int_{-\infty}^{+\infty}\mathrm{d}\omega\,|\hat{\rho}(\omega)|^2\mathrm{Re}[Z_0^{/\!/}(\omega)]\tag{10.22}$$

只有阻抗的实部才产生能量损失，因此纯感性和容性的阻抗，例如空间电荷阻抗，不会使束流整体产生寄生损失。

10.2 宏粒子模型下的集体不稳定性

加速器中的各种阻抗源在束流的激励下产生的尾场力，将改变粒子的运动轨迹，导致振荡频率的移动、光学函数的畸变甚至稳定运动条件的破坏，这都是集体不稳定性的范畴。根据所考虑的束流的运动方向，集体不稳定性分为纵向与横向；根据所研究的束流类型，又可分为单束团、多束团及连续束集体不稳定性。

由多粒子组成的束流系统是一个数目庞大的多体系统，其粒子数通常约在 10^{10} 左右，因此不可能也没有必要研究每个粒子的运动，而且人们感兴趣的是整个束流的宏观行为，所以宏粒子模型常被用来研究束流不稳定性问题。所谓宏粒子模型，就是用一个宏粒子代表一定数量的真实粒子，从而用相对真实粒子数目少得多的宏粒子系统来描述整个束流系统的简化模型。在用解析方法研究束流不稳定性问题时，一般采用单粒子或双粒子模型。在用计算机模拟方法时，根据计算机的能力和问题的特征，一般采用几百到几万的宏粒子。

下面将采用单粒子和双粒子模型分析几个比较常见的集体不稳定性问题，以便于简单、直观地研究不稳定性发生的机理和过程。然而，简化的宏粒子模型必然存在一定的局限性，它只能给出比较粗略的定量结果，甚至对一些不稳定性问题，不容易采用这种过于简化的宏粒子模型。

10.2.1 直线加速器中的束流崩溃效应[1]

在直线加速器中，当粒子速度接近光速时，束流内粒子的相对纵向位置是基本不变的。头部粒子的小的横向位置偏差激励的尾场，将总是作用于尾部的粒子，使其发生横向位置偏移。如果束流足够强，这个偏移在整个加速器中累加的结果，将使尾部粒子产生很大的偏移，打在真空管道上丢失；即使管道孔径足够大，束流的横向发射度也会大大增加，降低加速器的性能，这个现象就称为束流崩溃效应。

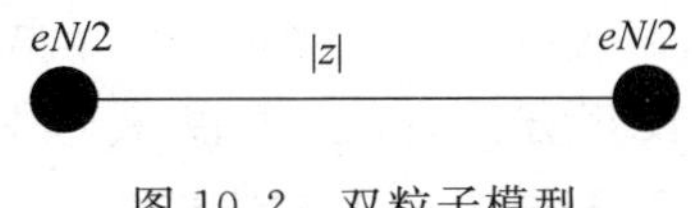

图 10.2 双粒子模型

采用如图 10.2 所示的双粒子模型研究束流崩溃效应：两个宏粒子代表整个束流，各包含 $N/2$ 个粒子，纵向相距为 $|z|$ $(z<0)$，这个距离是不随时间改变的。头部的宏粒子由于自由振荡而偏离中心位置，就会产生尾场力并作用于尾部宏

粒子，只考虑 $m=1$ 的尾场，由表 10.1 给出的尾场力表达式，可以得到两个宏粒子横向位置偏差 y_1，y_2 满足以下关系：

$$y_1''+k_{\beta_1}^2 y_1=0 \tag{10.23}$$

$$y_2''+k_{\beta_2}^2 y_2=-\frac{Ne^2W_1(z)}{2EL}y_1(l)=-\frac{Nr_0W_1(z)}{2\gamma L}y_{10}\cos(k_{\beta_1}l) \tag{10.24}$$

其中 $k_{\beta_{1,2}}=\omega_{\beta_{1,2}}/c$ 为自由振荡波数；$E=\gamma m_0c^2$ 为粒子能量；$r_0=e^2/(m_0c^2)$ 为粒子经典半径；$W_1(z)$ 是长度为 L 的加速腔的尾场函数；$y_1(l)=y_{10}\cos(k_{\beta_1}l)$ 为头部粒子自由振荡的解[$y_1'(l=0)=0$]，y_{10} 为初始位置偏差。假设 k_{β_2} 与 l 无关且 $k_{\beta_2}L\ll 1$，这样，式(10.24)右边的尾场力可以用一个加速腔上的平均值来表示。

式(10.23)表明，头部宏粒子只是做自由振荡。假设尾部宏粒子初始条件为 $y_2(l=0)=y_{10}$，$y_2'(l=0)=0$，那么，它的横向运动满足：

$$y_2(l)=y_{10}\cos(\bar{k}_\beta l)\cos\frac{\Delta k_\beta l}{2}-y_{10}\sin(\bar{k}_\beta l)\left[\frac{\Delta k_\beta}{2}+\frac{Nr_0W_1(z)}{4k_\beta\gamma L}\right]\left[\frac{\sin(\Delta k_\beta l/2)}{\Delta k_\beta/2}\right] \tag{10.25}$$

其中 $\bar{k}_\beta=(k_{\beta_1}+k_{\beta_2})/2$，$\Delta k_\beta=k_{\beta_2}-k_{\beta_1}$。如果 $k_{\beta_2}\approx k_{\beta_1}=k_\beta$，那么，尾部粒子将被头部粒子的尾场力共振激励，导致其运动振幅随纵向位置 l 的变化而线性增长：

$$y_2(l)=y_{10}\left[\cos(k_\beta l)-\frac{Nr_0W_1(z)}{4k_\beta\gamma L}l\sin(k_\beta l)\right] \tag{10.26}$$

这就是束流崩溃效应产生的原因。如果直线加速器总长为 L_0，那么在出口处，尾部粒子的振幅增长系数为：

$$\Lambda=-\frac{Nr_0W_1(z)L_0}{4k_\beta\gamma L} \tag{10.27}$$

上述讨论忽略了加速的影响，如果假设能量随纵向位置均匀增长，聚焦强度随能量增加而线性增长，那么，加速器出口的振幅增长系数为：

$$\Lambda=-\frac{Nr_0W_1(z)L_0}{4k_\beta\gamma_f L}\ln\frac{\gamma_f}{\gamma_i} \tag{10.28}$$

由此可见，由于能量的增长，粒子抵抗尾场力的能力增强了，尾部粒子振幅的增长也减小了，这就是绝热阻尼。

即使存在加速，束流崩溃效应也会很严重。为了减小它的影响，除了采用快速加速、准确注入及轨道校正方法外，还可以采用由 Balakin、Novokhatsky、Smirnov 提出的 BNS 阻尼来解决，这种方法使尾部粒子比头部粒子感受到更强的聚焦力，那么头部和尾部粒子的自由振荡频率就会存在一定差别，从而尾场力不会共振激励尾部粒子的运动，它的振幅也就不会随纵向位置线性增长，这由式(10.25)也可以很清楚地看到。有不同的途径提供 BNS 聚焦力：首先可以利用强度随时间改变的射频四极磁铁，使头部和尾部的粒子感受到不同的四极磁铁强度；另外，考虑到色品的存在，能量不同的粒子在四极磁铁中感受到的聚焦强度是不同的。因此，可以通过选择加速相位，使尾部相对头部粒子获得略小的能量，从而获得更强的聚焦。

10.2.2 强头尾不稳定性[1,4]

与直线加速器类似，在环形加速器中也存在束流崩溃效应，它被称为强头尾不稳定性或者横向模式耦合不稳定性。与直线加速器情况不同的是，由于同步振荡，粒子之间的纵向相对位置以同步振荡角频率 Ω 缓慢变化。

仍采用图 10.2 给出的双粒子模型，假设两个宏粒子同步振荡的振幅相同，相位相反。那么在同步振荡的前半个周期，宏粒子 1 在纵向位置上领先宏粒子 2，所以宏粒子 2 要感受到宏粒子 1 产生的尾场；在同步振荡的后半个周期，宏粒子 2 的尾场要作用于宏粒子 1。假设宏粒子的自由振荡频率相同，那么，它们将满足下列运动方程：

$$\left.\begin{aligned} y_1''+\left(\frac{\omega_\beta}{c}\right)^2 y_1 &= 0 \\ y_2''+\left(\frac{\omega_\beta}{c}\right)^2 y_2 &= \frac{Nr_0W_0}{2\gamma C}y_1 \end{aligned}\right\} \quad (kT_s < l/c < kT_s + T_s/2) \qquad (10.29)$$

$$\left.\begin{aligned} y_1''+\left(\frac{\omega_\beta}{c}\right)^2 y_1 &= \frac{Nr_0W_0}{2\gamma C}y_2 \\ y_2''+\left(\frac{\omega_\beta}{c}\right)^2 y_2 &= 0 \end{aligned}\right\} \quad (kT_s + T_s/2 < l/c < kT_s + T_s) \qquad (10.30)$$

其中 T_s 为同步振荡周期，$k=0,1,2,\cdots$。为了简单起见，假设沿全环积分的尾场函数为：

$$W_1(z) = \begin{cases} -W_0 & (\text{对于 } 0 > z > -|\text{束长}|) \\ 0 & (\text{对于其他范围}) \end{cases} \qquad (10.31)$$

不包含尾场力扰动的运动方程的解为：

$$\left.\begin{aligned} y &= y_0\cos(\omega_\beta l/c) + \frac{c}{\omega_\beta}y_0'\sin(\omega_\beta l/c) \\ y' &= y_0'\cos(\omega_\beta l/c) - \frac{\omega_\beta}{c}y_0\sin(\omega_\beta l/c) \end{aligned}\right\} \qquad (10.32)$$

也可以写成比较简洁的形式：

$$\tilde{y} = y + \mathrm{i}\,\frac{c}{\omega_\beta}y' = \tilde{y}(0)\mathrm{e}^{-\mathrm{i}\omega_\beta l/c} \qquad (10.33)$$

对于同步振荡的前半周期，宏粒子 1 的运动是如式(10.33)所示的自由振荡，将其代入式(10.29)可以得到宏粒子 2 的运动满足：

$$y_2 = \tilde{y}_2(0)\mathrm{e}^{-\mathrm{i}\omega_\beta l/c} + \mathrm{i}\frac{Nr_0W_0c}{4\gamma C\omega_\beta}\left[\frac{c}{\omega_\beta}\tilde{y}_1^*(0)\sin\frac{\omega_\beta l}{c} + \tilde{y}_1(0)l\mathrm{e}^{-\mathrm{i}\omega_\beta l/c}\right] \tag{10.34}$$

上式中，前两项描述了粒子的自由振荡，第三项为共振响应项。在 $\omega_\beta T_s/2 \gg 1$，即 $\omega_\beta \gg \Omega$ 的条件下，第二项远小于第三项，可以忽略，那么，可以把同步振荡前半周期的解写成矩阵的形式，即

$$\begin{pmatrix}\tilde{y}_1\\ \tilde{y}_2\end{pmatrix}_{t=kT_s+T_s/2} = \mathrm{e}^{-\mathrm{i}\omega_\beta T_s/2}\begin{pmatrix}1 & 0\\ \mathrm{i}Y & 1\end{pmatrix}\begin{pmatrix}\tilde{y}_1\\ \tilde{y}_2\end{pmatrix}_{t=kT_s} \tag{10.35}$$

其中定义了一个正的、无量纲的参数：

$$Y = \frac{\pi Nr_0W_0c^2}{4\gamma C\omega_\beta\Omega} \tag{10.36}$$

在同步振荡的后半个周期，式(10.30)的解的形式与式(10.34)的相同，只是要把下标 1 和 2 互换。因此，可以得到一个同步振荡周期的矩阵形式的解为：

$$\begin{aligned}\begin{pmatrix}\tilde{y}_1\\ \tilde{y}_2\end{pmatrix}_{t=kT_s+T_s} &= \mathrm{e}^{-\mathrm{i}\omega_\beta T_s}\begin{pmatrix}1 & \mathrm{i}Y\\ 0 & 1\end{pmatrix}\begin{pmatrix}1 & 0\\ \mathrm{i}Y & 1\end{pmatrix}\begin{pmatrix}\tilde{y}_1\\ \tilde{y}_2\end{pmatrix}_{t=kT_s}\\ &= \mathrm{e}^{-\mathrm{i}\omega_\beta T_s}\begin{pmatrix}1-Y^2 & \mathrm{i}Y\\ \mathrm{i}Y & 1\end{pmatrix}\begin{pmatrix}\tilde{y}_1\\ \tilde{y}_2\end{pmatrix}_{t=kT_s}\end{aligned} \tag{10.37}$$

经过多个同步振荡周期，如果粒子的运动是稳定的，那么，上述传输矩阵的迹的绝对值必须小于 2，即

$$|2-Y^2| \leqslant 2 \quad \Rightarrow \quad Y = \frac{\pi Nr_0W_0c^2}{4\gamma C\omega_\beta\Omega} \leqslant 2 \tag{10.38}$$

上述稳定性判据说明：对于低流强，束流是稳定的，这与直线加速器中尾部粒子总是不稳定的情况不同，这是由于同步振荡使宏粒子 1、2 交替处于束流尾部，在一定流强阈值之下，尾部粒子的振幅增长并不能累积，从而不会导致不稳定性。只有流强超过这个阈值，振幅增长的累积效应才会出现，导致束流不稳定性发生。式(10.38)中 Ω 出现在分母上也表明振荡角频率越高，阈值流强也越高，这也说明同步振荡是有利于稳定束流的。

10.2.3 头尾不稳定性[1]

前一节分析强头尾不稳定性时，假设同步振荡和自由振荡是没有耦合的，本节将研究同步振荡与自由振荡的耦合所引起的不稳定性——头尾不稳定性。

环形加速器中粒子的自由振荡频率依赖于粒子的能量偏差 $\delta = \Delta E/E$，如果理想粒子的角频率为 ω_β，那么具有能量偏差的粒子的自由振荡角频率为：

$$\omega_\beta(\delta) = \omega_\beta(1+\xi\delta) \tag{10.39}$$

其中 ξ 为色品。

在不考虑尾场时，自由振荡相位变化为：

$$\Psi_\beta(l)=\int\omega_\beta(\delta)\,\frac{\mathrm{d}l}{c}=\omega_\beta\left(\frac{l}{c}+\xi\int\delta\,\frac{\mathrm{d}l}{c}\right)=\omega_\beta\left[\frac{l}{c}-\frac{\xi}{c\eta_c}z(l)\right] \tag{10.40}$$

其中 η_c 为滑相因子。推导上式时用到了 $z'=-\eta_c\delta$。假设束流由两个宏粒子组成，它们的同步振荡满足：

$$z_1=\hat{z}\sin\frac{\Omega l}{c},\quad z_2=-z_1 \tag{10.41}$$

其中 Ω 为同步振荡角频率。两个粒子的自由振荡可以描述为：

$$\left.\begin{aligned}y_1(l)&=\tilde{y}_1\mathrm{e}^{-\mathrm{i}\Psi_{\beta_1}(l)}=\tilde{y}_1\exp\left(-\mathrm{i}\omega_\beta\frac{l}{c}+\mathrm{i}\frac{\xi\omega_\beta}{c\eta_c}\hat{z}\sin\frac{\Omega l}{c}\right)\\y_2(l)&=\tilde{y}_2\mathrm{e}^{-\mathrm{i}\Psi_{\beta_2}(l)}=\tilde{y}_2\exp\left(-\mathrm{i}\omega_\beta\frac{l}{c}-\mathrm{i}\frac{\xi\omega_\beta}{c\eta_c}\hat{z}\sin\frac{\Omega l}{c}\right)\end{aligned}\right\} \tag{10.42}$$

其中 $\xi\omega_\beta\hat{z}/(c\eta_c)$ 称为头尾相位。

在同步振荡的前半周期，粒子 1 在纵向处于领先位置，粒子 2 的运动要受到粒子 1 的尾场的影响，假设尾场函数由式(10.31)给出，粒子 2 满足运动方程：

$$\left.\begin{aligned}y_2''+\left[\frac{\omega_\beta(\delta_2)}{c}\right]^2y_2&=\frac{Nr_0W_0}{2\gamma C}y_1\\\omega_\beta(\delta_2)&=\omega_\beta\left(1+\frac{\xi\omega_s\hat{z}}{c\eta_c}\cos\frac{\Omega l}{c}\right)\end{aligned}\right\} \tag{10.43}$$

上式中的 y_1 由式(10.42)确定。如果假设 y_2 也具有式(10.42)的形式，但它的振幅 $\tilde{y}_2$ 随时间慢变化，那么，由式(10.43)可以得到 $\tilde{y}_2$ 满足的方程为：

$$\tilde{y}'_2(l)\approx\mathrm{i}\,\frac{Nr_0W_0c}{4\gamma C\omega_\beta}\tilde{y}_1(0)\exp\left(2\mathrm{i}\,\frac{\xi\omega_\beta\hat{z}}{c\eta_c}\sin\frac{\Omega l}{c}\right) \tag{10.44}$$

对于大多数情况，头尾相位远小于 1，对上式的指数部分作泰勒级数展开，$\tilde{y}_2$ 可以积分得到，即

$$\tilde{y}_2(l)=\tilde{y}_2(0)+\mathrm{i}\,\frac{Nr_0W_0c}{4\gamma C\omega_\beta}\tilde{y}_1(0)\left[l+\mathrm{i}\,\frac{2\xi\omega_\beta\hat{z}}{\eta_c\Omega}\left(1-\cos\frac{\Omega l}{c}\right)\right] \tag{10.45}$$

方括号内的第一项是共振响应项，对应着强头尾不稳定性；第二项正比于头尾相位，是头尾不稳定性的来源。

也可以把前半周期的解写成矩阵的形式，即

$$\begin{pmatrix}\tilde{y}_1\\\tilde{y}_2\end{pmatrix}_{t=kT_s+T_s/2}=\begin{pmatrix}1&0\\\mathrm{i}Y&1\end{pmatrix}\begin{pmatrix}\tilde{y}_1\\\tilde{y}_2\end{pmatrix}_{t=kT_s} \tag{10.46}$$

其中

$$Y=\frac{\pi Nr_0W_0c^2}{4\gamma C\omega_\beta\omega_s}\left[1+\mathrm{i}\,\frac{4\xi\omega_\beta\hat{z}}{\pi c\eta}\right] \tag{10.47}$$

同样可以得到同步振荡后半个周期的矩阵形式的解为：

$$\begin{pmatrix}\tilde{y}_1\\ \tilde{y}_2\end{pmatrix}_{t=kT_s+T_s}=\begin{pmatrix}1 & \mathrm{i}Y\\ 0 & 1\end{pmatrix}\begin{pmatrix}\tilde{y}_1\\ \tilde{y}_2\end{pmatrix}_{t=kT_s+T_s/2} \tag{10.48}$$

最终可以得到一个同步振荡周期的传输矩阵：

$$\begin{pmatrix}1 & \mathrm{i}Y\\ 0 & 1\end{pmatrix}\begin{pmatrix}1 & 0\\ \mathrm{i}Y & 1\end{pmatrix}=\begin{pmatrix}1-Y^2 & \mathrm{i}Y\\ \mathrm{i}Y & 1\end{pmatrix} \tag{10.49}$$

对于小流强，$|Y|\ll 1$，可以求得上述矩阵的本征值为 $\lambda_{\pm}\approx \mathrm{e}^{\pm \mathrm{i}Y}$，分别对应于“＋”、“－”模式。由式(10.47)，Y 的虚部给出了自由振荡的增长率，即

$$\tau_{\pm}^{-1}=\mp\frac{Nr_0W_0\xi c\hat{z}}{2\pi\gamma\eta_c C} \tag{10.50}$$

如果 $\xi/\eta_c>0$，“＋”模式是衰减的，“－”模式是增长的；如果 $\xi/\eta_c<0$，“＋”模式是增长的，“－”模式是衰减的，因此，只有 $\xi=0$ 才能保证束流是稳定的。如果采用更精确的分析方法，即 Vlasov 方程法，就会发现双粒子模型过高估计了“－”模式的增长率。如果再考虑到其他阻尼机理(例如朗道阻尼、同步辐射阻尼)的存在，一般对运行在临界能量之上的加速器，要求色品略大于 0；在临界能量之下，色品略小于 0。所以，要引入六极磁铁来校正色品。

10.2.4 纵向 Robinson 不稳定性[1]

当束团通过高频腔时，由于纵向位置的不同，粒子将以不同的相位与腔中电磁场相互作用，从而造成不同的能量交换关系，引起纵向运动的不稳定性。这首先是由美国伯克利实验室(LBL)的 Robinson 提出的，因而称为 Robinson 不稳定性。

为了保证同步加速，环形加速器高频腔的基模的角频率 ω_R 要调整为回旋角频率 ω_s 的近似整数倍，即 $\omega_R\approx k\omega_s$，$k$ 为谐波系数。这意味着束流在腔中激励的尾场将主要包含 $\omega_R\approx k\omega_s$ 的频率分量，或者说，$Z_0^{/\!/}$ 在 $\omega_R\approx k\omega_s$ 有一个峰值。采用单粒子模型研究粒子的纵向运动，记 z_n 为第 n 圈粒子与理想粒子在高频腔处的纵向位置偏差，正的 z_n 意味着比理想粒子提前到达高频腔。$\delta_n=\Delta E/E$ 为第 n 圈粒子的相对能量偏差，那么，用 z_n，δ_n 描述的小振幅近似下的纵向运动方程为：

$$\frac{\mathrm{d}}{\mathrm{d}n}z_n=-\eta_c C\delta_n \tag{10.51}$$

$$\frac{\mathrm{d}}{\mathrm{d}n}\delta_n=\frac{(2\pi\nu_s)^2}{\eta_c C}z_n \tag{10.52}$$

其中 C 为加速器周长，$\nu_s=\Omega/\omega_s$ 为同步振荡频数，典型情况下，$\nu_s\ll 1$，即粒子要

回旋很多圈才完成一次同步振荡。

式(10.52)只有在非常弱的流强下才成立。对于强流，需要考虑尾场导致的能量变化，因此有：

$$\begin{aligned}\frac{\mathrm{d}}{\mathrm{d}n}\delta_n &= \frac{(2\pi\nu_s)^2}{\eta_c C}z_n + \frac{eV(z_n)}{E}\\ &= \frac{(2\pi\nu_s)^2}{\eta_c C}z_n - \frac{Nr_0}{\gamma}\sum_{m=-\infty}^{n} W_0'(mC - nC + z_n - z_m)\end{aligned} \tag{10.53}$$

其中 W_0'为加速器整圈的纵向尾场函数。对 m 的求和是对束流在第 n 圈之前各圈激励的尾场的累加；$mC-nC+z_n-z_m$ 是粒子在第 n 圈和第 m 圈的纵向位置差。组合式(10.51)和(10.53)就有：

$$\frac{\mathrm{d}^2 z_n}{\mathrm{d}n^2} + (2\pi\nu_s)^2 z_n = \frac{Nr_0\eta_c C}{\gamma}\sum_{m=-\infty}^{n} W_0'(mC - nC + z_n - z_m) \tag{10.54}$$

假设束团同步振荡的振幅远小于高频腔基模的波长，可以按泰勒级数展开尾场函数，保留到线性项：

$$W_0'(mC - nC + z_n - z_m) \approx W_0'(mC - nC) + (z_n - z_m)W_0''(mC - nC) \tag{10.55}$$

上式第一项为静态项，它对应着寄生损失，引起粒子纵向位置改变常数值，这里将不考虑这一项；第二项包含 $z_n - z_m$，它是不同圈的纵向位置的差，类似于 $\mathrm{d}z/\mathrm{d}n$，这对于式(10.54)将可能意味着不稳定性，因为二次微分方程中的一次导数项对应着解以指数形式增长或衰减。把式(10.55)带入式(10.54)得到 z_n 满足的线性微分方程，下面将在频域求解方程以简化数学处理。在频域，有：

$$z_n \propto \mathrm{e}^{-\mathrm{i}n\omega T_s} \tag{10.56}$$

这里 $T_s = C/c = 2\pi/\omega_s$ 为回旋周期，ω 为待求的束流集体振荡频率，组合式(10.54)～(10.56)就有：

$$\omega^2 - \Omega^2 = -\frac{Nr_0\eta_c c}{\gamma T_s}\sum_{m=-\infty}^{+\infty}(1 - \mathrm{e}^{-\mathrm{i}m\omega T_s})W_0''(mC) \tag{10.57}$$

其中 Ω 为同步振荡角频率，同时可以利用尾场函数的因果特性把对 m 的求和扩展到$+\infty$。利用傅里叶变换的恒等式，即

$$\sum_{m=-\infty}^{+\infty} F(mC) = \frac{1}{C}\sum_{p=-\infty}^{+\infty}\tilde{F}\left(\frac{2\pi p}{C}\right) \tag{10.58}$$

得到：

$$\omega^2 - \Omega^2 = -\mathrm{i}\frac{Nr_0\eta_c}{\gamma T_s^2}\sum_{p=-\infty}^{+\infty}\left[p\omega_s Z_0^{/\!/}(p\omega_s) - (p\omega_s + \omega)Z_0^{/\!/}(p\omega_s + \omega)\right] \tag{10.59}$$

对于给定的阻抗，原则上根据上式可以解出 ω。这里采用扰动方法，认为 ω

偏离 Ω 不太多，那么，上式右边的 ω 都可以用 Ω 代替，这样就可以得到 ω 的近似表达式，其中同步振荡频移为：

$$\begin{aligned}\Delta\omega &= \mathrm{Re}(\omega-\Omega) \\ &= \frac{Nr_0\eta_c}{2\gamma T_s^2\Omega}\sum_{p=-\infty}^{+\infty}\{p\omega_s\mathrm{Im}[Z_0^{/\!/}(p\omega_s)]-(p\omega_s+\Omega)\mathrm{Im}[Z_0^{/\!/}(p\omega_s+\Omega)]\}\end{aligned} \tag{10.60}$$

不稳定性增长率为：

$$\begin{aligned}\tau^{-1} &= \mathrm{Im}(\omega-\Omega) \\ &= \frac{Nr_0\eta_c}{2\gamma T_s^2\Omega}\sum_{p=-\infty}^{+\infty}\{(p\omega_s+\Omega)\mathrm{Re}[Z_0^{/\!/}(p\omega_s+\Omega)]\}\end{aligned} \tag{10.61}$$

可以看到，阻抗的虚部对集体振荡频移有贡献，实部对增长率有贡献。

高频腔的基模阻抗可以用表 10.4 给出的谐振子阻抗来描述，即

$$Z_0^{/\!/}(\omega) = \frac{R_s}{1+\mathrm{i}Q(\omega_R/\omega-\omega/\omega_R)} \tag{10.62}$$

一般来说，阻抗峰值宽度 $\omega_R/(2Q)$ 和同步振荡频率 Ω 都远小于 ω_s，因此式(10.61)中的求和式只有两项，即 $p=\pm k$ 对增长率起主要贡献，这就给出：

$$\tau^{-1} \approx \frac{Nr_0\eta_c k\omega_s}{2\gamma T_s^2\omega_s}\{\mathrm{Re}[Z_0^{/\!/}(k\omega_s+\Omega)]-\mathrm{Re}[Z_0^{/\!/}(k\omega_s-\Omega)]\} \tag{10.63}$$

束团稳定性要求 $\tau^{-1}\leqslant 0$，如果 $\eta_c>0$（临界能量之上），就必须使频率 $k\omega_s+\Omega$ 处的阻抗小于频率 $k\omega_s-\Omega$ 处的阻抗；如果 $\eta_c<0$（临界能量之下），则反之。因而，这个稳定性条件给出了 Robinson 判据：临界能量之上，基模频率 ω_R 应该略低于 $k\omega_s$；临界能量之下，ω_R 应该略高于 $k\omega_s$，如图 10.3 所示。如果不满足这个判据，那么，同步振荡将发生 Robinson 不稳定性。

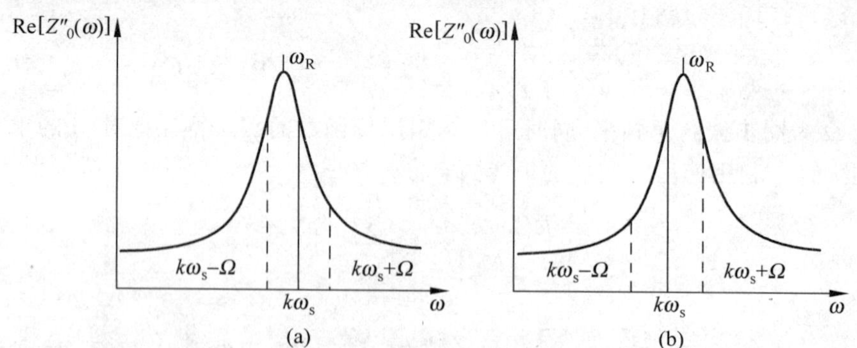

图 10.3 Robinson 判据的选择

(a) ω_R 略低于 $k\omega_s$；(b) ω_R 略高于 $k\omega_s$

上面考虑的是高频腔的基模，显然，束团与高频腔的高阶模相互作用，也会产生 Robinson 不稳定性。

10.3 应用 Vlasov 方程的扰动分析法[1,5]

用少数的宏粒子代表整个束流，即所谓的粒子表象，在研究包含高阶模式的束流不稳定性运动时，往往无能为力。原理上这可以通过增加宏粒子的数目来解决，但是这会使分析方法复杂得无法处理。当然，也可以采用计算机模拟方法，利用几百到几万或更多的宏粒子来描述束流的运动，然而受计算机能力的限制，也不可能采用与真实粒子相同数目(约 10^{10})的宏粒子来研究束流的全部运动模式。

为了解决这个问题，假设束流内的粒子数目为无穷大，束流的运动是由各种运动模式组成的，掌握了每个模式的运动规律，对整个束流的运动就清楚了，这被称为模式表象。束流运动的模式表象和粒子表象是等同的，应该给出相同的物理结论。在具体处理方法上，粒子表象一般在时域上处理比较简单，而模式表象一般在频域上处理更方便。

模式分析的方法，提供了一种途径，因而有可能系统地处理包括高次模式在内的束流不稳定性问题。这种方法的基本数学工具就是 Vlasov 方程。

10.3.1 Vlasov 方程

Vlasov 方程描述的是由大量粒子组成的束流系统所满足的运动规律。假设单粒子的运动方程为：

$$\left.\begin{aligned}\dot{q} &= f(p,q,t)\\ \dot{p} &= g(p,q,t)\end{aligned}\right\} \tag{10.64}$$

其中 q,p 为粒子的广义坐标和动量。粒子的运动由它在相空间的代表点(q,p)的运动来描述，束流被认为是相空间具有连续密度分布 $\psi(q,p,t)$的“液体”，它在相空间的运动可以看作“液体”的流动。其中 ψ 满足归一化条件：

$$\int_{-\infty}^{+\infty}\mathrm{d}q\int_{-\infty}^{+\infty}\mathrm{d}p\psi(q,p,t) = 1 \tag{10.65}$$

如果系统不受任何外部的阻尼或扩散效应的影响，那么系统为保守系统，于是有：

$$f = \frac{\partial H}{\partial p},\quad g = -\frac{\partial H}{\partial q} \tag{10.66}$$

这里 H 为系统的哈密顿量。对于保守系统，由刘维尔(Liouville)定理可知，相

空间内代表束流的“液体”是不可压缩的，这意味着如果随着某个粒子一起运动，那么，它附近小区域的相空间密度不随时间改变，即

$$\frac{\mathrm{d}\psi(q,p,t)}{\mathrm{d}t}=0 \tag{10.67}$$

考虑到式(10.64)，上式可以展开为：

$$\frac{\partial\psi}{\partial t}+f\frac{\partial\psi}{\partial q}+g\frac{\partial\psi}{\partial p}=0 \tag{10.68}$$

上式就是 Vlasov 方程，利用式(10.66)，它也可以写成如下的形式：

$$\frac{\partial\psi}{\partial t}+\frac{\partial\psi}{\partial q}\cdot\frac{\partial H}{\partial p}-\frac{\partial\psi}{\partial p}\cdot\frac{\partial H}{\partial q}=\frac{\partial\psi}{\partial t}+\{\psi,H\}=0 \tag{10.69}$$

其中{ }为泊松括号，$\{A,B\}=\frac{\partial A}{\partial q}\cdot\frac{\partial B}{\partial p}-\frac{\partial A}{\partial p}\cdot\frac{\partial B}{\partial q}$。如果系统的哈密顿量不显含时间 t，那么，由式(10.69)，可以得到 Vlasov 方程的静态解为：

$$\psi_0(q,p)=f(H) \tag{10.70}$$

在得到 Vlasov 方程的过程中，假定系统中没有阻尼和扩散效应，这对质子束是一个很好的近似。但是对于电子束，同步辐射对这两方面都有贡献，需要采用包含了同步辐射效应的 Fokker-Planck 方程。然而，在不稳定性的增长时间比阻尼和扩散时间短得多的情况下，基于 Vlasov 方程的处理方法也可以用于电子束。

另外，严格地讲，式(10.68)中的 f，g 由外力来确定，但是，如果一个粒子与其他粒子总的集体场的相互作用比它与邻近的粒子的作用强得多，那么，就可以把集体场等效为外力，应用 Vlasov 方程来研究束流集体不稳定性问题。

10.3.2 势阱扰动

下面将首先应用 Vlasov 方程，研究纵向尾场对束团纵向平衡分布的扰动，这是静态效应，并不引起束团的集体振荡。

假设束团为没有横向尺寸的细丝，沿着环形加速器真空管道的轴线运动，它只激励 $m=0$ 的纵向尾场。在不考虑尾场效应时，环形加速器中单粒子的同步振荡，可以认为是一个简谐振动，描述它的动力学变量为粒子与理想粒子的相对位置偏差 z 和相对能量偏差 δ，于是有：

$$z=-c(t-t_0),\quad \delta=\frac{\Delta E}{E} \tag{10.71}$$

z，δ 与广义坐标 q，p 的关系为：

$$q=z,\quad p=-\frac{\eta_c c}{\Omega}\delta \tag{10.72}$$

单粒子的同步振荡满足以下方程：

$$z' = -\eta_c \delta,\quad \delta' = \frac{1}{\eta_c}\left(\frac{2\pi\nu_s}{C}\right)z \tag{10.73}$$

其中“′”表示对纵向位置 l 的微分；ν_s 为同步振荡频数，$\nu_s=\sqrt{-\dfrac{k\eta_c eV_{RF}\cos\varphi_s}{2\pi E_0}}$，这里 k，V_{RF}，φ_s 为高频腔谐波数、加速电压和同步相位；E_0 为理想粒子能量；C 为加速器周长。与上述运动方程对应的 Vlasov 方程为：

$$\frac{\partial\psi}{\partial l} - \eta_c\delta\frac{\partial\psi}{\partial z} + \frac{1}{\eta_c}\left(\frac{2\pi\nu_s}{C}\right)z\frac{\partial\psi}{\partial\delta} = 0 \tag{10.74}$$

由式(10.64)，(10.66)，(10.72)和(10.73)可以得到没有尾场扰动的哈密顿量 H_0 为：

$$H_0 = \frac{\eta_c^2 c^2}{2\Omega}\delta^2 + \frac{\Omega}{2}z^2 \tag{10.75}$$

因此，高频腔电场形成的抛物线形式的势阱，将使粒子作简谐振动。由于考虑的是静态效应，所以$\partial\psi/\partial l=0$。静态解的一般形式为：

$$\psi_0 = \psi_0(H_0) \tag{10.76}$$

记加速器整圈的纵向尾场函数为 $W_0'(z)$，同时假设它在一个回旋周期内衰减为0，那么，考虑尾场效应后，单粒子的运动满足以下关系：

$$z' = -\eta_c\delta,\quad \delta' = \frac{\Omega^2}{\eta_c c^2}z - \frac{Nr_0}{\gamma C}\int_z^\infty dz'\rho(z')W_0'(z-z') \tag{10.77}$$

其中的积分项是纵向位置偏差 z 处的粒子感受到的它前面的所有粒子对它的尾场力，N 为束流内的粒子数目，$\rho(z)$为束团纵向密度，满足

$$\int_{-\infty}^{+\infty} dz\,\rho(z) = 1 \tag{10.78}$$

式(10.77)对应的哈密顿量为：

$$H = \frac{\eta_c^2 c^2}{2\Omega}\delta^2 + \frac{\Omega}{2}z^2 - \frac{N\eta_c c^2 r_0}{\Omega\gamma C}\int_0^z dz''\int_{z''}^\infty dz'\rho(z')W_0'(z''-z') \tag{10.79}$$

静态解满足下式：

$$\psi_0 = \psi_0(H) \tag{10.80}$$

对于电子束，由于量子激发和辐射阻尼的共同作用，静态分布在 δ 方向应为高斯分布，即

$$\psi_0(z,\delta) = \frac{1}{\sqrt{2\pi}\sigma_\varepsilon}\exp\left(-\frac{\delta^2}{2\sigma_\varepsilon^2}\right)\rho(z) \tag{10.81}$$

其中 σ_ε 为均方根相对能散。$\psi_0(z,\delta)$需要满足式(10.80)，所以 $\psi_0(z,\delta)$与哈密顿量的关系为：

$$\psi_0(z,\delta) \propto \exp\left(-\frac{\Omega}{\eta_c^2 c^2 \sigma_\varepsilon^2} H\right) \tag{10.82}$$

把式(10.79)代入式(10.82),可以得到 $\rho(z)$ 满足的超越方程为:

$$\rho(z) = \rho(0)\exp\left[-\frac{1}{2}\left(\frac{z}{\sigma_z}\right)^2 + \frac{Nr_0}{\eta_c \sigma_\varepsilon^2 \gamma C}\int_0^z \mathrm{d}z'' \int_{z''}^{\infty} \mathrm{d}z' \rho(z') W_0'(z''-z')\right] \tag{10.83}$$

其中均方根束长 $\sigma_z = \eta_c c\sigma_\varepsilon/\Omega$。上式就称为 Haissinski 方程。

在零流强的极限下,哈密顿量 H 转化为 H_0,束团分布为双高斯分布。随着流强的增加,束团的尾场会扰动高频电场形成的抛物线形式的势阱,束团纵向分布逐渐偏离高斯分布,这是不稳定性发生前造成束团长度拉伸的主要原因。如果 $W_0'(z)$,σ_ε 等参数确定了,可以通过数值求解式(10.83)得到 $\rho(z)$。

势阱扰动还将使单粒子的同步振荡频率发生变化,这可以从包含了尾场扰动的哈密顿量的式(10.79)求出。将哈密顿量按泰勒级数展开到 z 的二阶,就可以得到非相干同步振荡频移 $\Delta\Omega$:

$$\Delta\Omega \approx -\frac{N\eta_c c^2 r_0}{2\Omega\gamma C}\int_0^{\infty} \mathrm{d}z' \rho(z') W_0''(-z') \tag{10.84}$$

其中 W_0'' 是 W_0 的二阶导数。用阻抗表示,则有:

$$\Delta\Omega \approx -\mathrm{i}\frac{N\eta_c c^2 r_0}{4\pi\Omega\gamma C}\int_{-\infty}^{+\infty} \mathrm{d}\omega\, \tilde{\rho}(\omega)\, \frac{\omega}{c} Z_0^{/\!/}(\omega) \tag{10.85}$$

当 $\Delta\Omega>0$ 时,束团由于感受到更强的聚焦而缩短;当 $\Delta\Omega<0$ 时,束长拉长。由式(10.85)可知,$\Delta\Omega$ 的正负是由束团感受的阻抗是电容性还是电感性来决定的。

10.3.3 线性化 Vlasov 方程

现在应用 Vlasov 方程研究束流的集体运动,对于大多数问题,可以用扰动方法对方程作线性化处理,然后用正交完备函数系展开扰动模式的束流分布函数,将 Vlasov 方程转化为矩阵方程求解。下面以束团的纵向集体运动为例,介绍这个方法。

为了使表达式简洁,引入归一化的运动变量 p,q,s,它们分别代表粒子的能散 $-(E-E_0)/(E_0\sigma_\varepsilon) \approx -\delta/\sigma_\varepsilon$,位置偏差 z/σ_z 和同步振荡相位 $t\Omega$。由式(10.77),用新参量表示的运动方程为:

$$\frac{\mathrm{d}q}{\mathrm{d}s} = p \tag{10.86}$$

$$\frac{\mathrm{d}p}{\mathrm{d}s} = -q + \frac{Nr_0 c}{\gamma C \sigma_\varepsilon \Omega}\int_q^{\infty} \mathrm{d}q' \rho(q',s) W^{/\!/}(q-q') \tag{10.87}$$

其中 $\rho(q,s)$，$W^{/\!/}(q)$分别为关于 q 的纵向分布、纵向尾场函数，记

$$I_k = \frac{Nr_0 c}{\gamma C\sigma_\varepsilon \Omega} \tag{10.88}$$

$$V(q,s) = I_k\int_q^\infty \mathrm{d}q'\rho(q',s)W^{/\!/}(q-q') \tag{10.89}$$

那么，式(10.87)可以写成：

$$\frac{\mathrm{d}p}{\mathrm{d}s} = -q + V(q,s) \tag{10.90}$$

由哈密顿方程

$$\frac{\mathrm{d}q}{\mathrm{d}s} = \frac{\partial H}{\partial p},\quad \frac{\mathrm{d}p}{\mathrm{d}s} = -\frac{\partial H}{\partial q} \tag{10.91}$$

以及式(10.86)和(10.90)，可以得到系统哈密顿量为：

$$H(q,p,s) = \frac{p^2}{2} + \frac{q^2}{2} - \int_0^q V(q',s)\mathrm{d}q' \tag{10.92}$$

相应的 Vlasov 方程为：

$$\frac{\partial\psi}{\partial s} + p\frac{\partial\psi}{\partial q} + [-q + V(q,s)]\frac{\partial\psi}{\partial p} = 0 \tag{10.93}$$

假设束流分布为静态分布 ψ_0 上叠加一个小扰动 ψ_1，并且 $\psi_1 \ll \psi_0$，于是有：

$$\psi(q,p,s) = \psi_0(q,p) + \psi_1(q,p,s) \tag{10.94}$$

将上式代入式(10.93)，保留到 ψ_1 的一阶项，可以得到 ψ_0，ψ_1 分别满足的方程为：

$$p\frac{\partial\psi_0}{\partial q} + [-q + V_0(q)]\frac{\partial\psi_0}{\partial p} = \{\psi_0, H_0\} = 0 \tag{10.95}$$

$$\frac{\partial\psi_1}{\partial s} + p\frac{\partial\psi_1}{\partial q} + [-q + V_0(q,s)]\frac{\partial\psi_1}{\partial p} + V_1(q,s)\frac{\partial\psi_0}{\partial p} = 0 \tag{10.96}$$

其中

$$V_0(q) = I_k\iint\psi_0(q',p')W^{/\!/}(q-q')\mathrm{d}q'\mathrm{d}p' \tag{10.97}$$

$$V_1(q,s) = I_k\iint\psi_1(q',p',s)W^{/\!/}(q-q')\mathrm{d}q'\mathrm{d}p' \tag{10.98}$$

$$H_0(q,p) = \frac{p^2}{2} + \frac{q^2}{2} - \int_0^q V_0(q')\mathrm{d}q' = \frac{p^2}{2} + U(q) \tag{10.99}$$

满足式(10.95)的静态分布只是 H_0 的函数，$\psi_0 = \psi_0(H_0)$，它包含了势阱扰动的影响，关于 q 不再是高斯分布。

下面将在作用量-角度变量(J,ϕ)下展开扰动分布满足的方程(10.96)。由式(10.99)，可以定义作用量 J 为：

$$J=\frac{1}{2\pi}\oint\sqrt{2[H-U(q)]}\mathrm{d}q \tag{10.100}$$

其中$\oint$是对(q,p)相空间一个运动周期的积分。那么，哈密顿量只是J的函数，相应的哈密顿方程为：

$$\frac{\mathrm{d}J}{\mathrm{d}s}=-\frac{\partial H(J)}{\partial\phi}=0,\quad \frac{\mathrm{d}\phi}{\mathrm{d}s}=\omega(J)=\frac{\partial H(J)}{\partial J} \tag{10.101}$$

其中$\omega(J)$为用Ω归一化的单粒子在相空间运动的角频率。因此有：

$$H(J)=\int_0^J\omega(J')\mathrm{d}J' \tag{10.102}$$

角度变量满足

$$\phi=-\omega(J)\int_{q_{\min}(J)}^{q}\mathrm{d}q/\sqrt{2[H-U(q)]} \tag{10.103}$$

这里$q_{\min}(J)$是作用量为J的粒子的最小q值。在不考虑势阱扰动效应时，(J,ϕ)和(q,p)具有简单的对应关系：

$$q=\sqrt{2J}\cos\phi,p=\sqrt{2J}\sin\phi \tag{10.104}$$

考虑了尾场后，一般没有解析形式的对应关系，只能得到数值解。由式(10.86)，(10.90)和(10.101)得到：

$$\left.\begin{aligned}p&=\frac{\mathrm{d}q(J,\phi)}{\mathrm{d}s}=\frac{\partial q}{\partial\phi}\cdot\frac{\mathrm{d}\phi}{\mathrm{d}s}+\frac{\partial q}{\partial J}\cdot\frac{\mathrm{d}J}{\mathrm{d}s}=\omega(J)\frac{\partial q}{\partial\phi}\\ [-q+V(q,s)]&=\frac{\mathrm{d}p(J,\phi)}{\mathrm{d}s}=\frac{\partial p}{\partial\phi}\cdot\frac{\mathrm{d}\phi}{\mathrm{d}s}+\frac{\partial p}{\partial J}\cdot\frac{\mathrm{d}J}{\mathrm{d}s}=\omega(J)\frac{\partial p}{\partial\phi}\end{aligned}\right\} \tag{10.105}$$

同时有：

$$\frac{\partial\psi_0}{\partial p}=\frac{\partial\psi_0}{\partial H_0}\cdot\frac{\partial H_0}{\partial p}=p\frac{\partial\psi_0}{\partial H_0}=p\psi_0' \tag{10.106}$$

代入式(10.96)，得：

$$\frac{\partial\psi_1}{\partial s}+\omega(J)\frac{\partial\psi_1}{\partial\phi}+pV_1(q,s)\psi_0'=0 \tag{10.107}$$

由$p=\omega(J)\frac{\partial q}{\partial\phi}$可得：

$$\begin{aligned}pV_1[q,p,s]&=I_k\omega(J)\iint\psi_1(q',p',s)W^{/\!/}(q-q')\frac{\partial q}{\partial\phi}\mathrm{d}q'\mathrm{d}p'\\&=I_k\omega(J)\iint\psi_1(J',\phi',s)\frac{\partial}{\partial\phi}F[q(J,\phi)-q'(J',\phi')]\mathrm{d}J'\mathrm{d}\phi'\end{aligned} \tag{10.108}$$

其中$F(q)$为$W^{/\!/}(q)$的原函数，即$\mathrm{d}F(q)/\mathrm{d}q=W^{/\!/}(q)$。式(10.107)和(10.108)是展开扰动分布的出发点。

假设由于扰动，束团内部激发起一个频率为 κ（用 Ω 归一化）的耦合振荡模式，那么，扰动分布为：

$$\psi_1(J,\phi,s)=\Phi(J,\phi)\mathrm{e}^{-\mathrm{i}\kappa s} \tag{10.109}$$

式中的模式频率 κ 和模式分布 Φ 不是任意的：分布 Φ 首先产生尾场，这个尾场将扰动束流分布，作为振荡模式，附加扰动必须与起源的 Φ 具有相同的形式，因此，Φ，κ 必须满足特定的自洽条件，这确定了特定的 κ 值和相对应的 Φ。

由于 $\Phi(J,\phi)$ 是以 2π 为周期的 ϕ 的周期函数，在 ϕ 方向将 $\Phi(J,\phi)$ 用三角函数展开就得到：

$$\Phi(J,\phi)=\sum_{m=1}^{\infty}[C_m(J)\cos m\phi+S_m(J)\sin m\phi] \tag{10.110}$$

其中 m 代表不同的角向模式。将式(10.109)和(10.110)代入式(10.107)，同时利用式(10.108)，得到：

$$-\mathrm{i}\kappa\sum_m[C_m(J)\cos m\phi+S_m(J)\sin m\phi]+$$
$$\omega(J)\sum_m m[-C_m(J)\sin m\phi+S_m(J)\cos m\phi]+I_k\psi'_0\omega(J)\times$$
$$\sum_m\iint[C_m(J')\cos m\phi'+S_m(J')\sin m\phi']\frac{\partial}{\partial\phi}F[q(J,\phi)-q'(J',\phi')]\mathrm{d}J'\mathrm{d}\phi'=0 \tag{10.111}$$

分别对式(10.111)乘以 $\dfrac{\cos m'\phi}{\pi}$ 和 $\dfrac{\sin m'\phi}{\pi}$，并对 ϕ 从 $-\pi$ 到 π 积分，考虑到 $p(J,\phi)$ 为 ϕ 的奇函数，$q(J,\phi)$ 为 ϕ 的偶函数，以及三角函数的正交性，可得：

$$-\mathrm{i}\kappa C_{m'}(J)+m'\omega(J)S_{m'}(J)=0 \tag{10.112}$$

$$-\mathrm{i}\kappa S_{m'}(J)-m'\omega(J)C_{m'}(J)-\frac{I_k\psi'_0(J)\omega(J)}{\pi}\times$$
$$\sum_m\iiint m'C_m(J')\cos m\phi'\cos m'\phi F[q'(J',\phi')-q(J,\phi)]\mathrm{d}\phi\mathrm{d}J'\mathrm{d}\phi'=0 \tag{10.113}$$

联立式(10.112)和(10.113)，得：

$$\kappa^2C_{m'}(J)=m'^2\omega^2(J)C_{m'}(J)+\frac{I_k\psi'_0(J)m'^2\omega^2(J)}{\pi}\times$$
$$\sum_m\iiint C_m(J')\cos m\phi'\cos m'\phi F[q'(J',\phi')-q(J,\phi)]\mathrm{d}\phi\mathrm{d}J'\mathrm{d}\phi'=0 \tag{10.114}$$

对于电子束，若不考虑势阱扰动，静态分布正比于 exp(－常数×J)。在研究包含势阱扰动的集体不稳定性时，如果在阈值附近势阱扰动的影响不是太大，

那么，采用拉盖尔(Laguerre)多项式 $\mathrm{L}_n^m(x)$，即

$$\mathrm{L}_n^m(x)=\sqrt{\frac{n!}{(n+m)!}}\cdot\frac{\mathrm{e}^x}{n!x^m}\cdot\frac{\mathrm{d}^n}{\mathrm{d}x^n}\left[\frac{x^{n+m}}{\mathrm{e}^x}\right]$$
$$=\sqrt{\frac{n!}{(n+m)!}}\sum_{k=0}^{n}(-1)^k\binom{n+m}{n-k}\frac{x^k}{k!} \tag{10.115}$$

$$\int_0^{+\infty}\mathrm{e}^{-x}x^m\mathrm{L}_n^m(x)\mathrm{L}_{n'}^m(x)\mathrm{d}x=\delta_{nn'} \tag{10.116}$$

展开 $C_{m'}(J)$ 是合适的选择，于是有：

$$C_{m'}(J)=\sum_{n''}C_{m'n''}\mathrm{e}^{-J/2}J^{m'/2}\mathrm{L}_{n''}^{m'}(J) \tag{10.117}$$

这里 n'' 代表不同的径向模式，$S_m(J)$ 也可用类似的关系式展开。把式(10.117)代入式(10.114)，在方程两端乘以 $\mathrm{e}^{-J/2}J^{m'/2}\mathrm{L}_{n'}^{m'}(J)$，并对 J 积分得：

$$\begin{aligned}\kappa^2C_{m'n'}&=\sum_{m''n''}M_{m'n'm''n''}C_{m''n''}\\M_{m'n'm''n''}&=m'^2\delta_{m'm''}\omega_{n'n''}^{m'm''}+\\&\frac{I_k}{\pi}m'^2\iiiint\mathrm{d}J\,\mathrm{d}\phi\,\mathrm{d}J'\,\mathrm{d}\phi'\{F[q(J,\phi)-q'(J',\phi')]\times\\&\omega^2(J)\psi_0'(J)\mathrm{e}^{-J/2}J^{m'/2}\mathrm{L}_{n'}^{m'}(J)\cos m'\phi\times\\&\mathrm{e}^{-J'/2}J'^{m''/2}\mathrm{L}_{n''}^{m''}(J')\cos m''\phi'\}\end{aligned} \tag{10.118}$$

其中 $\omega_{n'n''}^{m'm''}=\int\mathrm{d}J\omega^2(J)\mathrm{e}^{-J}J^{(m'+m'')/2}\mathrm{L}_{n'}^{m'}(J)\mathrm{L}_{n''}^{m''}(J)$。

这样，线性化的 Vlasov 方程(10.107)被转换为无穷维的矩阵方程。为了数学上可以求解，将式(10.118)在有限阶截断，可以利用计算机进行数值求解。如果 κ 出现虚部，那么意味着扰动分布 ψ_1 的振幅将以指数增长，束团出现不稳定性。

利用上述方法，采用共振子阻抗，可以得到纵向微波不稳定性发生的基本图像，图 10.4 给出了 $m=1$ 的角向模内的两个径向模耦合产生不稳定性的过程：在流强为 0 时，束团相干振荡模式为分立的谱线，频率为同步振荡的整数倍，此时不同径向模是简并的；随着流强的增加，势阱扰动也增大，简并的径向模式开始劈裂，形成一个连续的窄带。随着频移逐渐增大，当两个径向模频率交叉时，模式耦合导致不稳定性发生。

在得到式(10.118)的过程中，关于 ψ_1 做了线性化处理，阻抗和流强并不要求为小量。另外，由于 ψ_1 是叠加在 ψ_0 上的小扰动，ψ_1 是否随时间增长，只能确定具有 ψ_0 分布的束流是否稳定，并不能说明具有其他形式分布的束流是否稳定。

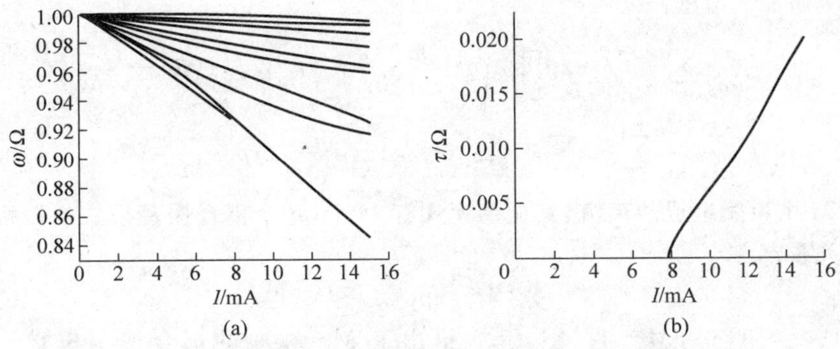

图 10.4 径向模耦合产生不稳定性

(a) 耦合振荡频移；(b) 耦合振荡增长率

采用基本相同的过程，利用线性化 Vlasov 方程的方法也可以用来研究横向以及纵向与横向耦合在一起的束流集体运动。这种方法的局限性是它仅适用于束流不稳定性刚刚开始发生时的情况，一旦不稳定性扰动开始增长，这种处理方法就不适用了。

10.4 多束团不稳定性[1,7]

各种类型的阻抗，无论是窄带还是宽带，都会影响单束团束流的动力学。而对于多束团束流，尾场至少要在下一个束团到来时还存在，才产生束团之间的影响，因此只有窄带阻抗才会造成多束团不稳定性(multi-bunch instabilities)，也称为耦合束团不稳定性(coupled-bunch instabilities)。

如果周长为 C 的加速器上等间隔地分布着 M 个电荷量都为 Ne 的束团，忽略束团的内部运动，那么每个束团都可以用一个宏粒子代表。假设 $m=1$ 的横向尾场被激励起来，记 $y_n(l)(n=0,1,\cdots,M-1)$ 为每个束团的横向位置偏移，那么束团的运动满足：

$$y''_n(l)+\left(\frac{\omega_\beta}{c}\right)^2 y_n(l)=-\frac{Nr_0}{\gamma C}\sum_j\sum_{m=0}^{M-1}W_1\left(-jC-\frac{m-n}{M}C\right)y_m\left(l-jC-\frac{m-n}{M}C\right) \tag{10.119}$$

其中 j 是对以前各圈激励的尾场的累加，m 是对不同束团激励的尾场的累加。如果多束团耦合振荡的频率为 ω_{cb}，且有：

$$y_n(l)=\tilde{y}_n\exp(-\mathrm{i}\omega_{cb}l/c) \tag{10.120}$$

就会得到：

$$
\begin{aligned}
&(\omega_{cb}-\omega_\beta)\tilde{y}_n \\
&=\frac{Nr_0c^2}{2\gamma C\omega_\beta}\sum_{m=0}^{M-1}\tilde{y}_m\sum_j \exp\left[\mathrm{i}\omega_\beta\left(j+\frac{m-n}{M}\right)C/c\right]W_1\left(-jC-\frac{m-n}{M}C\right) \\
&=-\mathrm{i}\frac{Nr_0c^3}{2\gamma C^2\omega_\beta}\sum_{m=0}^{M-1}\tilde{y}_m\sum_p Z_1(p\omega_s+\omega_\beta)\exp\left(-\mathrm{i}2\pi p\frac{m-n}{M}\right)
\end{aligned}
\tag{10.121}
$$

对于 M 个束团组成的束流，其振荡模式有 M 个，每个耦合振荡模式的振幅满足以下关系：

$$
\tilde{y}_n^{(\lambda)} \propto \exp(\mathrm{i}2\pi\lambda n/M) \tag{10.122}
$$

其中 $\lambda=0,1,\cdots,M-1$。图 10.5 给出了 $M=3$ 时的耦合振荡模式。将式(10.122)代入式(10.121)，就可以得到耦合束团振荡模式的频移和增长率：

$$
\omega_{cb}^{\lambda}-\omega_\beta=-\mathrm{i}\frac{MNr_0c^3}{2\gamma C^2\omega_\beta}\sum_{p=-\infty}^{+\infty}Z_1[\omega_\beta+(pM+\lambda)\omega_s] \tag{10.123}
$$

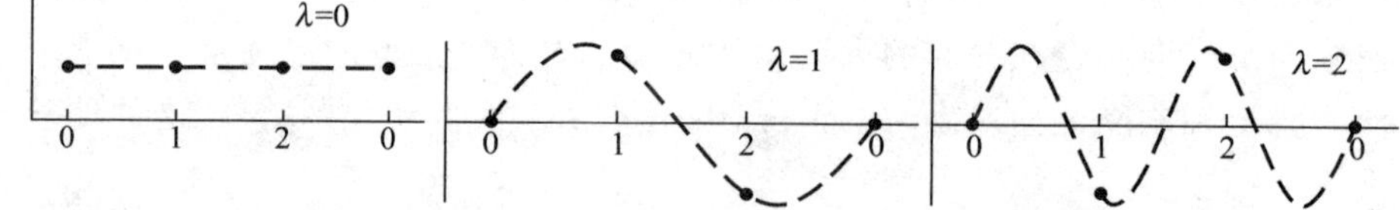

图 10.5 由 3 个束团组成的束流的耦合振荡模式

电阻壁阻抗随频率按 $\omega^{-1/2}$ 变化，低频部分的值比较大，所以使 $-(PM+\lambda)$ 接近于 $\nu_\beta=\omega_\beta/\omega_s$ 的振荡模式 λ 受尾场的影响更严重。记 $\nu_\beta=N_\beta+\Delta_\beta$，其中 N_β 是最接近 ν_β 的整数，Δ_β 是 -0.5 与 0.5 之间的数。只保留式(10.123)求和的主要贡献项，那么，这个模式的增长率为：

$$
\frac{1}{\tau^{(\lambda)}}=-\frac{MNr_0c^3}{b^3\gamma C\omega_\beta\sqrt{2\pi\sigma\omega_s}}\cdot\frac{\mathrm{sgn}(\Delta_\beta)}{\sqrt{|\Delta_\beta|}} \tag{10.124}
$$

因此，这个模式是阻尼还是增长由 Δ_β 的符号来决定，而其他模式基本不受电阻壁阻抗的影响。

如果考虑每个束团的内部运动，就要利用基于 Vlasov 方程的方法研究多束团不稳定性，这与 10.3 节的处理方法类似，只是激励的尾场要考虑到多个束团多圈累加的结果。

10.5 朗道阻尼[1,4]

前面分析了不同类型的集体运动不稳定性，它们给出了严格甚至相互抵触的稳定条件，但大多数加速器在强流条件下仍然能够稳定工作，其中原因之一是朗道阻尼的作用。如果束流中粒子的自由振荡、同步振荡频率或回旋频率具有小的分散，那么，这就会对束流集体不稳定性运动产生自然的阻尼作用，这就是朗道阻尼。

束流的频率分散有很多来源：由于色品的存在，束流能散会造成自由振荡频率的分散；聚焦系统的非线性效应使得自由振荡频率依赖于振幅，即不同振幅的粒子具有不同的振荡频率；高频场的非线性会形成同步振荡频率的分散；对于连续束流，能量的不同使粒子回旋频率也不同。所以，束流都可以用关于某个自然频率（自由振荡频率、同步振荡频率或回旋频率）并具有一定频谱宽度的频谱分布来描述。

束流内每个粒子的运动都可以用一个谐振子来代表，因此首先考虑本征频率为 ω 的简谐振子被频率为 ω_e 的简谐力驱动的运动：

$$\ddot{x} + \omega^2 x = A\cos\omega_e t \tag{10.125}$$

这里"˙"代表对时间的导数，A 为力的振幅。上式的通解为：

$$x(t) = x_0\cos\omega t + \dot{x}_0\frac{\sin\omega t}{\omega} + \frac{A}{\omega^2 - \omega_e^2}(\cos\omega_e t - \cos\omega t) \tag{10.126}$$

其中 x_0，$\dot{x}_0$ 为粒子的初始位移和速度。由于主要考虑简谐力的影响，所以不妨假设 $x_0 = \dot{x}_0 = 0$。对于分布为 $\rho(\omega)$ 的大量粒子，质心的偏移为：

$$\langle x(t)\rangle = A\int_{-\infty}^{+\infty}\frac{\rho(\omega)}{\omega^2 - \omega_e^2}(\cos\omega_e t - \cos\omega t)\mathrm{d}\omega \tag{10.127}$$

对于加速器的束流，一般都分布在中心频率为 ω_0 的很窄的带宽内。假设分布函数只有 ω_0 一个峰值，同时为了实现共振驱动，谐波力的频率必须与中心频率相差不多，即 $\omega_e \approx \omega_0$。利用这些条件，式(10.127)可以近似处理为：

$$\langle x(t)\rangle = \frac{A\sin\omega_0 t}{\omega_0}\int_{-\infty}^{+\infty}\rho(\omega)\frac{\sin\dfrac{(\omega-\omega_e)t}{2}}{\omega-\omega_e}\mathrm{d}\omega \tag{10.128}$$

因此，对频率为 ω 的粒子，它振荡的幅值为：

$$振幅 = \frac{A}{\omega_0}\cdot\frac{\sin\dfrac{(\omega-\omega_e)t}{2}}{\omega-\omega_e} \tag{10.129}$$

这意味着所有具有频率 ω 的粒子在 $t=0$ 被激励；在 $t\approx\pi/(\omega-\omega_e)$ 达到振幅最大值：$A/[\omega_0(\omega-\omega_e)]$；在 $t\approx 2\pi/(\omega-\omega_e)$ 振幅又减小到 0。因此，粒子以拍的形式与系统交换能量：首先获得能量，然后又返还给系统，如图 10.6 所示。如果 ω 越接近于 ω_e，那么受激振幅值就越大，粒子把能量返还给系统的时间就越晚。频率等于 ω_e 的粒子是共振激励的，它的振幅随时间线性增长，能量是一直增加的。对于束流系统，频率偏离 ω_e 比较大的粒子受激励后，很快就把能量返还给

频率更接近 ω_e 的粒子，因为它还处于吸收能量的阶段。随着时间的增加，越来越少的粒子处于吸收能量的阶段。当 $t\to\infty$ 时，只有频率为 ω_e 的非常少的粒子继续获得能量。这就是朗道阻尼的物理机制。

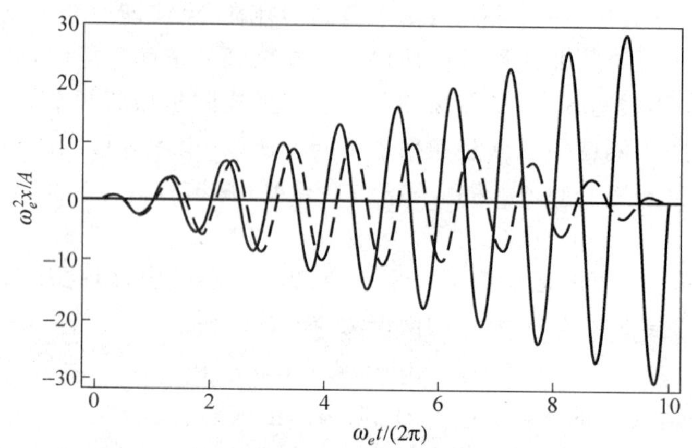

图 10.6 不同频率的粒子对激励的响应

（实线：$\omega=\omega_e$；虚线：$\omega=0.9\omega_e$）

在上面受激振荡的讨论中，假设驱动力的幅值是不变的。在束流集体不稳定性运动时，驱动力为束流与环境相互作用产生的尾场力，它一般正比于束流质心的位置偏差 $\langle x(t)\rangle$。由于某种对束流位置的扰动产生的尾场力以频率 ω_e 激励束流内粒子的运动，束流的各频率分量将按式(10.129)响应尾场力的激励。随着时间的增长，大多数粒子逐渐把能量传递给频率与 ω_e 非常接近的粒子，束流的位置偏差也逐渐减小，从而尾场力也减弱。最终，这个扰动被阻尼。从束流内朗道阻尼的发生过程可以看到，由于不存在外力，整个过程能量也是守恒的，所发生的不过是能量在束流内不同频率分量的重新分布。

如果束流频率分布的带宽为 $\Delta\omega$，那么阻尼过程开始发生的时间，也就是出现粒子振幅开始减小的时间为 $t_d\approx\pi/\Delta\omega$。如果 $\Delta\omega$ 比较小，t_d 将非常大，在这之前，束流的所有频率分量将获得能量，$\langle x(t)\rangle$ 以及尾场力都持续增长，最终导致不稳定性的发生。

产生朗道阻尼的频率分散可以通过八极子来提供，它使粒子的自由振荡发生频移，不同振幅的粒子的频移大小不相同，对于整个束流，其振荡频率将会产生一个分散，即 ΔQ。ΔQ 愈大，朗道阻尼愈强。但是，ΔQ 过大将使加速器的工作点过分靠近共振线，过小的 ΔQ 又会导致束流集体运动不稳定，因此，在许多加速器中要人为地采用多极子场造成合适大小的 ΔQ。由于动量分散，六极子也可以在束流内产生 ΔQ，但是由于同步振荡周期与集体不稳定性增长时间相当，而在一个同步振荡周期内，每个粒子的平均动量是相同的，六极子产生的 ΔQ 在一个相振荡周期内平均为 0，因此，用八极子比用六极子更为有效。八极子带来的问题是可能引起四阶非线性共振，必须设法避免发生。

参考文献

[1] Chao A W. Physics of Collective Beam Instabilities in High Energy Accelerators, John Wiley & Sons, Inc., 1993

[2] Gerald Dugan. Introduction to Accelerator Physics: Lecture 20～26. USPAS, 2002

[3] Chao A W. Beam instabilities, Physics and engineering of high-performance electron storage rings and applications of superconducting technology. Singapore: World scientific Publishing Co. Pte. Ltd., 2002

[4] Edwards D A, Syphers M J. An Introduction to The Physics of High Energy Accelerators. John Wiley & Sons, Inc., 1993

[5] 国智元. 环形加速器中的聚束束流不稳定性. 第二届世界华人加速器学习班教材，2000

[6] Ng K Y. Physics of intensity dependent beam instabilities. Fermilab-FN-0713，2002

[7] Helmut Wiedemann. Particle Accelerator Physics. Springer-Verlag, 1993

习题与思考题

1. 试证明 10.2.2 节阻抗的性质。

2. 对于高斯分布的束团，即

$$\rho(z) = \frac{q}{\sqrt{2\pi}\sigma_z}e^{-z^2/(2\sigma_z^2)}$$

试计算电阻壁阻抗下的寄生损失。

3. 推导出式(10.28)。

4. 某环形电子加速器，能量为 14.5GeV，回旋频率 $\omega_0=8.6\times10^5$ Hz，自由振荡和同步振荡频率分别为 $\omega_\beta/\omega_0=18.19$，$\omega_s/\omega_0=0.044$，测量得到强头尾不稳定性的阈值为 $N_{th}=6.4\times10^{11}$，试估算尾场函数。假设同步振荡幅值 $\hat{z}=3$cm，色品 $\xi=0.2$，滑相因子 $\eta=0.003$，试估算流强为强头尾不稳定性阈值时的头尾不稳定性增长率。

5. 考虑 Robinson 判据，若阻抗为谐振子阻抗，即 $Z_0^{/\!/}(\omega)=\dfrac{R_s}{1+iQ(\omega_R/\omega-\omega/\omega_R)}$，阻抗峰值宽度 $\omega_R/(2Q)$ 远小于回旋频率 ω_0，同时同步振荡频率 ω_s 和 $\Delta\omega=\omega_R-k\omega_0$ 都远小于 ω_R/Q，试证明：

$$\tau^{-1}\approx\frac{4Nr_0\eta_c R_s Q^2\Delta\omega}{\pi\gamma T_0 k}$$

$$\Delta\Omega \approx -\frac{12Nr_0\eta_c R_s Q^3 \nu_s \Delta\omega}{\pi\gamma T_0 k^2}$$

如果 $\eta_c=0.003, N=10^{11}, E=1\mathrm{GeV}, \omega_0=9.4\times10^6\,\mathrm{Hz}, \nu_s=0.01, k=240, R_s=1\mathrm{M\Omega}, Q=2000, \Delta\omega/(2\pi)=-10\mathrm{kHz}$，试计算 Robinson 阻尼率和频移。

6. 对于纯电子阻抗 $Z_0^{/\!/}=R/c$，其尾场函数为 $W_0'(z)=R\delta(z)$，若束团分布为如式(10.82)所示的高斯形式，证明包含势阱扰动的束团纵向分布为：

$$\rho(z)=\frac{\sqrt{2/\pi}\,\mathrm{e}^{-z^2/(2\sigma_z^2)}}{\alpha\sigma_z\{\coth(\alpha N/2)-\mathrm{erf}[z/(\sqrt{2}\sigma_z)]\}}$$

其中 $\mathrm{erf}(x)=(2/\sqrt{\pi})\int_0^x \mathrm{e}^{-t^2}\,\mathrm{d}t$ 为误差函数，$\alpha=r_0R/(\eta_c\sigma_\varepsilon^2\gamma C)$，$r_0$ 为电子经典半径，σ_ε 为 rms 相对能散，η_c 为滑相因子，γ 为电子洛伦兹因子，C 为加速器周长。

第11章 带电粒子在射频直线加速器中的运动

11.1 概　　述

11.1.1 射频直线加速器

这里所讨论的直线加速器是指利用时变电磁场按直线轨道将各种不同带电粒子加速到更高能量的装置。该时变电磁场的工作频率一般为0.1GHz到几十GHz,因此也常称之为射频直线加速器。

与利用直流电压加速的机制不同,射频直线加速器的加速电场是随时间交变的。如果加速结构没有特殊的安排,带电粒子在直线轨道上有可能被加速,也有可能被场减速,而不能得到有效的加速。为使粒子在整个行进过程中得到有效的加速,必须实现和射频电场“同步”,以达到“谐振加速”的目的。

原则上射频直线加速器可加速的带电粒子是“全粒子”,即包括电子、质子、氘粒及所有其他的离子。由于不同粒子的质量会有数千倍的差别,不同粒子获得相同能量增益时,相应的速度变化差别是很大的。相同能量的粒子,其对应的速度也有很大的差别。为适应加速不同粒子的要求,经过70余年的发展,人们研制出了各种类型的直线加速器。

按照加速方式划分,加速器可分为行波加速方式和驻波加速方式;

按照加速粒子对应的平均速度划分,加速器可分为低β、中β、高β加速结构;

按照加速粒子种类划分,加速器可分为电子、质子、离子、重离子直线加速器;

按照加速结构划分,加速器可分为盘荷波导结构、边耦合驻波结构、轴耦合驻波结构、Wideröe 结构、Alvarez 结构、RFQ 结构等；

按照加速结构几何特征划分，加速器可分为单周期、双周期、三周期等；

按照加速器的工作频率划分，加速器可分为 L，S，X，W 等波段，可以从约 100MHz 覆盖到几十 GHz。

上述各种分类不是孤立的，而是相互有关联的。一般而言，不同的加速方式，不同的结构分别对应加速不同速度的粒子。

高 β 结构($\beta \geqslant 0.8$)，一般有盘荷波导加速结构，采用行波加速方式更适合加速电子；边耦合(包括轴耦合)结构也可做成高 β 结构，采用驻波加速方式可适合加速电子，也可加速质子。

中 β 结构($0.3 \leqslant \beta \leqslant 0.8$)，一般有边耦合(轴耦合)加速结构，采用驻波加速方式，适合加速质子和轻核；中 β 的盘荷波导行波加速方式可以用于加速电子，但效率较低，多用于聚束段。

低 β 结构($\beta \leqslant 0.3$)，一般采用驻波加速方式，相应的加速结构有 Wideröe、Alvarez、RFQ 结构等，适合于加速质子和离子、重离子。目前还没找到一种适合于低 β 的行波加速结构(已有低 β 的盘荷波导行波加速结构，加速效率较低)。

目前通常的做法是：在不同的 β 区域，采用不同的加速结构来加速，以保持在不同 β 区域都有较高的加速效率。

当然，处理如此众多的直线加速器的粒子运动问题，必然会有不同的处理方法，不同的处理方法也会有不同的特点。本章首先给出这些处理方法的共通之处，然后再针对几种主要的直线加速器，讨论处理它们各自的粒子纵向运动和横向运动问题。

11.1.2 射频直线加速器电磁场分布的一般表达式

射频直线加速器的加速腔链(加速结构)，无论是加速电子，还是加速质子、离子，绝大多数都采用轴对称结构，而且都用该场的轴向分量 E_z 来加速带电粒子，因此电磁场应为 TM 模。采用圆柱坐标系表示其电磁场是比较方便的。

射频直线加速器的加速腔，相互之间按直线耦合在一起，为周期结构，或准周期结构，场分布满足弗洛克定理。为满足周期性边界条件，加速结构中必然有无限多个空间谐波，不同空间谐波有相同工作频率及群速度，但它们的相速度或波数各不相同。

为了同步加速粒子，射频直线加速器的加速结构为慢波结构，一般用其基波加速，因此要求基波的相速小于或等于光速(即 $v_p \leqslant c$)。

下面首先从麦克斯韦方程出发，导出射频直线加速器电磁场(TM 模)分布的一般表达式。

(1) 行波场的一般表达式

根据麦克斯韦方程，电场的纵向分量满足：

$$\frac{1}{r}\cdot\frac{\partial}{\partial r}\left(r\frac{\partial E_z}{\partial r}\right)+\frac{\partial^2 E_z}{\partial z^2}-\frac{1}{c^2}\cdot\frac{\partial E_z}{\partial t}=0 \tag{11.1}$$

利用分离变量法，令 $E_z(r,z,t)=R(r)Z(z)T(t)$，考虑周期性边界条件和弗洛克定理，可求得近轴区的 E_z 表达式。考虑到正反两个方向传播的全部空间谐波，E_z 可表示为：

$$E_z(r,z,t)=\sum_{n=-\infty}^{\infty}E_{1n}\mathrm{I}_0(k_{rn}r)\mathrm{e}^{\mathrm{j}(\omega t-k_{zn}z)}+\sum_{n=-\infty}^{\infty}E_{2n}\mathrm{I}_0(k_{rn}r)\mathrm{e}^{\mathrm{j}(\omega t+k_{zn}z)} \tag{11.2}$$

式中 I_0 为0阶虚变量贝塞尔函数。上式右边第一项表示正向传播的行波，第二项表示反向传播的行波。E_{1n} 和 E_{2n} 分别为各项正向及反向空间谐波场的幅值，其值由腔型边界条件决定。k_{zn} 和 k_{rn} 分别表示各项空间谐波 z 向及 r 向的传播常数，它们分别为：

$$k_{zn}=k_z+\frac{2\pi}{D}n \tag{11.3}$$

$$k_{rn}=\sqrt{k_{zn}^2-k_z^2} \tag{11.4}$$

式中 n 为空间谐波的项数，$n=0,\pm1,\pm2,\pm3,\cdots$；$k_z=\dfrac{k}{\beta_p}$ 为基波传播常数；$\beta_p=\dfrac{v_p}{c}$ 为基波的归一化相速；$k=\dfrac{2\pi}{\lambda}$ 为波数，也称为自由空间传播常数；ω 为工作角频率。

第 n 次空间谐波的相速度为 $v_{zn}=\dfrac{\omega}{k_{zn}}$，其归一化值 β_{pn} 为：

$$\beta_{pn}=\frac{v_{zn}}{c}=\frac{\beta_p}{1+\dfrac{\lambda}{D}\beta_p n} \tag{11.5}$$

式中 D 为结构周期。

如果结构只传播正向行波，E_n 的表达式(11.2)可简化为：

$$E_z(r,z,t)=\sum_{n=-\infty}^{\infty}E_n\mathrm{I}_0(k_{rn}r)\mathrm{e}^{\mathrm{j}(\omega t-k_{zn}z)} \tag{11.6}$$

为取实部时表示的方便，上式常乘以(－j)，而表示成：

$$E_z(r,z,t)=-\mathrm{j}\sum_{n=-\infty}^{\infty}E_n\mathrm{I}_0(k_{rn}r)\mathrm{e}^{\mathrm{j}(\omega t-k_{zn}z)} \tag{11.7}$$

从式(11.7)出发，利用 $\nabla\cdot\boldsymbol{E}=0$ 和 $\nabla\times\boldsymbol{B}=\dfrac{1}{c^2}\cdot\dfrac{\partial\boldsymbol{E}}{\partial t}$，可求得 TM 模的 E_r 和 B_θ：

$$E_r(r,z,t) = \sum_{n=-\infty}^{\infty} E_n \frac{k_{zn}}{k_{rn}} \mathrm{I}_1(k_{rn}r)\mathrm{e}^{\mathrm{j}(\omega t - k_{zn}z)} \tag{11.8}$$

$$B_\theta(r,z,t) = \sum_{n=-\infty}^{\infty} E_n \frac{k}{ck_{rn}} \mathrm{I}_1(k_{rn}r)\mathrm{e}^{\mathrm{j}(\omega t - k_{zn}z)} \tag{11.9}$$

还有

$$E_\theta = B_r = B_z = 0 \tag{11.10}$$

式(11.7)～(11.10)为行波场的表达式。在射频直线加速器中相当多的情况是利用驻波场加速带电粒子。

(2) 驻波场的一般表达式

在周期结构两端的适当距离上设置短路面,可以形成驻波场,这种场的一般表达式可从式(11.2)出发求得。设 $E_{1n}=E_{2n}=\frac{1}{2}E_n$,则有:

$$E_z(r,z,t) = \cos\omega t \sum_{n=-\infty}^{\infty} E_n \mathrm{I}_0(k_{rn}r)\mathrm{e}^{\mathrm{j}k_{zn}z} \tag{11.11}$$

也可表示为:

$$E_z(r,z,t) = \sum_{n=-\infty}^{\infty} E_n \mathrm{I}_0(k_{rn}r)\cos(k_{zn}z)\mathrm{e}^{\mathrm{j}\omega t} \tag{11.12}$$

根据 k_{zn} 的定义式(11.3),考虑利用 π 模加速,即代入同步条件 $D=\frac{1}{2}\beta_p\lambda$,上式也可表示为:

$$E_z(r,z,t) = \sum_{n=-\infty}^{\infty} E_n \mathrm{I}_0(k_{rn}r)\cos\left(\frac{2n+1}{D}\pi z\right)\cos\omega t \tag{11.13a}$$

同理可得 E_r 及 B_θ,它们分别为:

$$E_r(r,z,t) = \sum_{n=-\infty}^{\infty} \frac{k_{zn}}{k_{rn}} E_n \mathrm{I}_1(k_{rn}r)\sin\left(\frac{2n+1}{D}\pi z\right)\cos\omega t \tag{11.14a}$$

$$B_\theta(r,z,t) = -\sum_{n=-\infty}^{\infty} \frac{\omega}{c^2k_{rn}} E_n \mathrm{I}_1(k_{rn}r)\cos\left(\frac{2n+1}{D}\pi z\right)\sin\omega t \tag{11.15a}$$

及

$$E_\theta = B_r = B_z = 0 \tag{11.16a}$$

同样,E_n 由腔型边界条件决定。

驻波加速器中的场分布式(11.13a)、(11.14a)、(11.15a)和(11.16a)也可表示成下列形式:

$$E_z = \sum_{n=-\infty}^{\infty} E_n \mathrm{I}_0(k_{rn}r)\sin(k_{zn}z)\sin\omega t \tag{11.13b}$$

$$E_r = -\sum_{n=-\infty}^{\infty} \frac{k_{zn}}{k_{rn}} E_n \mathrm{I}_1(k_{rn}r)\cos(k_{zn}z)\sin\omega t \tag{11.14b}$$

$$B_\theta = \sum_{n=-\infty}^{\infty} \frac{\omega}{c^2k_{rn}} E_n \mathrm{I}_1(k_{rn}r)\sin(k_{zn}z)\cos\omega t \tag{11.15b}$$

$$E_\theta = B_r = B_z = 0 \tag{11.16b}$$

式中 k_{zn} 由同步条件决定。

11.1.3　同步加速条件

在各种射频直线加速器中，带电粒子要能获得持续加速，都必须满足各自相对应的同步加速条件。

(1) 行波加速的同步条件

在行波加速结构中，譬如在加速电子的盘荷波导加速器中，要求其中加速场的相速度 $v_p(z)$ 与电子前进速度 $v_e(z)$ 同步，即

$$v_p(z) = v_e(z) \tag{11.17}$$

上述同步加速条件也可以换一种表述方法。当盘荷波导工作于 $\frac{\pi}{2}$ 模时，要求每个加速腔的长度 D 为 $\frac{1}{4}$ 导波波长($\beta\lambda$)，即电子渡越一个腔的距离时，射频场变化了 $\frac{1}{4}$ 周期(即 90°)。此时，同步加速条件可表示为：

$$D = \frac{1}{4}\beta\lambda \tag{11.18a}$$

同样，工作于 $\frac{2\pi}{3}$ 模时，同步条件为：

$$D = \frac{1}{3}\beta\lambda \tag{11.18b}$$

由于电子质量很小，静止能量只有 0.511MeV，动能稍有增加，其速度就接近光速，如动能为 2MeV 的电子，其速度已达 97.8%光速，因此，常用行波加速方式加速电子。然而，质子的质量较大，静止能量为 938MeV，获得很大的动能，其速度还远小于光速，如动能为 20MeV 时，速度仅为光速的 20.3%，即 $\beta = 0.203$。而低 β 的行波加速结构功率效率是很低的，因此，一般不采用行波加速方式加速质子及其他离子。

(2) 驻波加速同步条件

驻波加速结构可以用于加速质子、离子，也可用于加速电子。在驻波加速方式中，一般有两种可供选择的工作模式：一种是粒子渡越相邻两个加速缝的时间 T 为一个 T_{RF} 射频周期(加速缝间距为 D)，即

$$T = \frac{D}{v} = T_{\mathrm{RF}} = \frac{\lambda}{c} \tag{11.19}$$

或表示为：

$$D = \beta\lambda \tag{11.20}$$

此工作模式称为 0 模。例如，加速质子或离子的 Alvarez 直线加速器就工作于 0 模；还有一种工作模式，粒子渡越相邻两个加速缝的时间 T 等于半个射频周期 $\left(\frac{T_{\mathrm{RF}}}{2}\right)$，即

$$D=\frac{1}{2}\beta\lambda \tag{11.21}$$

这种工作模式称为 π 模。例如，加速质子或离子的 Wideröe 直线加速器就工作于 π 模。

11.2 直线加速器中的纵向运动

11.2.1 直线加速器中电子的纵向运动

(1) 同步相位

直线加速器中的纵向运动也就是相运动。粒子能达到稳定相振荡的相位，即同步相位（也称平衡相位）φ_s，无论对电子直线加速器，还是质子、离子直线加速器而言，都应位于波峰之前，即加速电场正处于随时间上升的时刻。如图 11.1 所示，早通过加速缝的粒子遇到的是数值比较小的场，从而相对同步粒子而言有可能慢下来，在其后通过加速缝时，向同步相位 φ_s 靠拢；晚通过加速缝的粒子遇到的场数值大，获得更多的加速，有可能在通过其后的加速缝时，赶上同步相位 φ_s。同步相位 φ_s 应选在 $-\frac{\pi}{2}\sim 0$ 之间，即 $-\frac{\pi}{2}<\varphi_s<0$。

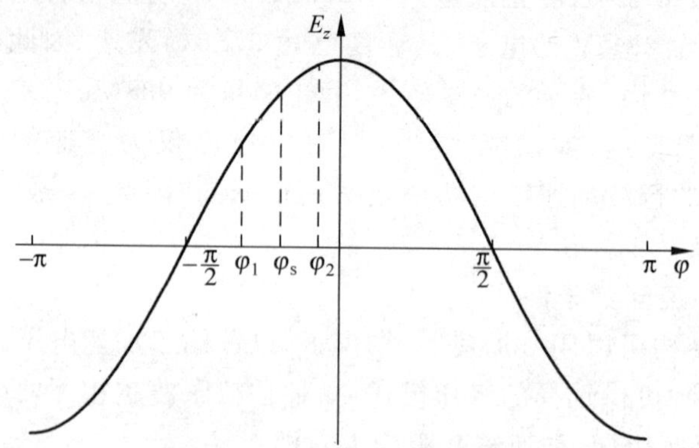

图 11.1 直线加速器的同步相位

（同步相位 φ_s；φ_1 表示相位早；φ_2 表示相位晚）

(2) 纵向运动方程

根据牛顿运动方程，即式(1.7c)，TM 模的直线加速器结构中 $B_r=0$，则(1.7c)式可改写为：

$$\frac{\mathrm{d}}{\mathrm{d}t}(m\dot{z}) = eE_z + e\dot{r}B_\theta \tag{11.22}$$

对应行波加速方式或驻波加速方式，分别将式(11.7)，(11.9)或(11.13)，(11.15)代入上式，即可求解纵向运动。

无论是行波加速方式还是驻波加速方式，人们感兴趣的是近轴问题，式(11.22)中右边的第二项是二级小量项，$e\dot{r}B_\theta \ll eE_z$，因此可以忽略。此外，$E_z$ 式中包含有无穷多个空间谐波，但一般带电粒子只和基波同步，其他所有空间谐波对粒子运动可视为微扰，积分效果可不考虑。在讨论纵向运动时，常常忽略它们的作用，只保留基波项，因而对行波加速表达式(11.7)，方程可表示为：

$$E_z(r\approx 0,z,t) = E_0\mathrm{I}_0(k_{r0}r)\sin(\omega t - k_{z0}z) \tag{11.23}$$

再考虑近轴近似，$\mathrm{I}_0(k_{r0}r)\approx 1$ 及加速结构为准周期结构，$E_0=E_0(z)$，$k_{z0}=k_z(z)=\dfrac{\omega}{v_p(z)}$，于是纵向运动方程(11.23)变为：

$$\frac{\mathrm{d}}{\mathrm{d}t}(m\dot{z}) = eE_0(z)\sin\left[\omega t - \int_0^z k_z(z)\mathrm{d}z\right] = eE_0(z)\sin\left[\omega t - \int_0^z \frac{\omega}{v_p(z)}\mathrm{d}z\right] \tag{11.24}$$

还有一点必须指出，尽管空间谐波对粒子纵向运动的积分效果为 0，但是它们携带射频功率。馈入加速腔链的射频功率，有不少的部分(约占 15%～30%)用以激励产生空间谐波，以满足边界条件的要求。因此，不同结构尺寸，不同工作模式$\left(\text{如}\dfrac{\pi}{2}\text{模，}\dfrac{2\pi}{3}\text{模等}\right)$的选择影响到空间谐波幅值，也必然会影响基波场强的幅值 $E_0(z)$。

与之类似，对于驻波加速方式，考虑驻波场的表达式(11.12)及近轴近似($r\approx 0$)，式(11.22)可表示为：

$$\frac{\mathrm{d}}{\mathrm{d}t}(m\dot{z}) = \sum_{n=-\infty}^{\infty} E_n\cos(k_{zn}z)\cos\omega t \tag{11.25a}$$

也可由式(11.13b)，得到：

$$\frac{\mathrm{d}}{\mathrm{d}t}(m\dot{z}) = \sum_{n=-\infty}^{\infty} E_n\sin(k_{zn}z)\sin\omega t \tag{11.25b}$$

(3) 电子直线加速器及质子(离子)直线加速器粒子动力学问题处理方法的差异

由于电子质量很小，静止质量比质子及其他离子小 2000 倍甚至更多，因此在粒子动力学问题处理上，电子和其他离子有很大的差别。

在电子直线加速结构中，一般其加速梯度为 10MeV/m～50MeV/m，电子可以在 0.1m～0.2m 距离内加速到接近光速，因此，在讨论加速的初始阶段，如讨论聚束过程时，不能视电子速度为常数。相反地，在加速的主要过程，即能量大于 2MeV 之后，可将电子速度按光速处理。也由于这样的特点，电子在相聚过程中，一般相振荡是不充分的，在 0.1m～0.5m 距离内，就完成相振荡。电子能量超过 2MeV 之后，只存在电子相对于射频场的缓慢滑相。此外，在整个动力学处理过程中，电子质量不能视为常数。而质子或其他离子直线加速器的情况则完全不同，其加速梯度一般为 1MeV/m～3MeV/m，而质子的静止能量为 938MeV，因此，在动力学处理中，常将质子的速度和质量视为常数。其他离子更是如此，其相振荡过程相当充分，在 20m～30m 加速过程中，都存在相振荡。

因此，在其后的动力学讨论中，只能将电子和质子(离子)分别处理。

11.2.2 电子在行波电子直线加速器中的纵向运动

(1) 仅考虑在射频基波场中的纵向运动

从式(11.24)出发，视 $\int_0^z \frac{\omega}{v_p(z)}\mathrm{d}z-\omega t$ 为电子相对射频场的相位，记为 φ，即

$$\varphi=\int_0^z \frac{\omega}{v_p(z)}\mathrm{d}z-\omega t \tag{11.26}$$

则纵向运动方程为*：

$$\frac{\mathrm{d}}{\mathrm{d}t}(m\dot{z})=-eE_0(z)\sin\varphi \tag{11.27}$$

为计算方便，把对 t 求导变为对 z 求导；m 用 γ 表示($m=m_0\gamma$)，并用 m_0c^2 对 $E_0(z)$进行归一化处理，即

$$E_0^*(z)=eE_0(z)/(m_0c^2)$$

则方程(11.27)最后可表示为：

$$\frac{\mathrm{d}\gamma}{\mathrm{d}z}=-E_0^*(z)\sin\varphi(z) \tag{11.28}$$

式中 $E_0^*(z)$是单位长度上归一化能量增益的最大值。

式(11.28)的物理意义是显而易见的，即单位距离上电子的能量增加，取决于基波场强及电子相对于基波的相位。

为确定电子沿行波加速结构(如盘荷波导)能量变化的过程，利用式(11.28)

---

* 注：在射频直线加速器的动力学计算中，关于加速相位常常有两种约定：一种约定是“$-\sin\varphi$”；另一种是“$\cos\varphi$”，这两种约定是等价的。同时，电子电荷符号 e 亦视为正值。

求解，还必须导出一个描写 φ 沿 z 变化规律的方程。为此，可将式(11.26)两边对 z 求导，得到：

$$\frac{\mathrm{d}\varphi}{\mathrm{d}z}=\frac{\omega}{v_p(z)}-\frac{\omega}{\mathrm{d}z/\mathrm{d}t}=\frac{2\pi}{\lambda}\left[\frac{1}{\beta_p(z)}-\frac{1}{\beta_e(z)}\right]$$

即

$$\frac{\mathrm{d}\varphi}{\mathrm{d}z}=k\left[\frac{1}{\beta_p(z)}-\frac{\gamma}{\sqrt{\gamma^2-1}}\right] \tag{11.29}$$

方程(11.28)和(11.29)就是描写电子在行波电子直线加速器中纵向运动的方程组。

在设计电子直线加速器时，要选择行波电场的基波幅值沿加速管的分布规律 $E_0^*(z)$ 并设定基波相速度沿加速管的增长规律 $\beta_p(z)$，然后将其代入方程组(11.28)和(11.29)，借助于数值计算的方法(如龙格-库塔法)就可以求得电子能量及相位沿 z 的变化 $\gamma(z)$ 和 $\varphi(z)$，并用此结果讨论相聚(聚束)、俘获、能量增益等问题。图 11.2 给出了国产 BF-5 辐照用电子直线加速器的相振荡曲线，图 11.3 给出了相应的能谱计算值，相应的能谱宽度约为 8%。

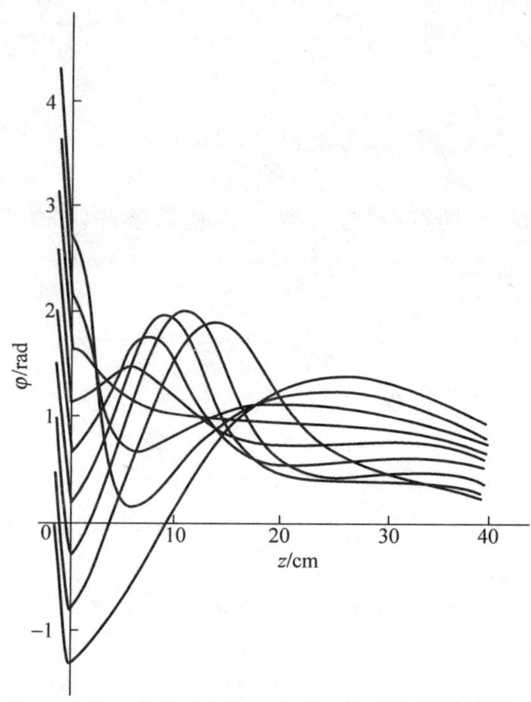

图 11.2　国产 BF-5 辐照电子直线加速器聚束段相振荡曲线

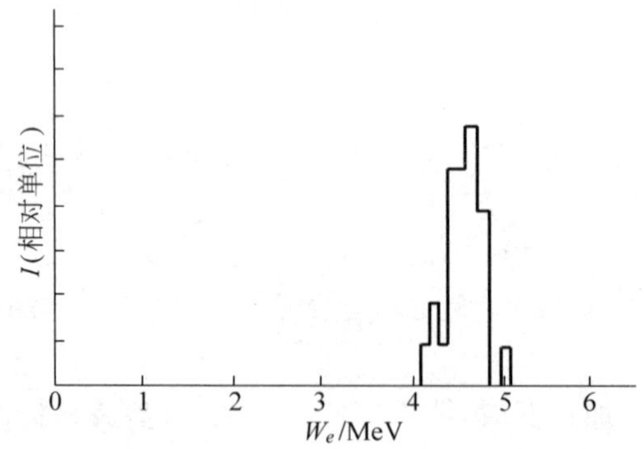

图 11.3 国产 BF-5 辐照电子直线加速器的能谱计算值

在一些特殊情况下，方程(11.28)和(11.29)有解析解。

例如，在基波场强和相速都等于常数的盘荷波导加速管中，$E_0^*(z)$=常数，$\beta_p(z)$=常数，将方程(11.28)和(11.29)联立可得：

$$k\left(\frac{1}{\beta_p}-\frac{\gamma}{\sqrt{\gamma^2-1}}\right)\mathrm{d}\gamma = E_0^* \sin\varphi \mathrm{d}\varphi$$

对两边积分，得：

$$\cos\varphi = \frac{k}{E_0^*}\left[\frac{(p^{*2}+1)^{\frac{1}{2}}}{\beta_p}-p^*\right]+A \tag{11.30}$$

式中 $p^*=\dfrac{mv}{m_0c}$为归一化动量；积分常数 A 由初始条件(初始归一化动量 p_0^* 和初始相位 φ_m)决定，即

$$A=\cos\varphi_m-\frac{k}{E_0^*}\left[\frac{(p_0^{*2}+1)^{\frac{1}{2}}}{\beta_p}-p_0^*\right] \tag{11.31}$$

当电子初速度 β_{e0} 等于 β_p 时，积分常数 A 为：

$$A=\cos\varphi_m-\frac{k(1-\beta_p^2)^{\frac{1}{2}}}{E_0^*\beta_p} \tag{11.32}$$

图 11.4 给出在 $\beta_{e0}=\beta_p<1$ 情况下，在不同相位 φ 注入的电子在等场强、等相速加速器中运动时的 $p^*-\varphi$ 关系图。

(2) 同时考虑高次谐波、空间电荷及束流负载效应的纵向运动

上述纵向运动方程(11.22)中的 E_z 项，原则上应包含粒子所感受到的各种电场。如果稍微详尽地研究这个问题，E_z 还应包含射频加速结构中激励产生的高次空间谐波、空间电荷效应的纵向作用力和束流感生电场引起的束流负载效应，因此总场强 E_z 应表示为：

$$E_z=E_{\mathrm{RF}}+E_{z,\mathrm{sc}}+E_{bm} \tag{11.33}$$

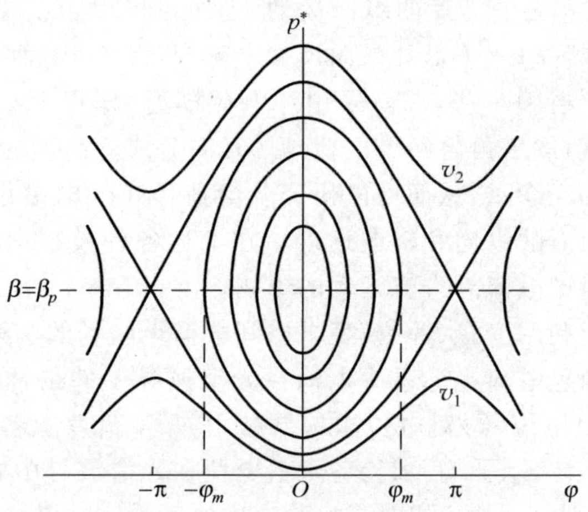

图 11.4　电子在等场强、等相速加速器中运动时的归一化动量与粒子相位关系图

其中 E_{RF} 为包括基波在内的各次空间谐波的电场，$E_{z,\mathrm{sc}}$ 为空间电荷效应的纵向电场，E_{bm} 为束流负载场。

式(11.27)是仅考虑射频场中基波分量的纵向运动方程。如果要求同时考虑高次空间谐波的贡献，则式(11.33)中的 E_{RF} 应该用式(11.7)来描述，当讨论近轴运动时，取 $r\cong 0$，则由式(11.7)可得：

$$E_{\mathrm{RF}} = \sum_{n=-\infty}^{\infty}(-\mathrm{j})E_n(z)\mathrm{e}^{\mathrm{j}(\omega t - k_{zn}z)} \tag{11.34a}$$

再根据式(11.3)关于 k_{zn} 的描述及式(11.26)的处理方法，同样定义所讨论的电子相对于基波的相位为 φ_i，则电子所感受到的基波($n=0$)及高次空间谐波($n\neq 0$)的射频电场可表示为：

$$E_{\mathrm{RF}} = \sum_{n=-\infty}^{\infty}E_n(z)\sin\left(\varphi_i + \frac{2\pi}{D}nz\right) \tag{11.34b}$$

在过去几十年里，人们在描述空间电荷自身场方面，已经提出了许多模型。其中最简单的模型是无限长圆柱模型，在此模型中没有纵向电场存在；此外常用的椭球模型，考虑的也是横向空间作用力；而重点考虑纵向空间电荷作用力的束团模型则有刚性盘片模型、变盘(片)模型和环电荷模型。在刚性盘片模型中，将一微脉冲束流(在一个射频周期内)沿纵向分成若干个电荷盘片，每一个盘片视为刚性的，其携带的电荷量相同，纵向尺寸和横向尺寸不变，但电荷可以相互渗透。如将 360°的束团切成 N 个盘片，每一个盘片携带的电流量为$\frac{1}{N}$，需要研究

的是第 j 个盘片对第 i 个盘片的纵向运动(当然也可以包括横向运动)的影响。变盘(片)模型仍认为每一个盘片纵向尺寸不畸变,保持刚性特征,但径向可以伸缩。如果考虑得更精确一些,那就采用环电荷模型,即将 360°的束团先按纵向分成等长度电荷盘,然后再将每个电荷盘按径向分成等高度的同心电荷环,电荷在圆环之间可以相互渗透,从而可以研究各电荷环在外电磁场和各电荷环空间电荷场的联合作用下的纵向和横向运动。在上述各种模型中,原则上还可以考虑金属壁存在的镜像电流对束流运动的影响。

下面简略介绍利用变盘(片)模型求空间电荷纵向场的一种方法。

首先求出在静止电荷坐标系中电荷在光滑波导中的格林函数,然后对格林函数进行积分求出电位,再对电位求偏导数,得第 i 盘片上各点的电场 E_z。最后对盘片 i 上的各点 E_z 平均,求得各 j 盘电荷在光滑波导中对某一个盘片 i 作用的平均场。实际上,盘片 j 相对于实验室坐标系沿 z 轴以接近光速 c 的速度 v 运动,因此在实验室坐标系中讨论粒子的动力学问题时,需要进行相对论变换。譬如第 j 个盘片以 γ_j 能量沿 z 轴运动,则在静止坐标系中 z 变量应按相对论变换成 $\gamma_j z$。

根据此模型,设波导管等效半径(金属圆筒半径)为 b,在 $z=0,r=a,\theta=\theta_0$ 处放置一单位静止的点电荷,其格林函数为:

$$G(r,\theta,z)=\frac{1}{2\pi b^2\varepsilon_0}\sum_{n=1}^{\infty}\sum_{s=0}^{\infty}(2-\delta_{s0})\mathrm{e}^{-\mu_n|z|}\frac{\mathrm{J}_s(\mu_n a)\mathrm{J}_s(\mu_n r)}{\mu_n[\mathrm{J}_{s+1}(\mu_n b)]^2}\cos(\theta-\theta_0) \tag{11.35}$$

其中 μ_n 满足 $\mathrm{J}_s(\mu_n b)=0$,$\mu_n b$ 表示 s 阶贝塞尔函数的第 n 个根,ε_0 为介电常数,δ_{s0} 为 δ 函数。

假设在波导管内有两个电荷盘片 i 和 j,它们的半径分别为 r_i 和 r_j,两盘片之间的距离为 z,对格林函数进行积分,可以求出盘片 j 在 i 盘片处空间位置 (r,θ) 点处的电位(见图 11.5)为:

$$V(r,\theta,z)=\int_0^{r_j}\int_0^{2\pi}\int_z^{z+\Delta z}qG(a,\theta',z)a\,\mathrm{d}a\,\mathrm{d}\theta'\,\mathrm{d}z \tag{11.36}$$

其中 q 为盘片电荷密度,Δz 为盘片 j 的厚度。

在 i 盘上各点的电场为:

$$E_z(r,\theta,z)=-\frac{\partial V(r,\theta,z)}{\partial z}$$

j 盘片的电荷作用在半径为 r_i 的第 i 盘片上平均电场的纵向分量 $\bar{E}_z$ 为:

$$\bar{E}_z=\frac{\int_0^{r_i}\int_0^{2\pi}E_z r\,\mathrm{d}r\,\mathrm{d}\theta}{\int_0^{r_i}\int_0^{2\pi}r\,\mathrm{d}r\,\mathrm{d}\theta}$$

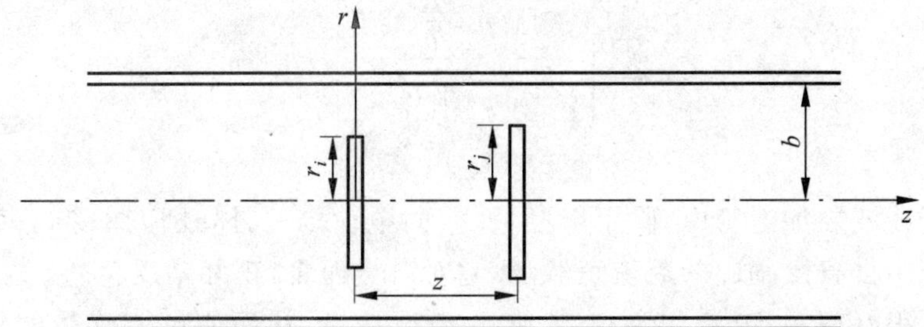

图 11.5　半径为 b 的金属圆筒内两电荷盘片相对位置关系示意图

其值为：

$$\bar{E}_z = \frac{2q\Delta z r_j}{r_i \varepsilon_0} \sum_{n=1}^{\infty} \frac{J_1\left(\mu_{0n} \frac{r_i}{b}\right) J_1\left(\mu_{0n} \frac{r_j}{b}\right)}{[\mu_{0n} J_1(\mu_{0n})]^2} e^{-\mu_{0n}|z|/b} \operatorname{sgn}(z) \tag{11.37}$$

其中 $\mu_{0n}=\mu_n b$，而 $J_0(\mu_{0n})=0$，$\operatorname{sgn}(z)$ 按下式处理：

$$\operatorname{sgn}(z) = \begin{cases} 1 & (z>0) \\ 0 & (z=0) \\ -1 & (z<0) \end{cases} \tag{11.38}$$

将 $\bar{E}_z$ 变换到实验室坐标系时，式(11.37)中的 z 用 $\gamma_j z$ 代替。如果对束流强度为 I 的束流，在一个高频周期内将电子束等分为 N 个盘片，则每个盘片的电量 q 为：

$$q = \frac{I\lambda}{\pi r_j^2 \Delta z N c} \tag{11.39}$$

第 i 和第 j 个盘片之间的距离为：

$$|z| = |z_i - z_j| = \beta_p \lambda |\varphi_i - \varphi_j| / 2\pi$$

把式(11.38)和(11.39)代入式(11.37)中，得到除第 i 个盘片之外，其他所有 $N-1$ 个盘片对第 i 个盘片的空间电荷的平均纵向电场为：

$$E_{z,\mathrm{sc},i} = \frac{2I\lambda Z_0}{\pi b^2} \cdot \frac{1}{N} \sum_{j=1}^{N} \sum_{n=1}^{\infty} \frac{J_1\left(\mu_{0n} \frac{r_i}{b}\right) J_1\left(\mu_{0n} \frac{r_j}{b}\right)}{\frac{r_i}{b}[\mu_{0n} J_1(\mu_{0n})]^2 \frac{r_j}{b}} e^{\frac{-\mu_{0n}\gamma_j \beta_p \lambda}{2\pi b}|\varphi_i - \varphi_j|} \operatorname{sgn}(\varphi_i - \varphi_j) \tag{11.40}$$

式中 $Z_0=\sqrt{\frac{\mu_0}{\varepsilon_0}}$。

为了简化运算，可以认为束团的半径沿 z 轴不变，即 $r_i = r_j = R$，则式(11.40)可以简化为：

$$E_{z,\mathrm{sc},i}=\frac{2I\lambda Z_0}{\pi b^2}\cdot\frac{1}{N}\sum_{j=1}^{N}\sum_{n=1}^{\infty}\left[\frac{\mathrm{J}_1\left(\mu_{0n}\dfrac{R}{b}\right)}{\left(\dfrac{R}{b}\right)^2\mu_{0n}\mathrm{J}_1(\mu_{0n})}\right]^2\mathrm{e}^{\frac{-\mu_{0n}\gamma_j\beta_p\lambda}{2\pi b}|\varphi_i-\varphi_j|}\mathrm{sgn}(\varphi_i-\varphi_j)\tag{11.41}$$

电子在波导加速管中，除了射频场、空间电荷场之外，还应感受到束流在波导加速管中自身激励起的束流负载场，它对自身而言，正好是反相的。从能量守恒的观点很好理解，束流作为负载，吸收微波功率，从而使束流感受的场降低。在填充时间或称建成时间(t_F)以内的束流负载效应称为瞬态束流负载效应。脉冲宽度大于填充时间(t_F)的束流负载效应已达稳定，束流所感受的等效束流负载场不随时间变化。

强度为 I 的束流在波导中激发的场，可以表示为：

$$E_{bm}(z,t)=\begin{cases}-IR_\mathrm{s}(1-\mathrm{e}^{-\alpha v_g t}) & [z>v_g t]\\ -IR_\mathrm{s}(1-\mathrm{e}^{-\alpha z}) & [z\leqslant v_g t]\end{cases}\tag{11.42}$$

式中 α 为电压衰减系数，R_s 为分流阻抗，v_g 为群速度。式(11.42)的上式表示瞬态负载效应，下式表示稳态束流负载效应。

仍采用圆盘模型，把在一个射频周期内的束流也分成 N 份，形成 N 个分束流，每份分束流都可以作傅里叶级数分解，其中的一次谐波才能激发起与外加射频场叠加的束流负载场。式(11.42)中的 E_{bm} 就是第 i 份分束流对自身盘片的作用，刚好是反相的，表现为"—"号。而其他的分束流，如第 j 份分束流所产生的场对第 i 份盘片的作用就存在相位差($\varphi_i-\varphi_j$)，因此，第 i 份分束流所受到的束流负载感生场，应该是各份分束流作用的总和，即

$$E_{bm,i}=\begin{cases}-\dfrac{IR_\mathrm{s}}{N}\displaystyle\sum_{j=1}^{N}\cos(\varphi_i-\varphi_j)(1-\mathrm{e}^{-\alpha v_g t}) & [z>v_g t]\\ -\dfrac{IR_\mathrm{s}}{N}\displaystyle\sum_{j=1}^{N}\cos(\varphi_i-\varphi_j)(1-\mathrm{e}^{-\alpha z}) & [z\leqslant v_g t]\end{cases}\tag{11.43}$$

最后可以得到同时考虑 E_RF，$E_{z,\mathrm{sc}}$ 和 E_{bm} 的纵向运动方程(11.44)和(11.45)。

$$\frac{\mathrm{d}\gamma_i}{\mathrm{d}z}=A_{\mathrm{RF},i}(\varphi_i,z)+A_{z,\mathrm{sc},i}(\varphi_i,\varphi_j)+A_{bm,i}(\varphi_i,\varphi_j)\tag{11.44}$$

$$\frac{\mathrm{d}\varphi_i}{\mathrm{d}z}=\frac{2\pi}{\lambda}\left[\frac{1}{\beta_p(z)}-\frac{\gamma_i}{\sqrt{\gamma_i^2-1}}\right]\tag{11.45}$$

式中

$$A_{\mathrm{RF},i}=\frac{-e}{m_0c^2}\sum_{n=-\infty}^{+\infty}E_n(z)\sin\left(\varphi_i+\frac{2\pi}{D}nz\right)\tag{11.46a}$$

$$A_{z,\mathrm{sc},i}=\frac{e}{m_0c^2}\cdot\frac{2I\lambda z_0}{\pi b^2}\cdot\frac{1}{N}\sum_{j=1}^{N}\sum_{n=1}^{\infty}\left[\frac{\mathrm{J}_1\left(\mu_{0n}\dfrac{R}{b}\right)}{\mu_{0n}\mathrm{J}_1(\mu_{0n})\dfrac{R}{b}}\right]^2\mathrm{e}^{-\frac{\mu_{0n}r_j\beta_p\lambda(\varphi_i-\varphi_j)}{2\pi b}}\mathrm{sgn}(\varphi_i-\varphi_j) \tag{11.46b}$$

$$A_{bm,i}=\begin{cases}-\dfrac{IR_s}{N}\displaystyle\sum_{j=1}^{N}\cos(\varphi_i-\varphi_j)(1-\mathrm{e}^{-\alpha v_g t})\\ -\dfrac{IR_s}{N}\displaystyle\sum_{j=1}^{N}\cos(\varphi_i-\varphi_j)(1-\mathrm{e}^{-\alpha z})\end{cases} \tag{11.46c}$$

解方程(11.44),(11.45)可以得到 N 份中每一份束流的能量 $\gamma_i(z)$ 和相位 $\varphi_i(z)$ 随 z 的变化过程。显然,用方程(11.44)和(11.45)求解束流纵向运动是非常繁杂的,在精细计算中才有意义,对于一般工程上的设计计算,应用式(11.28)和(11.29)就足够了。

11.2.3 电子在驻波电子直线加速器中的纵向运动

驻波电子直线加速器的加速管是一系列以一定方式耦合起来的谐振腔链。加速腔工作于类 TM_{010} 模。对双周期加速结构而言,工作于 π 模,即相邻两加速腔的场相位相差 180°。

谐振腔链内电磁场由式(11.13b),(11.14b),(11.15b)表示。为方便起见,它们也可以简化为:

$$E_z(r,z,t)=E_z(r,z)\sin\omega t \tag{11.47a}$$

$$E_r(r,z,t)=-E_r(r,z)\sin\omega t \tag{11.47b}$$

$$B_\theta(r,z,t)=B_\theta(r,z)\cos\omega t \tag{11.47c}$$

以上各式中的 $E_z(r,z)$,$E_r(r,z)$,$B_\theta(r,z)$ 分别相当于:

$$E_z(r,z)=\sum_{n=-\infty}^{+\infty}E_n\mathrm{I}_0(k_{rn}r)\sin(k_{zn}z) \tag{11.48a}$$

$$E_r(r,z)=\sum_{n=-\infty}^{+\infty}\frac{k_{zn}}{k_{rn}}E_n\mathrm{I}_1(k_{rn}r)\cos(k_{zn}z) \tag{11.48b}$$

$$B_\theta(r,z)=\sum_{n=-\infty}^{+\infty}\frac{\omega}{c^2k_{rn}}E_n\mathrm{I}_1(k_{rn}r)\sin(k_{zn}z) \tag{11.48c}$$

它们的具体数值可以用“SC2”[1]或 SUPERFISH 等程序求出。此外,对 π 模有 $k_{zn}=\dfrac{2n+1}{D}\pi$,对 0 模有 $k_{zn}=\dfrac{2n}{D}\pi$。

在讨论纵向运动时,可用近轴近似,即设 $r=0$。图 11.6 给出了利用“SC2”程序求得的一种国产医用驻波加速器主加速腔的 $E_z(0,z)$ 分布曲线。

对图 11.6 中的 $E_z(0,z)$ 曲线进行谐波分解，可求得各次空间谐波的幅值。当然，在纵向粒子动力学计算中也可以直接利用 $E_z(0,z)$ 值。

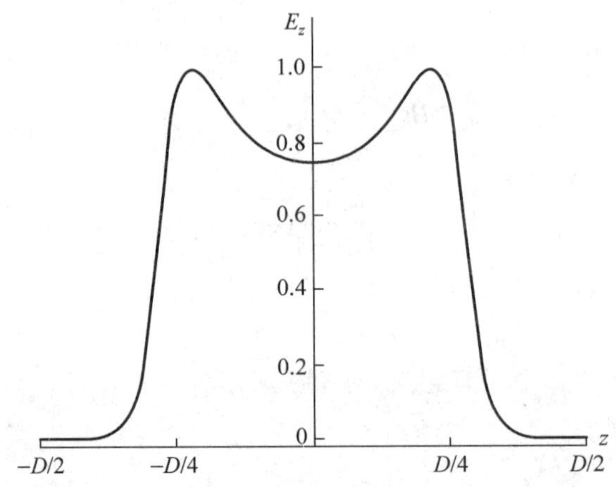

图 11.6 驻波加速腔中 $E_z(0,z)$ 的分布计算值

在研究驻波电子直线加速器的纵向运动时，最直观的处理办法是用积分的方法。对方程(11.47a)进行积分，可得近轴电子沿加速管的能量增益为：

$$\gamma=\gamma_i+\int_0^z \frac{eE_z(0,z)}{m_0c^2}\sin(\omega t+\varphi_0)\mathrm{d}z \tag{11.49a}$$

其中

$$z=\int_0^t v_z(z)\mathrm{d}t \tag{11.49b}$$

而 γ_i 为电子注入时初始归一化全能量，t 是从电子注入到腔入口处开始算起的时间。

积分上式就可得到不同相位 φ_0 时注入电子沿加速管的能量增益。

为了数值计算方便，令 $\mathrm{d}\varphi=\omega\mathrm{d}t$，方程(11.49a)和(11.49b)可改写成：

$$\beta=\frac{v_e}{c}=\sqrt{1-\frac{1}{\left[\gamma_i+\int_0^z \frac{eE_z(0,z)}{m_0c^2}\sin(\omega t+\varphi_0)\mathrm{d}z\right]^2}} \tag{11.50a}$$

$$z=\frac{\lambda}{2\pi}\int_0^\varphi \beta\mathrm{d}\varphi \tag{11.50b}$$

这时，积分增量不是时间，而是射频相位。这种改变非常便于数值计算。譬如，初速为 β_i 的电子注入加速管时的初始相位为 φ_0，经过 Δt 时间，射频相位的增量为 $\Delta\varphi=\omega\Delta t$，代入式(11.50b)中，就可求出 Δz，再利用从数值程序或实验测量得到的 $E_s(0,z)$ 代入式(11.50a)，即可求得经 Δz 的电子速度增值，得到新的 β，然后再代入式(11.50b)，周而复始，就可求出不同相位注入的电子在每一个加速腔出口的能量及在加速管出口的最终能量，而且还可以确定整个相振荡过程（有一点还需指出，在电子进入下一个腔的时候，需减 π）。图 11.7 给出了一国产 4MeV 轴耦合电子直线加速管各驻波腔末端电子能量与注入相位的关系曲线，图 11.8 给出了加速管出口的电子能谱。

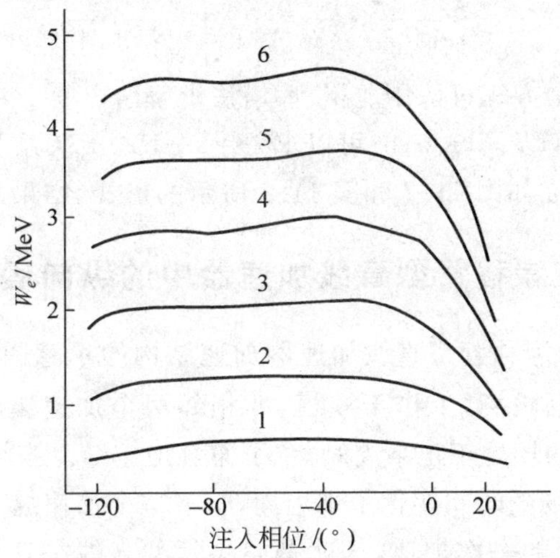

图 11.7　一国产 4MeV 轴耦合驻波电子直线加速管各驻波加速腔末端电子能量与注入相位的关系

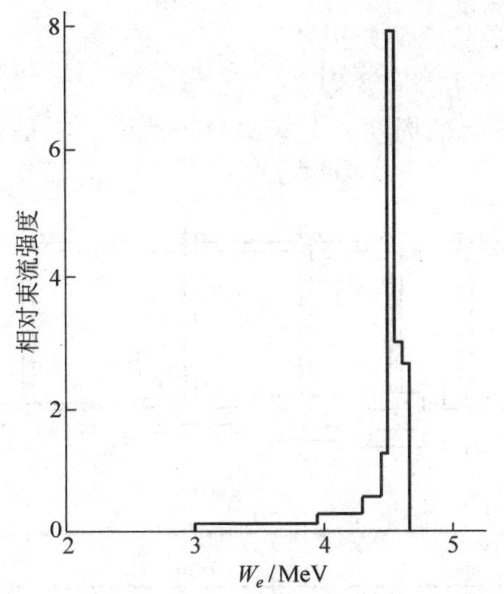

图 11.8　一国产 4MeV 轴耦合驻波电子直线加速管出口能谱的计算值

驻波电子直线加速器的纵向运动可以用方程(11.50a)及(11.50b)的积分形式求解,也可以将方程(11.49a)及(11.49b)改写成微分方程组的形式:

$$\frac{\mathrm{d}\gamma}{\mathrm{d}z}=\frac{eE_z(0,z)}{m_0c^2}\sin(\omega t+\varphi_0) \tag{11.51a}$$

$$\frac{\mathrm{d}\varphi}{\mathrm{d}z}=\frac{2\pi}{\lambda}\cdot\frac{1}{\beta}=\frac{2\pi}{\lambda}\cdot\frac{\gamma}{\sqrt{\gamma^2-1}} \tag{11.51b}$$

式中 $\varphi=\omega t$。这两个方程可以用龙格-库塔法求解。

利用式(11.51a)及(11.51b)可以求得 γ—φ,φ—z 关系及能谱分布关系,这些关系也可以表示成如图 11.7 和图 11.8 所示的形式,结果是一样的。

11.2.4 粒子在漂移管型直线加速器中的纵向运动

图 11.9 给出了漂移管型直线加速器加速结构的示意图。用于加速的是类 TM_{010} 型模的射频电磁场,工作于 0 模,即相邻两个加速缝隙的电场相位相差 360°。当加速缝处的场处于正半周时,粒子通过加速缝。当场处于负半周时,粒子进入漂移管。当场随时间变化了半个周期,下一个加速缝变成加速相位时,粒子飞出漂移管,经受下一次加速,这就是漂移管型直线加速器(DTL)。由于其原理是由 Alvarez 提出的,又可称之为 Alvarez 直线加速器。其同步加速条件由式(11.20)给出。由于粒子在渡越加速缝的过程中速度是变化的,因此,同步加速条件严格地应写成:

$$D=\int_{-\frac{T_f}{2}}^{\frac{T_f}{2}}v(z)\mathrm{d}z=\beta\lambda \tag{11.52}$$

式中 T_f 为射频电场变化的周期。上式中粒子速度 β 应是 z 的函数,因此该式中

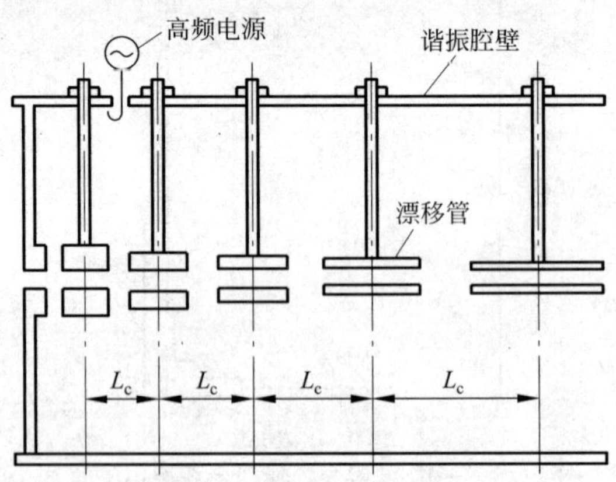

图 11.9 漂移管型质子直线加速器的结构剖面

的 β 为平均值。随着加速过程的进行，D 是不断增长的。

漂移管型加速结构中的电磁场可用 SUPERFISH 等程序计算，图 11.10 给出了等 D 结构中 E_z 分量沿轴分布的示意图。

由式(11.12)，轴上的电场可表示为：

$$E_z(0,z,t)=E_z(0,z)\cos(\omega t+\varphi_0) \tag{11.53}$$

式中 $E_z(0,z)$ 如式(11.13b)所示，可视为由一系列空间谐波组成。但在轴上($r=0$)，对 0 模 $\left(k_{zn}=\frac{2n\pi}{D}\right)$，它可展开成为：

$$E_z(0,z)=\sum_{n=-\infty}^{+\infty}E_n\cos\frac{2n\pi}{D}z \tag{11.54}$$

与式(11.51)相类似，若令 $\gamma=W+m_0c^2$（即记 W 为粒子动能），则粒子在漂移管型直线加速器中的纵向运动方程可表示为：

$$\frac{\mathrm{d}W}{\mathrm{d}z}=eE_z(0,z)\cos(\omega t+\varphi_0) \tag{11.55}$$

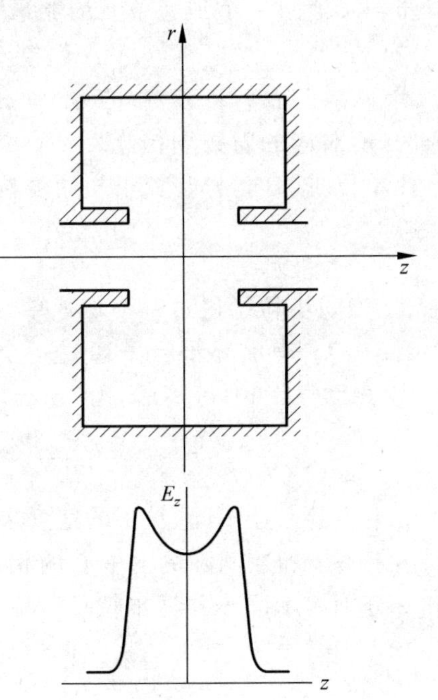

图 11.10　漂移管型加速腔 E_z 分量沿轴的分布

式中 φ_0 为粒子初始相位，ω 为射频场圆频率。

假设利用基波加速，且加速单元的电中心与单元的几何中心重合，则同步粒子在一个加速单元中的能量增益为：

$$\Delta W_s=e\int_{-\frac{D}{2}}^{\frac{D}{2}}E_2(0,z)\cos(\omega t+\varphi_s)\mathrm{d}z=eE_0DT\cos\varphi_s \tag{11.56}$$

其中，$T=\frac{1}{\langle E_z\rangle D}\int_{-\frac{D}{2}}^{\frac{D}{2}}E_z(0,z)\cos\left(\frac{2\pi}{D}z\right)\mathrm{d}z$ 称为渡越时间因子；

$\langle E_z\rangle=\frac{1}{D}\int_{-\frac{D}{2}}^{\frac{D}{2}}E_z(0,z)\mathrm{d}z$ 为一个加速单元的平均电场强度。

对于式(11.54)表示的电场分布，有：

$$\langle E_z\rangle=E_0 \tag{11.57}$$

因此得到式(11.56)。

在上述推导中，讨论的是同步粒子，因此采用了下列同步条件：

$$\omega t = \frac{2\pi}{D}z \tag{11.58}$$

而异步粒子通过一个加速单元的能量增益为：

$$\Delta W_p = eE_0 DT\cos\varphi \tag{11.59}$$

式(11.56)及(11.59)中的 φ_s 和 φ 分别表示同步及异步粒子通过加速间隙中心时，所对应的射频场相位。

在单位时间内，异步粒子与同步粒子能量增益之差的变化率为：

$$\frac{\mathrm{d}(\Delta W)}{\mathrm{d}t} = \frac{\Delta W_p}{T_p} - \frac{\Delta W_s}{T_s} \tag{11.60}$$

其中 T_s 为同步粒子通过一个加速单元所需的时间，$T_s = T_{RF}$，即高频场周期；而 $T_p = \Delta T + T_s$ 表示异步粒子通过一个加速单元所需的时间。实际上，$\Delta T/T_s \ll 1$，故方程(11.60)可写成：

$$\frac{\mathrm{d}(\Delta W)}{\mathrm{d}t} \approx \frac{\Delta W_p - \Delta W_s}{T_s} = \frac{eE_0 TD}{2\pi/\omega}(\cos\varphi - \cos\varphi_s) \tag{11.61}$$

由于能量增益不同，粒子的速度也就不同，异步粒子从一个加速间隙的电中心到达下一个加速间隙的电中心的相位就不等于 2π，而变成 $2\pi - \Delta\varphi$。如果用 z_s 和 z 分别表示同步与异步粒子沿轴向的坐标，则有：

$$\frac{\Delta\varphi}{2\pi} - \left(\frac{z - z_s}{D}\right) = -\left(\frac{z - z_s}{\beta_s\lambda}\right)$$

所以得到：

$$\frac{\mathrm{d}}{\mathrm{d}t}\left(\frac{\Delta\varphi}{2\pi}\right) = -\frac{\beta - \beta_s}{\beta_s T_s} = -\frac{\Delta\beta}{\beta_s T_s} \tag{11.62}$$

利用 $\Delta W = m_0 c^2 \beta_s \gamma_s^3 (\Delta\beta)$ 关系式，方程(11.61)和(11.62)可以整理成一纵向运动方程组，即

$$\frac{\mathrm{d}(\Delta W)}{\mathrm{d}t} = eE_0 Tv_s(\cos\varphi - \cos\varphi_s) \tag{11.63}$$

$$\frac{\mathrm{d}(\Delta\varphi)}{\mathrm{d}t} = -\frac{\omega}{m_0 c^2 \beta_s^2 \gamma_s^3}\Delta W \tag{11.64}$$

若将式(11.64)对 t 求导，并考虑到 $\frac{\mathrm{d}}{\mathrm{d}t} = \beta_s c\,\frac{\mathrm{d}}{\mathrm{d}z}$，再将方程(11.63)代入式(11.64)中，整理后可得到：

$$\frac{1}{\beta_s^3\gamma_s^3}\cdot\frac{\mathrm{d}}{\mathrm{d}z}\left[\beta_s^3\gamma_s^3\frac{\mathrm{d}}{\mathrm{d}z}\Delta\varphi\right] + k_s^2\left(\frac{\cos\varphi - \cos\varphi_s}{\sin|\varphi_s|}\right) = 0 \tag{11.65}$$

其中

$$k_s = \left(\frac{2\pi eE_0 T\sin|\varphi_s|}{m_0 c^2 \beta_s^3 \gamma_s^3 \lambda}\right)^{\frac{1}{2}} \tag{11.66}$$

式(11.65)就是粒子在漂移管型质子直线加速器中运动的相运动方程。

求解式(11.63)和(11.64),或求解方程(11.65),就可以获得质子或其他离子在直线加速器中纵向运动的清晰图像。

11.3　直线加速器中的横向运动

11.3.1　直线加速器中电子的横向运动

讨论直线加速器中的横向运动,仍可以从牛顿方程(1.1)出发,即

$$\frac{\mathrm{d}\boldsymbol{p}}{\mathrm{d}t}=e\boldsymbol{v}\times\boldsymbol{B}+e\boldsymbol{E} \tag{11.67}$$

对于横向(r 方向),有:

$$\frac{\mathrm{d}p_r}{\mathrm{d}t}=eE_r-ev_zB_\theta \tag{11.68}$$

上式中的 E_r 及 B_θ,可以由各种不同的场提供,这包括 RF 场,粒子束流自身的场(空间电荷场)以及束流与环境(加速管道)相互作用产生的尾场(wake fields)。

各种不同的直线加速器(结构)的横向运动有各自不同的特点。在讨论各自不同特点之前,同样先描述它们的共通之处。

(1) 横向聚焦与纵向聚束的不可兼容性

在 11.2 节已指出,在各种射频直线加速器中,为保证纵向运动稳定,要求同步相位 φ_s 处于波峰之前,即要求同步粒子所感受到的纵向电场随时间处于上升阶段,一般记为 $-\frac{\pi}{2}<\varphi_s<0$。如转换到 z 轴,这就意味着粒子所处的场沿 z 是下降的,即 $\partial E_z/\partial z<0$。当粒子跑到同步粒子前面时,$E_z$ 较小,让它获得能量少,使它相对而言慢下来,相位向后移;相反,当粒子落在同步粒子后面时,E_z 较大,让它获得能量多,使它相位向前移,所以纵向运动是稳定的。

同时,若要求横向运动稳定,则应要求 $\frac{\partial E_x}{\partial x}<0$ 及 $\frac{\partial E_y}{\partial y}<0$,即粒子偏离开轴线,$E_x$,$E_y$(或 E_r)能提供指向轴线的力。但在同步粒子的静止坐标系中,根据真空中电场强度的散度等于 0,应该有:

$$\nabla\cdot\boldsymbol{E}=\frac{\partial E_x}{\partial x}+\frac{\partial E_y}{\partial y}+\frac{\partial E_z}{\partial z}=0 \tag{11.69}$$

如果要求纵向和横向运动兼容,则要求:

$$\nabla\cdot\boldsymbol{E}=\frac{\partial E_x}{\partial x}+\frac{\partial E_y}{\partial y}+\frac{\partial E_z}{\partial z}<0 \tag{11.70}$$

这意味着所有力线都指向同步粒子所在的那一点,而电场强度的散度应等

于 0,由此可断言所有的力线都是连续的,而不会收敛于空间任一点。

综上所述,根据纵向运动稳定,已要求$\frac{\partial E_z}{\partial z}<0$,由式(11.69),只能有$\frac{\partial E_x}{\partial x}+\frac{\partial E_y}{\partial y}>0$,即不可与横向运动稳定兼容。

不过,还必须指出,横向聚焦与纵向聚束的不可兼容性是对同一点(同一位置)而言,即在同一位置不能同时获得纵向聚束和横向聚焦,但并不排除采用某些方法,使粒子能在聚束过程中,也能从 RF 场获得横向聚焦。在历史上,人们采用过许多办法,包括:①在加速圆筒缝隙的下端入口处垂直于轴安放一片对快粒子是透明的薄金属箔,改变电力线的形状,使粒子免于受发散电力线的影响;②采用交变相位聚焦;③在漂移管质子直线加速器的漂移管中人为地引入四极透镜组;④在电子直线加速器的轴线上外加聚焦线圈或四极透镜组。采用 20 世纪 80 年代发明的射频四极加速结构(俗称 RFQ,将在下两节讨论)也是一种办法。

(2) 射频场的方位角磁场分量 B_θ 可部分抵消射频场的径向分量 E_r 的散焦作用

无论是行波加速结构,还是驻波加速结构,射频直线加速器中的电磁场的场型都是类 TM_{01} 型模,它不但存在 E_r 分量,还存在 B_θ 分量。B_θ 和粒子的纵向运动速度叉乘产生的洛伦兹力是可以部分抵消 E_r 的散焦作用的。

下面以行波加速结构为例进行讨论。重写 E_r 和 B_θ 的表达式,令 $\beta_p=\beta_s$,则由式(11.8)和(11.9)出发,取基波项,分别得到:

$$E_r(r,z,t)=-\gamma_s E_0 I_1(k_{r0}r)\sin(\omega t-k_{z0}z) \tag{11.71}$$

$$B_\theta(r,z,t)=-\frac{\gamma_s\beta_s}{c}E_0 I_1(k_{r0}r)\sin(\omega t-k_{z0}z) \tag{11.72}$$

将式(11.72)代入式(11.68)右边的第二项,得到 B_θ 产生的洛伦兹力,并令 $\beta_p=\beta_s$,得:

$$-ev_2B_\theta=\beta_s^2[\gamma_s E_0 I_1(k_{r0}r)\sin(\omega t-k_{z0}z)] \tag{11.73}$$

上式右边项比式(11.71)右边所示的 RF 场径向力 E_r 小 β_s^2 倍,符号相反,因此可部分抵消 E_r 的散焦作用。当 $\beta_s\to 1$ 时,两者趋于相等。在极端相对论的情况下,RF 场对粒子横向运动不起作用。

上述结论对驻波加速结构也是成立的。

(3) 电子和离子渡越加速缝时受到的径向力

图 11.11 形象地给出加速缝处电力线及磁力线的分布,从图中可以看出,偏轴的粒子除了感受 RF 场的纵向力(eE_z)外,还受到电场径向作用力 eE_r 及磁场

径向作用力 ev_zB_θ 的作用。

图11.6曾给出一国产医用驻波加速器主加速腔沿轴的纵向电场分布 $E_z(0,z)$。$E_z(0,z,t)$ 分布可表示为：

$$E_z(0,z,t) = E_z(0,z)\cos(\omega t + \varphi) \tag{11.74}$$

根据麦克斯韦方程，可由式(11.74)导出 E_r 和 B_θ 的近轴表示式，即

$$E_r = -\frac{1}{2}\cdot\frac{\partial E_z}{\partial z}r \tag{11.75}$$

$$B_\theta = \frac{1}{2c^2}\cdot\frac{\partial E_z}{\partial t}r \tag{11.76}$$

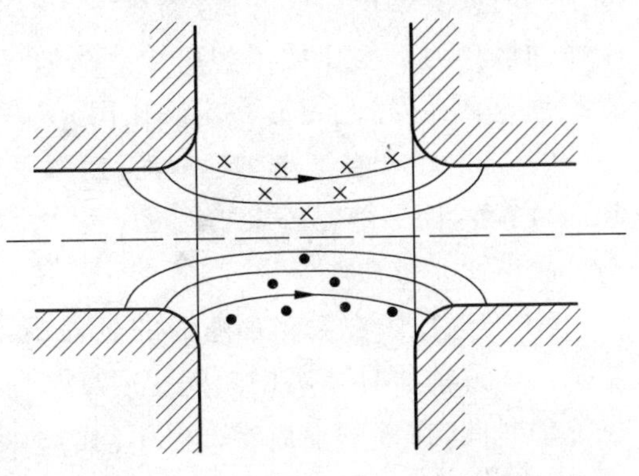

图11.11 加速缝中RF场电力线和磁力线的分布

图11.12(c)，(d)给出了与图11.6相同的驻波加速腔的 E_r 和 B_θ 分布。为了讨论方便，图11.12也给出与图11.6相同的 $E_z(0,z)$ 的分布[见图11.12(b)]及相应的驻波腔型[见图11.12(a)]。

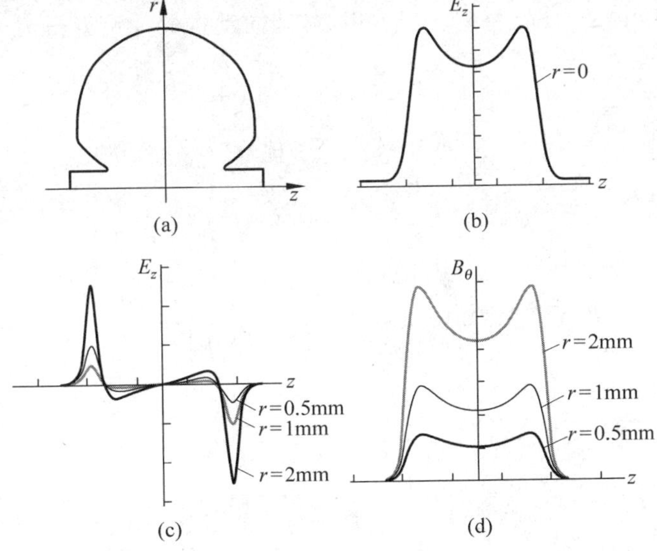

图11.12 一驻波加速腔型及 E_z，E_r，B_θ 沿方向分布示意图

在质子和离子直线加速器的加速缝中，E_z，E_r，B_θ 也有类似的分布。

在讨论带电粒子渡越加速缝所受的径向作用时，必须考虑下面三种效应：

① 带电粒子渡越加速缝时，场随时间变化所带来的影响。

为了纵向运动稳定，平衡相位 φ_s 选在 $-\frac{\pi}{2}<\varphi_s<0$，即粒子通过加速缝时，场是随时间上升的，从 E_r 看，缝后半部的散焦力要比前半部的聚焦力大，导致一个净的散焦力。对于质子和离子直线加速器而言，这个效应是主要的。对电子直线加速器而言，它也起一定的作用。

② 带电粒子在渡越加速缝时，所感受的径向力（E_r 和 ev_zB_θ）依赖于粒子的径向位置 r，而 r 值是不断变化的。从式(11.75)和(11.76)可见，E_r 和 B_θ 的值与 r 成正比。

③ 带电粒子在渡越加速缝的过程中，其速度是增加的。也就是说，粒子在渡越加速缝前半部所需的时间比后半部所需的时间长，因而 E_r 和 B_θ 作用在粒子上的时间，在缝的前后半部是不同的。

第②和第③个效应对电子是主要的；对于离子，由于其 r 和 v_z 可视为基本不变，因此对径向运动有较小的效应。

第②和第③个效应引起粒子的净聚焦效应，与静电透镜相当，可称其作用为"静电聚焦"(electro-static focusing)。为了说明这种由于粒子通过加速缝前后位置和速度变化而产生的效应，可以用一个简单的模型来加以说明。

考虑非相对论情况，忽略磁场作用力，径向动量的冲量为：

$$\Delta p_r = e\int_{-\frac{D}{2}}^{\frac{D}{2}} E_r \frac{\mathrm{d}z}{\beta c} = -\frac{e}{2}\int_{-\frac{D}{2}}^{\frac{D}{2}} \frac{r}{\beta c}\cdot\frac{\partial E_z}{\partial z}\mathrm{d}z \tag{11.77}$$

为了处理方便，用一个方波场来表示 $E_z(0,z)$，定义为：

$$E_z(0,z)=\begin{cases} E_g\cos(\omega t+\varphi) & (|z|<g/2) \\ 0 & (|z|\geqslant g/2)\end{cases} \tag{11.78}$$

式中 g 为小于 D 的任意值。因此有：

$$\frac{\partial E_z}{\partial z}=E_g\left[\delta\left(z+\frac{g}{2}\right)-\delta\left(z-\frac{g}{2}\right)\right]\cos(\omega t+\varphi) \tag{11.79}$$

式中 δ 为 δ 函数。

将式(11.79)代入式(11.77)，有：

$$\Delta p_r=-\frac{e}{2}E_g\int_{-\frac{D}{2}}^{\frac{D}{2}}\frac{r}{\beta c}\left[\delta\left(z+\frac{g}{2}\right)-\delta\left(z-\frac{g}{2}\right)\right]\cos\left(\frac{2\pi z}{\beta\lambda}+\varphi\right)\mathrm{d}z \tag{11.80}$$

因而得到：

$$\Delta(\gamma\beta r')=-\frac{e}{2m_0c^2}E_gD\left[\frac{r_1}{\beta_1}\cos\left(\frac{\pi g}{\beta\lambda}-\varphi\right)-\frac{r_2}{\beta_2}\cos\left(\frac{\pi g}{\beta\lambda}+\varphi\right)\right] \tag{11.81}$$

上式中下标 1,2 分别表示加速缝入口和出口平面上的值。从上式可以看出，有三个竞争的效应决定横向聚焦项 $\Delta(\gamma\beta r')$ 的符号：①由于加速，$\beta_2>\beta_1$；

②由于入口侧的聚焦作用，$r_2<r_1$；③由于纵向聚束的需要，$\varphi<0$，但 φ 靠近波峰，接近零值，所以 $\cos\left(\frac{\pi g}{\beta\lambda}+\varphi\right)$ 与 $\cos\left(\frac{\pi g}{\beta\lambda}-\varphi\right)$ 相差很小，主要由前两个效应起作用，可见横向是聚焦的，这个作用与静电透镜的作用极为相似。

下面分别讨论各种直线加速器中的横向运动情况。

11.3.2 电子在行波电子直线加速器中的横向运动

讨论盘荷波导加速管的电子横向运动，仍可从牛顿方程(1.8a)出发，式(1.8a)可表示为：

$$\frac{\mathrm{d}}{\mathrm{d}t}(m\dot{r})=mr\dot{\theta}^2+er\dot{\theta}B_z-e\dot{z}B_\theta+eE_r \tag{11.82}$$

先不讨论存在纵向聚焦磁场的情况，即设 $B_z=0$，并不考虑电子的方位角运动，设 $\dot{\theta}=0$，则横向运动方程为：

$$\frac{\mathrm{d}}{\mathrm{d}t}(m\dot{r})=eE_r-e\dot{z}B_\theta \tag{11.83}$$

对于式(11.8)和(11.9)，只考虑基波时的 E_r 和 B_θ 分别为：

$$E_r=E_0\frac{k_z}{k_{r0}}\mathrm{I}_1(k_{r0}r)\mathrm{e}^{\mathrm{j}(\omega t-k_z z)} \tag{11.84}$$

$$B_\theta=E_0\frac{k}{ck_{r0}}\mathrm{I}_1(k_{r0}r)\mathrm{e}^{\mathrm{j}(\omega t-k_z z)} \tag{11.85}$$

同样，定义 φ 为电子相对射频场的相位，$\varphi=k_z z-\omega t$，取线性近似，$\mathrm{I}_1(k_{r0}r)\approx\frac{1}{2}k_{r0}r$。对式(11.84)和式(11.85)取实部，从行波场角度有：

$$E_r=\frac{1}{2}E_0k_zr\cos\varphi \tag{11.86}$$

$$B_\theta=\frac{1}{2}E_0\frac{k}{c}r\cos\varphi \tag{11.87}$$

将式(11.86)和(11.87)代入方程(11.83)，并考虑到 E_0 随 z 的变化对 E_r 的贡献，做一定变换后，得到：

$$\frac{\mathrm{d}p_r^*}{\mathrm{d}z}=\frac{kE_0^*r}{2}\left(\frac{1}{\beta\beta_p}-1\right)\cos\varphi+\frac{1}{2\beta}\cdot\frac{\mathrm{d}E_0^*}{\mathrm{d}z}r\sin\varphi \tag{11.88}$$

式中 $p_r^*=\beta\gamma r'$ 称为归一化横向动量，$E_0^*=\frac{eE_0}{m_0c^2}$。

由式(11.88)可具体看到在盘荷波导加速管中对横向运动起作用的三个效应。右边第一项 $\frac{kE_0^*r}{2}\cdot\frac{1}{\beta\beta_p}$ 表示射频电场 E_r 的作用力；右边的第二项 $\frac{kE_0^*r}{2}\cos\varphi$

表示射频磁场 B_θ 的作用力，当 $\beta=1,\beta_p=1$ 时，两者相互抵消；$\cos\varphi$ 项表示横向运动稳定性和纵向运动稳定性不兼容，因为要保证纵向运动，$-\frac{\pi}{2}\leqslant\varphi\leqslant 0$，所以 $\cos\varphi>0$，导致 $\frac{\mathrm{d}p_r^*}{\mathrm{d}z}>0$，横向运动不稳定，出现散焦。为此，常常需要外加磁场聚焦。$\frac{\mathrm{d}E_0^*}{\mathrm{d}z}$ 项的效应很小。

一般而言，行波电子直线加速器在低能部分都是采用螺线管线圈的磁场来聚焦，它不仅可以抵消高频场的散焦作用，而且还可以克服束流空间电荷效应，克服因各种效应导致的束流横向发射度增长而引起的束流半径过分增加，甚至还可以抑制束流爆破(BBU)效应。

当外加螺线管线圈时，在轴上产生纵向磁场，由于洛伦兹力的作用，使粒子做辐向运动。这时，在描述粒子径向运动的微分方程(11.82)中，$\dot{\theta}$，B_z 不再为0，出现辐向运动。下面讨论考虑辐向运动时的横向运动。

为了求得 $\dot{\theta}$，可借助于描述辐向运动的微分方程(1.8b)。对 TM_{01} 类型波，行波电场无辐向分量，即 $E_\theta=0$，此时式(1.8b)可表示为：

$$\frac{\mathrm{d}}{\mathrm{d}t}(mr^2\dot{\theta})=-er\frac{\mathrm{d}r}{\mathrm{d}t}B_z+er\frac{\mathrm{d}z}{\mathrm{d}t}B_r \tag{11.89}$$

即

$$2\pi\mathrm{d}\left(\frac{m}{e}r^2\dot{\theta}\right)=-2\pi r(B_z\mathrm{d}r-B_r\mathrm{d}z)=-\mathrm{d}\Psi$$

式中 $\Psi=\int_0^r 2\pi rB_z(r,z)\mathrm{d}r$ 表示在 z 处，电子轨道绕一周所包围的面积上的总磁通。

对上式进行积分，亦利用 $\dot{\theta}_0=0$ 的初始条件，得到：

$$\dot{\theta}=-\frac{e}{m}\cdot\frac{1}{2\pi r^2}(\Psi-\Psi_0) \tag{11.90}$$

其中 Ψ_0 为初始的磁通值。这就是布什定理。它的物理意义是：如果在电子运动轨道上存在一个磁通 Ψ 的变化，则电子的辐向运动速度 $\dot{\theta}$ 也会发生变化。相应的角速度 $\dot{\theta}$ 由方程(11.90)决定，其值正比于 $\Psi-\Psi_0$。Ψ_0 为阴极表面处磁通。若阴极半径为 r_k，阴极表面处磁场为 B_{zk}，则 $\Psi_0=B_{zk}\pi r_k^2$。如果阴极表面存在磁场，$\Psi_0\neq 0$，则式(11.90)可表示为：

$$\dot{\theta}=-\frac{e}{2m_0\gamma}\left(B_z-B_{zk}\frac{r_k^2}{r^2}\right) \tag{11.91a}$$

如果初始磁场为0，B_z 又与 r 无关，则上式简化为：

$$\dot{\theta}=-\frac{e}{2m_0\gamma}B_z \tag{11.91b}$$

外加螺线管聚焦线圈所产生的磁聚焦力，即式(11.82)右边第二项为：

$$er\dot{\theta}B_z = erB_z\left(-\frac{e}{2m_0\gamma}B_z\right) = -\frac{e^2}{2m_0\gamma}rB_z^2 \tag{11.92}$$

从上式可以看出，随着电子能量提高，螺线管磁场的聚焦作用将削弱，所以只能在低能电子直线加速管上采用这种措施。当电子能量达到几十 MeV 以上时，一般应采用磁四极透镜组来聚焦。

把方程(11.91b)代入式(11.82)中，并利用式(11.88)，电子横向运动方程(11.82)变成：

$$\frac{\mathrm{d}p_r^*}{\mathrm{d}z} = \frac{kE_0^* r}{2}\left(\frac{1}{\beta\beta_p}-1\right)\cos\varphi + \frac{1}{2\beta}\cdot\frac{\mathrm{d}E_0^*}{\mathrm{d}z}r\sin\varphi - \frac{B_z^{*2}}{4\beta\gamma}r$$

式中 $B_z^* = \dfrac{eB_z}{m_0 c}$ 称为归一化磁感应强度。

若考虑空间电荷效应，并采用无限长圆柱模型，则上式还需添加一项，上式成为：

$$\frac{\mathrm{d}p_r^*}{\mathrm{d}z} = \frac{kE_0^* r}{2}\left(\frac{1}{\beta\beta_p}-1\right)\cos\varphi + \frac{1}{2\beta}\cdot\frac{\mathrm{d}E_0^*}{\mathrm{d}z}r\sin\varphi - \frac{B_z^{*2}}{4\beta\gamma}r + \frac{eI(1-\beta^2)r}{2\pi R_s^2\beta^2c^3m_0\varepsilon_0} \tag{11.93}$$

式中 I 为束流强度；R_s 为束团半径；ε_0 为真空介电常数。

从方程(11.93)可以看出，方程右边所表示的各项力都与径向偏离 r 成正比，因此式(11.93)又可改写为：

$$\frac{\mathrm{d}p_r^*}{\mathrm{d}z} + N(z)r = 0 \tag{11.94}$$

其中

$$N(z) = \frac{B_z^{*2}}{4\beta\gamma} - \frac{kE_0^*}{2}\left(\frac{1}{\beta\beta_p}-1\right)\cos\varphi - \frac{1}{2\beta}\cdot\frac{\mathrm{d}E_0^*}{\mathrm{d}z}\sin\varphi - \frac{eI(1-\beta^2)}{2\pi R_s^2\beta^2c^3m_0\varepsilon_0} \tag{11.95}$$

方程(11.94)是单电子在射频场和纵向磁场中的横向运动方程。但是，由电子枪发射出来的电子，具有不同的初始值 $p_r^*(0)$ 和 $r(0)$。初始值 $p_r^*(0)$ 和 $r(0)$ 不同的电子，其运动轨迹也不一样。如果想获得有关电子枪发射出来的整个束团的横向运动信息，获得束流包络，就必须进行大量粒子轨迹计算。但这种方法计算的工作量过于庞大，这里就不讨论了。

下面介绍一种从方程(11.94)出发，计算简便，直接求得束流包络的方法[3]。

已经知道，束团中每一个电子的运动状态(r_i，p_{ri})都可以在相空间(如 $r-p_r^*$ 平面)中找到对应的位置(见图 11.13)，而且总可以找到一个椭圆把相空间中大多数的电子都包围起来，该椭圆称为相空间椭圆，其面积记为 A，并定义

$$\varepsilon = \frac{A}{\pi} \tag{11.96}$$

为束团的发射度，单位为 mm · mrad。

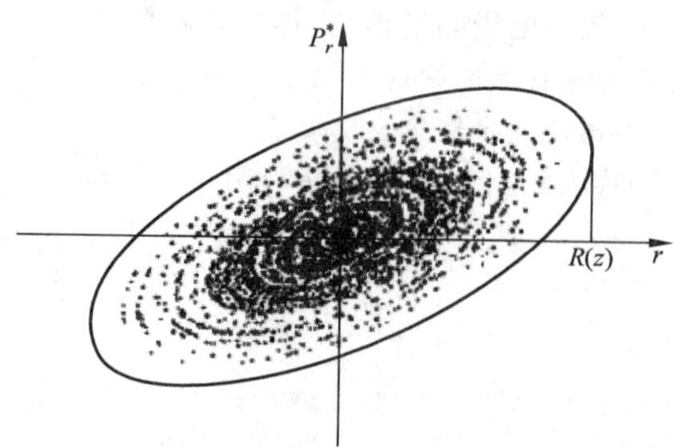

图 11.13 束团的相空间椭圆

引入相空间椭圆的概念来研究束流横向运动，就是研究束团在加速过程中相应的相空间椭圆形状的变化。人们感兴趣的是束团的最大半径 $r_{\max}$（通常称为束包络）沿 z 轴的变化，该值在相空间中记为 $R(z)$。因为

$$\frac{\mathrm{d}p_r^*}{\mathrm{d}z} = \frac{\mathrm{d}}{\mathrm{d}z}(\beta\gamma r') = \frac{\mathrm{d}(\beta\gamma)}{\mathrm{d}z}r' + \beta\gamma r''$$

所以，方程(11.94)又可写成：

$$r'' + \frac{(\beta\gamma')}{\beta\gamma}r' + \frac{N(z)}{\beta\gamma}r = 0 \tag{11.97}$$

因而求束团的包络，就是求解方程(11.97)所确定的 r 的最大值。

方程(11.97)是二阶线性齐次微分方程，其解 $r(z)$ 总可以写成两个线性无关解 $c(z)$ 和 $s(z)$ 的组合，即

$$r(z) = r(0)c(z) + p_r^*(0)s(z) \tag{11.98}$$

其中 $r(0)$ 和 p_r^* 表示初始值。

知道 $r(z)$ 后，将 $r(z)$ 对 z 求导，并利用关系式 $p_r^* = \beta\gamma r'$，就可得到：

$$p_r^*(z) = r(0)\beta\gamma c'(z) + p_r^*(0)\beta\gamma s'(z) \tag{11.99}$$

也可以把式(11.98)和(11.99)写成矩阵形式：

$$\begin{pmatrix} r(z) \\ p_r^*(z) \end{pmatrix} = \begin{pmatrix} c(z) & s(z) \\ \beta\gamma c'(z) & \beta\gamma s'(z) \end{pmatrix} \begin{pmatrix} r(0) \\ p_r^*(0) \end{pmatrix} \tag{11.100}$$

将式(11.100)的系数行列式对 z 求导，得到：

$$\frac{\mathrm{d}}{\mathrm{d}z}\begin{vmatrix} c(z) & s(z) \\ \beta\gamma c'(z) & \beta\gamma s'(z) \end{vmatrix} = \begin{vmatrix} c'(z) & s'(z) \\ \beta\gamma c'(z) & \beta\gamma s'(z) \end{vmatrix} + \begin{vmatrix} c(z) & s(z) \\ [\beta\gamma c'(z)]' & [\beta\gamma s'(z)]' \end{vmatrix}$$

利用式(11.98)和(11.99)，可得：

$$[\beta\gamma c'(z)]' = -N(z)c(z)$$
$$[\beta\gamma s'(z)]' = -N(z)s(z)$$

因此上式变成：

$$\frac{\mathrm{d}}{\mathrm{d}z}\begin{vmatrix} c(z) & s(z) \\ \beta\gamma c'(z) & \beta\gamma s'(z) \end{vmatrix} = 0 \tag{11.101}$$

这表明式(11.100)的系数行列式是不随 z 变化的，即在加速过程中是不变化的，其值决定于初始值。假定的初始条件为：

$$c(0) = \beta\gamma s'(0) = 1 \tag{11.102a}$$
$$s(0) = \beta\gamma c'(0) = 0 \tag{11.102b}$$

因此有：
$$\begin{vmatrix} c(z) & s(z) \\ \beta\gamma c'(z) & \beta\gamma s'(z) \end{vmatrix} = 1 \tag{11.103}$$

如上所述，若在相空间中用一个椭圆来描写束流的横向运动状态，则束流的初始状态 $r(0)$，$p_r^*(0)$对应的椭圆边界可用如下的一个椭圆方程来表示，即

$$\lambda_0 r^2(0) + 2\mu_0 r(0) p_r^*(0) + \gamma_0 [p_r^*(0)]^2 = \varepsilon \tag{11.104}$$

其中 λ_0，μ_0，γ_0 为椭圆形状参数。上式也可以写成矩阵形式：

$$(r(0) \quad p_r^*(0)) \begin{bmatrix} \lambda_0 & \mu_0 \\ \mu_0 & \gamma_0 \end{bmatrix} \begin{bmatrix} r(0) \\ p_r^*(0) \end{bmatrix} = \varepsilon \tag{11.105}$$

根据二次曲线的性质，$\lambda_0\gamma_0 - \mu_0^2$ 为不变量。因为

$$\lambda_0\gamma_0 - \mu_0^2 = 1 \tag{11.106}$$

故相应的椭圆面积为
$$A = \pi\varepsilon \tag{11.107}$$

又利用方程(11.103)，可得到方程(11.100)的逆矩阵为：

$$\begin{bmatrix} r(0) \\ p_r^*(0) \end{bmatrix} = \begin{pmatrix} \beta\gamma s' & -s \\ -\beta\gamma c' & c \end{pmatrix} \begin{bmatrix} r(z) \\ p_r^*(z) \end{bmatrix} \tag{11.108}$$

或
$$(r(0) \quad p_r^*(0)) = (r(z) \quad p_r^*(z)) \begin{pmatrix} \beta\gamma s' & -\beta\gamma c' \\ -s & c \end{pmatrix}$$

将以上两式代入方程(11.105)，则得到：

$$(r(z) \quad p_r^*(z)) \begin{pmatrix} \beta\gamma s' & -\beta\gamma c' \\ -s & c \end{pmatrix} \begin{bmatrix} \lambda_0 & \mu_0 \\ \mu_0 & \gamma_0 \end{bmatrix} \begin{pmatrix} \beta\gamma s' & -s \\ -\beta\gamma c' & c \end{pmatrix} \begin{bmatrix} r(z) \\ p_r^*(z) \end{bmatrix} = \varepsilon$$

即
$$(r(z) \quad p_r^*(z)) \begin{pmatrix} \lambda & \mu \\ \mu & \gamma \end{pmatrix} \begin{bmatrix} r(z) \\ p_r^*(z) \end{bmatrix} = \varepsilon \tag{11.109}$$

或
$$\lambda r^2(z) + 2\mu r(z) p_r^*(z) + \gamma p_r^{*2}(z) = \varepsilon \tag{11.110}$$

这就是在任意 z 处的束流相空间椭圆方程。其中

$$\begin{pmatrix} \lambda & \mu \\ \mu & \gamma \end{pmatrix} = \begin{pmatrix} \beta\gamma s' & -\beta\gamma c' \\ -s & c \end{pmatrix} \begin{bmatrix} \lambda_0 & \mu_0 \\ \mu_0 & \gamma_0 \end{bmatrix} \begin{pmatrix} \beta\gamma s' & -s \\ -\beta\gamma c' & c \end{pmatrix} \tag{11.111}$$

因上式右边三个矩阵的行列式都分别等于 1，故有：

$$\gamma\lambda - \mu^2 = 1 \tag{11.112}$$

这表示在任何位置 z 处，束流相椭圆面积保持不变，即

$$A = \pi\varepsilon = \text{常数} \tag{11.113}$$

方程(11.110)和(11.112)表明，在运动过程中，电子束的横向运动状态仍可以用一个相空间椭圆来描述，而且椭圆面积守恒。只不过在运动过程中，相应的椭圆绕坐标中心作一旋转。这时，尽管椭圆形状也变化，但其面积守恒。

只要求得 λ,μ,γ 沿行波电子直线加速器各 z 点的变化规律，就可以得到任何 z 点处的相空间椭圆的形状，从而求得最大束流半径的变化 $R(z)$。

下面推导束流包络线方程 $R(z)$。

束流包络等于束团的最大半径，即对应相空间 $\frac{\mathrm{d}r}{\mathrm{d}p_r^*}=0$ 的点。将方程(11.110)对 p_r^* 求导，得：

$$2\lambda r\frac{\mathrm{d}r}{\mathrm{d}p_r^*} + 2\mu r + 2\mu p_r^*\frac{\mathrm{d}r}{\mathrm{d}p_r^*} + 2\gamma p_r^* = 0$$

即

$$\frac{\mathrm{d}r}{\mathrm{d}p_r^*} = -\frac{\mu r + \gamma p_r^*}{\lambda r + \mu p_r^*}$$

由条件 $\frac{\mathrm{d}r}{\mathrm{d}p_r^*}=0$，得知 p_r^* 满足

$$p_r^* = -\frac{\mu}{\gamma}r \tag{11.114}$$

时，r 出现最大值。将式(11.114)代入原方程(11.110)，得：

$$\lambda r^2 + 2\mu r\left(-\frac{\mu}{\gamma}r\right) + \gamma\left(-\frac{\mu}{\gamma}r\right)^2 = \varepsilon$$

利用 $\lambda\gamma-\mu^2=1$，即有：

$$r = \sqrt{\gamma\varepsilon}$$

这就是最大束流半径的关系式。为了区别于一般束流半径，可以用 R 来表示束流最大半径，即

$$R^2 = \gamma\varepsilon \tag{11.115}$$

又利用式(11.111)，得到：

$$\gamma = c^2(z)\gamma_0 - 2c(z)s(z)\mu_0 + s^2(z)\lambda_0$$

求导后，对以上算式两边同乘 $-\frac{\beta\gamma}{2}$，得到：

$$\mu = -\frac{\beta\gamma}{2}\gamma' \tag{11.116}$$

又由方程(11.115)，对 z 求导后，得：

$$R' = \frac{1}{2} \cdot \frac{\varepsilon}{R}\gamma'$$

代入方程(11.116)，则有：

$$\mu = -\frac{\beta\gamma}{\varepsilon}RR' \tag{11.117}$$

再利用 $\lambda\gamma - \mu^2 = 1$ 的关系，并代入方程(11.114)和(11.116)，得：

$$\lambda = \frac{\varepsilon}{R^2} + \frac{(\beta\gamma)^2}{\varepsilon}R'^2 \tag{11.118}$$

将方程(11.115)，(11.117)和(11.118)中的 γ,μ,λ 值代入相空间椭圆方程(11.110)，便得到一个相空间椭圆形状的表达式：

$$(\beta\gamma R' r - Rp_r^*)^2 + \frac{\varepsilon^2}{R^2}r^2 = \varepsilon^2 \tag{11.119}$$

利用上式对 z 求导，再利用定义 $p_r^* = \beta\gamma r'$ 及方程(11.97)消去 r''，r'，最后得到的束流包络线方程为：

$$R'' + \frac{(\beta\gamma)'}{\beta\gamma}R' + \frac{N(z)}{\beta\gamma}R - \frac{\varepsilon^2}{(\beta\gamma)^2 R^3} = 0 \tag{11.120}$$

式中 $N(z)$ 由式(11.95)决定，它是电子相对于波的相位的函数。

如果能知道 $\beta\gamma$，$(\beta\gamma)'$，$N(z)$ 等函数表达式，就可以通过解析的方法求得 $R(z)$ 的函数关系。若只知道这些函数的数值，那就要借助于电子计算机求解方程(11.120)。

在给定初始发射度的情况下，在不同相位入射的电子，会有不同的束流包络方程；不同的 $R(z)$ 值，也就必然有不同的包络线。因此，实际的束流包络应是不同入射相位电子束流包络的包络。图 11.14 表示一国产低能行波电子直线加速器的束流包络线的计算结果。

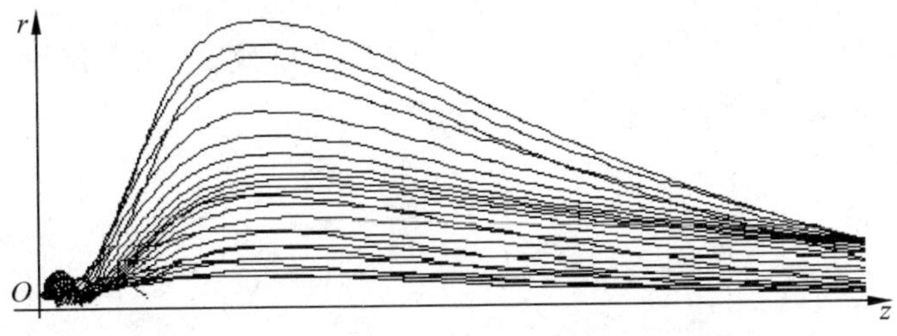

图 11.14　一国产低能行波电子直线加速器的束流包络计算曲线
(图中不同的包络线对应不同的入射相位)

在线性力的作用下，不同相位注入的电子的发射度在加速过程中的归一化发射度是守恒的。但在加速过程中，不同相位注入的电子所感受的射频场力不同，导致发射度相椭圆的取向在加速器出口是不同的。因此，整个电子束团在加速器出口所占的相空间面积要增加，从而引起发射度增长，这就是射频场相位效应而导致的发射度增长。在所有射频直线加速器中都存在这种效应。

11.3.3 电子在驻波电子直线加速器中的横向运动

关于束流在驻波电子直线加速器中的横向运动，也可以用两种方法讨论：一种是以计算单电子的运动为基础，计算不同相位的电子以不同半径和夹角注入到驻波加速管时，电子的轨迹，把全部不同条件注入的电子的横向运动行为综合起来，就可以得到束流横向运动的图像。这种方法甚至还可以考虑射频场非线性力的效应，纵向和横向运动的耦合，但为求得束流的包络需要计算大量粒子的轨迹；另一种方法是计算束流的包络，它以束流的包络线方程为基础，计算不同相位的电子以某一发射度注入到加速结构后的束流包络，再把不同相位注入的电子束流包络综合起来，就可求得整个束流的总包络。后一种方法的优点是可以直接求得束流包络，比较直观，但未能考虑横向和纵向的耦合。由于对场做了线性化近似，离轴较远时，第二种方法稍有误差。

(1) 单电子轨迹法

与行波加速时的讨论相类似，将驻波加速腔中的场 E_r 和 B_θ 的表达式(11.48b)和(11.48c)代入径向运动方程(11.83)，原则上就可以求得单电子横向运动的轨迹方程。

下面介绍一种稍有不同的处理方法，它考虑到横向运动和纵向运动的耦合。

仍从最基本的向量运动方程(1.1)出发。

$$\frac{\mathrm{d}}{\mathrm{d}t}\left(m\frac{\mathrm{d}\boldsymbol{X}}{\mathrm{d}t}\right)=\boldsymbol{F} \tag{11.121}$$

式中

$$\boldsymbol{F}=e\left[\frac{\mathrm{d}\boldsymbol{X}}{\mathrm{d}t}\times\boldsymbol{B}\right]+e\boldsymbol{E}$$

其中 $\boldsymbol{X}$ 表示从坐标原点(指加速管轴线上的起点)到电子所在位置的向量。

考虑到相对论情况就有：

$$\frac{\mathrm{d}}{\mathrm{d}t}\left[\frac{m_0}{\sqrt{1-\left(\frac{v}{c}\right)^2}}\cdot\frac{\mathrm{d}\boldsymbol{X}}{\mathrm{d}t}\right]=\boldsymbol{F} \tag{11.122}$$

把方程(11.121)展开，并认为电子总能 $\dfrac{m_0c^2}{\sqrt{1-\left(\frac{v}{c}\right)^2}}$ 随时间的变化等于外

力做功的功率，则方程(11.122)变成：

$$\ddot{\boldsymbol{X}}=\frac{\sqrt{1-\beta^2}}{m_0c^2}[\boldsymbol{F}-(\boldsymbol{F}\cdot\boldsymbol{X})\boldsymbol{X}] \tag{11.123}$$

其中符号上方的“·”表示对 ct 的导数。此外，电子在驻波场中的相位 $\varphi=\omega t+\varphi_0$，所以有：

$$\dot{\varphi}=k \tag{11.124}$$

其中 $k=\omega/c$。

利用方程(11.123)和(11.124)就可以研究单电子在驻波加速结构中的横向运动。然而，在实际计算中希望把对 t 的导数换成对 z 的导数，为此就要对方程(11.123)进行变换。

因为

$$\dot{\boldsymbol{X}}=\frac{1}{c}\cdot\frac{\mathrm{d}\boldsymbol{X}}{\mathrm{d}z}\cdot\frac{\mathrm{d}z}{\mathrm{d}t}=\beta_z\boldsymbol{X}' \tag{11.125}$$

$$\ddot{\boldsymbol{X}}=\boldsymbol{X}'\ddot{z}+\beta_z^2\boldsymbol{X}'' \tag{11.126}$$

又因为式(11.123)在 z 方向的投影为：

$$\ddot{z}=\frac{\sqrt{1-\beta^2}}{m_0c^2}[F_z-(\boldsymbol{F}\cdot\dot{\boldsymbol{X}})\beta_z] \tag{11.127}$$

把方程(11.123)，(11.125)和(11.127)代入方程(11.126)，整理后得到：

$$\boldsymbol{X}''=\frac{\sqrt{1-\beta^2}}{m_0c^2\beta_z}[\boldsymbol{F}-F_z\boldsymbol{X}'] \tag{11.128}$$

此外，单位距离上总能量的增加 $\mathrm{d}E/\mathrm{d}z$ 应等于单位距离上场对电子所做的功 $\boldsymbol{F}\cdot\frac{\mathrm{d}\boldsymbol{X}}{\mathrm{d}z}$，即

$$E'=\boldsymbol{F}\cdot\boldsymbol{X}' \tag{11.129}$$

方程(11.124)也可变成对 z 的导数：

$$\varphi'=\frac{k}{\beta_z} \tag{11.130}$$

如果注入的电子 $\dot{\theta}=0$，又无外加纵向聚焦磁场，即 $B_z=0$，射频场分量 $E_\theta=0$，$B_r=B_z=0$，$F_\theta=0$，电子只在 $r-z$ 平面上运动。此时，描写电子横向运动的方程(11.128)，(11.129)和(11.130)可进一步表示为：

$$r''=\frac{(1+r'^2)}{E}[F_r-F_zr'] \tag{11.131}$$

$$E'=F_z+F_rr' \tag{11.132}$$

$$\varphi'=\frac{k}{\beta}\sqrt{1+r'^2} \tag{11.133}$$

其中 $E=m_0c^2/\sqrt{1-\beta^2}$ 为电子总能量；$\beta=\beta_z(1+r'^2)^{1/2}$；$F_r$ 和 F_z 分别为径向与轴向力的分量。

在电磁场中电子所受到的力为：

$$\boldsymbol{F}=e\boldsymbol{E}+e\boldsymbol{v}\times\boldsymbol{B}$$

把上式展开，得 F_r 和 F_z 值，它们分别为：

$$F_r=eE_r-\frac{e\beta cB_\theta}{\sqrt{1+r'^2}} \tag{11.134}$$

$$F_z=eE_z+\frac{r'\beta cB_\theta}{\sqrt{1+r'^2}} \tag{11.135}$$

利用式(11.131)～(11.135)及数值计算获得的场 B_θ,E_r,E_z，就可以计算出单电子在驻波加速结构中的运动轨迹。

如果考虑空间电荷的散焦力 F_{rs}，则应在方程(11.134)中添加一项 F_{rs}，若束团仍采用圆柱模型，则它等于：

$$F_{rs}=\frac{eI}{\varepsilon_0\beta_zc(\Delta\varphi)a^2}\sqrt{1-\beta_z^2} \tag{11.136}$$

式中 I 为脉冲束流强度；$\Delta\varphi$ 为束团占据的相位宽度；a 为束团半径。

这种处理方法的优点是可以考虑横向运动和纵向运动的耦合。欲获得在不同相位注入的整个束团的横向运动信息，同样需要进行大量的粒子轨迹的计算，工作量很大。

(2) 束流包络法

与行波工作状态相似，驻波电子直线加速器的横向运动，也可以用束流包络法来研究。用束流包络法研究束流的横向运动，必须对场进行线性处理，并忽略横向运动和纵向运动的耦合，且认为 $\beta=\beta_z$。这些处理方法在讨论行波电子直线加速器时都已采用过。

仍从单电子运动方程(11.68)出发，利用推导方程(11.88)时所用过的变换，可得横向运动方程：

$$\frac{\mathrm{d}p_r^*}{\mathrm{d}z}=\frac{1}{\beta}\cdot\frac{eE_r}{m_0c^2}-\frac{eB_\theta}{m_0c} \tag{11.137}$$

由式(11.48)可知，对 E_r 和 B_θ 的线性处理，会有很好的近似性。用单位径向距离，如 $r=1\text{mm}$ 处的值 $E_r(1,z)$ 和 $B_\theta(1,z)$ 作为归一化单位，则在近轴区场可得到：

$$E_r(r,z)=E_r(z)r \tag{11.138}$$

$$B_\theta(r,z)=B_\theta(z)r \tag{11.139}$$

其中 $E_r(z)=E_r(1,z)$； $B_\theta(z)=B_\theta(1,z)$。考虑到相位因素，根据描写驻波场

的式(11.14b)和(11.15b)，场值应写成：

$$E_r(r,z,t) = -E_r(z)r\sin(\varphi+\varphi_0) \tag{11.140}$$

$$B_\theta(r,z,t) = B_\theta(z)r\cos(\varphi+\varphi_0) \tag{11.141}$$

注意此时 $E_r(z)$ 具有 cos 函数特征，$B_\theta(z)$ 具有 sin 函数特征。

又由于电子速度 v 不是常数，则电子相对于波的相位沿 z 轴的变化应表示为：

$$\varphi = \omega\int_0^z \frac{\mathrm{d}z}{v(z)} \tag{11.142}$$

把方程(11.140)和(11.141)代入式(11.137)中，得到：

$$\frac{\mathrm{d}p_r^*}{\mathrm{d}z} = -\left[\frac{1}{\beta}\cdot\frac{eE_r(z)}{m_0c^2}\sin(\varphi+\varphi_0)+\frac{eB_\theta(z)}{m_0c}\cos(\varphi+\varphi_0)\right]r \tag{11.143}$$

同样，利用式(11.97)的处理方法，单电子横向运动方程(11.143)可表示为：

$$\frac{\mathrm{d}^2r}{\mathrm{d}z^2}+\frac{(\beta\gamma)'}{\beta\gamma}\cdot\frac{\mathrm{d}r}{\mathrm{d}z}+\frac{N(z)}{\beta\gamma}r=0 \tag{11.144}$$

这时有：

$$N(z) = \frac{1}{\beta}\cdot\frac{eE_r(z)}{m_0c^2}\sin(\varphi+\varphi_0)+\frac{eB_\theta}{m_0c}\cos(\varphi+\varphi_0) \tag{11.145}$$

如果考虑束团的空间电荷效应，则式(11.145)还应加上反映空间电荷力项，若采用均匀带电的轴对称椭球模型(椭球纵向半轴长为 a_z，径向半轴长为 R_s)，则电子所受到的空间电荷力 F_{rs} 为：

$$F_{rs} = \frac{3eIT}{4\pi\varepsilon_0\gamma^2R_s^2a_z}\mu_r r \tag{11.146}$$

其中 T 为束团中心之间的飞行时间；I 为脉冲束流强度；μ_r 为椭球形状因子，μ_r 按下式计算：

$$\begin{aligned}\mu_r &= \frac{R_s^2a_z\gamma}{2}\int_0^\infty\frac{\mathrm{d}\tau}{(R_s^2+\tau)\sqrt{a_z^2\gamma^2+\tau}}\\ &= \frac{a_z^2\gamma^2}{2(a_z^2\gamma^2-R_s^2)}+\frac{R_s^2a_z\gamma}{4(a_z^2\gamma^2-R_s^2)^{\frac{3}{2}}}\ln\frac{a_z\gamma-\sqrt{a_z^2\gamma^2-R_s^2}}{a_z\gamma+\sqrt{a_z^2\gamma^2-R_s^2}}\end{aligned} \tag{11.147}$$

如果将 F_{rs} 并入式(11.145)，需除以 $m_0c^2\beta$ 因子。

考虑空间电荷效应后的单电子横向运动方程中的系数 $N(z)$ 的表达式(11.145)变成为：

$$N(z) = \frac{1}{\beta}\cdot\frac{eE_r(z)}{m_0c^2}\sin(\varphi+\varphi_0)+\frac{eB_\theta}{m_0c}\cos(\varphi+\varphi_0)+\frac{3eIT\mu_r}{4\pi\varepsilon_0m_0c^2\beta\gamma^2R_s^2a_z} \tag{11.148}$$

从方程(11.144)出发，经过类似的推导，可以得到完全与式(11.120)相类似的束流在驻波电子直线加速器中横向运动的包络线方程，即

$$\frac{d^2R}{dz^2}+\frac{(\beta\gamma)'}{\beta\gamma}\cdot\frac{dR}{dz}+\frac{N(z)}{\beta\gamma}R-\frac{\varepsilon^2}{(\beta\gamma)^2R^3}=0 \tag{11.149}$$

式中 ε 为电子束流的初始发射度，$N(z)$由(11.148)式给出。

采用数值方法求解式(11.149)，可以求得不同相位注入的束流的包络半径 R 随 z 的变化规律。将不同相位注入，把求得的 $R(z)$综合在一起就可以得到总包络。

束流在传输过程中所受到的横向作用力由 $N(z)$规定[见式(11.148)]，它包含了驻波加速结构中的电磁场作用力和束流自身的空间电荷力，还可以包含聚焦磁场的聚焦力。

下面以一台国产 4MeV 驻波加速器为例，介绍应用束流包络法计算的结果。

图 11.15 给出该加速器首腔不同半径处 H_θ 和 E_r 的分布曲线。

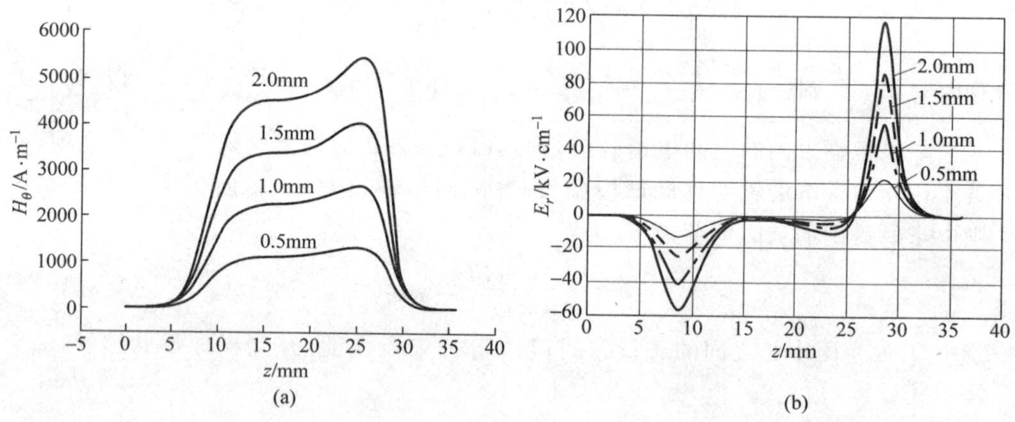

图 11.15 在 β=0.6 驻波腔中 H_θ 和 E_r 的分布曲线

图中 H_θ 和 E_r 的场值是以 0.1MW 功率激励时相应的数值。从图中可以看到，电场力显著大于磁场力。例如在 r=1mm 处，H_θ 的最大值为 2200 A/m，设电子归一化速度 β_e=0.6，则磁场等效电场的作用力 $\beta c\mu_0 H_\theta$ 为 5.0kV/cm，而该处电场 E_r 的最大值约为 25kV/cm，因此，电场力起支配作用。从图 11.15(b)可以看到在腔的前部 E_r 的作用是聚焦时，在腔的后部 E_r 的作用就是散焦的。由电子在腔后部速度 β 加快，作用时间变短以及径向距离 r 减小等因素可知，驻波加速管起到静电透镜作用[式(11.81)对此已给予说明]。再加上以电子束负角注入，短的驻波加速管完全可以不用外加聚焦磁场，也可得到相当好的聚焦束。图 11.16 给出一 4MeV 驻波加速器在不同初始相位束流包络线沿加速管变化的曲线。计算中考虑到了空间电荷效应。

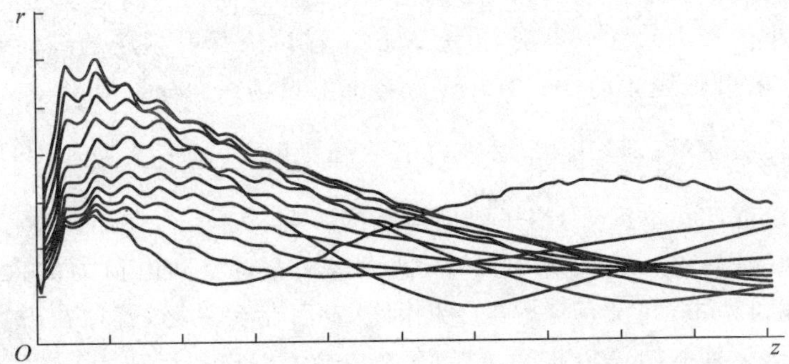

图 11.16 一国产 4MeV 驻波加速器束流包络沿加速管的分布计算曲线
(图中不同的包络线对应不同的入射相位)

为解决驻波电子直线加速器中横向聚焦的问题，常常还采用交变相位聚焦技术，让电子获得一定的相聚效果之后，将其相对波的相位移至 $\varphi>0$ 区(纵向运动不稳定性)，以获得射频场的横向聚焦力。

然而，对于较长的驻波加速腔链，如能量在 9MeV 以上，长度 1m 以上的驻波加速管还常需外加纵向聚焦磁场。

在存在外加聚焦磁场时，径向运动方程仍可用式(11.82)描述。

根据布什定理，当 $B_z(z=0)=0$ 时，由式(11.91b)得到：

$$\dot{\theta}=-\frac{eB_z}{2m_0\gamma}$$

式中 B_z 为外加聚焦线圈所提供的磁感应强度。

考虑外加聚焦磁场后，单电子横向运动方程(11.144)和(11.148)可综合写成：

$$\frac{\mathrm{d}p_r^*}{\mathrm{d}z}+\left[\frac{1}{\beta}\cdot\frac{eE_r(z)}{m_0c^2}\sin(\varphi+\varphi_0)+\frac{eB_\theta}{m_0c}\cos(\varphi+\varphi_0)+\frac{3eIT\mu_r}{4\pi\varepsilon_0 m_0c^2\beta\gamma^2R_s^2a_z}+\frac{1}{4\beta\gamma}\left(\frac{eB_z}{m_0c}\right)^2\right]r=0 \tag{11.150}$$

再利用前述的方法，可以导出形式和式(11.149)完全相同的考虑纵向聚焦磁场的束流包络线方程，只不过这时的 $N(z)$ 由下式决定：

$$N(z)=\frac{1}{\beta}\cdot\frac{eE_r(z)}{m_0c^2}\sin(\varphi+\varphi_0)+\frac{eB_\theta}{m_0c}\cos(\varphi+\varphi_0)+\frac{3eIT\mu_r}{4\pi\varepsilon_0 m_0c^2\beta\gamma^2R_s^2a_z}+\frac{1}{4\beta\gamma}\left(\frac{eB_z}{m_0c}\right)^2 \tag{11.151}$$

11.3.4 电子在直线加速器中纵向与横向运动的耦合

在上述讨论中，对纵向运动和横向运动是独立进行分析的，一般忽略了纵向运动与横向运动的耦合。在讨论行波电子直线加速器的纵向运动的空间电荷效应时，假设束流径向尺寸 r 不变，恒为 R 值。在讨论其射频场的纵向电场时，认为电子基本上沿轴线运动，$r=0$，并没有考虑射频场纵向分量沿半径是有分布的[从而忽略二级小量，即忽略 $I_0(x)\approx 1+\frac{1}{4}x^2$ 中的 x^2 项]，认为 E_z 和半径无关。此外，在讨论横向运动时，忽略了纵向运动的影响，实际上，在加速过程中束团不断被纵向压缩(聚束)，束团纵向尺寸在减小，从而对空间电荷力的大小会有影响。在上述讨论中，并没有考虑电子枪阴极表面存在磁场，若存在磁场，根据布什定理，电子会有初始辐角速度，它的存在也会影响横向运动。

下面以行波电子直线加速器为例，讨论纵向运动和横向运动耦合的问题。

首先，仍用上节采用过的变盘模型，计算空间电荷场的平均横向作用力。

仍将一射频周期内的束流分成 N 份，首先求出每一份束流盘片对其他 $N-1$ 份束流盘片的横向作用力。仍用格林函数法，求出半径为 r_j 的第 j 个电荷盘片在观察点(r_i,z)所产生的电位，它可表示为：

$$V(r,z)=\frac{q}{\pi\varepsilon_0 r_j}\sum_{n=1}^{\infty}\frac{J_1\left(\mu_{0n}\frac{r_j}{b}\right)J_0\left(\mu_{0n}\frac{r_i}{b}\right)}{\mu_{0n}^2 J_1^2(\mu_{0n})}e^{-\mu_{0n}|z|/b} \tag{11.152}$$

式中 q 为半径为 r_j 的盘片的电荷量；$|z|$ 为第 j 个盘片至观察点的 z 方向距离。所以，在(r_i,z)观察点上感受到的半径为 r_j 第 j 个电荷盘片产生的空间电荷径向力为：

$$F_{r_i}=-e\frac{\partial V(z)}{\partial r}=eE_{r_i}$$

于是得到：

$$E_{r_i}=\frac{eq}{\pi\varepsilon_0 r_j}\sum_{n=1}^{\infty}\frac{J_1\left(\mu_{0n}\frac{r_j}{b}\right)J_1\left(\mu_{0n}\frac{r_i}{b}\right)}{b\mu_{0n}J_1^2(\mu_{0n})}e^{-\mu_{0n}|z|/b} \tag{11.153}$$

对于变盘模型，半径为 r_i 的电荷盘片感受到另一个半径为 r_j 的电荷盘片的空间电荷平均径向电场 $\bar{E}_r$，在考虑到 $q=\frac{I\lambda}{cN}$ 情况下，该电场可以表示为：

$$\bar{E}_{r_i}=\frac{\int_0^{r_i}\int_0^{2\pi}E_r r\,\mathrm{d}r\mathrm{d}\theta}{\int_0^{r_i}\int_0^{2\pi}r\,\mathrm{d}r\mathrm{d}\theta}$$

$$=\frac{2}{r_i^2}\cdot\frac{q}{\pi\varepsilon_0 r_j}\sum_{n=1}^{\infty}\frac{J_1\left(\mu_{0n}\frac{r_j}{b}\right)}{b\mu_{0n}J_1^2(\mu_{0n})}\int_0^{r_i}J_1\left(\mu_{0n}\frac{r}{b}\right)e^{-\mu_{0n}|z|/b}r\,\mathrm{d}r$$

$$= \frac{2I\lambda z_0}{\pi b^2 N}\sum_{n=1}^{\infty}\frac{J_1\left(\mu_{0n}\frac{r_j}{b}\right)}{\left(\frac{r_j}{b}\right)\mu_{0n}J_1^2(\mu_{0n})}\left[\frac{1}{\left(\frac{r_i}{b}\right)^2}\int_0^{\frac{r_i}{b}}J_1\left(\mu_{0n}\frac{r}{b}\right)\left(\frac{r}{b}\right)d\left(\frac{r}{b}\right)\right]e^{-\mu_{0n}|z|/b} \tag{11.154}$$

第 i 个盘片感受到的其他 $N-1$ 个盘片的平均径向电场 $\bar{E}_{r_i}$，应该是对 $N-1$ 个 j 盘片的场求和，再考虑到距离 z 的相对论变换，即

$$\bar{E}_{r\Sigma,i} = \frac{2I\lambda z_0}{\pi b^2 N}\sum_{j=1}^{\infty}\sum_{n=1}^{\infty}\frac{J_1\left(\mu_0\frac{r_j}{b}\right)}{\left(\frac{r_j}{b}\right)\mu_{0n}J_1^2(\mu_{0n})}\times \left[\frac{1}{\left(\frac{r_i}{b}\right)^2}\int_0^{r_i/b}J_1\left(\mu_{0n}\frac{r}{b}\right)\left(\frac{r}{b}\right)d\left(\frac{r}{b}\right)\right]e^{-\mu_{0n}\frac{|z|}{b}\gamma_j} \tag{11.155}$$

其次，不能忽略在电子枪阴极表面存在磁场 B_{zk} 的情况，当存在 B_{zk} 时，就要考虑它对辐角运动，甚至径向运动的影响。$\dot{\theta}$ 要由式(11.91a)表示，即

$$\frac{d\theta}{dt} = -\frac{e}{2m_0\gamma}\left(B_z - B_{zk}\frac{r_k^2}{r^2}\right) \tag{11.156}$$

式中 r_k 为阴极半径。

由于 B_{zk} 项的存在，描述径向运动的方程(11.93)可用来表示第 i 个盘片的径向运动，即

$$\frac{dr_i^2}{d\xi^2} + \frac{(\gamma_i\beta_i)'}{\gamma_i\beta_i}\cdot\frac{dr_i}{d\xi} + \frac{\lambda^2}{\beta_i\gamma_i}\left[\frac{B_z^{*2}}{4\beta_i\gamma_i} - \frac{\pi E_z^*}{\lambda}\left(\frac{1}{\beta_p\beta_i}-1\right)\cos\varphi_i - \frac{1}{2\beta_i\lambda}\cdot\frac{dE_z^*}{d\xi}\sin\varphi_i\right]r - \frac{\lambda^2}{\beta_i\gamma_i}\cdot\frac{B_{zk}^{*2}}{4\beta_i\gamma_i}\cdot\frac{r_k^4}{r_i^3} = 0 \tag{11.157}$$

式中

$$\xi = \frac{z}{\lambda}, B_z^* = \frac{B_z}{m_0 c}, B_{zk}^* = \frac{B_{zk}}{m_0 c}, E_z^* = \frac{E_z}{m_0 c^2}$$

将考虑空间电荷径向电场的式(11.155)并入，还应乘以一个系数：$-\lambda^2/(\gamma\beta^2 m_0 c^2)$，于是有：

$$\frac{-\lambda^2}{\gamma_i\beta_i^2}E_{rs,i}^* = \frac{-\lambda^2}{\gamma_i\beta_i^2}\cdot\frac{\bar{E}_{r\Sigma,i}}{m_0 c^2} \tag{11.158}$$

最后由式(11.44)～(11.46)以及式(11.156)～(11.158)，可以综合得到采用盘片模型，考虑横向和径向耦合的三维运动方程组：

$$\frac{d\gamma_i}{d\xi} = E_{RF,i}^* + E_{zs,i}^* + E_{bm,i}^* \tag{11.159}$$

$$\frac{\mathrm{d}\phi_i}{\mathrm{d}\xi} = 2\pi\left[\frac{1}{\beta_p(\xi)} - \frac{\gamma_i}{\sqrt{\gamma_i^2 - 1}}\right] \tag{11.160}$$

$$\frac{\mathrm{d}^2 r_i}{\mathrm{d}\xi^2} + \frac{(\gamma_i\beta_i)'}{\gamma_i\beta_i}\cdot\frac{\mathrm{d}r_i}{\mathrm{d}\xi} + \frac{\lambda^2}{\beta_i\gamma_i}\left[\frac{B_z^{*2}}{4\beta_i\gamma_i} - \frac{\pi E_{\mathrm{RF},i}^*}{\lambda}\left(\frac{1}{\beta_p\beta_i} - 1\right)\cos\varphi_i - \frac{1}{2\beta_i\lambda}\cdot\frac{\mathrm{d}E_{\mathrm{RF},i}^*}{\mathrm{d}\xi}\sin\varphi_i\right]r - \frac{\lambda^2}{\beta_i\gamma_i}\cdot\frac{B_{zk}^{*2}}{4\beta_i\gamma_i}\cdot\frac{r_k^4}{r_i^3} - \frac{\lambda^2}{\beta_i^2\gamma_i}E_{rs,i}^* = 0 \tag{11.161}$$

$$\frac{\mathrm{d}\theta}{\mathrm{d}\xi} = \frac{\lambda}{2\beta\gamma}\left(B_z^* - \frac{r_k^2}{r^2}B_{zk}^*\right) \tag{11.162}$$

由以上表达式及式(11.46b),(11.46c)可得：$E_{zs,i}^* = A_{z,sc,i}\lambda$；$E_{bm,i}^* = A_{bm,i}\lambda$。

至于式中 $E_{\mathrm{RF},i}^*$ 可参照式(11.46a),并考虑到式(11.6)中 $r\neq 0$ 的情况,因而有：

$$E_{\mathrm{RF},i}^* = -\frac{e\lambda}{m_0c^2}\sum_{m=-\infty}^{\infty}E_m(z)\mathrm{I}_0(k_{rm}r)\sin\left(\varphi_i + \frac{2\pi}{D}mz\right) \tag{11.163}$$

显然,利用式(11.159)～(11.162)给出的纵向和横向运动耦合的方程组来求解粒子运动是非常繁琐的。为此也可以采用类似于上述横向运动包络线方程的办法,经过一定简化后发展一套考虑纵向与横向耦合效应的束流包络线方程组。由于这涉及专门的计算技巧,这里不再赘述。

11.3.5 漂移管型质子(离子)直线加速器中的横向运动

讨论漂移管型质子直线加速器横向粒子动力学的处理与讨论电子直线加速器(无论是“驻波”,还是“行波”)的处理方法有不同的特点。二者处理的不同,主要源于加速缝隙的纵向长度只占结构周期一个小的部分,质子或离子渡越加速缝时的速度变化和径向位移变化可以忽略不计,射频场相位的散焦作用(由于上述“不兼容性原理”导致)起主要作用,因此横向运动的方程可以用一个结构周期的平均效应来处理,而聚焦问题主要靠在漂移管中嵌入磁四极透镜来解决。

在漂移管型质子(离子)直线加速器中粒子所感受的 E_r 和 B_θ 场,用类似式(11.71)和(11.72)给出的方法,可等效表示为：

$$E_r(z,r,t) = -r\frac{\pi}{\beta\lambda}E_z(0,z)\sin(\omega t + \varphi_0) \tag{11.164}$$

$$B_\theta(z,r,t) = -r\frac{\pi}{c\lambda}E_z(0,z)\sin(\omega t + \varphi_0) \tag{11.165}$$

式中 $E_z(0,z)$ 为 $r=0$ 纵向电场沿 z 的分布,如图 11.10 所示。对“0”模而言,其值由式(11.54)决定,它由一系列空间谐波组成,结构周期为 D。随着加速的持续，粒子速度的提高，D 是 z 的函数，$D=\beta(z)\lambda$，D 越来越长。φ_0 为粒子注入时的不同相位。

综合式(11.164)和(11.165)，可得粒子所受到的射频场的径向力为：

$$F_r = eE_r - ev_z B_\theta = -r(1-\beta^2)\frac{e\pi}{\beta\lambda}E_z(0,z)\sin(\omega t+\varphi_0) \quad (11.166)$$

在一个加速单元(结构周期)范围内，当粒子所受到的射频场径向力是由与粒子同步的 $n=1$ 次谐波提供时，F_r 可等效(即在一个加速单元上平均)为：

$$F_r = -r(1-\beta^2)\frac{e\pi}{\beta\lambda}\langle E_z\rangle T\sin\varphi_0 \quad (11.167)$$

式中 $\langle E_z\rangle = \frac{1}{D}\int_{-\frac{D}{2}}^{\frac{D}{2}} E_z(0,z)\mathrm{d}z$ 为一个加速单元的平均电场强度，T 为渡越时间因子。因为

$$\frac{\mathrm{d}p_r}{\mathrm{d}t} = eE_r - ev_z B_\theta$$

而

$$\frac{\mathrm{d}p_r}{\mathrm{d}t} = m_0 c^2 \beta \frac{\mathrm{d}}{\mathrm{d}z}\left(\beta\gamma\frac{\mathrm{d}r}{\mathrm{d}z}\right)$$

最后可得到在射频场作用下的径向运动方程为：

$$\frac{1}{\beta_s\gamma_s}\cdot\frac{\mathrm{d}}{\mathrm{d}z}\left(\beta_s\gamma_s\frac{\mathrm{d}r}{\mathrm{d}z}\right) + \frac{\pi e\langle E_z\rangle T\sin\varphi_0}{m_0 c^2\beta_s^3\gamma_s^3\lambda}r = 0 \quad (11.168)$$

由方程(11.168)可知，径向力的大小和方向与粒子通过加速缝隙电场中心时的相位 φ_0 有关。当粒子处于相运动稳定区，即 $-\frac{\pi}{2}<\varphi_0<0$ 时，$\sin\varphi_0<0$，径向力 $F_r>0$，这是散焦的。也就是说，径向运动方程(11.168)的解是发散的。这正是对本节一开始所提及的直线加速器中横向聚焦和纵向聚束不可兼容性的进一步诠释，这个效应在质子(离子)直线加速器的横向运动中是主要的。

为了保持径向运动的稳定，必须采用一定的措施。目前一般都采用在漂移管中安放磁四极透镜的方法。磁四极透镜的聚焦结构大体可分为 FD，FFDD，FODO 等三种排列。“F”和“D”分别代表在漂移管内安装的磁四极透镜在水平方向上“聚焦”和“散焦”，“O”代表漂移空间，其中无磁场，粒子自由漂移。磁四极透镜在 x(水平)、y(垂直)方向上提供的横向力分别为：

$$F_x = -e\beta_s c G_m x \quad (11.169)$$

$$F_y = e\beta_s c G_m y \quad (11.170)$$

其中 G_m 为磁四极透镜的磁场梯度；x，y 分别为离轴在水平和垂直方向的距离；β_s 为粒子的归一化速度。

采用类似的方法，考虑交变聚焦磁四极透镜后的横向运动方程为：

$$\frac{1}{\beta_s\gamma_s}\cdot\frac{\mathrm{d}}{\mathrm{d}z}\left(\beta_s\gamma_s\frac{\mathrm{d}r}{\mathrm{d}z}\right)+\left[\frac{eG_m}{m_0c\beta_s\gamma_s}+\frac{e\pi\langle E_z\rangle T}{m_0c\beta_s^3\gamma_s^3\lambda}\sin\varphi_0\right]r=0 \tag{11.171}$$

式中 G_m 的值可取正、负或 0，分别代表聚焦、散焦透镜及无场漂移区。

令

$$u=(\beta_s\gamma_s)^{\frac{1}{2}}r \tag{11.172}$$

并设

$$\Omega(z)=\left[\frac{eG_m}{m_0c\beta_s\gamma_s}+\frac{e\pi\langle E_z\rangle T}{m_0c^2\beta_s^3\gamma_s^3\lambda}\sin\varphi_0\right] \tag{11.173}$$

则式(11.171)可简化为：

$$\frac{\mathrm{d}^2u}{\mathrm{d}z^2}+\Omega(z)u=0 \tag{11.174}$$

因为 $\Omega(z)$ 是准周期函数，式(11.174)可视为 Hill 方程，可以采用在第 3 章中已介绍过的讨论 Hill 方程稳定区的方法来研究系统参数的选择。只要选择合适的参数使其落入 Hill 方程的稳定区，就可以找到满足径向运动的稳定条件。换言之，针对漂移管型加速管的纵向结构系数，可以选择出合适的交变磁四极透镜系统，使整个加速管系统在满足纵向运动稳定要求的条件下，也能同时满足横向运动稳定的要求。

此外，在讨论质子（离子）直线加速器束流横向运动时，也可以引入发射度的概念，研究束流包络沿加速管的变化。换言之，可以用加速器的接受度的概念，来设计漂移管型直线加速器的束流传输系统——磁聚焦结构的参数。

图 11.17 给出了一台质子直线加速器束流 x 方向及 y 方向包络沿加速管轴向变化的设计计算曲线。该设计的例子由 6 段漂移管型加速腔相连而成，腔间已采用了束流匹配措施，因此腔间束流包络的过渡很光滑。

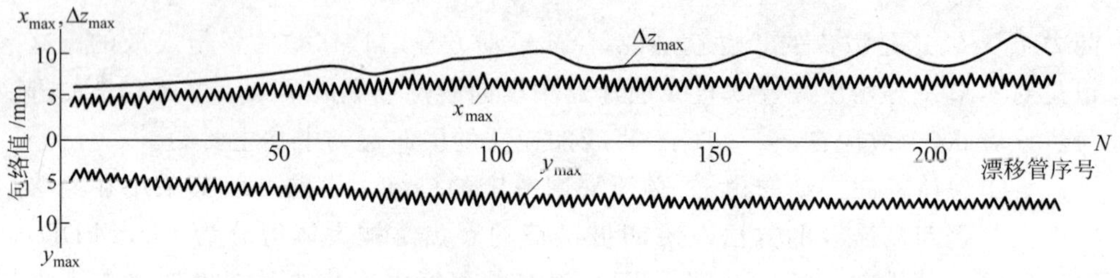

图 11.17 质子直线加速器束流包络沿加速管轴向的分布

11.4 粒子在射频四极场加速结构中的运动

射频四极场加速结构(RFQ)是一种利用射频四极电场同时实现聚焦、聚束和加速的新型低 β 加速结构，它工作于 TM_{210} 模。它可以直接把从离子源引出的低能量（约 50keV）束流加速到 1MeV～7MeV。它广泛用作漂移管型质子直线加速器的注入器,也可以单独使用。

由于粒子在其中运动有一些新特点,因此其内容单独成节介绍。

11.4.1　纵向运动

RFQ 加速结构如图 11.18 所示,在这种结构中纵向的交变电场是靠极头形状沿加速轴线方向(z 方向)调变以及相邻的两对极头的极尖与极谷交替排列产生的。图 11.19 给出了垂直方向的一对极头形状。水平方向的另一极头用小圆圈表示,图中箭头标明在某一时刻电场的方向。设极头几何尺寸的调变度为 m,记从 A 到 B 点区间为一个加速单元,相邻两加速单元之间高频场相位差 180°,如果在 RFQ 结构中粒子从 A 点渡越到 B 点所需的时间正好是高频场周期的 $\frac{1}{2}$,即 $\frac{T_{\mathrm{RF}}}{2}$,则粒子能维持同步加速,即同步加速的条件为:

$$\frac{L}{v} = \frac{T_{\mathrm{RF}}}{2}$$

即

$$L = \frac{1}{2}\beta\lambda \tag{11.175}$$

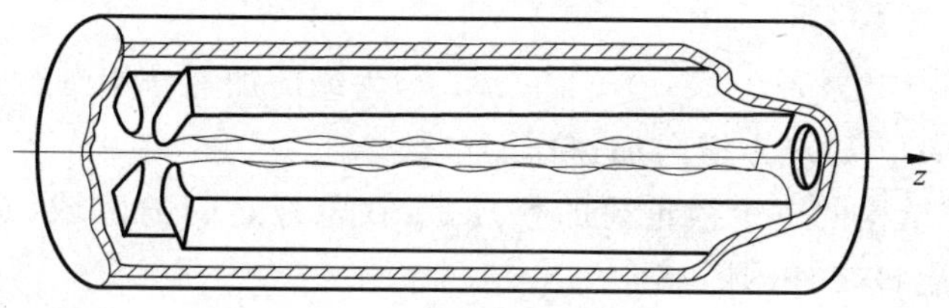

图 11.18　RFQ 加速结构示意图

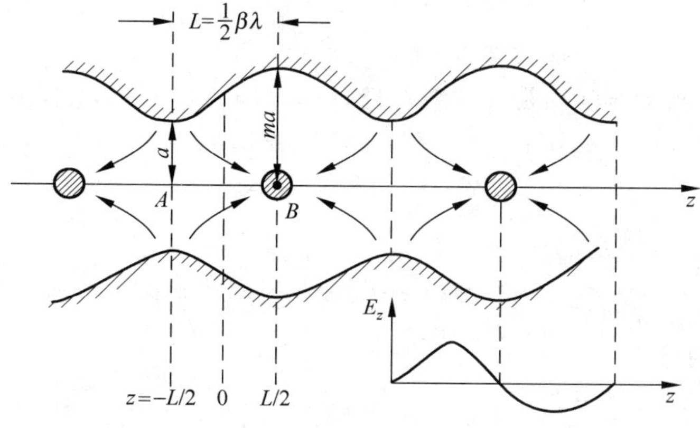

图 11.19　RFQ 结构中电极形状剖面示意图

从图 11.19 可以看到，纵向加速电场是由水平方向极头到垂直方向极头的电力线在 z 轴方向的分量提供的，极头几何尺寸调变度 m 增加，则电力线在 z 轴方向的分量就增加，即加速力就增加。根据两个方向极头的几何参数，可以求出其中射频场各分量 E_z，E_r 和 E_θ 的分布。

在 RFQ 加速结构中的近轴区，高频场可近似地表示为：

$$\left.\begin{aligned} E_z(r,z,t) &= \frac{k_z A V_0}{2}\mathrm{I}_0(k_2 r)\cos(k_z z)\cos(\omega t+\varphi_0) \\ E_r(r,z,t) &= \left[\frac{FV_0}{a^2}r\cos 2\theta + \frac{k_z A V_0}{2}\mathrm{I}_1(k_z r)\sin(k_z z)\right]\cos(\omega t+\varphi_0) \\ E_\theta(r,z,t) &= -\frac{FV_0}{a^2}r\sin 2\theta\cos(\omega t+\varphi_0) \end{aligned}\right\} \tag{11.176}$$

其中 V_0——相邻两电极间的电位差；

a——极尖到轴线最小距离；

m——极尖调变度；

ma——极谷到轴线的最小距离；

I_0，I_1——零阶及一阶虚变量贝塞尔函数；

$k_z=2\pi/(\beta\lambda)$；

$A=(m^2-1)/[m^2\mathrm{I}_0(k_z a)+\mathrm{I}_0(mk_z a)]$为纵向加速作用参数；

$F=1-A\mathrm{I}_0(k_z a)$为横向加速作用参数。

RFQ 加速结构的一个很重要的特点是：在电极之间的区域，磁场各分量为 0，磁场集中在电极之外的区域。

同步粒子在此射频电场的作用下，在一个加速单元中所获得的能量为：

$$\Delta W_{c,s} = e\int_{-\frac{L}{2}}^{\frac{L}{2}} E_z(r,z,t)\,\mathrm{d}z = e\int_{-\frac{L}{2}}^{\frac{L}{2}} \frac{k_z A V_0}{2}\mathrm{I}_0(k_z r)\cos(k_z z)\cos(\omega t+\varphi_s)\,\mathrm{d}z \tag{11.177}$$

由于讨论的同步运动是在轴线上进行的，即 $r=0$，所以，$\mathrm{I}_0(k_z r)\approx 1$。利用同步加速条件 $\omega t=k_z z$，则式(11.177)的积分结果为：

$$\Delta W_{c,s} = e\langle E_z\rangle TL\cos\varphi_s \tag{11.178}$$

其中 $T=\dfrac{\int_{-\frac{L}{2}}^{\frac{L}{2}}\frac{k_z A V_0}{2}\cos(k_z z)\cos\omega t\,\mathrm{d}z}{\int_{-\frac{L}{2}}^{\frac{L}{2}}\frac{k_z A V_0}{2}\cos(k_z z)\,\mathrm{d}z}$ 为渡越时间因子；

$\langle E_z\rangle=\dfrac{1}{L}\int_{-\frac{L}{2}}^{\frac{L}{2}}\frac{k_z A V_0}{2}\cos(k_z z)\,\mathrm{d}z$ 为轴上平均电场强度。

要研究在 RFQ 加速结构中不同相位 φ 注入的粒子的聚束过程以及异步粒子的相运动情况，就要建立纵向运动方程。利用以上两节介绍的方法，可以导出形式与方程(11.63) 和(11.64)完全相同的方程组，为计算方便，也可将其改写为：

$$\frac{\mathrm{d}(\Delta W)}{\mathrm{d}z}=e\langle E_z\rangle T(\cos\varphi-\cos\varphi_s) \tag{11.179}$$

$$\frac{\mathrm{d}(\Delta\varphi)}{\mathrm{d}z}=-\frac{2\pi}{m_0c^2\beta_s^3\gamma_s^3\lambda}\Delta W \tag{11.180}$$

其中 $\Delta W=\Delta W_c-\Delta W_{c,s}$，$\Delta\varphi=\varphi-\varphi_s$。

借助电子计算机解方程(11.179)及(11.180)，就可以求得异步粒子相对同步粒子运动的整个图像，从而了解整个俘获过程。对方程(11.180)求导，再把式(11.179)代入，同样可以得到形式与方程(11.65)完全相同的振荡方程，即

$$\frac{1}{\beta_s^3\gamma_s^3}\cdot\frac{\mathrm{d}}{\mathrm{d}z}\left(\beta_s^3\gamma_s^3\frac{\mathrm{d}}{\mathrm{d}z}\Delta\varphi\right)+k_s^2\left(\frac{\cos\varphi-\cos\varphi_s}{\sin|\varphi_s|}\right)=0 \tag{11.181}$$

其中

$$k_s=\left(\frac{2\pi e\langle E_z\rangle T\sin|\varphi_s|}{m_0c^2\beta_s^3\gamma_s^3\lambda}\right)^{\frac{1}{2}} \tag{11.182}$$

在 RFQ 加速器中，为了提高俘获效率，应使调变度 $m(z)$沿 z 轴非常缓慢地增长，从而使纵向加速作用参数 A 和平均轴向电场强度由 0 非常缓慢地上升。同时，如果在聚束段的初始阶段选择同步相位 $\varphi_z=-90°$，而后再缓慢地上升至 $-30°\sim-40°$，则可以对来自离子源的大部分连续束流实现准绝热聚束，使俘获效率高达 96%以上；同时，在 RFQ 的主加速段又能保持相当高的加速效率。正是由于具有这些优点，RFQ 结构才得到了广泛的应用。

11.4.2　横向运动

RFQ 结构的很重要的特点就是能在实现聚束、加速的同时，实现对束流的聚焦。在 RFQ 结构中，垂直的一对电极所带的电压极性始终与水平的一对电极的极性相反(见图 11.20)。因此粒子总是感受到一个电四极场的作用，这个场的极性是随时间交变的。如果粒子的前进速度 v 和电场极性的变化频率配合合适，比如粒子走了距离 L 时，电场相位变化 π，则粒子所感受的电四极场极性正好换了一个方向，这个条件正好就是同步加速条件。因此，一个满足同步加速条件的粒子在这个随时间交变的电场作用下，在横向实际上所感受的就是一个交变电四极透镜的作用力，因此能得到良好的聚焦。由于在 RFQ 加速结构中，粒子运动区域不存在磁场分量，因此其横向运动方程可从下式出发，即

$$\frac{\mathrm{d}p_r}{\mathrm{d}t}=eE_r \tag{11.183}$$

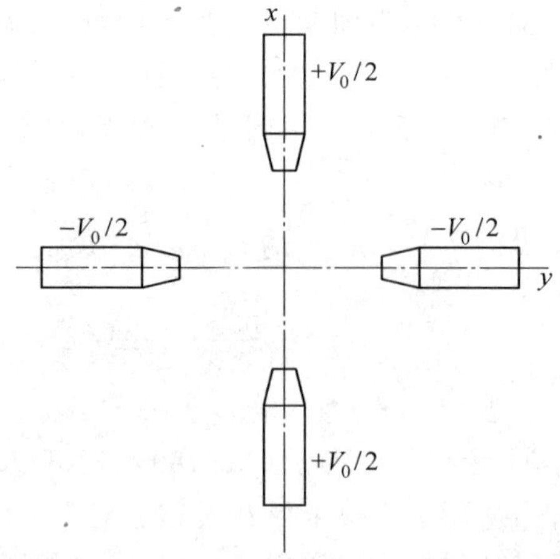

图 11.20 RFQ 结构各电极间的电位分布

把方程(11.176)代入式(11.183)，并利用

$$\frac{\mathrm{d}}{\mathrm{d}t}\left(m\frac{\mathrm{d}r}{\mathrm{d}t}\right)=m_0c^2\beta\frac{\mathrm{d}}{\mathrm{d}z}\left(\gamma\beta\frac{\mathrm{d}r}{\mathrm{d}z}\right)$$

及 $\beta\approx$ 常数,对同步粒子可得：

$$\frac{\mathrm{d}^2r}{\mathrm{d}z^2}=\frac{e}{m_0c^2\beta^2}\left[\frac{FV_0}{a^2}r\cos2\theta\cos\omega t+\frac{k_zAV_0}{2}\mathrm{I}_1(k_zr)\sin(k_zz)\cos(\omega t+\varphi_\mathrm{s})\right] \tag{11.184}$$

式中,右边第一项表示射频电四极场的聚焦力;第二项表示射频散焦力。由于第二项的值既随位置变化,又随时间变化,对它取一个加速单元的平均值,考虑到同步条件 $\omega t=k_zz$ 以及 $\sin k_zz\cos(\omega t+\varphi_\mathrm{s})$ 项的作用相当于 $-\sin\varphi_\mathrm{s}$,在横向任取一平面,如 x 平面,即 $\theta=90°$,并利用近轴近似,$\mathrm{I}_1(k_zr)\approx\frac{1}{2}k_zr$,方程(11.184)可简化为：

$$\frac{\mathrm{d}^2x}{\mathrm{d}z^2}+\left[\frac{1}{\beta^2\lambda^2}\cdot\frac{e\pi^2AV_0}{2m_0c^2\beta^2}\sin\varphi_\mathrm{s}+\frac{1}{\beta^2}\cdot\frac{eFV_0}{m_0c^2a^2}\cos\omega t\right]x=0 \tag{11.185}$$

这就是 Mathieu 方程。如果 RFQ 加速结构的参数和加速器工作状态选得合适,横向运动的解会落入 Matheiu 方程的稳定区,这就可以保证横向运动的稳定。

参考文献

[1] 林郁正. SC2 程序. 清华大学,1982

[2] Wangler T P. Principle of RF Linear Accelerator. John Wiley & Sons, Inc., 1998

[3] 谢羲,陈银宝,宋忠恒. 电子直线加速器的束流横向包络线方程. 原子能科学技术,1978,12:119

[4]　姚充国.电子直线加速器.北京:科学出版社,1986

[5]　王书鸿,罗紫华,罗应雄.质子直线加速器原理.北京:原子能出版社,1986

习题与思考题

1. 试用不同于本书介绍的方法导出电子在行波电子直线加速器中的纵向运动方程(11.28)及(11.29)。

2. 用图 11.4 给出的表示方法,试画出粒子在相速等于光速的等场强、等相速加速管中运动的 $p^* - \varphi$ 关系图。

3. 试用行波的观点讨论电子在驻波直线加速器中的纵向运动,导出纵向运动方程组。

4. 试讨论粒子在电子驻波直线加速器与质子直线加速器中运动的相同点和不同点。

5. 束流包络法能否考虑非线性效应?

6. 自编一个计算机模拟程序进行电子在行波电子直线加速器盘荷波导加速管中的纵向粒子动力学计算,设入口微波脉冲功率为 4.0MW,加速束流能量为 9MeV～10MeV,脉冲束流强度≥160mA,加速管长度≤230cm。请设计加速场强 $E_z(z)$和相速 $\beta_p(z)$的分布规律,以使加速束流能谱宽度小于±5%,俘获系数优于 70%。

7. 为什么 RFQ 结构能对粒子同时实现加速、聚束及聚焦? 为什么 RFQ 是一种低 β 加速结构,而不适用于加速高 β 粒子?

第

章

强流相对论电子束物理基础

12.1 概　　述

强流相对论电子束 IREB(intensive relativistic electron beam)是指束流功率(束能/束流脉冲持续时间)大于 100MW～100TW 量级、束电子动能在 100keV～100MeV 量级、束流强度大于 kA 量级的脉冲电子束，其脉冲宽度一般在纳秒到微秒量级，多数在 10ns～100ns 范围内。强流相对论电子束在核辐射效应模拟、材料响应实验、X 射线闪光照相、磁约束和惯性约束聚变、高功率微波产生、强激光泵浦和集团离子加速等领域均得到了广泛的应用。近年来，强流相对论电子束在材料辐照改性、电子束杀菌、三废处理和环境净化等方面的应用也得到了越来越多的重视。

强流相对论电子束是强流带电粒子束的一种，另外一种是强流离子束。由于篇幅所限，本章只对强流相对论电子束物理进行简要介绍。

强流相对论电子束一般是由脉冲功率源驱动强流电子束二极管和电子枪产生的，其技术基础是高功率脉冲技术。高功率脉冲技术通常是指利用较长时间储能，在较短时间放能，从低功率电源获得高功率(高电压、大电流)电脉冲的技术。高功率脉冲的产生过程就是一个能量压缩过程：在时间上的压缩提高脉冲功率，在空间上的压缩提高功率密度和能量密度。脉冲峰值功率、脉冲宽度和脉冲重复频率等是脉冲功率源系统的几个最主要参数。

为了产生大电流，要求高功率脉冲系统输出阻抗比较低，一般在 1Ω～100Ω 之间。目前高功率脉冲源的功率已达到 100TW 水平。

常见的几种强流相对论电子束脉冲加速器系统主要构成如图 12.1 所示。主要有三种类型，分别是电容储能型、电感储能型和直线感应型脉冲功率系统。电容储能型脉冲加速器系统[见图 12.1(a)]主要有两种类型：一种是 Marx 发生器型，它主要由 Marx 发生器、介质同轴线(通常包括脉冲形成线、主开关、传输线、预脉冲开关和输出线）和二极管等组成。高电压主要由 Marx 发生器产生。Marx 发生器由 N 级每个电压为 V 的电容器和一定数量的开关通过并联充电、串联放电获取高电压，其理论最高输出电压可达 NV。一般来讲，该类型脉冲功率源只能运行在单次或低重复频率状态，重复频率不超过 10Hz。工作时，Marx 发生器产生的微秒级高压脉冲首先对系统的第二级储能单元——脉冲形成线谐振充电，当脉冲形成线上的电压达到主开关导通电压时，主开关导通形成所需要的纳秒级高压短脉冲，并通过传输线、预脉冲开关和输出线，把能量传输给二极管，二极管把入射的电磁能转换成电子束能量，最终获得所需要的电子束。为了获得大的电子束能量输出，必须提高系统的能量传输效率；同时为了使二极管在几十纳秒时间内把电磁能有效地转换成电子束能量，在保证系统在高电压下的绝缘安全可靠的前提下，必须尽量减小系统电感。

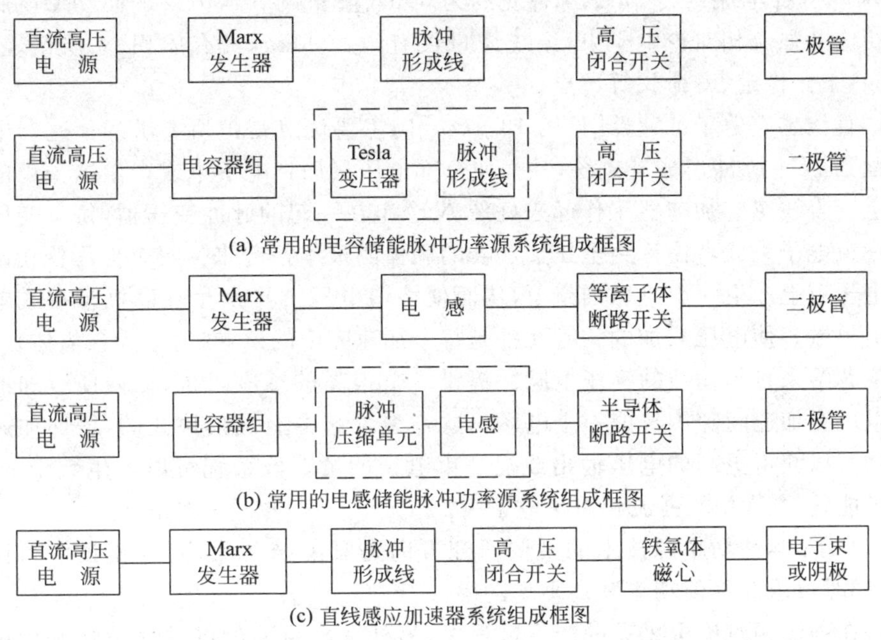

图 12.1　常见的几种强流相对论电子束脉冲加速器系统

另一种电容储能型脉冲功率源系统是 Tesla 变压器型或其他变压器（如线性变压器）型，该种系统电压提升主要由 Tesla 变压器或其他高压变压器完成。一般来讲，该种系统可以在较高重复频率下运行，并且具有较好重复性和稳定性，但其输出脉冲功率要比 Marx 发生器型的低。电容储能型脉冲功率系统是当前使用最多也是较成熟的一种，涉及的关键技术有储能技术、绝缘技术、脉冲形成技术和高功率闭合开关技术等。

电感储能型脉冲功率系统[见图 12.1(b)]主要利用磁储能特性。由于磁储能密度可以比静电储能密度高 1～2 个量级，所以理论上可以利用磁储能技术研制更紧凑型脉冲功率系统。这种系统的高电压仅仅出现在负载上，所以储能元件受到电击穿的限制较小，可以制成小型器件。尽管有这些优点，但由于以下两个主要原因，这种脉冲功率系统还没有得到广泛应用：一是负载上的电压波形$\left(L\dfrac{\mathrm{d}I}{\mathrm{d}t}\right)$是类三角形波；二是大功率断路开关技术还不十分成熟。早期的大功率断路开关主要是等离子体断路开关(plasma opening switch, POS)和爆炸丝开关，20 世纪 90 年代中期俄罗斯学者研制成功了半导体断路开关(semiconductor opening switch, SOS)，大大地推进了电感储能脉冲功率源技术的发展[6,7]。例如，使用这种开关的"S-5N"脉冲加速器系统可以输出脉冲电压约 600kV、脉冲电流约为 3kA、脉冲宽约为 50ns、重复频率 500Hz 的高功率电脉冲和相应的强流相对论电子束，系统质量仅有约 2000kg，具有体积小、质量轻、高重频、工作稳定、寿命长等特点。

直线感应电子加速器[见图 12.1(c)]的主要优点是把所要求的加速器电压分配到 N 个脉冲形成子系统，从而使全部电压只加到电子束或产生电子束的阴极上。直线感应加速器工作起来好像 N 个串在一起的脉冲变压器，每个变压器由一束电子束或者由称为电压加法器的固体阴极串接起来。每个变压器在阴极或电子束上产生一个电压增量 V，从而使峰值电压 NV 产生在阴极末端或电子束引出端。使电压累加的关键元件是每个加速腔中的磁芯(通常为铁氧体)。这些磁芯给来自传输线的高压电脉冲提供一个很高的感应阻抗，以便使所加的脉冲电压在加速间隙中形成一个电场。这种系统基本上是模块式的，增加加速腔数量可以获得更高的电压输出或提高束电子能量。该系统可以产生数十 MeV 电子能量、数 kA 的强流相对论电子束。

当前，脉冲功率源技术的主要研究方向是紧凑轻型化、高重复频率和长寿命，同时追求高峰值功率和高平均功率。

在强流相对论电子束的产生过程中，另外一个重要的部件就是强流相对论电子束二极管或电子枪。一般来讲，强流情况均用二极管，电流相对低时用电子枪。二极管又分为有箔二极管和无箔二极管。对于有箔二极管产生的电子束，可以通过阳极箔引入到应用实验区(如漂移管、高功率微波产生腔和强激光产生腔等)，也可以直接打靶(即阳极作为靶)产生 X 射线等。有关二极管物理，即强流相对论电子束产生物理将在 12.2 节中重点叙述。12.3 节和 12.4 节将分别介绍强流相对论电子束的自电磁场限制电流和在中性气体中传输的物理过程。

强流相对论电子束物理最主要的特点是其自电磁场在其产生和传输中起主

导作用。其自电磁场不但不能忽略，而且必须作为主要影响因素研究。本章将用比较短的篇幅和简要的物理推导介绍强流相对论电子束主要物理问题并给出一些常用的公式。

12.2 强流相对论电子束的产生

在强流相对论电子束加速器中，二极管是将脉冲功率系统所形成的高功率电脉冲转换为所需要的强流相对论电子束的部件。强流脉冲相对论电子束二极管根据阻抗特性一般可分为高阻二极管(二极管阻抗大于10Ω)和低阻二极管(二极管阻抗小于10Ω)；根据二极管结构形式可分为有箔二极管和无箔二极管以及平板型和同轴型二极管等；根据二极管工作状态可分为单脉冲工作和重复频率脉冲工作二极管；根据绝缘形式可以分为径向绝缘和轴向绝缘二极管。

二极管电流电压关系，即二极管产生的电流与工作电压和结构参数的函数关系，是二极管最基本和最重要的物理特性，也是强流电子束物理的主要研究内容之一。对于一个外加电压为V_0的二极管，所能产生的电流受到以下几个方面的限制：①外电路所能供给的电流值限制，即驱动源的功率限制；②阴极发射能力限制，如热阴极在一定的温度下所能发射的电流密度有一个上限，并且存在一个最大可工作温度；③在阴极发射能力和功率源都没有限制的情况下，二极管产生的电流受束流空间电荷限制，即空间电荷限制电流。

本节主要以平板有箔二极管为例，讨论在阴极发射能力和功率源都没有限制的条件下，二极管产生的电流与二极管电压和结构参数的关系。

在电子束的产生过程中，发射电子的阴极是最关键的部件，它决定着产生电子束的品质、脉宽和流强等参数。当前广泛使用和正在发展的阴极有：场致爆炸发射阴极、热阴极、光致发射阴极、等离子体阴极、二次电子发射阴极和场致发射阴极以及铁电介质阴极等，它们都具有各自的优缺点[9~14]。强流电子束的产生主要是采用场致爆炸发射阴极，它属于冷阴极，一般认为是利用阴极表面一些场增强微点的场致爆炸电离形成的等离子体(密度$10^{18}\,cm^{-3}\sim10^{20}\,cm^{-3}$)的近似无限发射能力发射电子。粗略地讲，场致爆炸发射阴极等离子体的形成过程如下：在电场增强点的场致发射→发射点的焦耳加热→吸附气体的解吸和阴极表面杂质的汽化以及电离→电子的发射和正离子向阴极表面的运动→在阴极表面附近的空间电荷的中和和阴极表面附近电场的进一步的增强以及离子轰击阴极表面加热→增强的场致发射→微点爆炸汽化、电离形成等离子体。这些局部的阴极等离子体膨胀合并使实际的电子发射能力显著增加，最后形成一个覆盖在整个阴极表面的阴极等离子体电子发射面。此时阴极发射电流将不受阴极发射能力限制，而主要受空间电荷场限制和外电路功率的限制，它是当前能够产生大于 1kA/cm^2 电流密度的惟一一种强流阴极。

除了二极管的结构参数外，另外几个对二极管电流电压关系具有重要影响的因素是：①二极管产生电子束的自电场；②电子束的自磁场；③外加磁场；④阴极发射电子的初始能量。粗略地讲，电子束自磁场的大小将决定电子束是否箍缩，电子束自电场的大小将决定二极管产生的最大电流值即空间电荷限制电流(阴极表面上电场为零时的电子束流)，而自磁场与自电场的比值由二极管结构参数决定。当电子束边缘电子的拉莫尔半径小于等于阴阳极间隙时的二极管电流为自箍缩的临界电流值，即此时电子束将发生强自箍缩，可以导出自箍缩临界电流为：

$$I_c = 8.5\beta_0\gamma_0 \frac{R_c}{d} \tag{12.1}$$

式中，I_c 的单位为 kA；R_c 为阴极半径，单位为 cm；d 为阴阳极间距，单位为 cm；γ_0 为相对论因子，$\gamma_0=1+\dfrac{eV_0}{m_0c^2}$；$\beta_0$ 为相对论速度因子，$\beta_0=\sqrt{1-1/\gamma_0^2}$；$V_0$ 为加在二极管上的电压，单位为 V；e，m_0 和 c 分别为电子电荷、静止质量和光速。

按束电子的运动轨迹状态考虑，电子束二极管中存在两种类型的电子流：束电子基本平行于电场方向运动的空间电荷限制电流和自磁场引起的自箍缩电流。下面首先讨论在不考虑自磁场影响的条件下(即二极管产生的电流小于自箍缩临界电流值或无穷大外加磁场条件下)二极管产生的空间电荷限制电流，然后再对自磁场、外加磁场和阴极发射电子的初始能量等对二极管电流电压关系的影响以及二维修正因子进行简单的讨论。

12.2.1 阴极发射电子初始能量可以忽略时的理想无限大平板二极管的空间电荷限制电流

当阴阳极间隙 d 远远小于阴极半径 R_c 时，二极管可视为无限大平板二极管。忽略自磁场的影响，阴极发射的电子沿与阴阳极垂直的直线运动到阳极。在稳态情况下，阴阳极之间的电位 ϕ 满足泊松方程：

$$\frac{\mathrm{d}^2\phi}{\mathrm{d}z^2} = -\frac{en_e}{\varepsilon_0} \tag{12.2}$$

由于是求稳态解，所以 $\nabla\cdot\boldsymbol{j}=0$，从而可得：

$$j = -en_eu = \text{常数} \tag{12.3}$$

电子速度满足：

$$m_0\frac{\mathrm{d}u}{\mathrm{d}t} = -eE_z = e\frac{\mathrm{d}\phi}{\mathrm{d}z} \tag{12.4}$$

式中，m_0 为电子静止质量；e 为电子的电荷量；n_e 为电子密度；ε_0 为真空介电常数；u 是电子沿纵向 z 的速度；j 为电流密度。u 按下式计算：

$$u = \beta c = \frac{\sqrt{\gamma^2 - 1}}{\gamma} c \tag{12.5}$$

根据能量守恒，相对论因子 $\gamma = 1 + \frac{e\phi}{m_0 c^2}$。将式(12.2)，(12.3)和(12.5)合并，消去 n_e，得到：

$$\frac{d^2 \phi}{dz^2} = \frac{j}{\varepsilon_0 c} \cdot \frac{\gamma}{\sqrt{\gamma^2 - 1}} \tag{12.6}$$

用 y 代替$\frac{d\phi}{dz}$作为自变量，即令 $y = \frac{d\phi}{dz}$，可以得到：

$$y \frac{dy}{d\gamma} = K \frac{\gamma}{\sqrt{\gamma^2 - 1}} \tag{12.7}$$

其中，$K = \frac{j m_0 c}{e \varepsilon_0}$。对式(12.7)进行积分，可得：

$$y^2 = 2K \sqrt{\gamma^2 - 1} + C \tag{12.8}$$

在阴极具有无限大电子发射能力的条件下，二极管产生的电流将主要受自电场限制；在阴极发射电子的初始能量为 0 的情况下，当在阴极表面上的电场为 0 时，二极管产生的电流为最大，即在 $z = 0$ 处，边界条件满足 $y = \frac{d\gamma}{dz} = \frac{d\phi}{dz} = 0$。由边界条件得到常数 $C = 0$。对式(12.8)两侧分别开平方得：

$$d\gamma (\gamma^2 - 1)^{-1/4} = \sqrt{2K} dz \tag{12.9}$$

下面分别对非相对论、超相对论和相对论条件下的近似解进行讨论。

(1) 非相对论近似解

将式(12.9)中$(\gamma^2 - 1)^{-1/4}$项在 $\gamma = 1$ 处展开并对式(12.9)积分，再将 K 代入，整理得到：

$$j = \frac{4\sqrt{2}}{9} \cdot \frac{\varepsilon_0 (e/m_0)^{1/2} V_0^{3/2}}{d^2} \left[1 - \frac{3}{56} \cdot \frac{eV_0}{m_0 c^2} + \sum_{n=2}^{\infty} (-1)^n \frac{\prod_{i=1}^{n} (4i - 3)}{(4n+3) 8^n n!} \left(\frac{eV_0}{m_0 c^2} \right)^n \right]^2 \tag{12.10}$$

在非相对论近似$\frac{eV_0}{m_0 c^2} < 1$，即 $V_0 < 500\text{kV}$ 条件下，式(12.10)中级数只取第一项，由此得到：

$$j_{c1} = \frac{4\sqrt{2}}{9} \cdot \frac{\varepsilon_0 (e/m_0)^{1/2} V_0^{3/2}}{d^2} \tag{12.11}$$

这就得到了著名的柴尔德-朗谬尔(Child-Langmuir)公式[1,2,14,15]。

(2) 相对论条件下的近似解

将式(12.9)中$(\gamma^2-1)^{-1/4}$项在$\gamma\to\infty$处展开,得到:

$$(\gamma^2-1)^{-1/4}=\gamma^{-1/2}\left[1+\frac{1}{4}\cdot\frac{1}{\gamma^2}+\frac{5}{32}\cdot\frac{1}{\gamma^4}+\sum_{n=3}^{\infty}\frac{\prod_{i=1}^{n}(4i-3)}{4^n n!}\cdot\frac{1}{\gamma^{2n}}\right] \tag{12.12}$$

然后对式(12.9)积分并将K代入,得到:

$$j=\frac{2\varepsilon_0 m_0 c^3}{e d^2}\left\{\sqrt{\gamma}\left[1-\frac{1}{12}\cdot\frac{1}{\gamma^2}-\frac{5}{224}\cdot\frac{1}{\gamma^4}-\sum_{n=3}^{\infty}\frac{\prod_{i=1}^{n}(4i-3)}{(4n-1)4^n n!}\cdot\frac{1}{\gamma^{2n}}\right]+C\right\}^2 \tag{12.13}$$

式中,常数C应满足条件$\gamma=1$时$j=0$,由此得到$C=-0.847$。将常数代入,并采用kA和cm单位,得到:

$$j=\frac{2.712[\sqrt{\gamma}(1-8.333\times10^{-2}\gamma^{-2}-2.232\times10^{-2}\gamma^{-4}-1.065\times10^{-2}\gamma^{-6}-\cdots)-0.847]^2}{d^2} \tag{12.14}$$

式(12.13)中级数收敛很快,只取级数的第一项并利用条件$\frac{eV_0}{m_0c^2}\gg1$,可以得到超相对论解为:

$$j_{\mathrm{ur}}=\frac{2\varepsilon_0 cV_0}{d^2} \tag{12.15}$$

将常数代入,V_0,j和d的单位分别采用MV,kA/cm^2,cm,得到:

$$j_{\mathrm{ur}}=\frac{5.31V_0}{d^2} \tag{12.16}$$

在相对论条件下,取级数的第一项并保留常数C,得到相对论近似解为[1,16,17]:

$$j_{\mathrm{re}}=\frac{2\varepsilon_0 m_0 c^3}{e d^2}(\sqrt{\gamma_0}-0.847)^2 \tag{12.17}$$

将常数代入,V_0,j和d的单位同上,于是得到:

$$j_{\mathrm{re}}=\frac{2.712(\sqrt{1+V_0/0.511}-0.847)^2}{d^2} \tag{12.18}$$

(3) 精确解表达式

直接对式(12.9)积分,得到:

$$\int_1^{\gamma}(\gamma^2-1)^{-1/4}\mathrm{d}\gamma=-\frac{1}{2}\mathrm{B}\left(\frac{1}{\gamma^2},-\frac{1}{4},\frac{3}{4}\right)-\frac{2\Gamma^2(3/4)}{\sqrt{\pi}} \tag{12.19}$$

其中，B和Γ分别为不完全Beta函数和Gamma函数，即

$$\mathrm{B}(z,a,b)=\int_0^z t^{a-1}(1-t)^{b-1}\mathrm{d}t \tag{12.20}$$

$$\Gamma(z)=\int_0^{\infty}t^{z-1}\mathrm{e}^{-t}\mathrm{d}t \tag{12.21}$$

再利用边界条件 $z=0$ 处，$\gamma=1$，得到平板型二极管电流密度与电压关系的精确解为：

$$j=\frac{\varepsilon_0 m_0 c^3}{8ed^2}\left[\mathrm{B}\left(\frac{1}{\gamma_0^2},-\frac{1}{4},\frac{3}{4}\right)+\frac{4\Gamma^2(3/4)}{\sqrt{\pi}}\right]^2 \tag{12.22}$$

将式(12.10)和(12.14)中级数分别取前几项，与精确解式(12.22)进行比较，分析数据即可得到各近似解在指定误差限下的适用范围，见表12.1。

表12.1 平板二极管电流密度与电压关系近似解的适用范围

近似公式	误差限		
	20%	10%	5%
$j=\frac{4\sqrt{2}}{9}\cdot\frac{\varepsilon_0(e/m_0)^{1/2}V_0^{3/2}}{d^2}$	0～1MV	0～500kV	0～250kV
$j=\frac{4\sqrt{2}}{9}\cdot\frac{\varepsilon_0(e/m_0)^{1/2}V_0^{3/2}}{d^2}\left(1-\frac{3}{56}\cdot\frac{eV_0}{m_0c^2}\right)^2$	0～2MV	0～1.4MV	0～900kV
$j=\frac{2\varepsilon_0 m_0 c^3}{ed^2}(\sqrt{\gamma_0}-0.847)^2$	≥360kV	≥600kV	≥900kV
$j=\frac{2\varepsilon_0 m_0 c^3}{ed^2}\left[\sqrt{\gamma_0}\left(1-\frac{1}{12}\cdot\frac{1}{\gamma_0^2}\right)-0.847\right]^2$	≥120kV	≥170kV	≥250kV
$j=\frac{2\varepsilon_0 m_0 c^3}{ed^2}\left[\sqrt{\gamma_0}\left(1-\frac{1}{12}\cdot\frac{1}{\gamma_0^2}-\frac{5}{224}\cdot\frac{1}{\gamma_0^4}\right)-0.847\right]^2$	≥75kV	≥110kV	≥150kV

12.2.2 阴极发射电子具有初始能量时的理想无限大平板二极管空间电荷限制电流[18]

对于阴极发射电子的初始能量为0的情况，无限大平板二极管的空间电荷限制电流是通过假设阴极表面处电场 E_z 等于0的边界条件得到的。当阴极发射电子具有一定初始能量时，将在距阴极表面一定距离处产生一个势阱，其电势低于阴极电势，如图12.2所示。对最小电势求极值得到的结果表明，在势阱处 E_z 电场为0，而不是阴极表面，因此阴极表面电场为0的条件不再适用。显然，当发射电子带有初始能量时，二极管空间电荷电流将增大。

在两个无限大平板之间的电位满足的泊松方程为：

$$\frac{\mathrm{d}^2\phi}{\mathrm{d}z^2}=-\frac{en_\mathrm{e}}{\varepsilon_0} \tag{12.23}$$

由于是求稳态解，所以$\nabla\cdot\boldsymbol{j}=0$，从而可得：

$$j=-en_\mathrm{e}u=常数 \tag{12.24}$$

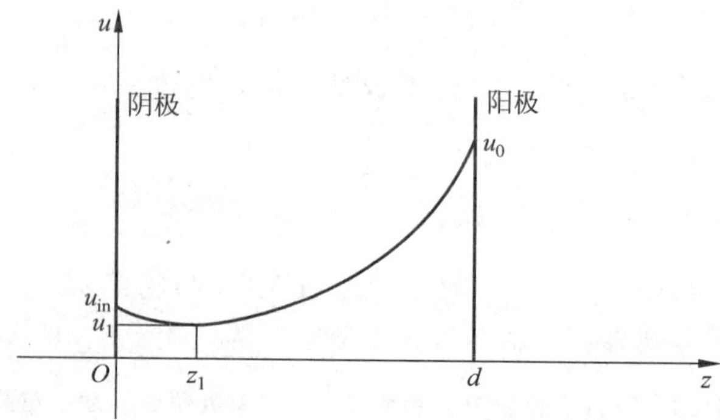

图 12.2　阴极发射电子具有初始能量时的无限大平行板二极管内的电位分布

电子速度满足：

$$m_0\frac{\mathrm{d}u}{\mathrm{d}t}=-eE_z=e\frac{\mathrm{d}\phi}{\mathrm{d}z} \tag{12.25}$$

式中，m_0 为电子静止质量；e 为电子电荷量；n_e 为电子密度；u 为电子速率。

由式(12.25)微分可得：

$$\frac{\mathrm{d}}{\mathrm{d}z}\left(u\frac{\mathrm{d}u}{\mathrm{d}z}\right)=\frac{e}{m_0}\cdot\frac{\mathrm{d}^2\phi}{\mathrm{d}z^2}=\frac{ej}{m_0\varepsilon_0 u} \tag{12.26}$$

将上式两边乘以 $2u\frac{\mathrm{d}u}{\mathrm{d}z}$，然后积分得：

$$\left(u\frac{\mathrm{d}u}{\mathrm{d}z}\right)^2-\left(u_1\frac{\mathrm{d}u}{\mathrm{d}z}\right)^2\bigg|_{z=z_1}=K_1 j(u-u_1) \tag{12.27}$$

这里，$K_1=\frac{2e}{\varepsilon_0 m_0}$；$u_1$ 是在两平板之间电子速度最小值，设其位置为 z_1（见图 12.2），$\left.\frac{\mathrm{d}u}{\mathrm{d}z}\right|_{z=z_1}=0$，于是得：

$$\left(u\frac{\mathrm{d}u}{\mathrm{d}z}\right)^2=K_1 j(u-u_1) \tag{12.28}$$

对方程(12.28)积分可得：

$$\frac{2}{3}(u-u_1)^{3/2}+2u_1(u-u_1)^{1/2}=\pm(K_1 j)^{1/2}(z-z_1) \tag{12.29}$$

设 $x=z-z_1$，可得：

$$j=\frac{\left[\frac{2}{3}(u-u_1)^{3/2}+2u_1(u-u_1)^{1/2}\right]^2}{K_1x^2} \tag{12.30}$$

在式(12.30)中，u_1 和 z_1 还是未知数，但是二者相关。

为了求得最大可能电流密度，将二极管分成两个部分：一部分是在最小速率点(即 $z=z_1$)的左边区域，电子在这个区域被减速；另一部分为 z_1 的右边区域，电子在这个区域被加速。在这两个区域内的电流是相等的。用 d,u_0 和 $0,u_{\text{in}}$ 代入式(12.29)，并且消掉 z_1，得：

$$(K_1j)^{1/2}d=\frac{2}{3}(u_{\text{in}}-u_1)^{3/2}+2u_1(u_{\text{in}}-u_1)^{1/2}+\frac{2}{3}(u_0-u_1)^{3/2}+2u_1(u_0-u_1)^{1/2} \tag{12.31}$$

为了求得最大稳态电流，将式(12.31)右边对 u_1 微分，并令其等于0，得：

$$u_{\text{in}}^2u_0-u_{\text{in}}^2u_1=u_0^2u_{\text{in}}-u_0^2u_1 \tag{12.32}$$

由此得最小速率值 u_1 为：

$$u_1=\frac{u_{\text{in}}u_0}{u_{\text{in}}+u_0} \tag{12.33}$$

由式(12.32)和(12.33)可得：

$$u_{\text{in}}-u_1=\frac{u_{\text{in}}^2}{u_{\text{in}}+u_0},\quad u_0-u_1=\frac{u_0^2}{u_{\text{in}}+u_0} \tag{12.34}$$

将式(12.34)代入式(12.31)可得：

$$j=\frac{4}{9}\left(\frac{\varepsilon_0m_0}{2e}\right)\frac{(u_0+u_{\text{in}})^3}{d^2} \tag{12.35}$$

电子初始速率等效能量 E_{in} 为：

$$E_{\text{in}}=\frac{1}{2}m_0u_{\text{in}}^2 \tag{12.36}$$

电子到达阳极的速率 u_0 为：

$$u_0=\sqrt{\frac{2(eV_0+E_{\text{in}})}{m_0}} \tag{12.37}$$

将式(12.36)和(12.37)代入式(12.35)可得：

$$j=\frac{4\varepsilon_0}{9}\sqrt{\frac{2e}{m_0}}\frac{[\sqrt{E_{\text{in}}/e}+\sqrt{E_{\text{in}}/e+V_0}]^3}{d^2} \tag{12.38}$$

设 $R_k=\dfrac{E_{\text{in}}}{eV_0}$，得：

$$j=j_{\text{c1}}(\sqrt{R_k}+\sqrt{1+R_k})^3=j_{\text{c1}}\eta_E \tag{12.39}$$

式(12.39)是电子在具有初始能量发射情况下的电流密度与电压关系表达式。当阴极发射电子初始能量等于0(即 $E_{in}=0$)时，式(12.39)就是柴尔德-朗谬尔公式，$j_{c1}=\frac{4\sqrt{2}}{9}\cdot\frac{\varepsilon_0(e/m_0)^{1/2}V_0^{3/2}}{d^2}$。

阴极发射电子初始能量对电流密度的修正因子为：

$$\eta_E=(\sqrt{R_k}+\sqrt{1+R_k})^3 \tag{12.40}$$

12.2.3 平板型二极管空间电荷限制电流二维修正因子[18]

定义比值 d/R_c 为平板型二极管的纵横比。前面给出了在稳态条件下的空间电荷限制电流，它们都是在阴阳极间隙 d 远远小于阴极半径 R_c，即 $d/R_c\ll1$ 的无限大平板二极管假设条件下得到的。

但是，多数实际情况并不满足这一条件，此时需要分析的是一个二维问题。用解析方法求解二维空间电荷限制电流是非常困难的。常用的方法是用PIC(particle in cell)数值模拟技术对不同纵横比条件下的空间电荷限制电流进行研究，利用这种方法，可以得到二维效应电流修正因子 η_A 随纵横比 d/R_c 的变化，见图12.3。

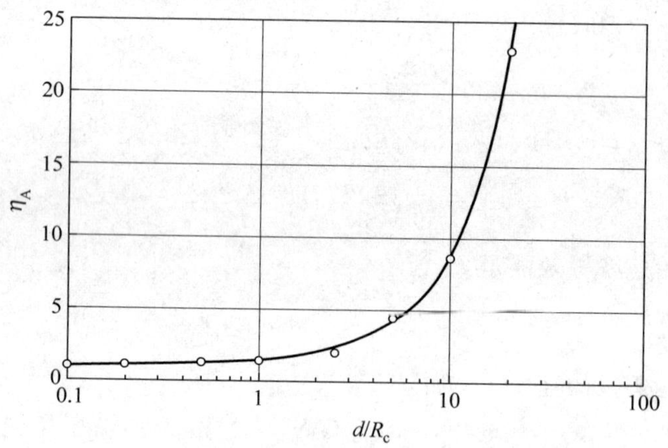

图12.3 二维电流修正因子 η_A 随纵横比变化的数值模拟结果

进行拟合处理，可近似得到二维电流修正因子 η_A 满足下述关系：

$$\eta_A=1+0.47\frac{d}{R_c}+0.0314\left(\frac{d}{R_c}\right)^2 \tag{12.41}$$

这样，在非相对论条件($V_0<500\mathrm{kV}$)下，二极管的空间电荷限制电流(单位：kA)可以近似表示为：

$$I_{cl} = 2.33 \frac{V_0^{3/2}}{d^2} \eta_A \pi R_c^2 \tag{12.42}$$

在相对论条件下，二极管的空间电荷限制电流(单位：kA)可以近似表示为：

$$I_{re} = 2.71 \frac{(\sqrt{\gamma_0} - 0.847)^2}{d^2} \eta_A \pi R_c^2 \tag{12.43}$$

式中，d 为阴阳极间隙，单位为 cm；R_c 为阴极半径，单位为 cm；V_0 为二极管电压，单位为 MV；γ_0 为相对论因子，$\gamma_0 = 1 + \frac{eV_0}{m_0 c^2}$。

12.2.4 球头形阴极和针状阴极二极管的空间电荷限制电流[19]

在强流电子束产生过程中，球头形阴极二极管被广泛采用，但是对其空间电荷限制电流进行解析求解是困难的。可以采用 PIC 粒子模拟方法，在对广泛的参数进行研究的基础上得出球状阴极二极管的空间电荷限制电流。在非相对论条件($V<500$kV)下，球头形阴极二极管的空间电荷限制电流 I_s 可表示为：

$$I_s = 7.31\left(0.9 + 0.9 \frac{R_c}{d}\right)^2 V_0^{3/2} \tag{12.44}$$

式中，V_0 为加在二极管上的电压，单位为 MV；电流 I_s 的单位为 kA。该式在阴阳极间隙 d 大于阴极半径 R_c 并且没有箍缩发生的条件下成立。

式(12.44)表明，当 $d \gg R_c$ 时，其产生的空间电荷限制电流近似与 d 和 R_c 无关，只取决于电压，此时的空间电荷限制电流 I_{sn} 可以表示为：

$$I_{sn} = 5.9 V_0^{3/2} \tag{12.45}$$

该式是在 $d \gg R_c$ 的条件下成立的，可以认为是针状阴极二极管的空间电荷限制电流。这说明针状阴极二极管的空间电荷限制电流只取决于电压，而与电极几何参数近似无关。

下面，应用以上得到的结果讨论针阵列阴极二极管的空间电荷限制电流，求出在针均匀分布的情况下最佳的针间距 L。

对大面积阴极，当外加电压小于 500kV 时，其产生的空间电荷限制电流密度可以用柴尔德-朗谬尔定律近似描述为：

$$j_{cl} = 2.33 \frac{V_0^{3/2}}{d^2} \tag{12.46}$$

从式(12.45)和(12.46)可得到最大的针间距为：

$$L = 1.6d \tag{12.47}$$

这里 L 是能够达到空间电荷限制电流的最大针间距，是一个上限。实际上，为了产生均匀电子束，实际针间距应略小于该值。但是，若针间距过小，由于屏蔽

效应,也将导致电子束的不均匀。发射点的屏蔽半径 r_s 为[20]:

$$r = 0.5\sqrt{I_{sn}}dV_0^{-3/4} \tag{12.48}$$

式中,V_0 的单位为 MV, I_{sn}的单位为 kA。将式(12.45)代入式(12.48)得:

$$r = 1.2d \tag{12.49}$$

r 为单针阴极发射时产生的屏蔽半径。由于各种因素,针阵列中的针的电子发射初始时间将存在一定差别,因此先发射的针产生的电子束对其周围的针产生的屏蔽效应致使这些针上的电场降低而不能形成阴极等离子体,即当针间距太小时,屏蔽效应导致针阵列中某些针上不发射电子。因此,为了用针阵列阴极产生均匀电子束,应该选取针间距在 $1.2d \sim 1.6d$ 范围内,即

$$L = (1.2 \sim 1.6)d \tag{12.50}$$

12.2.5 自箍缩条件下的饱和顺位电流

当二极管产生的束流大于箍缩临界电流值 I_c 时,电子束可能发生显著箍缩。此时,其产生电流值可以用饱和顺位电流 I_b 近似估算,即

$$I_b = 8.5\gamma_0 \ln[\gamma_0 + (\gamma_0^2 - 1)^{1/2}]\frac{R_c}{d} \tag{12.51}$$

式中 I_b 的单位为 kA。

12.2.6 外加磁场对二极管阻抗的影响[21]

在许多应用场合,为了抑制自箍缩,获得大面积均匀强流相对论电子束,需要在二极管间隙上外加纵向磁场。外加纵向磁场不但对电子束的均匀性有影响,而且对低阻抗二极管的阻抗也有影响。一般认为,当外加纵向磁场值大于 B_{z0} 时即可抑制自箍缩,B_{z0} 可以表示为:

$$B_{z0} = \frac{\gamma_0}{v} \cdot \frac{R_c}{2d} B_{\theta M} \tag{12.52}$$

$$v = \frac{I_b}{17000\beta_L} \tag{12.53}$$

$B_{\theta M}$ 为电子束产生的最大自磁场,β_L 为束电子的纵向相对论速度因子。

$$B_{\theta M} = \frac{\mu_0 I_b}{2\pi R_c} \tag{12.54}$$

$$B_{z0} \approx \frac{0.17\gamma_0\beta_L}{d} \tag{12.55}$$

其中,阴阳极间隙 d 的单位为 cm,B_{z0} 的单位为 T。

假设可以完全抑制自箍缩的外加纵向磁场为 B_{zc}，其值近似等于电子束的最大自磁场 $B_{\theta M}$，B_{zc} 可以表达为 $B_{\theta M}$，即

$$B_{zc} \approx B_{\theta M} = \frac{\mu_0 I_b}{2\pi R_c} = 2 \times 10^{-2} I_b / R_c \tag{12.56}$$

其中，阴极半径 R_c 的单位为 cm，束流强度 I_b 的单位为 kA；B_{zc} 的单位为 T。

由数值模拟结果可知，低阻抗二极管的阻抗随磁场的增大而减小，见图 12.4。

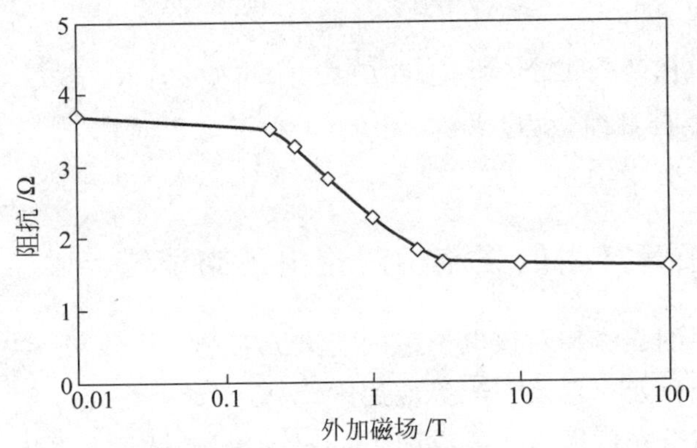

图 12.4 二极管的阻抗随外加磁场的变化曲线

（阴阳极间隙为 1cm，阴极半径为 9cm，输出线输出电压为 1.0MV）

从图 12.4 中可以得知，阻抗曲线存在两个转折点：一个约在 0.3T 处，从该点开始，随着磁场增大，阻抗显著减小。这一磁场值大约对应抑制自箍缩需要的最低外加纵向磁场值 B_{z0}；另一个转折点约在 2.0T 处，当外加磁场大于此值时，阻抗基本不变，该值近似等于 B_{zc}。当外加磁场大于 B_{zc} 时，电流可以用相对论条件下的空间电荷限制电流近似估算，即

$$I_b = 2.71 \frac{A}{d^2} (\sqrt{\gamma_0} - 0.847)^2 \eta_A \tag{12.57}$$

式中，I_b 的单位为 kA；A 为阴极发射面积，单位为 cm^2；d 为阴阳极间距，单位为 cm；γ_0 为相对论因子，$\gamma_0 = 1 + \frac{eV_0}{m_0 c^2}$；$\eta_A$ 为二维修正因子[18]。

对于外加磁场小于 0.2T 的情况，其电流值可以用顺位电流近似估算，即

$$I_b = 8.5 \gamma_0 \ln[\gamma_0 + (\gamma_0^2 - 1)^{1/2}] \frac{R_c}{d} \tag{12.58}$$

这些结果说明，外加磁场对低阻抗二极管的阻抗特性具有较大影响，这是由于外加磁场改变了二极管束电子的运动轨迹。当没有外加磁场或外加磁场较小时，对于低阻抗二极管，电子束发生自箍缩，此时二极管产生的电流是自箍缩电

流；当外加磁场足够强时，电子束的自箍缩被抑制，二极管产生的电流是没有箍缩时的空间电荷限制电流；当外加磁场处于两者之间时，二极管处于自箍缩被部分抑制的状态，其电流值也处于中间值。

当二极管的电流 I_b 小于自箍缩临界电流 I_c 时，二极管的阻抗将不随外加磁场的变化而变化。自箍缩发生的条件为：

$$\frac{R_c}{d} \geqslant 0.82\beta_0\gamma_0(\sqrt{\gamma_0}-0.847)^{-2} \tag{12.59}$$

当二极管电压约为1MV时，由式(12.59)可知，当 R_c/d 约大于3.4时，二极管电流将发生自箍缩；反过来讲，当 R_c/d 小于3.4时，二极管的阻抗将不随外加磁场的变化而变化。

12.2.7 二极管产生的强流相对论电子束能谱[21]

二极管产生的强流相对论电子束的能谱分布是一个重要参数，在材料响应和结构响应模拟以及 γ 射线产生等应用中，都需对此有一个了解。影响强流相对论电子束能谱分布的因素主要有两个：一是加到二极管上的电压随时间的变化；二是由于强自电磁场的存在和动态特性，即使加在二极管上的电压恒定，产生的电子束也将具有一定的能谱分布。由于电子束流太强，直接测量电子束能谱几乎是不可能的，若截取电子束中一小部分来进行能谱分布测量，对于低阻抗二极管，由于电子束具有较大的横向动量，其能谱是随径向变化的，因此取样没有代表性，测量结果也不能说明问题。用PIC方法模拟得到的结果表明，即使加在二极管上的电压为恒定值，其产生的电子束也有一定的能谱分布。对于阴极半径为9cm、阴阳极间隙为1cm、外加电压为1.0MV的二极管，在外加磁场为2.0T时，产生束流为570kA，其能谱分布见图12.5，其能谱半高宽为0.3MV，束电子平均能量为0.8MeV，能谱半高宽约为束电子平均能量的37%。电子束的能量分散主要是由电子束自磁场和空间电荷限制电流随时间的振荡特性所引起的。在外加磁场较弱时，电子束能量分散主要由自电磁场使束电子偏转造成；在外加磁场较强时，电子束的能量分散主要是由二极管间隙内电场随时间振荡引起的。

12.2.8 二极管的阳极物理过程

当电子打到阳极膜上时，一方面电子与阳极膜相互作用，使阳极的温度升高，使吸附在阳极中的气体解吸和阳极材料汽化，并且使部分气体分子或原子电

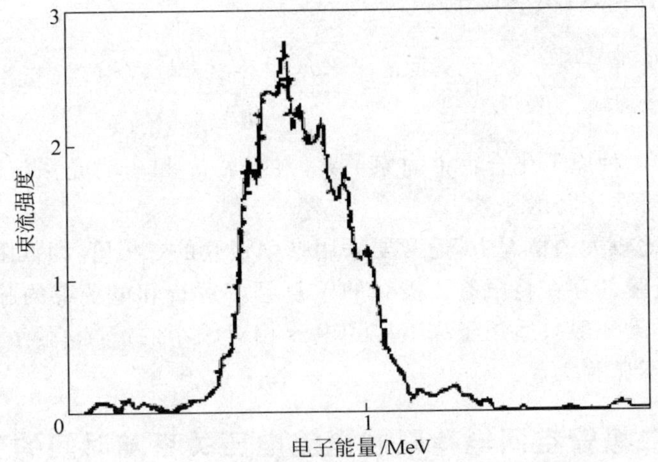

图 12.5　外加磁场为 2.0T，电流为 570kA，能量为 1MeV 时，二极管产生束电子的能谱分布

离形成阳极等离子体；阳极等离子体将以大约 1cm/μs 的速度向阴极运动，这将加剧二极管阴阳极间隙的闭合；当电子束在阳极膜内沉积的能量足够大时，阳极膜将被破坏。另一方面，当电子通过阳极膜时，电子将损失能量并且使其横向动量增大，因此阳极等离子体对二极管的电流产生显著影响。阳极对电子的散射使经过阳极的束电子的角分布近似是以 θ_r 为期望值的正态分布，即

$$\left.\begin{aligned} f(\theta,r) &= \frac{1}{\sqrt{\pi}\theta_s A_0}\exp\left[-\left(\frac{\theta-\theta_r}{\theta_s}\right)^2\right] \\ A_0 &= \frac{1}{2}\left[\operatorname{erf}\left(\frac{\frac{\pi}{2}-\theta_r}{\theta_s}\right)+\operatorname{erf}\left(\frac{\frac{\pi}{2}+\theta_r}{\theta_s}\right)\right] \end{aligned}\right\} \tag{12.60}$$

其中 θ_s 为：

$$\theta_s = \frac{0.01936}{\beta_0^2\gamma_0}\sqrt{\frac{\rho D Z^2}{A}} \tag{12.61}$$

这里，θ_s 的单位为 rad；ρ 是阳极膜的体密度，单位是 g/cm^3；D 是等效阳极膜厚度，单位是 μm。erf(x)为误差函数；Z 和 A 分别为阳极材料的原子序数和核子数。

对于以 θ_0 入射的电子，等效阳极膜厚度为：

$$D = D_0/\cos\theta_0 \tag{12.62}$$

D_0 是阳极膜厚度。

对于化合物，可用下式等效：

$$\left\langle \frac{\rho Z^2}{A} \right\rangle_{\text{eff}} = \frac{\sum n_i A_i \left(\frac{\rho_i Z_i^2}{A_i} \right)}{\sum n_i A_i} \tag{12.63}$$

式中，n_i 是第 i 种原子化合物中的原子数，很明显 θ_r 和 θ_s 都是束流强度、束电子能量和电子所在半径的函数。

在电流比较大的情况下，通常要采用带阳极膜的二极管，即低阻抗有箔二极管，此时阳极膜的存在将限制二极管的重复频率运行和电子束的脉冲长度。另外，无箔二极管一般只适用于高阻抗和电流相对较小的情况，不存在阳极膜，所以上述问题不显著。

12.2.9 二极管空间电荷限制电流电压关系随时间的变化

前几节是在稳态条件下讨论二极管电流电压关系，实际上，二极管电流电压关系是随时间变化的。主要原因是：首先，场致发射电子最初在某些电场增强因子大、功函数小的点开始并形成局部等离子体，这些局部等离子体膨胀扩大，最后形成覆盖在整个阴极表面、具有无限电子发射能力的阴极等离子体。这样，阴极的发射能力是随时间变化的，也就是说，阴极有效发射面积是随时间变化的，即 $A=A(t)$。

其次，阴极等离子体总是向阳极膨胀漂移运动的。当二极管产生的电子束在阳极上的能量沉积达到一定值时，将引起阳极材料汽化并电离，形成阳极等离子体并向阴极膨胀漂移。阳极等离子体向阴极的膨胀漂移与阴极等离子体向阳极的膨胀漂移一起对阴阳极间隙的减小共同起作用。随时间变化的阴阳极间隙 $d(t)$ 可以表示为：

$$d(t) = d_0 - u_c(t)t - u_a(t - t_0) \tag{12.64}$$

其中，d_0 为初始阴阳极间隙，u_c，u_a 为阴极和阳极等离子体漂移速度，t_0 是阳极等离子体形成时间。这里定义脉冲电压加到阴阳极间隙的时刻为 $t=0$。一般来讲，阴极等离子体向阳极膨胀漂移的速度 u_c 大约为 2cm/μs～3cm/μs，阳极等离子体向阴极的膨胀漂移速度 u_a 大约为 1cm/μs。

再次，一般说来，加到二极管阴阳极间隙的电压是随时间变化的。另外，二极管是一个具有分布电感电容的部件，其等效电路如图 12.6 所示。这样，即使阴极发射电子能力不随时间变化，二极管的电流电压关系在电压脉冲加到二极管的初始一段时间也是随时间变化的。

从理论上讲，在忽略二极管的分布参数电容和电感影响的条件下，用随时间变化的阴阳极间隙 $d(t)$ 和阴极有效发射面积 $A(t)$ 代替稳态条件下二极管电流

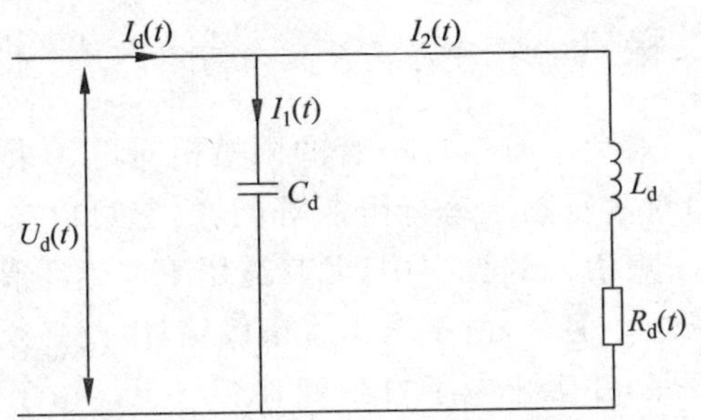

图 12.6　二极管等效电路示意图

电压关系中的阴阳极间隙 d_0 和阴极发射面积 A_0 是可行的。例如,对于非相对论无限大平板二极管,其电流电压关系式可以写为:

$$I(t) = 2.33\eta_A \frac{A(t)V_0^{3/2}(t)}{d^2(t)} \tag{12.65}$$

在实际情况下,脉冲初始一段时间内二极管的电感电容对电流电压的影响不能忽略,但在一定时间之后,在某些特定条件下(如二极管电感足够小或二极管电流对时间的微分值足够小),确实可以忽略二极管的电感电容对电流电压关系的影响。

强流相对论电子束二极管的工作要经历如下过程:在电脉冲加到二极管的初始时刻,阴极等离子体尚未形成,阴极发射电流能力很弱,二极管电阻值基本上可以认为是无穷大,这时二极管对外电路的响应呈现出电容特性;随着阴极等离子体的形成和发展,可以将二极管等效成一个变化的电阻 $R_d(t)$ 与一个电感 $L_d(t)$ 的串联电路。二极管电容 C_d 和电感 L_d 实际上随着阴极发射状态的改变而略有变化,由于改变量并不大,为了使问题简化,可以假设其为常数,其数值可以由理论计算或测量得到。

有效发射面积 $A(t)$ 随时间变化主要体现在三个特征段:第1段是阴极场致电子发射到局部阴极等离子体形成阶段;第2段是局部阴极等离子体膨胀扩展阶段;第3段是阴极等离子体稳定发射阶段。1、2段过程时间的长短取决于外加阴极表面上电场值、电场随时间变化值和阴极材料及阴极表面状态。外加阴极表面上的电场值和电压随时间变化值越大,1、2段过程时间就越短。在一定时间内,阴极有效发射面积随时间的增大而增大。阴极有效发射面积近似达到1.0的时间(即阴极等离子体膨胀扩展达到覆盖整个阴极的时间)随阴阳极内电场的增加而减小,随阴阳极内电场的减小而增大;当二极管阴阳极之间的平均电场约为100kV/cm左右时,阴极有效发射面积近似达到1.0的时间约为20ns。

12.2.10 无箔二极管

采用无箔二极管，避免了有箔二极管的阳极箔对电子束散射和阳极等离子体形成以及阳极寿命对重复频率运行限制等问题，它可以在长脉冲和重复频率下运行，适用于将电子束引入到真空中，尤其适用于产生环形空心电子束和一些高功率微波应用的场合。但是，由于取消了阳极箔，因此必须外加强引导磁场来抑制电子束的横向膨胀，并阻止电子打到漂移管壁上。由于无箔二极管的电流电压关系取决于二极管的详细结构，因此较难得到与实际较为相符的无箔二极管电流电压关系。当前比较普遍使用的 OAL 模型是在比较极端情况下得到的，此种模型假设无箔二极管是一“直角二极管”，即阴极成为漂移管的一个端面，阴极电位始终保持为$-V_0$，如图 12.7 所示。假设电子发射产生在整个阴极表面，求解满足空间电荷限制发射判据的电流（单位：kA）自洽解，可得：

$$I_{\mathrm{OAL}} = \frac{17(\gamma_0 - 1)(r_b/\delta)}{\ln(8\delta/\Delta)} \quad \text{（非相对论情况）} \tag{12.66}$$

$$I_{\mathrm{OAL}} = \frac{17(\gamma_0^{2/3} - 1)^{3/2}(r_b/\delta)}{\ln(8\delta/\Delta)} \quad \text{（相对论情况）} \tag{12.67}$$

式中，$\gamma_0 = 1 + eV_0/(mc^2)$是相对论因子；$V_0$ 是阴阳极电势差；$r_b = (r_1 + r_2)/2$；$\delta = R - r_2$；$\Delta = r_2 - r_1$。当阴极与阳极相距为 L(cm)时，经验修正公式为：

$$I'_{\mathrm{OAL}} = 17(1 - 0.3L)\frac{(\gamma_0^{2/3} - 1)^{3/2}(r_b/\delta)}{\ln(8\delta/\Delta)} \tag{12.68}$$

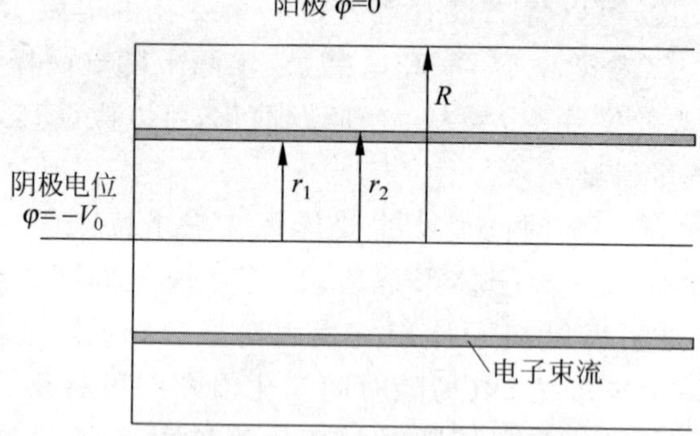

图 12.7 理想无箔二极管的模型

另外，无箔二极管产生的电子束必然受到漂移管能传导的空间电荷限制电流的限制。对于无箔二极管来讲，阴极等离子体的膨胀运动和阴阳极间隙闭合也是一个不可避免的问题。阴极等离子体的膨胀运动将沿着磁场和横穿磁场两个方向；等离子体沿磁场方向的膨胀速度大约比横穿磁场方向的膨胀快一个数量级。除了二极管阴阳极间隙闭合外,发射电子的阴极等离子体的径向膨胀还将引起其产生电子束半径向外扩展。减小阴极等离子体扩散的运动速度,增加电子束脉冲宽度,无论对于无箔二极管还是有箔二极管,都是一个值得研究的课题。

12.3 强流相对论电子束的自电磁场限制电流

当强流相对论电子束在真空漂移管中传输时,其自电磁场将在其传输过程中起主要作用。有两个主要特性:一是由于强流相对论电子束径向自电场的作用,其在真空中的传输是发散的;二是由于强流相对论电子束的轴向自电场作用,其在真空中的传输存在一个最大限值,即空间电荷限制电流。强流相对论电子束的径向电场使其发散,角向磁场使其聚焦,在漂移管端板(如阳极箔)附近,径向电场较小,所以,强流相对论电子束在通过阳极箔进入真空漂移管之后首先经历一个聚焦过程,但一般来讲这个聚焦过程比较短,有时在宏观上体现不出来;由于在离开阳极箔一定距离之后径向电场的排斥力总是大于角向磁场的聚焦力,强流相对论电子束在真空中将发散传输。总的来讲,强流相对论电子束在真空中的传输是发散的。强流相对论电子束产生的轴向电场使束电子沿轴线方向运动的速度逐渐减小,当强流相对论电子束产生的轴向电场足够大(也就是当电子束产生的静电势阱大于束电子的动能对应的电势值)时,束电子沿轴线 z 方向运动的速度在离阳极一定距离时将降到0,部分束电子开始被反方向加速并且被反射到注入面,即由于强流相对论电子束产生的轴向电场作用,电流大于某一值的强流相对论电子束不能在真空漂移管中传输,这一电流值就是空间电荷限制电流值。为了传输强流相对论电子束,必须采取措施使其空间电荷中和,但当电荷中和度 f_e 大于一定值时,径向电场产生的排斥力开始小于角向磁场产生的聚焦力;当角向磁场产生的聚焦力与径向电场产生的排斥力相比足够强时,束电子在角向磁场产生的聚焦力作用下将被反转。这是限制强流相对论电子束传输的另一因素,即自磁场限制电流。为了有效地传输强流相对论电子束,必须采取措施使其空间电荷和电流中和,将其自电场和自磁场的影响减小到一定程度,并且在多数情况下需要外加引导磁场。强流相对论电子束的空间电荷和电流中和问题将在下一节讨论。因篇幅所限,本节主要介绍强流相对论电子束在圆柱真空漂移管中的自电磁场限制电流。

12.3.1 强流相对论电子束在封闭圆柱形金属腔内产生的自电磁场

为了更好地了解电子束在封闭金属腔内产生的自电磁场及其对二次电子的

运动和空间电荷中和过程的影响，首先讨论在一些理想条件下电子束在封闭金属腔内产生的自电磁场的表达式及其量级。在开始讨论之前，假设：①电子束是径向均匀分布的；②所考虑的系统是轴对称的；③电磁场是似稳的，即忽略位移电流，这个假设在光传输两倍最大漂移室尺寸所用的时间远远小于电子束流上升时间的情况下成立。在上述假设下可得[22,27]：

$$\left.\begin{aligned} E_r &= f(z)\,\frac{2\lambda}{4\pi\varepsilon_0 a^2}r \quad (r \leqslant a) \\ E_r &= f(z)\,\frac{2\lambda}{4\pi\varepsilon_0 r} \quad (r > a) \end{aligned}\right\} \tag{12.69}$$

式中，a 为束半径；λ 为单位长度内束电荷量，它们是时间和位置的函数。λ 的表达式为：

$$\lambda = \frac{I_{\mathrm{b}}(1 - f_{\mathrm{e}})}{\beta_{\mathrm{L}} c} \tag{12.70}$$

式中，I_{b} 是束流强度；f_{e} 是空间电荷中和度；β_{L} 是束电子的轴向相对论速度因子；$f(z)$是漂移室端板效应函数，其表达式如下：

当 $L \leqslant R_{\mathrm{p}}$ 时，有：

$$f(z) \approx 4z(L - z)/L^2 \tag{12.71}$$

当 $L > R_{\mathrm{p}}$ 时，有：

$$f(z) \approx \begin{cases} \dfrac{1 - \exp\left(-\dfrac{2.4z}{R_{\mathrm{p}}}\right)}{1 - \mathrm{e}^{-2}} & \left(z \leqslant \dfrac{2R_{\mathrm{p}}}{2.4}\right) \\ 1 & \left(\dfrac{2R_{\mathrm{p}}}{2.4} < z \leqslant L - \dfrac{2R_{\mathrm{p}}}{2.4}\right) \\ \dfrac{1 - \exp\left[-\dfrac{2.4(L - z)}{R_{\mathrm{p}}}\right]}{1 - \mathrm{e}^{-2}} & \left(L - \dfrac{2R_{\mathrm{p}}}{2.4} < z \leqslant L\right) \end{cases} \tag{12.72}$$

式中，L 是漂移室长度；R_{p} 是漂移室半径。

自磁场的表达式为：

$$B_\theta = \begin{cases} \dfrac{\mu_0 I_{\mathrm{b}} r}{2\pi a^2} & (r < a) \\ \dfrac{\mu_0 I_{\mathrm{b}}}{2\pi r} & (r \geqslant a) \end{cases} \tag{12.73}$$

由方程$\nabla \times \boldsymbol{E} = -\dfrac{\partial B}{\partial t}$，在上述假设下得到 E_z 为：

$$E_z = -\int_r^R \frac{\partial E_r(r', z, t)}{\partial z}\mathrm{d}r' - \int_r^R \frac{\partial B_\theta(r', z, t)}{\partial t}\mathrm{d}r' \tag{12.74}$$

将式(12.69)和(12.73)代入式(12.74)得：

$$E_z=\frac{1}{4\pi\varepsilon_0}\left\{\overbrace{-\frac{\partial\lambda}{\partial z}f(z)\left(1-\frac{r^2}{a^2}+2\ln\frac{R_p}{a}\right)}^{1}+\overbrace{f(z)\frac{2\lambda}{a}\cdot\frac{\partial a}{\partial z}\left(1-\frac{r^2}{a^2}\right)}^{2}-\right.$$

$$\left.\overbrace{\lambda\frac{\partial f(z)}{\partial z}\left(1-\frac{r^2}{a^2}+2\ln\frac{R_p}{a}\right)}^{3}-\overbrace{\frac{1}{c^2}\cdot\frac{\partial I_b}{\partial t}\left(1-\frac{r^2}{a^2}+2\ln\frac{R_p}{a}\right)}^{4}+\overbrace{\frac{2I_b}{c^2a}\cdot\frac{\partial a}{\partial t}\left(1-\frac{r^2}{a^2}\right)}^{5}\right\} \tag{12.75}$$

上式右边各项的物理意义如下：

项1是电子束电荷线密度随 z 变化产生的 z 方向静电场(带有端板效应)；

项2是电子束随 z 变化产生的 z 方向静电场(带有端板效应)；

项3是端板上感应的面电荷产生的 z 方向静电场；

项4是电流变化所致磁通量变化而产生的 z 方向感应电场($L\mathrm{d}I/\mathrm{d}t$)；

项5是电子束半径随时间变化产生的 z 方向感应电场($I\mathrm{d}L/\mathrm{d}t$)。

式(12.75)比较完整地描述了电子束在封闭金属腔内产生的纵向电场分量，但此式是一个近似表达式，在空间电荷中和之前，前三项起主要作用；在空间电荷中和之后，后两项起主要作用，此时前三项近似为0。下面讨论各电磁场分量的量级。

当 $r\leqslant a$ 时，由式(12.60)和(12.70)得：

$$E_r\approx\frac{-60}{\beta_L}\cdot\frac{r}{a^2}I_b(1-f_e)f(z) \tag{12.76}$$

其中 E_r(单位：kV/cm)的方向是指向轴心的，即电子向半径方向加速。在 $\beta_L=0.9$，$a=7\text{cm}$，$f_e=0$，$I_b=40\text{kA}$ 的条件下得 $E_{r,\max}\approx380\text{kV/cm}$。

由式(12.75)可得在端板附近在电荷中和之前的纵向电场表达式为：

$$E_z\approx\frac{30I_b}{\beta_L}\cdot\frac{4(L-2z)}{L^2}\left(1-\frac{r^2}{a^2}+2\ln\frac{R_p}{a}\right)(1-f_e) \tag{12.77}$$

在 $L=30\text{cm}$，$R_p=15\text{cm}$，$a=7\text{cm}$，$\beta_L=0.9$，$f_e=0$，$I_b=40\text{kA}$ 的条件下，得到在端板附近在电荷中和之前的最大纵向电场 $E_{z\max}\approx310\text{kV/cm}$。由上式可知，在 z 很小(即靠近阳极)时，E_z 是 z 方向的，即电子向阳极加速。在 $z\approx L$(即靠近靶板)时，E_z 是 $-z$ 方向的，即电子向靶板加速。这样，端板效应是加速二次电子的逃逸，有利于空间电荷中和。上边讨论的是空间电荷没有中和的情况，对于有空间电荷中和并且忽略端板效应和束半径随时间的变化条件下可得到：

$$E_z\approx\left[\frac{\partial\lambda}{\partial s}(1-\beta_L^2-f_e)-\lambda\frac{\partial f_e}{\partial s}\right]\left[1-\frac{r^2}{a^2}+2\ln\frac{R_p}{a}\right] \tag{12.78}$$

式中，s 表示距束头的距离，$s=\beta_L ct-z$。

上式适用于在长漂移室情况下在区域 $2R_p/2.4\leqslant z\leqslant L-2R_p/2.4$ 内纵向电

场的计算。从式(12.78)得知,当 $\lambda\dfrac{\partial f_e}{\partial s}=\dfrac{\partial\lambda}{\partial s}(1-\beta_L^2-f_e)$ 时,$E_z=0$,即在此时 E_z 从负值转为正值,即电子由向前加速转为减速。在假设 λ 和 f_e 都是 u 的线性函数的情况下,当 $f_e\approx\dfrac{1}{2\gamma^2}$ 时,电子束产生的纵向电场是使电子向前加速的(忽略端板效应);当 $f_e>\dfrac{1}{2\gamma^2}$ 时,在束流上升沿束产生的纵向电场是使电子向负 z 方向加速的,在电子束脉冲后沿是使电子向 z 方向加速的。

12.3.2 强流相对论电子束的自电场限制电流——空间电荷限制电流

为了简化问题,假设强流相对论电子束在无限强的外加纵向引导磁场中传输,即强流相对论电子束没有径向运动,电子束半径在传输过程中不变,下面主要讨论在这种条件下强流相对论电子束在圆柱真空漂移管中的空间电荷限制电流。

考虑半径为 r_b 的薄环形电子束在半径为 R 的圆柱对称真空漂移管中的传输,假设束的厚度比半径小得多,也比束到漂移管壁的距离小得多,在这种情况下,电子束横断面上静电势基本上是常数,电子速度几乎相同,问题可以简化为:

$$\frac{1}{r}\cdot\frac{\partial}{\partial r}\left(r\frac{\partial\phi}{\partial r}\right)=0 \tag{12.79}$$

边界条件为:

$$\phi(R_p)=0,\quad \left.\frac{\partial\phi}{\partial r}\right|_{r=r_b}=\frac{I}{2\pi\varepsilon_0 r_b u_b} \tag{12.80}$$

求解可得到:

$$\phi(r)=\begin{cases}-\dfrac{I}{2\pi\varepsilon_0 u_b}\ln\dfrac{R_p}{r} & (r_b<r<R_p)\\[2ex] -\dfrac{I}{2\pi\varepsilon_0 u_b}\ln\dfrac{R_p}{r_b} & (r\leqslant r_b)\end{cases} \tag{12.81}$$

其中,$u_b=c\sqrt{1-\gamma^{-2}}$,$\gamma$ 为相对论因子。

在 $r=r_b$ 处,令 $\phi=\phi_b$,则得到:

$$I=\frac{2\pi\varepsilon_0 c\,\phi_b}{\ln\dfrac{R_p}{r_b}}\left[1-\left(\gamma_0+\frac{e\phi_b}{m_0c^2}\right)^{-2}\right]^{1/2} \tag{12.82}$$

分析上式可以得到最大电流值为:

$$I_L=\frac{2\pi\varepsilon_0 m_0 c^3}{e}\cdot\frac{(\gamma_0^{2/3}-1)^{3/2}}{\ln(R_p/r_b)} \tag{12.83}$$

这就是无限薄环形电子束在无限长圆柱漂移空间内传播的空间电荷限制电流。

上式是在束的厚度比半径小得多,也比束到漂移管壁的距离小得多的假设条件下得到的。对于一般的环形电子束,空间电荷限制电流(单位: kA)为:

$$I_L = \frac{17(\gamma_0^{2/3} - 1)^{3/2}}{1 - 2a_1^2(a_2^2 - a_1^2)^{-1}\ln(a_2/a_1) + 2\ln(R_p/a_2)} \tag{12.84}$$

这里,a_1 和 a_2 分别是电子束的内半径和外半径。在电子束的厚度可以忽略的条件下,上式可以简化为:

$$I_L^{BR} = 17(\gamma_0^{2/3} - 1)^{3/2}/G \tag{12.85}$$

式中,$G=1+2\ln(R_p/r_b)$,R_p 和 r_b 分别是漂移管半径和电子束半径,上式成立的条件是漂移管足够长,即 $L/R_p \geqslant 2.58(r_b/R_p)^{0.133}$,$L$ 是漂移管长度。漂移管长度对空间电荷限制电流有影响,漂移管越短,可传输的空间电荷限制电流越大[1]。

需要注意的是,上述空间电荷限制电流均是在假设外加无限大引导磁场条件下得到的,即电子束半径不变。但在多数情况下,电子束半径是随着向前传输膨胀扩张的,这一因素将使实际的空间电荷限制电流比上述值要大。

12.3.3 强流相对论电子束的自磁场限制电流

在空间电荷完全中和(即 $f_e=1$)和没有考虑电流中和并且没有外加磁场的条件下,由 Alfven 推导得到的自磁场限制电流 I_A(单位: kA)的表达式为:

$$I_A = 17\gamma_0\beta_0 \tag{12.86}$$

为了传输流强大于 I_A 的强流相对论电子束,必须使其达到一定程度的空间电流中和。有关空间电流中和的物理过程将在下面介绍。在没有外加磁场的条件下,如果存在部分空间电荷中和及部分空间电流中和,自磁场限制电流(单位: kA)可以表示为:

$$I_{AH} = \frac{17\gamma_0\beta_0^3}{\beta_0^2(1 - f_m) - (1 - f_e)} \tag{12.87}$$

式中,$f_m=1-I_n/I_b$ 是空间电流中和因子,I_n 和 I_b 分别是净电流和注入的电子束流;γ_0 为束电子的相对论因子;β_0 为束电子的相对论速度因子。在有外加磁场的条件下,同时存在部分空间电荷中和及部分空间电流中和,可以推导得到自磁场限制电流表达式为[26]:

$$I_{AM} = \frac{(17\beta_0^3\gamma_0 + 70.7aB_z\beta_0^2)/\sqrt{2}}{\beta_0^2(1 - f_m)/\sqrt{2} - (1 - f_e)} \tag{12.88}$$

在 $f_e=1$, $f_m=0$ 的情况下,可得:

$$I_{AM} = 17\beta_0\gamma_0 + 70.7aB_z \tag{12.89}$$

式中,B_z 是外加磁场强度,单位为 T; a 是电子束半径,单位为 cm。

外加磁场虽然可以使自磁场限制电流增大，但为了高效传输强流相对论电子束，必须使其达到一定程度的电流中和。

12.4 强流相对论电子束在中性气体中传输的物理过程

从前一节的讨论可知，为了传输大于自磁场限制电流的强流相对论电子束，必须采取措施使其空间电荷与空间电流中和，将自电场和自磁场减小到一定程度。一般来讲，为了达到电子束空间电荷和空间电流中和，可以在其传输的漂移管内充以一定压强的中性气体或一定密度的等离子体。下面将以强流相对论电子束在中性气体中的传输为例，讨论强流相对论电子束空间电荷与空间电流中和的物理过程。

当强流相对论电子束从二极管中通过阳极膜引出到充有中性气体的漂移室中时，电子束中的电子(以下简称为束电子)与中性气体分子碰撞使气体分子电离，电离产生的二次电子在束自身电磁场的作用下多数以径向逃逸为主(在阳极膜附近二次电子以纵向逃逸为主)，留下离子在束中，结果使电子束的空间电荷中和度提高。电子束的空间电荷中和度 f_e 定义为：

$$f_e = (n_i - n_e)/n_b \tag{12.90}$$

其中，n_i 和 n_e 分别为留在电子束中的离子和二次电子的密度，n_b 为束电子密度。在一定时间 t_N 后，电子束达到完全空间电荷中和，即 $f_e \approx 1.0$，在此之后电子束产生的电场以轴向电场为主。二次电子在电场 E_z 的作用下与气体分子发生电离碰撞导致电子雪崩，使气体迅速电离击穿，在此期间也伴随着复合、吸附和原子离子形成等过程的发生。当电子束产生的等离子体电导率达到足够大时，二次电子在电场 E_z 的作用下朝着束电子运动的相反方向运动，使电流达到中和。当电子束产生的等离子体电导率足够大时，使在等离子体中的磁扩散时间 $\tau_d = 4\pi\sigma a^2/c$ 远远大于电子束脉宽，此时净电流 I_n 可以近似表示为：

$$I_n \approx I_b(t_b) \tag{12.91}$$

其中，a 为电子束半径，σ 为电子束产生的等离子体电导率，t_b 为气体击穿时间，净电流 $I_n = I_b + I_p$，I_p 为等离子体电流。一般来讲，束流能量传输效率随净电流的减小而增大，为了使净电流尽可能地减小，要求：①电子束产生的等离子体电导率 σ 应尽可能高；②气体击穿应尽可能早，即 t_b 尽可能小。电子束产生的等离子体电导率随气体压强的增加而降低，而 t_b 随气体压强的增加而降低，因此存在一个最佳的气体压强值，使净电流达到最小。这个“最佳气体压强”实际上与气体种类和束流参数(强度、脉冲宽度、上升前沿等)有关。

强流相对论电子束在中性气体中的传输过程见图 12.8。电子束包络是随时间变化的，在无外加磁场情况下，当相对论电子束注入到中性气体中时，束流头部的空间电荷没有中和($f_e \approx 0$)；由于电子束空间电荷效应和束流横向发射度的作用，束流是径向扩张的；在束头后面由于电离数的增加，束流达到一定的空间电荷中和度，即随着 s 的增大，f_e 也增大，这里 $s=\beta ct-z$ 是距束头的距离。随着空间电荷中和度的增加，束流将由扩张转为箍缩，最强的箍缩点在 $f_e \approx 1$ 的 s 值处。在此之后，由于空间电流中和度的增加，束半径将扩大，在空间电流中和因子 $f_m \approx 1$ 之后，束流将以近似恒定的束半径传输。因此，从电子束箍缩点向前和向后看，电子束包络都是喇叭形的。图 12.8 表述的是束头在某一位置时的电子束包络情况，随着束流向前运动，由于电子束流头部的扩张将导致离化速率的下降，结果导致箍缩点向后移动，这样随着传输距离的增加，束流头部的损失也将增加。上述讨论都是针对无外加磁场的情况，对于有外加强磁场的情况，外加强磁场将控制电子束的径向扩张和箍缩，电子束半径变化较小。

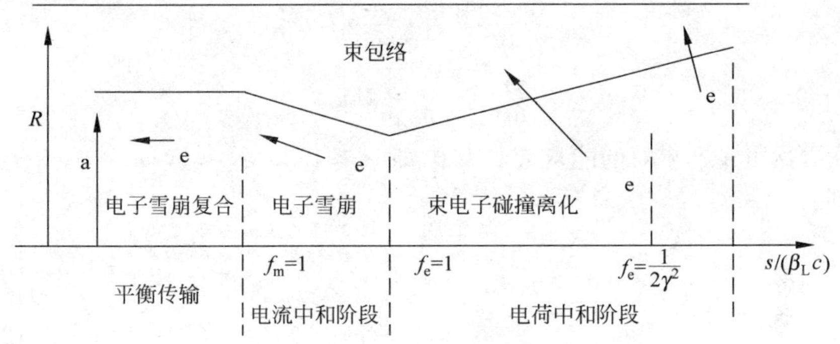

图 12.8 束流传输前沿动力学示意图

可以将强流相对论电子束在中性气体中的传输过程分为空间电荷中和与空间电流中和两个阶段，但实际上不存在两个明显分开的阶段，当空间电荷中和达到一定程度之后，空间电荷中和与空间电流中和过程同时发生。下面先讨论空间电荷中和过程，然后再讨论空间电流中和过程。

12.4.1 无外加磁场时的空间电荷中和[22,23]

当强流相对论电子束在中性气体中传输时，其空间电荷中和主要涉及两个物理过程：一是束电子与气体分子的碰撞离化过程，二是碰撞离化产生的二次电子逃逸过程。

在空间电荷中和阶段主要离化因素是束电子与气体分子的碰撞电离，在此阶段束内等离子体电子和离子的密度为：

$$n_e(t) = A_c\int_0^t [n_b(t') - n_b(t' - t_{esc})]dt' \tag{12.92}$$

$$n_i(t) = A_c\int_0^t n_b(t')dt' \tag{12.93}$$

$$A_c = n_g\sigma_b u_b \tag{12.94}$$

其中，n_g 为中性气体分子密度；n_b 为束电子密度；σ_b 为束电子与气体分子碰撞离化截面；u_b 为束电子速度。

在空间电荷中和阶段，当中性气体的压强在几十 Torr(1Torr=133.32Pa)以内时，可以用没有碰撞的运动来描述二次电子的运动，并且长漂移室非端板效应区在空间电荷中和之前的径向电场大于纵向电场近两个数量级，因此可忽略纵向电场的贡献，可以得到下列运动方程：

$$\frac{d(\gamma u_r)}{dt} = -\frac{e}{m_0}(E_r - u_z B_\theta) \tag{12.95}$$

$$\frac{d(\gamma u_r)}{dt} = -\frac{e}{m_0}u_r B_\theta \tag{12.96}$$

$$\frac{d\gamma}{dt} = -\frac{e}{m_0 c^2}E_r u_r \tag{12.97}$$

设二次电子产生时的能量近似为 0，即 $\gamma_1 \approx 1.0$，$u_{z1} \approx 0$，$u_{r1} \approx 0$，解上述方程得到：

$$\gamma = 1 + \frac{I_b(1 - f_e)}{\beta_L I_0}F(r) \tag{12.98}$$

$$\frac{\gamma u_z}{c} = \frac{I_b}{I_0}F(r) \tag{12.99}$$

$$\left(\frac{\gamma u_r}{c}\right)^2 = \frac{2(1 - f_e)I_b}{\beta_L I_0}F(r) + \frac{[(1 - f_e)^2 - \beta_L^2]I_b^2 F^2(r)}{\beta_L^2 I_0^2} \tag{12.100}$$

式中，I_0=17kA；β_L 为束电子的纵向相对论速度因子，一般情况下 β_L 近似等于电子束的相对论速度因子 β_0。

$F(r)$是一个与束流径向分布相关的函数，对于径向均匀分布的束流，$F(r)$的表达式为：

$$F(r) = \begin{cases} \dfrac{r^2}{a^2} - \dfrac{r_i^2}{a^2} & (r \leqslant a) \\ 1 - \dfrac{r_i^2}{a^2} + 2\ln\dfrac{r}{a} & (r > a) \end{cases} \tag{12.101}$$

式中，r_i 是二次电子产生位置的半径。

为了讨论二次电子的逃逸情况，人们感兴趣的是二次电子所能达到的最大

半径 r_T，当 r_T 大于漂移室半径时，二次电子就被认为从束中逃逸出去了。r_T 就是使 $u_r=0$ 时的 r 值，由式(12.100)得：

$$F(r_T)=\frac{2(1-f_e)\beta_L I_0}{[\beta_L^2-(1-f_e)^2]I_b} \tag{12.102}$$

由上式可知，当 $f_e\leqslant 1-\beta_L$ 时，方程无解，这是因为此时电子径向逃逸到无穷远，r_T 不存在。当空间电荷中和度达到一定值后，二次电子就不再径向逃逸出束区，而是作径向振荡纵向漂移运动。在此种情况下必须考虑纵向电场对二次电子运动的影响。在此之后的空间电荷中和将是伴随空间电流中和同时进行的。上述推导和计算是在忽略端板效应条件下进行的，即考虑的是长漂移室非端板效应区。对于短漂移室情况，由于端板效应束产生的纵向电场较强，这样就使二次电子迅速向端板运动而逃逸出束区，所以，短漂移室空间电荷中和将不存在障碍。可以推导近似得到二次电子径向逃逸时间为：

$$t_{esc}\approx\frac{2a}{u_{r\max}}=\frac{2a\sqrt{\beta_L^2+(1-f_e)^2}}{(1-f_e)c} \tag{12.103}$$

由上式可知，f_e 值越大，二次电子径向逃逸时间越长。

通过上面得到的公式可以解得空间电荷中和度 f_e，为了讨论方便，可以进一步假设二次电子逃逸时间为常数，束流脉冲是线性上升的，于是得：

$$f_e(t)=\begin{cases}0 & (t\leqslant t_{esc})\\ \dfrac{A_c t}{2}-A_c t_{esc}+\dfrac{A_c}{2}\cdot\dfrac{t_{esc}^2}{t} & (t>t_{esc})\end{cases} \tag{12.104}$$

由上式可以计算得到使空间电荷中和度 f_e 近似为1的时间 t_N 为：

$$t_N\approx t_{esc}+\frac{1}{A_c}+\sqrt{\frac{2t_{esc}}{A_c}+\frac{1}{A_c^2}} \tag{12.105}$$

参数 A_c 见式(12.94)。这里给出的只是空间电荷中和时间的近似表达式，实际情况下，二次电子的逃逸在有些条件下是以径向逃逸为主，有些条件下则以纵向逃逸为主。同时在空间电荷中和度 f_e 足够大时，空间电荷中和过程也将伴随着空间电流中和。

12.4.2 有外加磁场时的空间电荷中和[24,29]

在有外加磁场的系统中，外加磁场将限制二次电子的径向运动，强的外加磁场会阻止空间电荷中和过程的发生。在有外加磁场的情况下推导得到的二次电子运动参量表达式为：

$$\gamma=1+\frac{(1-f_e)I_b F(r)}{\beta_L I_0} \tag{12.106}$$

$$\frac{\gamma u_\theta}{c} = -\frac{I_{BC}}{I_0}\left(\frac{r}{a} - \frac{r_i}{a}\right) \tag{12.107}$$

$$\frac{\gamma u_z}{c} = -\frac{I_b}{I_0}F(r) \tag{12.108}$$

$$\left(\frac{\gamma u_r}{c}\right)^2 = \frac{2(1-f_e)I_0}{\beta_L I_0}F(r) + \frac{[(1-f_e)^2 - \beta_L^2]I_b^2}{\beta_L^2 I_0^2}F^2(r) - \frac{I_{BC}^2}{I_0^2 a^2}(r-r_i)^2 \tag{12.109}$$

式中，I_{BC}是与外加磁场强度相关的参数，$I_{BC}=4\pi B_z a/\mu_0$。

由式(12.109)可得，二次电子运动可达最大半径 r_T 由下式确定：

$$\frac{2(1-f_e)I_b}{\beta_L I_0}F(r_T) = \left\{\frac{[\beta^2-(1-f_e)^2]I_b^2}{\beta_L^2 I_0^2}F^2(r_T) + \frac{I_{BC}^2}{I_0^2 a^2}(r_T - r_i)^2\right\} \tag{12.110}$$

由上式可知，B_z 增大会使 r_T 减小，这说明 B_z 的存在使二次电子的径向逃逸更困难。在短漂移室情况($L\leqslant 2R$)下，由于二次电子基本上是纵向逃逸的，外加纵向磁场基本上不改变空间电荷中和过程，此时的空间电荷中和时间可以用式(12.105)计算，t_{esc}为：

$$t_{esc} \approx \left(\frac{2a}{u_{r\max}}, \frac{L}{u_{z\max}}\right)_{\min} \tag{12.111}$$

但是，对于长漂移室，即 $L\gg R$ 时，太强的外加磁场将阻止空间电荷中和过程的进行，这样就存在一个可以使电子束达到空间电荷中和的磁场上限。由于当 $f_e\approx 1/(2\gamma_0^2)$时电子束产生的纵向电场使二次电子从向前加速转为使二次电子向后加速，当束产生的纵向电场是使二次电子向束电子运动的相反方向运动时，二次电子就能从纵向逃逸出去，所以，使电子束达到空间电荷中和的磁场上限是使二次电子在 $f_e=1/(2\gamma_0^2)$之前能够径向逃出电子束区的磁场值。对于均匀径向分布的电子束，将 $f_e=1/(2\gamma_0^2)$代入式(12.110)并且设 $r_i=a/\sqrt{2}$，由此得到的最大外加磁感应强度为：

$$B_{z\max} = \frac{10^{-2}}{a}\left\{\frac{11.7\left(1-\frac{1}{2\gamma_0^2}\right)I_b I_0}{\beta_L} - \frac{2.9\left[\beta_L^2 - \left(1-\frac{1}{2\gamma_0^2}\right)\right]I_b^2}{\beta_L^2}\right\}^{\frac{1}{2}} \tag{12.112}$$

式中，I_b 是在 $f_e=1/(2\gamma^2)$时的束流强度，单位是 kA；为了有效地传输，要求 $I_b\leqslant I_L$；a 是束半径，单位是 cm；$\beta_L c$ 是束前电子运动速度；γ_0 是束电子相对论因子。

对于不满足 $L\gg R$ 的情况，最大允许外加磁感应强度值比上式所表达的要大一些。对于短漂移室($L\leqslant 2R$)，外加磁感应强度的大小对空间电荷中和没有太大影响。

12.4.3　强流相对论电子束在传输过程中的电流中和

当电子束在中性气体中传输达到空间电荷中和后，电离产生的二次电子在束产生纵向电场的作用下与气体分子发生碰撞，导致二次电子雪崩电离，在此期间也伴随着复合、原子离子形成等过程的发生。当电离产生的等离子体密度足够高时，气体发生击穿，达到空间电流中和。

当电子束在有外加磁场的漂移室中传输且外加磁场强度满足下式时，电子束传输过程中的电流中和过程将受阻[28]：

$$\frac{a^2}{\lambda_{\mathrm{E}}^2\left(1+\frac{\Omega^2}{\omega_{\mathrm{p}}^2}\right)}\leqslant 1 \tag{12.113}$$

式中，ω_{p} 是等离子体电子频率（单位：1/s），按下式计算：

$$\omega_{\mathrm{p}} = 5.636\times 10^4 n_{\mathrm{e}}^{1/2} \tag{12.114}$$

n_{e} 是等离子体电子密度，单位是 cm^{-3}。Ω 是电子在磁场中的回旋频率（单位也是 1/s），表达式为：

$$\Omega = eB_z/m_0 = 1.76\times 10^{11} B_z \tag{12.115}$$

B_z 的单位是 T。λ_{E} 是等离子体的电磁趋肤深度（单位：cm），表达式为：

$$\lambda_{\mathrm{E}} = c/\omega_{\mathrm{p}} = 5.32\times 10^5 n_{\mathrm{e}}^{-1/2} \tag{12.116}$$

外加磁场不阻碍电子束电流中和过程发生的条件是：

$$\frac{a^2}{\lambda_{\mathrm{E}}^2\left(1+\frac{\Omega^2}{\omega_{\mathrm{p}}^2}\right)} > 1 \tag{12.117}$$

对所讨论的一般情况，等离子体电子密度大于 $10^{13}\,\mathrm{cm}^{-3}$，这样 λ_{E} 远远小于束半径，因此，只要 $\Omega/\omega_{\mathrm{p}}\leqslant 1$ 就可以确保上式得到满足，这样要求 B_{zc}（单位：T）满足下式：

$$B_{zc} = 3.20\times 10^{-7} n_{\mathrm{e}}^{1/2} \tag{12.118}$$

当外加磁场满足上式时，电流中和过程与无外加磁场时基本相同。

（1）电子束与中性气体碰撞的离化方程

等离子体电子产生的因素主要有束电子与气体分子的碰撞离化、二次电子与气体分子的碰撞离化（即二次电子雪崩）、二次电子与离子的复合等。等离子体电子产生速率方程为：

$$\begin{aligned}\frac{\partial n_{\mathrm{e}}}{\partial t} = &\overbrace{n_{\mathrm{b}}(t)n_{\mathrm{g}}(t)\sigma_{\mathrm{b}}u_{\mathrm{b}}}^{1} + \overbrace{\alpha_{\mathrm{T}}v_{\mathrm{d}}n_{\mathrm{e}}(t)}^{2} - \overbrace{\alpha_{r1}n_{\mathrm{e}}(t)n_{\mathrm{i1}}(t)}^{3} - \\ &\overbrace{\alpha_{r2}n_{\mathrm{e}}(t)n_{\mathrm{i2}}(t)}^{4} - \overbrace{\alpha_{\mathrm{a}}n_{\mathrm{g}}(t)n_{\mathrm{e}}(t)}^{5}\end{aligned} \tag{12.119}$$

式中，$n_{\mathrm{g}}(t)$是中性气体分子的密度，单位是 cm^{-3}；σ_{b} 是束电子与气体分子的碰

撞离化截面,单位是 cm^2,其值见表 12.2; u_b 是束电子速度,单位是 cm/s; α_T 是一阶 Townsend 离化系数; v_d 是等离子体电子在电场作用下的漂移速度; α_{r1} 是等离子体电子与离子 A^+ 的复合系数,A 是中性气体原子; α_{r2} 是等离子体电子与离子 A_2^+ 的复合系数。

表 12.2 σ_b 数据表

气体种类	σ_b
氮气	2.16
氢气	0.2
氖气	0.4
氩气	0.9
氦气	0.2

σ_b 的单位是 $10^{-18}cm^2$。

式(12.119)中第 1 项是束电子与气体分子碰撞离化对产生等离子体电子的贡献,这一项在电子束达到空间电荷中和之前起主要作用;第 2 项是二次电子在电子束产生电场作用下与气体分子碰撞离化对产生等离子体电子的贡献,这一项在电子束达到空间电荷中和之后一直起主要作用;第 3 项和第 4 项是由于等离子体电子与离子复合成中性气体分子而使等离子体电子减少的速率,这一项在等离子体电子密度达到足够高之后起作用;第 5 项是等离子体电子与中性气体分子碰撞吸附使等离子体电子减少的速率,对于氮气和惰性气体,此项的作用可以忽略不计。

等离子体离子 A^+ 的产生速率方程为:

$$\frac{\partial n_{i1}}{\partial t} = \overbrace{n_b(t)n_g(t)\sigma_b u_b}^{1} + \overbrace{\alpha_T v_d n_e(t)}^{2} - \overbrace{\alpha_{r1} n_e(t) n_{i1}(t)}^{3} - \overbrace{k_d n_{i1}(t) n_g^2(t)}^{4} \tag{12.120}$$

式中,n_{i1} 是等离子体离子 A^+ 的密度。此方程与式(12.119)相比少了第 4 和第 5 项,此方程中第 4 项中的 k_d 是等离子体离子 A^+ 与中性气体反应产生离子 A^+ 的速率系数,用反应方程表示为:

$$A^+ + 2A \xrightarrow{k_d} A_2^+ + A \tag{12.121}$$

等离子体离子 A_2^+ 的产生速率方程为:

$$\frac{\partial n_{i2}}{\partial t} = k_d n_{i1}(t) n_g^2(t) - \alpha_{r2} n_e(t) n_{i2}(t) \tag{12.122}$$

式中,n_{i2} 是等离子体离子 A_2^+ 的密度。负离子 A^- 的产生速率方程为:

$$\frac{\partial n_i^-}{\partial t} = \alpha_a n_g(t) n_e(t) \tag{12.123}$$

利用上述方程可以近似求得电子束等离子体的参量,各方程中的反应系数需用实验得到的各种气体反应参数来代入,这些参数都是气压和电场强度的函数。

(2) 电流中和方程

由麦克斯韦方程组可以得到净电流与电场的关系为:

$$\begin{cases}\dfrac{1}{r}\cdot\dfrac{\partial}{\partial r}\left(r\dfrac{\partial E_z}{\partial r}\right)=\mu_0\dfrac{\partial J_{nz}}{\partial t}\\ \dfrac{\partial}{\partial r}\left[\dfrac{1}{r}\cdot\dfrac{\partial}{\partial r}(rE_\theta)\right]=\mu_0\dfrac{\partial J_{n\theta}}{\partial t}\end{cases}\tag{12.124}$$

式中，J_{nz} 是纵向净电流密度，$J_{nz}=J_{bz}+J_{pz}$；$J_{n\theta}$ 是角向净电流密度，$J_{n\theta}=J_{b\theta}+J_{p\theta}$，$J_b$ 和 J_p 分别代表束电流密度和等离子体电流密度。

由于在通常所涉及的范围内等离子体密度都很高（$n_e\geqslant 10^{13}\text{cm}^{-3}$），因此，等离子体的电磁趋肤深度小于 0.16cm，而束半径约为 5cm～10cm，这样净电流就主要在一个厚度近似为等离子体的电磁趋肤深度的薄环内流动。由于等离子体的电磁趋肤深度与束半径相比很小，所以可以近似地认为在电子束内纵向电场是均匀的并且角向磁场近似为 0。在这种情况下近似得到 E_z 和 E_θ（单位均为 V/m）与 I_{nz} 和 $I_{n\theta}$ 的关系式为：

$$\begin{cases}E_z=-\left(1+2\ln\dfrac{R}{a}\right)\times 10^3\dfrac{\mathrm{d}I_{nz}}{\mathrm{d}t}\\ E_\theta=-2\pi\times 10^3 r\dfrac{\mathrm{d}I_{n\theta}}{\mathrm{d}t}\end{cases}\tag{12.125}$$

式中，I_{nz} 和 $I_{n\theta}$ 分别是纵向和角向净电流，单位为 kA；时间 t 的单位为 ns；半径 r 的单位为 cm。$J_{n\theta}=J_{b\theta}+J_{p\theta}$，$J_{nz}=J_{bz}+J_{pz}$，$I_{pz}=\int_0^a J_{pz}2\pi\mathrm{d}r$，$I_{bz}=\int_0^a J_{bz}2\pi\mathrm{d}r$，$I_{p\theta}=\int_0^a J_{p\theta}\mathrm{d}r$，$I_{b\theta}=\int_0^a J_{b\theta}\mathrm{d}r$。

由广义欧姆定律得[29]：

$$\begin{cases}\dfrac{m_0}{n_e e^2}\cdot\dfrac{\partial J_{pz}}{\partial t}=E_z-\dfrac{1}{\sigma_H}J_{pz}\\ \dfrac{m_0}{n_e e^2}\cdot\dfrac{\partial J_{p\theta}}{\partial t}=E_\theta-\dfrac{\sigma_\perp}{\sigma_\perp^2+\sigma_H^2}J_{p\theta}\end{cases}\tag{12.126}$$

式中，$\sigma_\perp$ 为横向电导率，按下式计算：

$$\sigma_\perp=\frac{\omega^2}{4\pi\nu_e}\cdot\frac{1}{1+\dfrac{\Omega^2}{\nu_e^2}}\tag{12.127}$$

σ_H 为 Hall 电导率，按下式计算：

$$\sigma_H=\frac{\omega_p^2}{4\pi}\cdot\frac{\Omega}{\nu_e^2+\Omega^2}\tag{12.128}$$

ν_e 为电子与中性分子的碰撞频率，按下式计算：

$$\nu_e=\frac{eE}{m_0 u_d}\tag{12.129}$$

径向净电流 J_{nr} 为：

$$J_{nr}=\sigma_\perp E_r-E_\theta\sigma_H\tag{12.130}$$

在实际应用中，由于有外加强磁场的存在，径向净电流近似为 0，因而有：

$$\frac{E_r}{E_\theta} \approx \frac{\sigma_{\mathrm{H}}}{\sigma_\perp} = \frac{\Omega}{\nu_{\mathrm{e}}} \tag{12.131}$$

ν_e 约为 10^9 量级，而 Ω 为 10^{11} 量级，这样 $\sigma_\perp \ll \sigma_H$，$E_r \gg E_\theta$，这说明在有外加强磁场的情况下，角向电流主要由径向电场驱动，σ_H 是纵向电导率，其表达式为：

$$\frac{1}{\sigma_{\mathrm{H}}} = \frac{1}{\sigma_{\mathrm{p}}} + \frac{1}{\sigma_{\mathrm{ee}}} + \frac{1}{\sigma_{\mathrm{ia}}} + \frac{1}{\sigma_{\mathrm{w}}} \tag{12.132}$$

式中，σ_p 为经典碰撞电导率；σ_{ee} 为两流不稳定性等效电导率；σ_{ia} 为离子声波等效电导率；σ_w 为电磁波与电子相互作用等效电导率。

(3) 强流相对论电子束在中性气体中的传输

用上面给出的方程进行数值计算可以得出在不同气体压强及束流参数下的电流中和度、等离子体电子和离子密度、束流内电场分布以及等离子体电导率等参数随时间变化的曲线。对于同一种气体和固定的束流参数，存在一个使净电流和轴向电场值为最小的气体压强，即最佳传输气体压强，同时存在一个使净电流小于自磁场限制电流的气压范围，即传输气压窗。最佳传输气压随电子束束流密度的增大而增大，传输气压窗随电子束束流密度的增加而变窄，最小净电流值随电子束束流密度的减小而减小。电子束脉冲上升前沿越小，则最佳传输气压越高，净电流越大。

气体种类对传输也有影响，氖气和氩气的电子束传输窗均大于氮气，在这三种气体中，氖气略优于其他两种气体。

12.4.4 束流传输过程中的不稳定性[1]

当强流相对论电子束达到空间电荷和空间电流中和后，影响强流相对论电子束强流传输的主要因素将是各种不稳定性。相对论电子束在等离子体中传输时，产生的主要不稳定性可以分为横向(宏观)不稳定性和纵向(微观)不稳定性。纵向不稳定性主要影响电子束的传输效率。有效抑制纵向不稳定性的方法是选择合适的等离子体参数，对于在中性气体中传输的情形，就是要选择合适的气体压强。横向不稳定性主要影响电子束的均匀性和束斑位置，通过外加适当强度的磁场可以抑制横向不稳定性。

12.5 结 束 语

本章对强流相对论电子束的产生和传输物理过程进行了简单介绍，并给出了一些物理关系式，但这些关系式多数是在近似条件下得到的，准确实用的物理参数关系一般需用全电磁 PIC 数值模拟程序(如 MAGIC 和 KARAT)计算得到[30]。

参考文献

[1] R. B. 米勒 著,刘锡三 等译. 强流带电粒子束物理学导论. 北京:原子能出版社,1993

[2] Pai S T, Zhang Q. Introduction to High Power Pulse Technology. Singapore: World Scientific Publishing Co. Pte. Ltd., 1995

[3] Septier A. Applied Charged Particle Optics, Advances in Electronics And Electron Physics, Supplement 13C, Very-High-Density Beams. New York: Academic Press, 1982

[4] 谢·彼·布加耶夫,伏·伊·卡纳韦茨,伏·伊·科舍列夫 等. 相对论多波超高频发生器. 中国工程物理研究院,1994

[5] James Benford, John Swegle. High Power Microwave. Artech House, Inc., 1992

[6] Mesyats G A, Rakin S N, Lyubutin S K et al. Semiconductor Opening Switch Research at IEP. In: Proceedings of the 10th IEEE International Pulsed Power Conference, Albuguergue, NM, USA, 1995: 298～305

[7] Rukin S N. High-Power Nanosecond Pulse Generators Based-on Semiconductor Opening Switch (Review). Instruments and Experimental Techniques, 1999, 42 (4): 439～467

[8] Barker R J, Schamiloglu E. High-Power Microwave Sources and Technologies. New York: IEEE Press Series on RF And Microwave Techology, 2001

[9] Gilmour A S Jr. Principle of Traveling Wave Tubes. Artech House, 1994

[10] Anders S, Juttner B. Influence of Residual Gases on Cathode Spot Behavior. IEEE Trans. On Plasma Science, 1991, 19(5): 705

[11] Benford J, et al. Lowered Plasma Velocities with Cesium Iodide Fiber Cathode at High Electric Fields. Beams '98, Haifa, 1998

[12] Ivers J D, Flechtner D, Golkowski Cz et al. Electron beam generation using a ferroelectric cathode. IEEE Trans. on plasma science, 1999, 27(3)

[13] 刘国治. 铁电阴极电子枪. 强激光与粒子束, 2001, 13(4)

[14] Langmuir I. Electrical discharge in gases. Review of Modern Physics, 1931, 3(2)

[15] Langmuir I. The effect of space charge and initial velocities on the potential distribution and phermionic current between parallel plane electrode. Phys. Rev., 1923, 21: 419

[16] Adler R J. 脉冲功率公式汇编. 杨珍如译. 中国工程物理研究院应用电子学研究所, 1996

[17] 曾正中, 刘国治, 邵浩. Approximate Relativistic Solutions for One-Dimensional Cylindrical Coaxial Diode. Plasma Science & Technology, 2002, 4(1):1093

[18] 刘国治. 二极管空间电荷限制电流修正. 强激光与粒子束, 2000, 12(3)

[19] Liu Guozhi, Shao Hao. Study of Space-Charge-Limiting Current of Spherical Cathode Diode. Submitted to Chinese Physics, 2003

[20] Mesyats G A, Proskurovsky D I. Pulsed Electrical Discharge in Vacuum. Springer-Verlag, 1989

[21] 刘国治. 低阻抗二极管产生强流电子束的能谱分布. 抗核加固, 1999, 16(1)

[22] 刘国治. 强流相对论电子束在磁透镜场中传输及压缩的理论和实验研究[博士学位论文]. 清华大学,1992

[23] 刘国治. 强流相对论电子束空间电荷中和过程. 核科学与工程, 1993, 13(4): 367

[24] Liu Guozhi, Liu Naiquan, Xie Xi. The process of space current neutralization of intense relativistic electron beam under an externally applied magnetic guide field. Acta Physica Sinica, 1994, 3(1): 26

[25] Liu Guozhi, Liu Naiquan, Xie Xi et al. Study on the magnetic compression of intense relativistic electron beams in a converging magnetic guide field. Acta Physica Sinica, 1994, 3(1): 36

[26] Liu Guozhi, Song Xiaoxin. Self-Magnetic-Field Limiting Current of Relativistic Beams under Externally Applied Magnetic Field. Acta Physica Sinica, 1998, 7(4): 229

[27] Putnam. S. PIFR-72-105, 1972

[28] Lee R, Sudan R N. Phys. Fluids., 1971,14(6): 1213

[29] 徐家鸾,金尚宪. 等离子体物理学. 北京:原子能出版社,1981

[30] Tarakanov. User Manual of Code KARAT. 1997

习题与思考题

1. 试推导得到理想大平板二极管的自箍缩临界电流值(单位: kA)的表达式:$I_c=8.5\beta_0\gamma_0\dfrac{R_c}{d}$(kA)。其中,$R_c$ 为阴极半径,单位为 cm;d 为阴阳极间距,单位为 cm;γ_0 为相对论因子,$\gamma_0=1+\dfrac{V_0}{0.511}$;$\beta_0$ 为相对论速度因子,$\beta_0=\sqrt{1-\gamma_0^{-2}}$。

2. 试在 $eV_0/(m_0c^2)\ll 1$ 的条件下直接推导得到理想大平板二极管的空间电荷限制电流表达式,即柴尔德-朗谬尔公式:$j=\dfrac{4\sqrt{2}}{9}\cdot\dfrac{\varepsilon_0(e/m_0)^{1/2}V_0^{3/2}}{d^2}$。

3. 假设二极管由两个半径分别为 r_c 和 r_A 的同心球组成,阴极在外,阳极在内,$r_c>r_A$,试推导在 $eV/(m_0c^2)\ll 1$ 的条件下的空间电荷限制电流表达式。

4. 假设二极管由两个半径分别为 r_c, r_A 的同轴对称圆柱组成,阴极在外,阳极在内,即 $r_c>r_A$,试推导在超相对论($\gamma\gg 1$)条件下的空间电荷限制电流表达式。

5. 假设电子束在两个半径分别为 r_1, r_2 的同轴对称圆柱真空漂移管之间,电子束通过外边的圆柱面注入,沿径向向内传输,试推导在其中传输的空间电荷限制电流表达式。

6. 假设当二极管产生的电流大于真空漂移管中的空间电荷限制电流时可以形成虚阴极振荡并产生微波，二极管的阴阳极间隙、阴极半径和二极管电压分别为 R_c，d 和 V_0，二极管产生电子束的半径等于阴极半径，漂移管的半径为 R_p，试推导得到形成虚阴极振荡并产生微波的条件。

7. 试推导强流相对论电子束自电场排斥力小于自磁场聚焦力时，空间电荷中和因子应满足的条件以及两力平衡时空间电荷中和因子与空间电流中和因子所满足的条件，并进行讨论。

第13章 束流发射度

在加速器中，束流的参数除去能量、流强外，还有一个衡量束流品质的重要参数就是束流发射度。随着加速器的发展，某些特殊用户或研究领域，如用于高分辨率无损检测、自由电子激光以及正负电子对撞机的电子直线加速器，第三代高亮度同步辐射储存环等，都对加速器的束流发射度提出了更高的要求。一般来讲，发射度愈小，束流的品质愈好，当然还要看其所携带的流强大小。在同等束流强度下，发射度愈小，束流的品质愈好，也就是束流的亮度愈高。获得高亮度的束流，不是很容易的事。如何从源头上得到高亮度的束流，而且还要面临在加速和传输过程中发射度增长的复杂问题，这已成为当前加速器理论研究中被广泛关注的一个专门课题。

13.1 束流发射度的定义

13.1.1 束流发射度

发射的束流从电子枪或离子源产生到传输过程中，每个粒子的位置和动量都在不断变化，每个粒子的运动状态在直角坐标系中可以用 x, p_x, y, p_y, z, p_z 的六维相空间来表示。根据刘维尔(Liouville)定理，在没有外力作用下，束流在传输过程中相空间体积不变。

如果研究某一个纵向位置 z 处的束流相空间状态，这时束流中各个粒子的状态就可以用 x, p_x, y, p_y 的四维相空间来表示。通常束流是圆形对称的，这时，各个粒子状态又可以用 x, p_x 的二维相空间来表示。以 x 为横坐标，p_x 为纵坐标，就可以勾画出一个包含所有粒子的相面积，称为束流在某个纵向位置上的二维相图。或是用粒子横坐标 x 与其散角 x' 来表示，$x'=\dfrac{p_x}{p_z}$，通常 $p_x \ll p_z$，又可

近似为 $x'=\dfrac{p_x}{p}$，$p=(p_x^2+p_z^2)^{1/2}$。用(x, x')表示的相图称为迹空间相图，见图 13.1。所有的粒子运动状态(x,x')都包含在这个椭圆之中。当这个椭圆的面积为 A 时，束流的发射度定义为 A/π。发射度用字母 ε 表示，其单位为 mm・mrad。

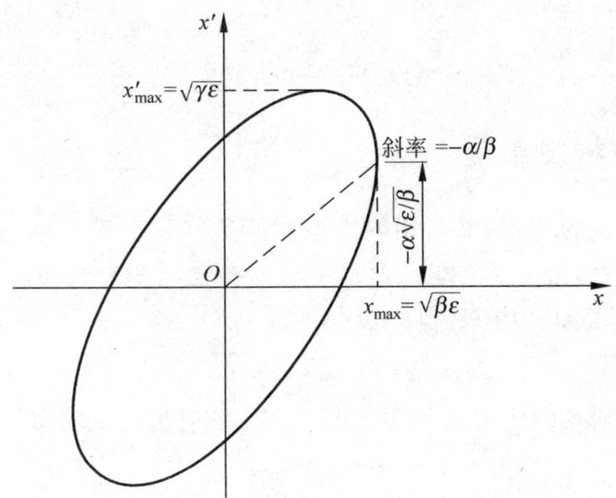

图 13.1　束流在某个纵向位置上的二维相图

$$\varepsilon=A/\pi \tag{13.1}$$

也有的文献用椭圆的面积表示束流发射度，这时通常在其单位上增加一个 π 值，即 πmm・mrad。

在无外力作用的传输过程中，各个方向之间无耦合，则束流发射度一直保持某个恒定数值。例如，在线性聚焦系统传输中，相图的形状不断变化，但是相图的面积保持不变，满足刘维尔定理，如图 13.2 所示。

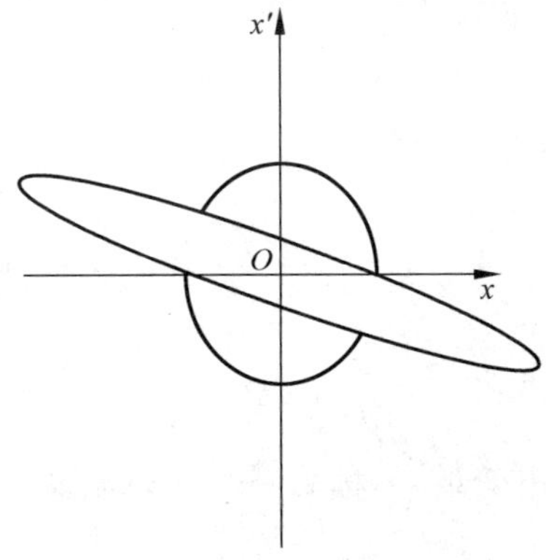

图 13.2　在线性系统传输中不同位置 z 处的相图

在粒子数相同的情况下，发射度愈小，表示束流品质愈高。随着粒子对撞机、自由电子激光、第三代同步辐射光源的发展，人们对束流品质的要求不断提高，即要求更高的流强和更低的发射度。

对于椭圆形状的相图，在已知 Courant-Snyder 参数时，可以由下式计算其发射度：

$$\varepsilon = \gamma x^2 + 2\alpha x x' + \beta x'^2 \tag{13.2}$$

13.1.2 均方根发射度[1]

对于任意形状的相图，又可用均方根值衡量其发射度大小，这样的发射度称为均方根(RMS 或 rms)发射度。它对于粒子跟踪和测量数据的处理十分方便。在已知 x，x'的数据时，其均方根发射度为：

$$\varepsilon_{\text{RMS}} = (\overline{x^2}\,\overline{x'^2} - \overline{xx'}^2)^{1/2} \tag{13.3}$$

由形状为椭圆相图定义的发射度与 RMS 发射度之间有如下关系：

$$\varepsilon = D\varepsilon_{\text{RMS}} \tag{13.4}$$

式中的系数 D 取决于束流的分布。对理想束流分布，即相密度均匀的椭圆，$D=4$。对于分布函数的相图，$D>4$。例如，对于高斯分布，D 值更大。但是这种分布函数的尾巴通常含有的粒子很少，在束流总粒子中所占比例很小，因此有人建议在一般情况下都可以用 $D=4$ 代表束流总的发射度进行计算和相互比较。

13.1.3 有效发射度

任意形状的相图，都有一个外接椭圆，这个外接椭圆面积除以 π 所代表的发射度就称为有效发射度。

13.1.4 归一化束流发射度

在加速过程中，由于动量 p 增加，而 p_x 没有变化，则 $x'=\dfrac{p_x}{p}$ 减小，因此发射度不再守恒。但是，如果在 $x'=\dfrac{p_x}{p}$上乘以$\beta\gamma$，则 $\beta\gamma x'=\beta\gamma\dfrac{p_x}{p}=\dfrac{p_x}{p_0}$为不变量。于是，可以引入一个新的不变量 ε_n，称为归一化束流发射度，其定义式为：

$$\varepsilon_n = \beta\gamma\varepsilon \tag{13.5}$$

在理想的加速和传输过程中，束流的归一化束流发射度保持恒定。

13.2　直线加速器中束流发射度的增长

13.2.1　理想加速器中的束流发射度

电子加速器的电子源有热发射、冷发射、光发射以及爆炸发射等。发射的每个电子的初始横向位置和运动方向各不相同，因而形成束流一定的发射度，这个初始束流归一化发射度可按以下公式计算[1][其中 k 为玻耳兹曼常数(8.6×10^{-5} eV/K)，m_0c^2 的单位为 eV]：

$$\varepsilon_{cn}=2r_c\sqrt{\frac{kT_c}{m_0c^2}}\qquad(13.6)$$

式中 r_c 为阴极半径，cm；ε_{cn} 的单位为 cm · rad。

电子离开阴极后，在到达阳极过程中得到加速，在线性聚焦加速过程中，束流的归一化发射度不变；而发射度随着粒子能量的增加而不断减小。实际上，在束流传输和加速过程中，由于各种非线性因素、尾场以及不稳定性的影响，造成束流发射度有所增加。加速过程使发射度减小，非理想场又使发射度增加。因此，最终的归一化发射度 ε_{cn} 总是增加的，而发射度 ε 是增加还是减少要由具体情况而定。通常，在初始发射度相同的条件下，能量愈高的束流，其发射度愈小，即束流的品质愈好。在应用时，真正有实际意义的是发射度 ε 而不是归一化发射度 ε_n。

13.2.2　非理想传输系统中束流发射度的增长[1]

束流在加速与传输过程中不可避免地要通过某些非线性元件或受到非理想场的干扰，从而导致束流相图增长或变形，结果都将导致有效发射度增大。这些因素主要有：

① 束流从电子枪或离子源出来进入聚焦元件之前就不是一个理想的稳定均匀束。如电子或离子在束流中的分布不均匀；束流中心与后边的聚焦元件几何中心不匹配。从热力学角度来讲，这种不均匀不稳定的束流与均匀稳定束流相比，含有一种多余的能量，称为自由能，通过非线性的空间电荷力、不稳定性等热交换作用，达到一个相对比较均匀稳定的束流，结果就导致束流发射度的增大；

② 束流由电子枪或离子源出来，通过引出电极和聚焦元件所造成的各类像差；

③ 束流在加速过程中受到各种非线性力的作用；

④ 聚焦或加速元件安装的误差；

⑤ 各种不稳定性作用；

⑥ 束流在加速或传输过程中与剩余气体碰撞，或是在引出时与引出窗发生相互的作用；

⑦ 非线性共振或横向与纵向耦合共振；

⑧ 对撞机中束与束的相互作用；

⑨ 高频噪音或磁铁受振动等影响。

这里不准备对所有导致发射度增大的因素进行研究，只举两个例子来说明。

［**例 1**］ 清华大学对热阴极电子枪发射度测量的结果表明，束流由阴极发射出来本身就不是稳定的均匀束，由于非线性空间电荷力及透镜像差的影响，束流到达电子枪的阳极时发射度增加了 5 倍以上[2]。为了获得较低的束流发射度，研究人员研制了发射电流密度较高的六硼化镧阴极电子枪，在同样流强下束流发射度大约降低了一个数量级。

［**例 2**］ 束流在电子直线加速器传输过程中，由于场的非线性及像差的存在，束流相图不再是椭圆形状，见图 13.3。虽然这个相图面积仍然保持不变，但是由于相图形状畸变，使包围它的新的椭圆面积增大了，即有效发射度增大了。在有限的管道中加速或传输时，就可能由于振幅过大而损失部分束流。

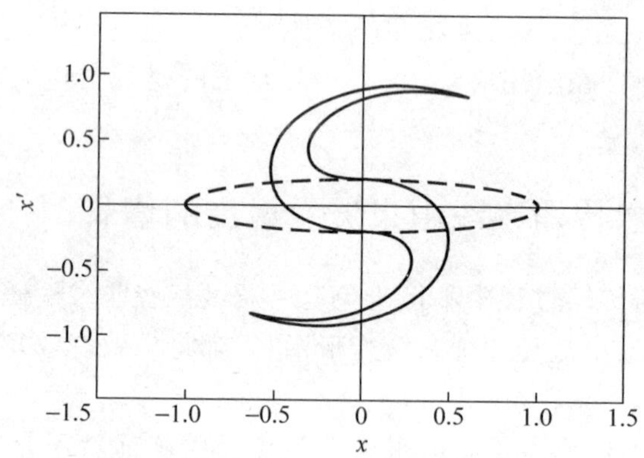

图 13.3 束流通过非线性元件后的畸变相图(实线)

13.2.3 高能直线加速器中发射度的增长[7]

高能直线加速器的主要问题之一是横向尾场引起的束流不稳定性。这种不稳定性是由于束流轨道偏离轨道中心引起的。横向尾场作用在单束团内或是束团之间，结果都将导致发射度增大。

在高能直线加速器中，希望最终得到高亮度的束流，这就要求获得高流强和低发射度。例如，在直线对撞机中，两束无扰动并呈高斯分布的束流发生对头碰时，其耀度(luminosity)为：

$$L=\frac{N^2 f_c}{4\pi\sigma_x\sigma_y} \tag{13.7}$$

其中 N 为每个束团的粒子数；f_c 为碰撞频率；σ 为束流横向尺寸。为了获得足够高的耀度，要求直线对撞机的归一化束流发射度达到 1mm・mrad，甚至 0.01mm・mrad。这不仅要求电子枪出口的发射度低，还必须严格限制加速及传输过程中发射度不会明显增长。

对单束团不稳定性研究的结果表明，在正负电子对撞机的设计中，只要开始注入束流的轨道有 10μm 的偏离，在加速到 500GeV 时，在均匀的 FODO 聚焦系统中发射度将增大 20%；如果 FODO 聚焦参数 β 随能量增加，终端发射度的增加将达到 100%以上。为了避免发射度如此大幅度增长，必须控制束流轨道偏离中心由 10μm 降低到 1μm。

对多束团束流，只要某一个束团偏离中心轨道，就会在加速腔中激起横向偏转模式，后边的束团即使未偏离中心轨道也要受到这个尾场力的作用，从而造成发射度增加。这个发射度增长造成束流尺寸的增加必须限制在小于原来的束流尺寸。如果设计要求最终归一化发射度为 1mm・mrad，则注入束流偏离中心轨道必须小于 1μm。

为了防止发射度的过分增长，有人建议采取一种"失谐"结构，即在整个加速腔的各个加速段之间制造不同的高模频率；或是在每个腔之间控制高模频率不同，这样尾场的作用受到抑制，不会造成发射度明显增长。当然，这个频率的差别是很小的，腔的数量又多，这会给加工带来较大的麻烦。

13.3　同步辐射光源装置的束流发射度

13.3.1　储存环的束流发射度[3]

与直线加速器或一般的环形加速器不同，由于有同步辐射的阻尼，束流的最终发射度基本上与束流的初始状态无关，而只决定于储存环的聚焦结构、束流能量以及各种机械安装误差和束流内部的各种不稳定因素。这里只着重探讨储存环的聚焦结构与发射度的关系。

由第 8 章的讨论知道，考虑了量子辐射效应后，储存环的束流发射度由下式决定：

$$\varepsilon = C_q \frac{\gamma_s^2 \langle G^3 \chi \rangle_s}{J_x \langle G^2 \rangle_s}$$

$$C_q = 3.832 \times 10^{-13} (\mathrm{m})$$

由上式知道，考虑同步辐射后的束流径向发射度，除与束流能量有关外，还与偏转磁铁中的结构参数 χ 有关，因为只有偏转磁铁中的 G 不等于零。现在假设每个偏转磁铁中的磁铁参数都一样，因此只要计算出一块偏转磁铁中 χ 的平均值，就可以确定全环 χ 的平均值。

$$\langle \chi \rangle = \frac{1}{l_B} \int_0^{l_B} \chi(l) \mathrm{d}l \tag{13.8}$$

其中 l_B 为每块偏转磁铁的长度。在一级近似下，偏转磁铁形成均匀磁场，无聚焦作用，可看做是漂移段。如果在偏转磁铁入口处的 Twiss 参数为 $\beta_i, \alpha_i, \gamma_i$，色散函数为 η_i, η_i'，则在偏转磁铁内任意位置的相关值可通过传输矩阵求出，即

$$\beta(l) = \beta_i - 2\alpha_i l + \gamma_i l^2$$

$$\alpha(l) = \alpha_i - \gamma_i l$$

$$\gamma(l) = \gamma_i$$

$$\eta(l) = \eta_i + \eta_i' l + \rho(1 - \cos\theta)$$

$$\eta'(l) = \eta_i' + \sin\theta$$

$$\theta = l/\rho$$

在许多储存环的设计中都满足 $\eta_i = \eta_i' = 0$，利用以上关系可以得到 χ 的平均值为：

$$\langle \chi \rangle = \beta_i B + \alpha_i A_\rho + \gamma_i \rho^2 C \tag{13.9}$$

其中对小角度及等磁场的偏转磁铁，$\theta_0 = l_B/\rho \ll 1$，以上诸系数可简化为：

$$A \approx -(\theta_0^3/4)(1 - 5\theta_0^2/18)$$

$$B \approx (1 - \theta_0^2/5)\theta_0^2/3$$

$$C \approx (1 - 5\theta_0^2/14)\theta_0^4/20$$

于是得到发射度的近似公式：

$$\frac{\sigma_{x\beta}^2}{\beta} = C_q \frac{\gamma_s^2 \langle G^3 \chi \rangle_s}{J_x \langle G^2 \rangle_s} \approx C_q \gamma^2 \theta_0^3 \left(\frac{\beta_i}{3 l_B} - \frac{\alpha_i}{4} + \frac{\gamma_i l_B}{20} \right) \tag{13.10}$$

由式(13.10)看出，束流发射度与偏转磁铁所占据角度的三次方成正比。

根据式(13.10)，如果取 $\frac{\partial \langle \chi \rangle}{\partial \alpha_i} = 0, \frac{\partial \langle \chi \rangle}{\partial \beta_i} = 0$，仍假定在偏转磁铁入口处满足 $\eta_i = \eta_i' = 0$，略去高次项后，求得储存环的最小可能的发射度为：

$$\frac{\sigma_{x\beta}^2}{\beta} = C_q \frac{\gamma_s^2}{J_x 4\sqrt{15}} \theta_0^3 \tag{13.11}$$

如果采用实用单位，并令 $J_x \approx 1$，则有：

$$\varepsilon_{min} = 5.036 \times 10^{-13} E^2 \theta_0^3 \tag{13.12}$$

式中 ε 的单位为 rad · m；E 的单位为 GeV；θ_0 的单位为角度(°)。

实际上，影响发射度的因素有很多，磁铁聚焦参数的选择还受到投资和束流不稳定性的限制，因此，很难得到理想的最小发射度。再者，过小的发射度将导致动力学孔径的下降，限制束流的强度和寿命，所以，储存环参数的选择必须综合考虑，力求得到最佳方案。

13.3.2　DBA 聚焦结构的束流发射度[4,5]

Double-Bend Achromat(DBA)聚焦结构是由 Chasman 和 Green 首先提出来的，并已成功地应用于 NSLS 同步辐射光源的设计中。它是在两块偏转磁铁中间加一块聚焦磁铁。直线段安装有四极磁铁，可以调节 β 函数。调节两块偏转磁铁中间的聚焦磁铁参数，可以使直线段的色散函数 η_x 为零。DBA 聚焦结构比较紧凑，节省磁铁数量，而且利用短的偏转磁铁和减小两块偏转磁铁之间的距离，使偏转磁铁中的色散函数比较小，从而得到低的束流发射度。这在不少设计中已被广泛应用，除美国的 NSLS 外，还有瑞典的 MAX 环，日本广岛大学的 HISOR 以及巴西的 LNLS(见图 13.4)等。考虑到需要有足够的空间安置六极磁铁，后来又出现了被称为扩展的 DBA 聚焦结构，主要是在两块偏转磁铁中间用三到四个四极磁铁代替一块，提高了色散函数，降低了六极磁铁的需求，改善了动力学孔径，并为束测元件的安置提供了更多的空间。对 X 射线的储存环，采用扩展的 DBA 聚焦结构尤为适宜，例如法国的 ESRF，德国的 BESSY II，瑞典的 MAX II 等。

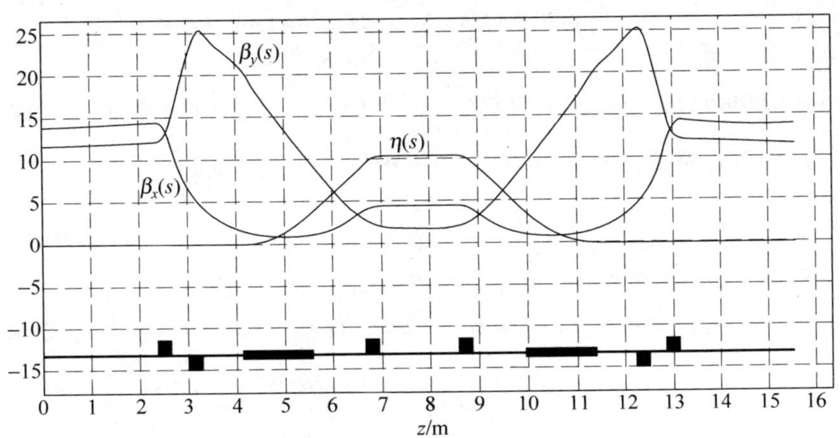

图 13.4　巴西 LNLS 储存环的聚焦结构

由于这种结构包含的偏转磁铁都是一样的，因此 DBA 结构的最小可能的发射度可由式(13.11)决定(θ_0 单位为弧度)：

$$\varepsilon_{\mathrm{DBA},x}=\frac{\sigma_{x\beta}^2}{\beta}=C_q\frac{\gamma_s^2}{J_x4\sqrt{15}}\theta_0^3$$

13.3.3 TBA 聚焦结构的束流发射度

Triple-Bend Achromat(TBA)磁铁聚焦结构的每个单元包括三块偏转磁铁和若干块聚焦磁铁，仍然保持单元外的直线节为消色散段。这种结构可使储存环的周长减小，适合小型装置采用，如 BESSY、NSRL、SRRC、ALS 等。图 13.5 为中国(合肥)国家同步辐射实验室储存环所采用的聚焦结构。

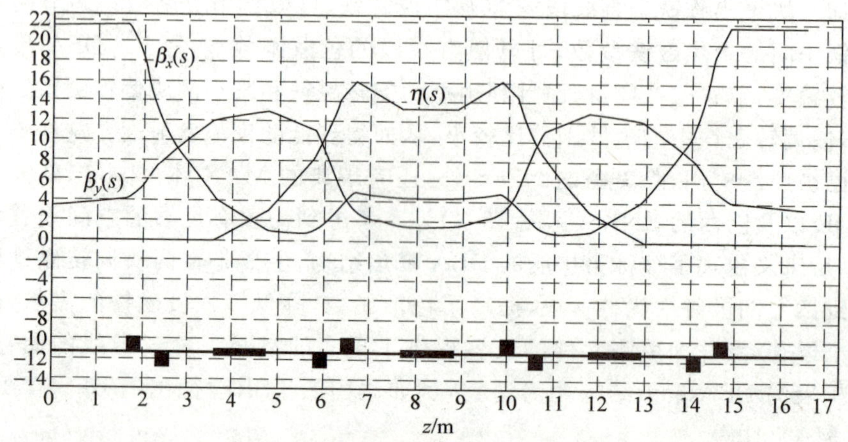

图 13.5 国家同步辐射实验室储存环的 TBA 聚焦结构

TBA 聚焦结构中两种偏转磁铁的积分 $I=\int_0^{l_B}\chi(l)\,dl$ 是不同的，通过对每个消色散段内偏转磁铁的 χ 值取积分，则不难得到其发射度公式：

$$\varepsilon_x=C_q\frac{\gamma^2}{J_x}\cdot\frac{I_1/\rho_1^3+2I_0/\rho_0^3}{\theta_1/\rho_1+2\theta_0/\rho_0}\tag{13.13}$$

其中下标 0 是指外偏转磁铁，下标 1 是指中间的偏转磁铁。

如果三块偏转磁铁的偏转角相等，则可求得 TBA 结构的最小束流发射度为[5]：

$$\varepsilon_{\mathrm{TBA},x}=C_q\frac{\gamma^2}{J_x}\cdot\frac{7}{36\sqrt{15}}\theta_0^3\tag{13.14}$$

当然，在 TBA 结构中要获得低发射度，必须降低中间偏转磁铁的色散函数，这就要使六极磁铁的强度比 DBA 结构增加两三倍，同时还会导致动力学孔径减小，因此，在高能储存环中已很少采用 TBA 结构。

13.3.4　FODO 聚焦结构的束流发射度[5]

Focusing-Drift-Defocusing-Drift(FODO)是一种最简单的聚焦结构。日本的 Photon Factory，英国的 Daresbury 的 SRS 就采用了这种结构，见图 13.6。FODO 结构的优点是容易调节工作点。但是近年来，在第三代同步辐射光源中则很少采用，原因主要是这种结构难以获得低的束流发射度，而且缺乏足够的空间在偏转磁铁上安装较多的辐射光的引出管道。然而，这种结构在高能加速器中仍得到一定的应用。

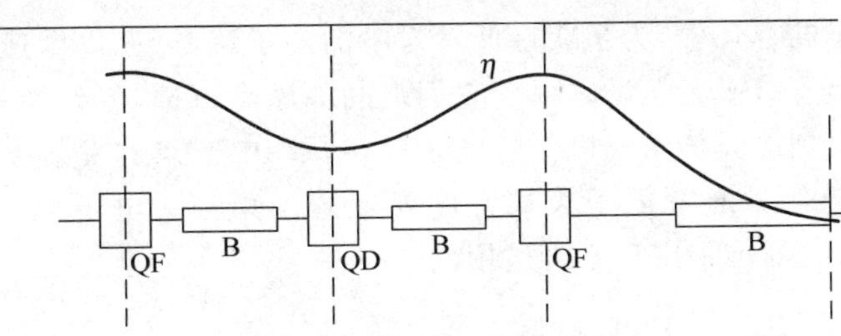

图 13.6　FODO 聚焦结构

（B 表示偏转磁铁，QF 表示聚焦四极磁铁，QD 表示散焦四极磁铁）

FODO 聚焦结构的束流发射度的计算比较复杂，根据公式(13.8)，每块偏转磁铁中的 χ 的积分值取二级近似后得到[6]：

$$\begin{aligned} I &= \int_0^{l_B} (\eta'^2\beta + 2\alpha\eta'\eta + \eta^2\gamma)\mathrm{d}l \\ &= (\eta'^2_0\beta_0 + 2\eta'_0\eta_0\alpha_0 + \eta_0^2\gamma_0)l_B + (\eta_0\alpha_0 + \eta'_0\beta_0)\frac{l_B^2}{\rho} - \\ &\quad (\eta_0\gamma_0 + \eta'_0\alpha_0)\frac{l_B^3}{3\rho} + \left(\beta_0\frac{l_B}{3} - \alpha_0\frac{l_B^2}{4} + \gamma_0\frac{l_B^3}{20}\right)\frac{l_B^2}{\rho^2} \end{aligned} \tag{13.15}$$

其中下标 0 是指偏转磁铁入口处的数值。

通常的 FODO 聚焦磁铁结构是由两种偏转磁铁组成的，设每个消色散区中间部分含有 n 块偏转磁铁 B_1，在边缘部分有两块偏转磁铁 B_2，见图 13.6。θ_1，θ_2 分别代表 B_1，B_2 所占的角度，这时，由其产生的束流发射度为：

$$\varepsilon_x = C_q\frac{\gamma^2}{J_x}\cdot\frac{\dfrac{nI_1 + 2I_2}{\rho^2}}{n\theta_1 + 2\theta_2} \tag{13.16}$$

其中 I_1,I_2 分别表示 B_1,B_2 中的 I 值。Wiedemann[3]给出了 FODO 结构最小发射度的近似计算公式：

$$\varepsilon_{\mathrm{FODO},x} \approx 10^{-11} E^2 \theta_0^3 \tag{13.17}$$

将式(13.17)与 DBA 结构最小发射度公式(13.12)相比，在同样的偏转磁铁块数条件下，FODO 的发射度要大。

13.4 高能直线加速器及储存环中降低束流发射度的方法

13.4.1 电子束冷却

在重粒子储存环中，为了获得低发射度的离子流，可充以等速度的电子束，与环中的重离子流平行运动。由于它们之间的库仑碰撞，导致能量交换。温度高的重离子束把能量传给温度低的电子束，结果，电子束的发射度增加，而离子束的发射度降低。通常电子束的密度要比离子束高。电子束冷却原理如图 13.7 所示，这时刘维尔定理不再适用。

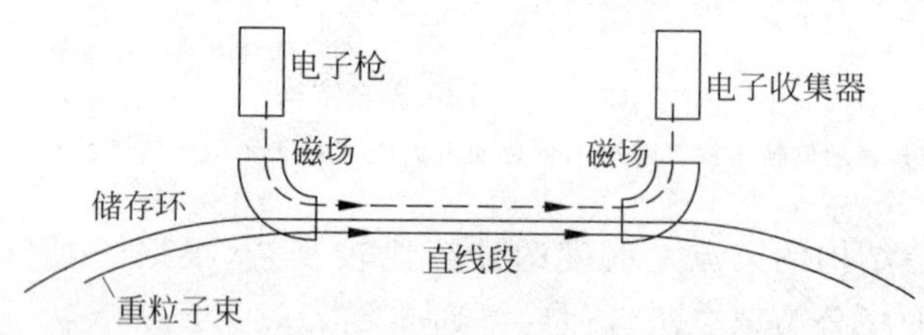

图 13.7 电子束冷却示意图

13.4.2 随机冷却

在储存环中电磁场不能压缩束流的相面积，但是可以通过冲击磁铁的反复作用，使粒子的横向动量逐渐减小，从而缩小束流相面积，见图 13.8。随机冷却能够使粒子在相空间重新排列，边缘的粒子充实到中间去。

13.4.3 辐射阻尼冷却

对于直线加速器产生的束流，由于其束流发射度不够低，无法满足某些高能物理实验或自由电子激光的需要，因而人们研究出了辐射阻尼冷却方法，即在高能电子束注入到对撞机或自由电子激光装置之前，先将其注入到一个阻尼环中，

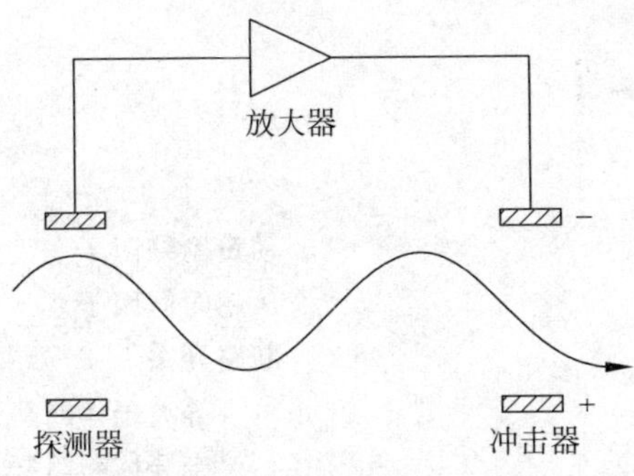

图13.8　随机冷却示意图

通过辐射阻尼，得到极低的束流发射度，再注入到对撞机或自由电子激光装置中。在这种专用的阻尼环中，常常安装若干个长的扭摆磁铁以提高阻尼效果。

参考文献

[1] Martin Reiser. Theory And Design of Charged Particle Beams. New York: John Wiley and Sons Inc., 1994

[2] 赵小敏.低发射度电子枪的研究[硕士学位论文].清华大学，1986

[3] Wiedemann H. Synchrotron Radiation. Springer-Verlag. 2003

[4] Herman Winick. Synchrotron Radiation Source A Primer. Singapore: World Scientific Publishing Co. Pte. Ltd., 1994

[5] Robert A. Low Emittance Lattices. CERN 95-06, 1995, I: 147

[6] Wrulich A. Particle Accelerators. 1988, 22: 257

[7] Mosnier A. Instabilities in Linacs. CERN 95-06, 1995, I: 459

习题与思考题

1. 试推导出公式(13.9)。

2. 为什么储存环中束流发射度随能量升高而增大，而在直线加速器中刚好相反？

3. 比较几种聚焦结构的优缺点。

索引

质检 5